煤矿其他从业人员安全培训系列教材
2022 版《煤矿安全规程》配套教材

地质测量、机械维修及泵类操作作业安全培训教材

何　敏　主编

中国矿业大学出版社
·徐州·

内 容 提 要

本教材依据《煤矿安全培训规定》(国家安全生产监督管理总局令第 92 号)的相关要求、河南省工业和信息化厅制定的《河南省煤矿其他从业人员培训大纲和考核标准(试行)》、2022 版《煤矿安全规程》等相关内容组织编写。内容包括 4 部分,第一部分是通用知识,包括煤矿井下从业人员安全素质基本要求、安全技术基础知识和安全操作技能通用知识(共分 7 个模块);第二部分是地质测量作业,包括地质测量作业安全技术基础知识、安全操作技能和典型事故案例(共分 3 个模块);第三部分是机械维修作业,包括机械维修作业安全技术基础知识、安全操作技能和典型事故案例(共分 3 个模块);第四部分是泵类操作作业,包括泵类操作作业安全技术基础知识、安全操作技能和典型事故案例(共分 3 个模块)。

本教材是地质测量、机械维修及泵类操作作业安全培训教材,也可供煤矿企业的管理人员、工程技术人员和相关人员学习和参考。

图书在版编目(CIP)数据

地质测量、机械维修及泵类操作作业安全培训教材 / 何敏主编. — 徐州 : 中国矿业大学出版社, 2022.9

ISBN 978 - 7 - 5646 - 5335 - 4

Ⅰ. ①地… Ⅱ. ①何… Ⅲ. ①煤矿－矿山安全－安全培训－教材 Ⅳ. ①TD7

中国版本图书馆 CIP 数据核字(2022)第 052161 号

书　　名　地质测量、机械维修及泵类操作作业安全培训教材
主　　编　何　敏
责任编辑　吴学兵
出版发行　中国矿业大学出版社有限责任公司
　　　　　　(江苏省徐州市解放南路　邮编 221008)
营销热线　(0516)83884103　83885105
出版服务　(0516)83885312　83884920
网　　址　http://www.cumtp.com　**E-mail**:cumtpvip@cumtp.com
印　　刷　江苏淮阴新华印务有限公司
开　　本　880 mm×1240 mm　1/32　**印张** 10.625　**字数** 326 千字
版次印次　2022 年 9 月第 1 版　2022 年 9 月第 1 次印刷
定　　价　35.00 元
(图书出现印装质量问题,本社负责调换)

《地质测量、机械维修及泵类操作作业安全培训教材》
编写委员会

主　任：孙广建　张长合

委　员：席晓辉　袁　伟　何东升　汤　桦
陈　辉　霍保山　王中华　刘夫军
李书文　任树明　杨风才　王　伟
李　飞　黄学志　张文康　李　进
曾朝辰　何　敏　蒋　恒　荣向东
陈　宇　李文峰　黄卓敏　魏　东
陈　杰

《地质测量、机械维修及泵类操作作业安全培训教材》

编写领导小组

组　长：杨风才

副组长：黄学志

成　员：王洪洋　张志春　卢　杰　刘学功
郝明月　魏永建　孙宏权　王智玉
陈树涛　郝永科　刘怀艳　黄社涛
王玉刚　郭　宁

《地质测量、机械维修及泵类操作作业安全培训教材》

编写人员名单

主　　编：何　敏

副 主 编：黄学志　王丙成　李争光　孙　立
　　　　　高　衡

参编人员：于金忠　陈　林　李会云　刘学功
　　　　　常晓亮　王　鹏　冉德立　田　君
　　　　　李　勇　王钦东　张坤峰　李再朋
　　　　　曹红亮　魏玉杰　王丛金　刘德海
　　　　　刘永峰　汪苗盛　张　阳　张天海
　　　　　周光和　张　睿　黄　山　陈　涛
　　　　　李新刚　冀　帅　刘怀艳　杜柏川
　　　　　李　爽　王　涛　曹　晨

前 言

为适应煤矿其他从业人员安全培训工作的实际需要，依据《煤矿安全培训规定》(国家安全生产监督管理总局令第92号)、河南省工业和信息化厅制定的《河南省煤矿其他从业人员培训大纲和考核标准(试行)》、2022版《煤矿安全规程》、《国家煤矿安全监察局关于印发〈煤矿安全生产标准化管理体系考核定级办法(试行)〉和〈煤矿安全生产标准化管理体系基本要求及评分方法(试行)〉的通知》(煤安监行管〔2020〕16号)等法律、法规和行业相关标准，在深入调研和广泛征求煤矿开展地质测量、机械维修及泵类操作作业人员安全培训意见的基础上，本着针对性、实用性和前瞻性的要求，结合煤矿安全生产实际，我们组织编写了《地质测量、机械维修及泵类操作作业安全培训教材》。

《关于高危行业领域安全技能提升行动计划的实施意见》(应急〔2019〕107号)和《河南省高危行业领域安全技能提升行动实施方案》(豫应急〔2020〕13号)要求开发编写分层次、分专业、分岗位的煤矿其他从业人员统一教材和考试题库，为此，按照河南省工业和信息化厅统一安排部署，由河南能源永煤公司职工培训学校负责本教材的组织编写工作。本教材由何敏任主编，刘学功、王丙成等负责组稿、统稿和修改。

本教材内容分4部分16个模块：第一部分是通用知识，包括煤矿井下从业人员安全素质基本要求、安全技术基础知识和安全操作技能通用知识(共分7个模块)；第二部分是地质测量作业，包括地质测量作业安全技术基础知识、安全操作技能和典型事故案例(共分3个模块)；第三部分是机械维修作业，包括机械维修作业安全技术基础知识、安全操作技能和典型事故案例(共分3个模块)；第四部分是泵类操作作业，包括泵类操作作业安全技术基础知识、安全操作技能和典型事故案例

(共分3个模块)。

本教材主要有以下特点:

(1) 本教材本着煤矿地质测量、机械维修及泵类操作作业安全培训的实际要求,突出相关作业人员安全素质提高和操作技能提升,知识全面丰富。

(2) 严格按照2022版《煤矿安全规程》、2020版《煤矿安全生产标准化管理体系基本要求及评分方法(试行)》,以及最近几年国家颁布实施的一系列法律、法规编写,有针对性地增加了新的实用性知识,符合当前煤矿生产发展的特点。

(3) 本教材进行了形式上的创新,将知识改编成安全素质基本要求、安全技术基础知识和安全操作技能,将单纯的知识传授转变为知识与技能学习,并且按照模块来编写,这样既方便教师系统梳理专业知识及备课、授课,又方便职工阅读学习。本教材层次分明、结构清晰、内容科学,可以作为工具书使用以随时查阅相关内容。

(4) 本教材进行了数字化创新,配套相关操作视频及数字题库,利用手机扫码可观看操作视频、在线答题,便于学员自我检测培训效果和随时学习巩固培训内容。

为了便于阅读,书中法律名称均省去“中华人民共和国”,用简称。

本教材是煤矿地质测量、机械维修及泵类操作作业安全培训教材,也可供煤矿企业的管理人员、工程技术人员和相关人员学习和参考。

限于编者水平,书中难免有不妥之处,敬请广大读者批评指正。

编　者

2022年9月

目 录

第一部分 通用知识

第三部分 机械维修作业

第四部分 泵类操作作业

第一部分　通用知识

煤矿井下从业人员安全素质基本要求
安全技术基础知识
安全操作技能通用知识

模块一　法律法规常识

安全素质基本要求一　安全生产方针与法律法规

学习目标

1. 了解我国的安全生产方针。
2. 了解《安全生产法》等法律中有关安全生产的规定。
3. 了解《生产安全事故报告和调查处理条例》等行政法规有关安全生产的规定。
4. 了解《煤矿安全规程》等安全生产规章、细则、行业标准有关安全生产的规定。
5. 学会用法律法规知识保护自己的安全与权益。

安全素质基本要求相关知识

一、安全生产方针

"安全第一、预防为主、综合治理"是开展安全生产管理工作总的指导方针，是长期实践的经验总结。这一方针反映了我们党和国家对安全生产规律的认识，是指导企业安全生产工作总的指导思想和行动准则，所以，企业必须认真贯彻落实"安全第一、预防为主、综合治理"的安全生产方针。

(1)"安全第一"的含义。"安全第一"说明的是安全与生产、效益及其他活动的关系，强调在从事生产经营活动中要突出抓好安全，始终不忘把安全工作与其他经济活动同时安排、同时部署，当安全工作与其他活动发生冲突与矛盾时，其他活动要服从安全，绝不能以牺牲人的生命、健康、财产损失为代价换取发展和效益。

(2)“预防为主”的含义。“预防为主”是对“安全第一”思想的深化，就是把安全生产工作的关口前移、重心下移、超前防范，建立预教、预测、预想、预报、预警、预防的递进式、立体式事故隐患预防体系，以隐患排查治理和建设本质安全为目标，实现事故的预先防范体制，改善安全状况，预防事故发生。

(3)“综合治理”的含义。将“综合治理”纳入安全生产方针，标志着对安全生产的认识上升到一个新的高度，是贯彻落实科学发展观的具体体现，秉承“安全发展”的理念，从遵循和适应安全生产的规律出发，综合运用法律、经济、行政等手段，人管、法管、技防等多管齐下，并充分发挥社会、职工、舆论的监督作用，从责任、制度、培训等多方面着力，形成标本兼治、齐抓共管的格局。

(4)“安全第一、预防为主、综合治理”的关系。“安全第一、预防为主、综合治理”是一个完整的体系，是相辅相成、辩证统一的整体。安全第一是原则，预防为主是手段，综合治理是方法。安全第一是预防为主、综合治理的统帅和灵魂，没有安全第一的思想，预防为主就失去了思想支撑，综合治理就失去了整治依据。预防为主是实现安全第一的根本途径。只有把安全生产的重点放在建立事故预防体系上，超前采取措施，才能有效防止和减少事故。只有采取综合治理，才能实现人、机、物、环境的统一，实现本质安全，真正把安全第一、预防为主落到实处。

二、煤矿安全生产相关法律法规

在我国，以《安全生产法》为龙头，以相关法律、行政法规、部门规章、地方性法规、地方行政规章和其他规范性文件以及安全生产国家标准、行业标准为主体的安全生产法律法规体系已经初步形成，而且还在不断健全和完善，促进了安全生产管理工作的规范化、制度化和科学化。与煤矿安全生产相关的法律法规见表1-1。

表 1-1　煤矿安全生产相关法律法规

序号	名称		制定机关	主要法律法规
1	法律		全国人民代表大会及其常务委员会	《刑法》《安全生产法》《矿山安全法》《矿产资源法》《煤炭法》《职业病防治法》《劳动法》《劳动合同法》等
2	法规	行政法规	国务院	《煤矿安全监察条例》《安全生产许可证条例》《工伤保险条例》《矿山安全法实施条例》《国务院关于特大安全事故行政责任追究的规定》《国务院关于预防煤矿生产安全事故的特别规定》《生产安全事故报告和调查处理条例》《企业职工伤亡事故报告和处理规定》等
		地方性法规	地方人民代表大会及其常务委员会	《河南省安全生产条例》等
3	规章	行政规章	国务院所属部委	《煤矿安全规程》《煤矿救护规程》《爆破安全规程》《安全生产事故隐患排查治理暂行规定》《生产经营单位安全培训规定》《煤矿安全培训规定》《特种作业人员安全技术培训考核管理规定》《煤矿企业安全生产许可证实施办法》《煤矿安全生产基本条件规定》《安全生产违法行为行政处罚办法》等
		地方性规章	地方政府所属部门	《河南省煤矿水害防治工作若干规定(试行)》《河南省煤炭经营监督管理实施细则》等

表 1-1(续)

<table>
<tr><th>序号</th><th colspan="2">名称</th><th>制定机关</th><th>主要法律法规</th></tr>
<tr><td rowspan="2">4</td><td rowspan="2">标准</td><td>国家标准(GB)</td><td>国务院标准化行政主管部门</td><td>《安全色》(GB 2893—2008)、《安全标志及其使用导则》(GB 2894—2008)、《矿山安全标志》(GB 14161—2008)等</td></tr>
<tr><td>行业标准(AQ、MT 等)</td><td>国务院有关行政主管部门</td><td>《矿井瓦斯等级鉴定规范》(AQ 1025—2006)、《煤矿井工开采通风技术条件》(AQ 1028—2006)、《煤矿井下安全标志》(AQ 1017—2005)等</td></tr>
<tr><td>5</td><td colspan="2">规范性文件</td><td></td><td>《关于加强煤矿班组安全生产建设的指导意见》《关于加强国有重点煤矿安全基础管理的指导意见》等</td></tr>
</table>

(一) 安全生产法律

1.《安全生产法》

《安全生产法》是为了加强安全生产工作,防止和减少生产安全事故,保障人民群众生命和财产安全,促进经济社会持续健康发展而制定的,自 2002 年 11 月 1 日起施行。根据 2021 年 6 月 10 日第十三届全国人民代表大会常务委员会第二十九次会议《关于修改〈中华人民共和国安全生产法〉的决定》第三次修正,自 2021 年 9 月 1 日起施行。内容包括总则、生产经营单位的安全生产保障、从业人员的安全生产权利义务、安全生产的监督管理、生产安全事故的应急救援与调查处理、法律责任和附则等。

(1) 生产经营单位的从业人员有依法获得安全生产保障的权利,并应当依法履行安全生产方面的义务。

（2）国家对在改善安全生产条件、防止生产安全事故、参加抢险救护等方面取得显著成绩的单位和个人，给予奖励。

（3）生产经营单位应当具备该法和有关法律、行政法规和国家标准或者行业标准规定的安全生产条件；不具备安全生产条件的，不得从事生产经营活动。

（4）生产经营单位的全员安全生产责任制应当明确各岗位的责任人员、责任范围和考核标准等内容。生产经营单位应当建立相应的机制，加强对全员安全生产责任制落实情况的监督考核，保证全员安全生产责任制的落实。

（5）矿山、金属冶炼、建筑施工、运输单位和危险物品的生产、经营、储存、装卸单位，应当设置安全生产管理机构或者配备专职安全生产管理人员。

（6）生产经营单位应当对从业人员进行安全生产教育和培训，保证从业人员具备必要的安全生产知识，熟悉有关的安全生产规章制度和安全操作规程，掌握本岗位的安全操作技能，了解事故应急处理措施，知悉自身在安全生产方面的权利和义务。未经安全生产教育和培训合格的从业人员，不得上岗作业。

生产经营单位应当建立安全生产教育和培训档案，如实记录安全生产教育和培训的时间、内容、参加人员以及考核结果等情况。

（7）生产经营单位采用新工艺、新技术、新材料或者使用新设备，必须了解、掌握其安全技术特性，采取有效的安全防护措施，并对从业人员进行专门的安全生产教育和培训。

（8）国家对严重危及生产安全的工艺、设备实行淘汰制度。生产经营单位不得使用应当淘汰的危及生产安全的工艺、设备。

（9）生产经营单位对重大危险源应当登记建档，进行定期检测、评估、监控，并制定应急预案，告知从业人员和相关人员在紧急情况下应当采取的应急措施。

（10）生产经营单位必须为从业人员提供符合国家标准或者行业标准的劳动防护用品，并监督、教育从业人员按照使用规则佩戴、使用。

（11）生产经营单位必须依法参加工伤保险，为从业人员缴纳保险费。

(12) 生产经营单位与从业人员订立的劳动合同,应当载明有关保障从业人员劳动安全、防止职业危害的事项,以及依法为从业人员办理工伤保险的事项。

生产经营单位不得以任何形式与从业人员订立协议,免除或者减轻其对从业人员因生产安全事故伤亡依法应承担的责任。

(13) 生产经营单位的从业人员有权了解其作业场所和工作岗位存在的危险因素、防范措施及事故应急措施,有权对本单位的安全生产工作提出建议。

(14) 从业人员有权对本单位安全生产工作中存在的问题提出批评、检举、控告;有权拒绝违章指挥和强令冒险作业。

生产经营单位不得因从业人员对本单位安全生产工作提出批评、检举、控告或者拒绝违章指挥、强令冒险作业而降低其工资、福利等待遇或者解除与其订立的劳动合同。

(15) 从业人员发现直接危及人身安全的紧急情况时,有权停止作业或者在采取可能的应急措施后撤离作业场所。

生产经营单位不得因从业人员在前款紧急情况下停止作业或者采取紧急撤离措施而降低其工资、福利等待遇或者解除与其订立的劳动合同。

(16) 生产经营单位发生生产安全事故后,应当及时采取措施救治有关人员。

因生产安全事故受到损害的从业人员,除依法享有工伤保险外,依照有关民事法律尚有获得赔偿的权利的,有权提出赔偿要求。

(17) 从业人员在作业过程中,应当严格落实岗位安全责任,遵守本单位的安全生产规章制度和操作规程,服从管理,正确佩戴和使用劳动防护用品。

(18) 工会有权对建设项目的安全设施与主体工程同时设计、同时施工、同时投入生产和使用进行监督,提出意见。

工会对生产经营单位违反安全生产法律、法规,侵犯从业人员合法权益的行为,有权要求纠正;发现生产经营单位违章指挥、强令冒险作业或者发现事故隐患时，有权提出解决的建议，生产经营单位应当及时研究答复；发现危及从业人员生命安全的情况时，有权向生产经营单位建议组织从业人员撤离危险场所，生产经营单位必须立即作出处理。

工会有权依法参加事故调查，向有关部门提出处理意见，并要求追究有关人员的责任。

（19）生产经营单位对负有安全生产监督管理职责的部门的监督检查人员依法履行监督检查职责，应当予以配合，不得拒绝、阻挠。

（20）负有安全生产监督管理职责的部门应当建立举报制度，公开举报电话、信箱或者电子邮件地址等网络举报平台，受理有关安全生产的举报；受理的举报事项经调查核实后，应当形成书面材料；需要落实整改措施的，报经有关负责人签字并督促落实。对不属于本部门职责，需要由其他有关部门进行调查处理的，转交其他有关部门处理。

涉及人员死亡的举报事项，应当由县级以上人民政府组织核查处理。

（21）生产经营单位发生生产安全事故后，事故现场有关人员应当立即报告本单位负责人。

单位负责人接到事故报告后，应当迅速采取有效措施，组织抢救，防止事故扩大，减少人员伤亡和财产损失，并按照国家有关规定立即如实报告当地负有安全生产监督管理职责的部门，不得隐瞒不报、谎报或者迟报，不得故意破坏事故现场、毁灭有关证据。

2.《劳动法》

《劳动法》是为了保护劳动者的合法权益，调整劳动关系，建立和维护适应社会主义市场经济的劳动制度，促进经济发展和社会进步而制定的，自 1995 年 1 月 1 日起施行。根据 2018 年 12 月 29 日第十三届全国人民代表大会常务委员会第七次会议《关于修改〈中华人民共和国劳动法〉等七部法律的决定》第二次修正。

《劳动法》规定了劳动者享有的基本权利和义务。劳动者享有平等就业和选择职业的权利、取得劳动报酬的权利、休息休假的权利、获得劳动安全卫生保护的权利、接受职业技能培训的权利、享受社会保险和福利的权利、提请劳动争议处理的权利以及法律规定的其他劳动权利。

劳动者应当完成劳动任务，提高职业技能，执行劳动安全卫生规程，遵守劳动纪律和职业道德。

国家实行劳动者每日工作时间不超过 8 小时、平均每周工作时间不超过 44 小时的工时制度。用人单位应当保证劳动者每周至少休息一日。劳动者连续工作一年以上的，享受带薪年休假。用人单位与劳动者发生劳动争议，当事人可以依法申请调解、仲裁、提起诉讼，也可以协商解决。

休息日安排劳动者工作又不能安排补休的，支付不低于工资的200%的工资报酬。

《劳动法》规定禁止用人单位招用未满 16 周岁的未成年人。

3.《劳动合同法》

《劳动合同法》是为了完善劳动合同制度，明确劳动合同双方当事人的权利和义务，保护劳动者的合法权益，构建和发展和谐稳定的劳动关系而制定的，自 2008 年 1 月 1 日起施行。该法修正案于 2012 年 12 月 28 日通过，自 2013 年 7 月 1 日起施行。

《劳动合同法》规定，订立劳动合同，应当遵循合法、公平、平等自愿、协商一致、诚实信用的原则。用人单位招用劳动者时，应当如实告知劳动者工作内容、工作条件、工作地点、职业危害、安全生产状况、劳动报酬，以及劳动者要求了解的其他情况；用人单位有权了解劳动者与劳动合同直接相关的基本情况，劳动者应当如实说明。

劳动合同应当具备以下条款：① 用人单位的名称、住所和法定代表人或者主要负责人；② 劳动者的姓名、住址和居民身份证或者其他有效身份证件号码；③ 劳动合同期限；④ 工作内容和工作地点；⑤ 工作时间和休息休假；⑥ 劳动报酬；⑦ 社会保险；⑧ 劳动保护、劳动条件和职业危害防护；⑨ 法律、法规规定应当纳入劳动合同的其他事项。

劳动合同期限 3 个月以上不满 1 年的，试用期不得超过 1 个月；劳动合同期限 1 年以上不满 3 年的，试用期不得超过 2 个月；3 年以上固定期限和无固定期限的劳动合同，试用期不得超过 6 个月。劳动者在试用期的工资不得低于本单位相同岗位最低档工资或者劳动合同约定工资的百分之八十，并不得低于用人单位所在地的最低工资标准。

劳动者拒绝用人单位管理人员违章指挥、强令冒险作业的不视为违反劳动合同。

4.《刑法修正案(十一)》

《刑法》是规定犯罪、刑事责任和刑罚的法律,是追究安全生产违法犯罪行为刑事责任的重要依据。

2020 年 12 月 26 日,第十三届全国人民代表大会常务委员会第二十四次会议通过《中华人民共和国刑法修正案(十一)》,自 2021 年 3 月 1 日起施行。其中涉及安全生产的主要内容如下:

"强令他人违章冒险作业,或者明知存在重大事故隐患而不排除,仍冒险组织作业,因而发生重大伤亡事故或者造成其他严重后果的,处五年以下有期徒刑或者拘役;情节特别恶劣的,处五年以上有期徒刑。"

"在生产、作业中违反有关安全管理的规定,有下列情形之一,具有发生重大伤亡事故或者其他严重后果的现实危险的,处一年以下有期徒刑、拘役或者管制:

"(一)关闭、破坏直接关系生产安全的监控、报警、防护、救生设备、设施,或者篡改、隐瞒、销毁其相关数据、信息的;

"(二)因存在重大事故隐患被依法责令停产停业、停止施工、停止使用有关设备、设施、场所或者立即采取排除危险的整改措施,而拒不执行的;

"(三)涉及安全生产的事项未经依法批准或者许可,擅自从事矿山开采、金属冶炼、建筑施工,以及危险物品生产、经营、储存等高度危险的生产作业活动的。"

5.《职业病防治法》

《职业病防治法》是为了预防、控制和消除职业病危害,防治职业病,保护劳动者健康及其相关权益,促进经济发展而制定的,自 2002 年 5 月 1 日起施行。根据 2018 年 12 月 29 日第十三届全国人民代表大会常务委员会第七次会议《关于修改〈中华人民共和国劳动法〉等七部法律的决定》第四次修正。

《职业病防治法》规定,职业病防治工作坚持预防为主、防治结合的方针,建立用人单位负责、行政机关监管、行业自律、职工参与和社会监管的机制，实行分类管理、综合治理。劳动者依法享有职业卫生保护的权利。

该法所称职业病，是指企业、事业单位和个体经济组织等用人单位的劳动者在职业活动中，因接触粉尘、放射性物质和其他有毒、有害因素而引起的疾病。

（二）安全生产行政法规

1.《生产安全事故报告和调查处理条例》

《生产安全事故报告和调查处理条例》是为了规范生产安全事故的报告和调查处理，落实生产安全事故责任追究制度，防止和减少生产安全事故而制定的，自 2007 年 6 月 1 日起施行。

该条例将事故划分为特别重大事故、重大事故、较大事故和一般事故 4 个等级。

事故报告应当及时、准确、完整，任何单位和个人对事故不得迟报、漏报、谎报或者瞒报。事故发生后，事故现场有关人员应当立即向本单位负责人报告；单位负责人接到报告后，应当于 1 小时内向事故发生地县级以上人民政府安全生产监督管理部门和负有安全生产监督管理职责的有关部门报告。

2.《工伤保险条例》

《工伤保险条例》是为了保障因工作遭受事故伤害或者患职业病的职工获得医疗救治和经济补偿，促进工伤预防和职业康复，分散用人单位的工伤风险而制定的，自 2004 年 1 月 1 日起施行，2010 年 12 月 20 日进行了修订，自 2011 年 1 月 1 日起施行。

《工伤保险条例》内容包括总则、工伤保险基金、工伤认定、劳动能力鉴定、工伤保险待遇、监督管理、法律责任等。

该条例规定用人单位应当按时缴纳工伤保险费，职工个人不缴纳工伤保险费；职工因工作遭受事故伤害或者患职业病进行治疗，享受工伤医疗待遇；职工因工作遭受事故伤害或者患职业病需要暂停工作接受工伤医疗的，在停工留薪期内，原工资福利待遇不变，由所在单位按月支付；生活不能自理的工伤职工在停工留薪期需要护理的，由所在单位负责。

职工有下列情形之一的,应当认定为工伤:① 在工作时间和工作场所内,因工作原因受到事故伤害的。② 工作时间前后在工作场所内,从事与工作有关的预备性或者收尾性工作受到事故伤害的。③ 在工作时间和工作场所内,因履行工作职责受到暴力等意外伤害的。④ 患职业病的。⑤ 因工外出期间,由于工作原因受到伤害或者发生事故下落不明的。⑥ 在上下班途中,受到非本人主要责任的交通事故或者城市轨道交通、客运轮渡、火车事故伤害的。⑦ 法律、行政法规规定应当认定为工伤的其他情形。

职工有下列情形之一的,不得认定为工伤或者视同工伤:① 故意犯罪的;② 醉酒或者吸毒的;③ 自残或者自杀的。

(三) 安全生产规章、细则、行业标准

1.《煤矿安全规程》

《煤矿安全规程》是煤矿企业必须遵守的法定规程,其制定目的是保障煤矿安全生产和从业人员的人身安全与健康,防止煤矿事故与职业病危害。2022 版《煤矿安全规程》根据《应急管理部关于修改〈煤矿安全规程〉的决定》修订,自 2022 年 4 月 1 日起施行。

第四条 从事煤炭生产与煤矿建设的企业(以下统称煤矿企业)必须遵守国家有关安全生产的法律、法规、规章、规程、标准和技术规范。

煤矿企业必须加强安全生产管理,建立健全各级负责人、各部门、各岗位安全生产与职业病危害防治责任制。

煤矿企业必须建立健全安全生产与职业病危害防治目标管理、投入、奖惩、技术措施审批、培训、办公会议制度,安全检查制度,安全风险分级管控工作制度,事故隐患排查、治理、报告制度,事故报告与责任追究制度等。

煤矿企业必须制定重要设备材料的查验制度,做好检查验收和记录,防爆、阻燃抗静电、保护等安全性能不合格的不得入井使用。

煤矿企业必须建立各种设备、设施检查维修制度,定期进行检查维修,并做好记录。

煤矿必须制定本单位的作业规程和操作规程。

第八条 ……从业人员有权制止违章作业,拒绝违章指挥;当工作地点出现险情时，有权立即停止作业，撤到安全地点；当险情没有得到处理不能保证人身安全时，有权拒绝作业。

从业人员必须遵守煤矿安全生产规章制度、作业规程和操作规程，严禁违章指挥、违章作业。

2.《防治煤与瓦斯突出细则》

为了加强防治煤（岩）与瓦斯（二氧化碳）突出的工作，预防煤矿事故，保障从业人员生命安全，原国家煤矿安全监察局于 2019 年 7 月 16 日颁布了《防治煤与瓦斯突出细则》，自 2019 年 10 月 1 日起施行。

第四十一条　突出矿井的管理人员和井下工作人员必须接受防突知识的培训，经考试合格后方可上岗作业。

各类人员的培训达到下列要求：

（1）突出矿井的井下工作人员的培训包括防突基本知识以及与本岗位相关的防突规章制度。

（2）突出矿井的区（队）长、班组长和有关职能部门的工作人员应当全面熟悉两个“四位一体”综合防突措施、防突的规章制度等内容。

（3）突出矿井的防突工属于特种作业人员，必须接受防突知识、操作技能的专门培训，并取得特种作业操作证。

（4）有突出矿井的煤矿企业技术负责人和突出矿井的矿长、总工程师应当接受防突专项培训，具备突出矿井的安全生产知识和管理能力。

第四十二条　突出矿井的矿长、总工程师、防突机构和安全管理机构负责人、防突工应当满足下列要求：

矿长、总工程师应当具备煤矿相关专业大专及以上学历，具有 3 年以上煤矿相关工作经历；

防突机构和安全管理机构负责人应当具备煤矿相关中专及以上学历，具有 2 年以上煤矿相关工作经历；

防突机构应当配备不少于 2 名专业技术人员，具备煤矿相关专业中专及以上学历；

防突工应当具备初中及以上文化程度（新上岗的煤矿特种作业人员应当具备高中及以上文化程度），具有煤矿相关工作经历，或者具备职业高中、技工学校及中专以上相关专业学历。

3.《煤矿防灭火细则》

为了加强煤矿防灭火工作，有效防控煤矿火灾事故，保障煤矿安全生产及从业人员生命和健康，国家矿山安全监察局于2021年10月12日颁布了《煤矿防灭火细则》，自2022年1月1日起施行。

第三条　煤矿企业、煤矿的主要负责人(法定代表人、实际控制人)是本单位防灭火工作的第一责任人，总工程师是防灭火工作的技术负责人。

煤矿企业、煤矿应当明确防灭火工作负责部门，建立健全防灭火管理制度和各级岗位责任制度。开采容易自燃和自燃煤层的矿井应当配备满足需要的防灭火专业技术人员。

第五条　开采容易自燃和自燃煤层的矿井，必须建立注浆系统或者注惰性气体防火系统，并建立煤矿自然发火监测系统。

第九条　煤矿企业、煤矿必须对从业人员进行防灭火教育和培训，定期对防灭火专业技术人员进行培训，提高其防灭火工作技能和有效处置火灾的应急能力。

第十一条　鼓励煤矿企业、煤矿和科研单位开展煤矿火灾防治科技攻关，研发、推广新技术、新工艺、新材料、新装备，提高煤矿火灾防治能力和智能化水平。

第三十八条　井下严格实行明火管制，并符合下列规定：

(一) 严禁在采掘工作面进行电焊、气割等动火作业。

(二) 严禁携带烟草和点火物品，严禁穿化纤衣服入井。

(三) 井下严禁使用灯泡取暖和使用电炉。

(四) 井下爆破作业时，应当按照矿井瓦斯等级选用煤矿许用炸药和雷管，并严格按施工工艺进行爆破。

(五) 井口和井下电气设备必须装设防雷击和防短路的保护装置。

第八十五条　当井下发现自然发火征兆时，必须停止作业，立即采取有效措施处置。在发火征兆不能得到有效控制时，必须撤出人员，封闭危险区域。进行封闭施工作业时，其他区域所有人员必须全部撤出。

第八十九条　任何人发现井下火灾时，应当视火灾性质、灾区通风和瓦斯情况，立即采取一切可能的方法直接灭火，控制火势，并迅速报告矿调度室。矿调度室在接到井下火灾报告后，应当立即按灾害预防和处理计划通知有关人员组织抢救灾区人员和实施灭火工作。

矿值班调度和在现场的区、队、班组长应当依照灾害预防和处理计划的规定，将所有可能受火灾威胁区域中的人员撤离，并组织人员灭火。电气设备着火时，应当首先切断其电源；在切断电源前，必须使用不导电的灭火器材进行灭火。

抢救人员和灭火过程中，必须指定专人检查甲烷、一氧化碳、煤尘以及其他有害气体浓度和风向、风量的变化，并采取防止瓦斯、煤尘爆炸和人员中毒的安全措施。

4.《煤矿安全生产标准化管理体系考核定级办法(试行)》和《煤矿安全生产标准化管理体系基本要求及评分方法(试行)》

为贯彻执行《安全生产法》关于“推进安全生产标准化建设”的规定，原国家煤矿安全监察局组织制定了《煤矿安全生产标准化管理体系考核定级办法(试行)》和《煤矿安全生产标准化管理体系基本要求及评分方法(试行)》(煤安监行管〔2020〕16 号)，要求煤矿企业按照新标准化管理体系开展达标创建，进一步深入推进煤矿安全生产标准化管理体系建设深入开展。

1)《煤矿安全生产标准化管理体系考核定级办法(试行)》相关内容

(1)《煤矿安全生产标准化管理体系考核定级办法(试行)》规定，煤矿安全生产标准化管理体系考核等级分为一级、二级、三级 3 个等级，所应达到的要求为：

一级：煤矿安全生产标准化管理体系考核加权得分及各部分得分均不低于 90 分，且不存在下列情形：① 井工煤矿井下单班作业人数超过有关限员规定的；② 发生生产安全死亡事故，自事故发生之日起，一般事故未满 1 年、较大及重大事故未满 2 年、特别重大事故未满 3 年的；③ 安全生产标准化管理体系一级检查考核未通过，自考核定级部门检查之日起未满 1 年的；④ 因管理滑坡或存在重大事故隐患且组织生产被降级或撤销等级未满 1 年的；⑤ 露天煤矿采煤对外承包的，或将剥离工程承包给 2 家(不含)以上施工单位的;⑥ 被列入安全生产“黑名单”或在安全生产联合惩戒期内的;⑦ 井下违规使用劳务派遣工的。

二级:煤矿安全生产标准化管理体系考核加权得分及各部分得分均不低于 80 分,且不存在下列情形:① 井工煤矿井下单班作业人数超过有关限员规定的;② 发生生产安全死亡事故,自事故发生之日起,一般事故未满半年、较大及重大事故未满 1 年、特别重大事故未满 3 年的;③ 因存在重大事故隐患且组织生产被撤销等级未满半年的;④ 被列入安全生产“黑名单”或在安全生产联合惩戒期内的。

三级:煤矿安全生产标准化管理体系考核加权得分及各部分得分均不低于 70 分。

(2) 煤矿安全生产标准化管理体系等级实行分级考核定级。

申报一级的煤矿由省级煤矿安全生产标准化工作主管部门组织初审,国家煤矿安全监察局组织考核定级。申报二级、三级的煤矿的初审和考核定级部门由省级煤矿安全生产标准化工作主管部门确定。

(3) 煤矿安全生产标准化管理体系考核定级按照企业自评申报、初审、考核、公示、公告的程序进行。煤矿安全生产标准化管理体系考核定级部门原则上应在收到煤矿企业申请后的 60 个工作日内完成考核定级。煤矿企业和各级煤矿安全生产标准化工作主管部门,应通过国家煤矿安监局“煤矿安全生产标准化管理体系信息管理系统”完成申报、初审、考核、公示、公告等各环节工作。未按照规定的程序和信息化方式开展考核定级等工作的,不予公告确认。

2)《煤矿安全生产标准化管理体系基本要求及评分方法(试行)》相关内容

《煤矿安全生产标准化管理体系基本要求及评分方法(试行)》包括理念目标和矿长安全承诺、组织机构、安全生产责任制及安全管理制度、从业人员素质、安全风险分级管控、事故隐患排查治理、质量控制和持续改进等 8 个要素。

安全素质基本要求二
从业人员安全生产的权利与义务

学习目标

1. 熟悉从业人员安全生产的权利。
2. 熟悉从业人员在安全生产中应尽的义务。

安全素质基本要求相关知识

《安全生产法》等法律法规，赋予了广大生产经营单位从业人员依法获得安全生产保障的权利；从业人员在享有安全生产保障权利的同时，也必须依法履行安全生产方面的义务。

一、从业人员安全生产的权利

1. 劳动保护和提请劳动争议处理权

职工有要求用人单位保障职工的劳动安全、防治职业病危害的权利。职工与用人单位建立劳动关系时，应当要求订立劳动合同，劳动合同应当载明为职工提供符合国家法律、法规、标准规定的劳动安全卫生条件和必要的劳动防护用品；工作场所存在的职业病危害因素以及有效的防护措施；对从事有毒有害作业的职工定期进行健康检查；依法为职工办理工伤保险等。

当职工的劳动保护权益受到伤害，或者与用人单位因劳动保护问题发生纠纷时，有向有关部门提请劳动争议处理的权利。

2. 安全生产知情权

职工有权了解作业场所和工作岗位存在的危险因素、危害后果，以及针对危险因素应采取的防范措施和事故应急措施，用人单位必须向职工如实告知，不得隐瞒和欺骗；进入工作面前，职工有权要求跟班干部或班长检查工作面，并制定具体安全措施。如果用人单位没有如实告知，职工有权拒绝工作，用人单位不得因此做出对职工不利的处分。

3. 参与安全生产管理权

职工有权参加本单位安全生产工作的民主管理和民主监督，对本单位的安全生产工作提出意见和建议，对不符合党和国家安全生产方针和法律、法规规定的规章、制度有权提出修改意见，用人单位应重视和尊重职工的意见和建议，并及时做出答复。

4. 安全生产监督权

职工有权对企业贯彻、执行党和国家安全生产方针的情况、有关安全生产法规及管理制度的执行情况、管理干部行为、作业现场的安全情况、安全技术措施专项费用使用情况进行监督。

5. 安全生产教育培训权

职工享有参加安全生产教育培训的权利。用人单位应依法对职工进行安全生产法律、法规、规程及相关标准的教育培训，使职工掌握从事岗位工作所必须具备的安全生产知识和技能。用人单位没有依法对职工进行安全生产教育培训，特殊工种作业人员未取得操作资格证书的，职工有权拒绝上岗作业。

6. 职业健康防治权

对于从事接触职业病危害因素或可能导致职业病作业的职工，有权获得职业健康检查并了解检查结果。被诊断为患有职业病的职工有依法享受职业病待遇，接受治疗、康复和定期检查的权利。

7. 拒绝违章指挥权

违章指挥是指用人单位的有关管理人员违反安全生产的法律法规和有关安全规程、规章制度的规定，指挥从业人员进行作业的行为；强令冒险作业是指用人单位的有关管理人员，明知开始或继续作业可能会有重大危险，仍然强迫职工进行作业的行为。违章指挥、强令冒险作业违背了“安全第一”的方针，侵犯了职工的合法权益，职工有权拒绝；违章操作，职工有权制止；跟班干部擅离工作岗位，职工有权向有关方面报告。用人单位不得因职工拒绝违章指挥和强令冒险作业而打击报复，降低其工资、福利等待遇或解除与其订立的劳动合同。

8. 停止作业避险权

职工发现直接危及人身安全的紧急情况时，有权停止作业，或者在采取可能的应急措施后，撤离作业场所。用人单位不得因职工在紧急情况下停止作业或者采取紧急撤离措施而降低其工资、福利待遇或者解除与其订立的劳动合同。但职工在行使这一权利时要慎重，要尽可能正确判断险情危及人身安全的程度。

9. 工伤保险和民事索赔权

用人单位应当依法为职工办理工伤保险，为职工缴纳工伤保险费。职工因安全生产事故受到伤害，除依法应当享受工伤保险外，还有权向用人单位要求民事赔偿。工伤保险和民事赔偿不能互相取代。

10. 批评、检举和控告权

职工有权向煤矿企业和煤炭管理部门、工会组织举报违反有关安全生产法律、法规、制度的行为；有权检举违章指挥、违章作业者；有权反映作业现场安全管理情况和不安全因素。检举可以署名，也可以不署名；可以用书面形式，也可以用口头形式。但是，职工在行使这一权利时，应注意检举和控告的情况必须真实，要实事求是。用人单位不得因职工行使上述权利而对其进行打击、报复，包括不得因此而降低其工资、福利待遇或者解除与其订立的劳动合同。在进行安全生产监督检查时，如果受到打击报复和迫害，职工有权向上级或政府有关部门、工会组织投诉和控告；有权对忽视安全、玩忽职守造成事故的责任者进行检举；有权对隐瞒事故的单位和责任者提出控告。

从业人员离开煤矿企业时，有权索取本人职业健康监护档案复印件，煤矿企业必须如实、无偿提供，并在所提供的复印件上签章。

二、从业人员安全生产的义务

1. 遵守安全生产规章制度和操作规程的义务

职工不仅要严格遵守安全生产有关法律法规，还应当遵守用人单位的安全生产规章制度和操作规程，这是职工在安全生产方面的一项法定义务。职工必须增强法纪观念，自觉遵章守纪，从维护国家利益、集体利益以及自身利益出发，把遵章守纪、按章操作落实到具体的工作中。

2. 服从安全生产管理的义务

服从煤矿安全检查、安全监察管理；自觉服从安全监督部门、安全监察部门的指挥，自觉配合安全监察人员的工作，协助他们执行公务，并提供真实信息和有关资料。

用人单位的安全生产管理人员一般具有较多的安全生产知识和较丰富的经验，职工服从管理，可以保持生产经营活动的良好秩序，有效地避免、减少生产安全事故的发生。因此，职工应当服从管理，这也是职工在安全生产方面的一项法定义务。当然，职工对于违章指挥、强令冒险作业的行为，有权拒绝。

3. 正确佩戴和使用劳动防护用品的义务

劳动防护用品是保护职工在劳动过程中安全与健康的一种防御性装备，不同的劳动防护用品有其特定的佩戴和使用规则、方法，只有正确佩戴和使用，方能真正起到防护作用。用人单位在为职工提供符合国家或行业标准的劳动防护用品后，职工有义务正确佩戴和使用劳动防护用品。

4. 发现事故隐患及时报告并参加抢险救灾的义务

职工发现事故隐患和不安全因素后，应及时向现场安全生产管理人员或本单位负责人报告，接到报告的人员应当及时予以处理。一般来说，职工报告得越早，接受报告的人员处理得越早，事故隐患和其他职业危险因素可能造成的危害就越小。在煤矿发生事故后，职工应积极参加抢救事故，不能以任何借口逃避事故抢救工作。

5. 接受安全生产培训教育的义务

职工应依法接受安全生产的教育和培训，掌握所从事岗位工作所需的安全生产知识，提高安全生产技能，增强事故预防和应急处理能力。特殊性工种作业人员和有关法律法规规定须持证上岗的作业人员，必须经培训考核合格后，依法取得相应的资格证书或合格证书，方可上岗作业。

6. 改善工作环境和爱护生产设施、设备的义务

职工在工作中，应积极参加技术革新活动，提出合理化建议，不断改善劳动条件和工作环境。

煤矿企业的生产设备及安全生产设施是安全生产的保证，要自觉维护其正常运转和安全使用，使其发挥保障安全生产的作用。

安全素质基本要求三　劳动保护制度

学习目标

1. 了解劳动安全卫生制度。
2. 了解特殊劳动保护制度。
3. 了解工作时间和休息休假制度。

安全素质基本要求相关知识

劳动保护是国家和单位为保护劳动者在劳动生产过程中的安全和健康所采取的立法、组织和技术措施的总称，是指根据国家法律、法规，依靠技术进步和科学管理，采取组织措施和技术措施，消除危及人身安全健康的不良条件和行为，防止事故和职业病，保护劳动者在劳动过程中的安全与健康。根据《劳动法》的规定，劳动保护制度主要包括以下几类。

一、劳动安全卫生制度

劳动安全卫生保护的内容十分广泛，且因不同行业有着不同的重点和差别，《劳动法》在第六章规定了劳动安全卫生制度的基本内容：

(1) 用人单位必须建立、健全劳动安全卫生制度，严格执行国家劳动安全卫生规程和标准，对劳动者进行劳动安全卫生教育，防止劳动过程中的事故，减少职业危害。

(2) 劳动安全卫生设施必须符合国家规定的标准。

新建、改建、扩建工程的劳动安全卫生设施必须与主体工程同时设计、同时施工、同时投入生产和使用。

(3) 用人单位必须为劳动者提供符合国家规定的劳动安全卫生条件和必要的劳动防护用品，对从事有职业危害作业的劳动者应当定期进行健康检查。

(4) 从事特种作业的劳动者必须经过专门培训并取得特种作业

资格。

(5) 劳动者在劳动过程中必须严格遵守安全操作规程。

劳动者对用人单位管理人员违章指挥、强令冒险作业,有权拒绝执行;对危害生命安全和身体健康的行为,有权提出批评、检举和控告。

(6) 国家建立伤亡事故和职业病统计报告和处理制度。县级以上各级人民政府劳动行政部门、有关部门和用人单位应当依法对劳动者在劳动过程中发生的伤亡事故和劳动者的职业病状况,进行统计、报告和处理。

二、特殊劳动保护制度

(1) 国家对女职工和未成年工实行特殊劳动保护。未成年工是指年满 16 周岁未满 18 周岁的劳动者。

(2) 禁止安排女职工从事矿山井下、国家规定的第四级体力劳动强度的劳动和其他禁忌从事的劳动。

(3) 不得安排女职工在经期从事高处、低温、冷水作业和国家规定的第三级体力劳动强度的劳动。

(4) 不得安排女职工在怀孕期间从事国家规定的第三级体力劳动强度的劳动和孕期禁忌从事的劳动。对怀孕 7 个月以上的女职工,不得安排其延长工作时间和夜班劳动。

(5) 女职工生育享受不少于 90 天的产假。

(6) 不得安排女职工在哺乳未满 1 周岁的婴儿期间从事国家规定的第三级体力劳动强度的劳动和哺乳期禁忌从事的其他劳动,不得安排其延长工作时间和夜班劳动。

(7) 不得安排未成年工从事矿山井下、有毒有害、国家规定的第四级体力劳动强度的劳动和其他禁忌从事的劳动。

(8) 用人单位应当对未成年工定期进行健康检查。

三、工作时间和休息休假制度

(1) 国家实行劳动者每日工作时间不超过 8 小时、平均每周工作时间不超过 44 小时的工时制度。

(2) 对实行计件工作的劳动者,用人单位应当根据上一条规定的工时制度合理确定其劳动定额和计件报酬标准。

(3) 用人单位应当保证劳动者每周至少休息1日。

(4) 企业因生产特点不能实行上述规定的，经劳动行政部门批准，可以实行其他工作和休息办法。

(5) 用人单位在下列节日期间应当依法安排劳动者休假：元旦、春节、国际劳动节、国庆节及法律、法规规定的其他休假节日等。

(6) 用人单位由于生产经营需要，经与工会和劳动者协商后可以延长工作时间，一般每日不得超过1小时；因特殊原因需要延长工作时间的，在保障劳动者身体健康的条件下延长工作时间每日不得超过3小时，但是每月不得超过36小时。

(7) 有下列情形之一的，延长工作时间不受上一条的限制：① 发生自然灾害、事故或者因其他原因，威胁劳动者生命健康和财产安全，需要紧急处理的；② 生产设备、交通运输线路、公共设施发生故障，影响生产和公众利益，必须及时抢修的；③ 法律、行政法规规定的其他情形。

(8) 用人单位不得违反《劳动法》规定延长劳动者的工作时间。

(9) 有下列情形之一的，用人单位应当按照下列标准支付高于劳动者正常工作时间工资的工资报酬：① 安排劳动者延长工作时间的，支付不低于工资的150％的工资报酬；② 休息日安排劳动者工作又不能安排补休的，支付不低于工资的200％的工资报酬；③ 法定休假日安排劳动者工作的，支付不低于工资的300％的工资报酬。

(10) 国家实行带薪年休假制度。

劳动者连续工作1年以上的，享受带薪年休假。具体办法由国务院规定。

模块二　煤矿从业人员入井常识

安全素质基本要求一　煤矿从业人员入井须知

学习目标

1. 熟悉煤矿入井人员的基本条件。
2. 熟悉煤矿入井人员行为规范。

安全素质基本要求相关知识

一、入井人员的基本条件

根据有关法律法规的规定，煤矿井下从业人员必须符合下列基本条件：

(1) 身体健康，无职业禁忌证。凡是有下列病症的不得从事煤矿井下作业：

入井前的准备
（微信扫码观看）

① 活动性肺结核和肺外结核病。
② 严重的上呼吸道或支气管疾病。
③ 显著影响肺功能的肺脏或胸膜病变。
④ 心、血管器质性疾病。
⑤ 经医疗鉴定，不适于从事粉尘作业的其他疾病。
⑥ 风湿病（反复活动）。
⑦ 严重的皮肤病。
⑧ 癫痫病。
⑨ 精神分裂症。

⑩ 经医疗鉴定，不适于从事井下工作的其他疾病。

（2）年满 18 周岁且不超过国家法定退休年龄。

（3）具有初中及以上文化程度。

二、煤矿入井人员行为规范

煤矿从业人员必须遵守入井的基本行为规范，以保证自己和他人的安全。

（1）入井（场）人员必须戴安全帽等个体防护用品，穿带有反光标识的工作服。入井（场）前严禁饮酒。

（2）入井人员必须随身携带自救器、标识卡和矿灯，严禁携带烟草和点火物品，严禁穿化纤衣服。

（3）煤矿作业人员必须熟悉应急救援预案和避灾路线，具有自救互救和安全避险知识。井下作业人员必须熟练掌握自救器和紧急避险设施的使用方法。

（4）对作业场所和工作岗位存在的危险有害因素及防范措施、事故应急措施、职业病危害及其后果、职业病危害防护措施等，煤矿企业应当履行告知义务，从业人员必须熟悉、有权了解并提出建议。

（5）所有入井人员必须遵守《煤矿安全规程》、作业规程、煤矿安全技术操作规程的相关规定，经过安全培训并考核合格方可入井。

（6）入井人员下井前，要休息好，做到心情愉快，保持精力旺盛。

（7）乘坐罐笼上下井时，要遵守乘坐罐笼的有关规定，服从指挥，排队按次序上下，不得拥挤、打闹和摘掉安全帽。

（8）乘车时只准乘坐专门的人车，必须遵守乘车规定，严禁在车辆行驶中登车、爬车、跳车等。

（9）在大巷行走时，要精神集中，注意避让来往车辆，过交叉道口要做到“一停、二看、三通过”。

入井安全注意事项
（微信扫码观看）

（10）服从安全管理，按照规定正确携带工器具，正确识别井下各类信号。

安全素质基本要求二　煤矿井下避灾路线

学习目标

1. 熟悉安全出口相关要求。
2. 熟悉井下安全避险系统。
3. 熟悉煤矿井下避灾路线。

安全素质基本要求相关知识

一、安全出口

矿井建设期间的安全出口应当符合下列要求：① 开凿或者延深立井时，井筒内必须设有在提升设备发生故障时专供人员出井的安全设施和出口；井筒到底后，应当先短路贯通，形成至少 2 个通达地面的安全出口。② 相邻的两条斜井或者平硐施工时，应当及时按设计要求贯通联络巷。

每个生产矿井必须至少有 2 个能行人的通达地面的安全出口，各出口间距不得小于 30 m。

采用中央式通风的新建和改扩建矿井，设计中应当规定井田边界的安全出口。

新建、改扩建矿井的回风井严禁兼作提升和行人通道，紧急情况下可作为安全出口。

井下每一个水平到上一个水平和各个采（盘）区都必须至少有 2 个便于行人的安全出口，并与通达地面的安全出口相连。未建成 2 个安全出口的水平或者采（盘）区严禁回采。

井巷交岔点，必须设置路标，标明所在地点，指明通往安全出口的方向。

通达地面的安全出口和 2 个水平之间的安全出口，倾角不大于 45°时，必须设置人行道，并根据倾角大小和实际需要设置扶手、台阶或者梯道。倾角大于45°时，必须设置梯道间或者梯子间，斜井梯道间必须分段错开设置，每段斜长不得大于10 m；立井梯子间中的梯子角度不得大于80°，相邻2个平台的垂直距离不得大于8 m。

安全出口应当经常清理、维护，保持畅通。

采煤工作面必须保持至少2个畅通的安全出口，一个通到进风巷道，另一个通到回风巷道。

采煤工作面所有安全出口与巷道连接处超前压力影响范围内必须加强支护，且加强支护的巷道长度不得小于20 m；综合机械化采煤工作面，此范围内的巷道高度不得低于1.8 m；其他采煤工作面，此范围内的巷道高度不得低于1.6 m。安全出口和与之相连接的巷道必须设专人维护，发生支架断梁折柱、巷道底鼓变形时，必须及时更换、清挖。

二、井下安全避险系统

煤矿必须建立矿井安全避险系统，对井下人员进行安全避险和应急救援培训，每年至少组织1次应急演练。

煤矿安全避险"六大系统"包括矿井安全监控系统、人员位置监测系统、井下紧急避险系统、压风自救系统、供水施救系统和通信联络系统。矿井安全监控系统实现对煤矿井下瓦斯、一氧化碳浓度、温度、风速的动态监控，完善紧急情况下及时断电撤人制度；人员位置监测系统，准确掌握各个区域作业人员的情况；救生舱、避难硐室等井下紧急避险系统，实现井下灾害突发时的安全避险；压风自救系统，确保灾变时现场作业人员有充分的氧气供应；供水施救系统，在灾变后为井下作业人员提供清洁水源或必要的营养液；通信联络系统，实现井上、井下和各个作业地点通信通畅。

所有井工煤矿必须按规定建设完善煤矿安全避险"六大系统"，入井人员必须熟悉煤矿安全避险"六大系统"。

三、煤矿井下避灾路线

煤矿根据不同的灾变和灾害发生地点而制定的能使井下人员用尽量短的时间、从最近的距离撤到安全地点的路线，称为避灾路线。煤矿井下作业人员必须熟知避灾路线，以便发生灾害事故时，能够安全撤离。

最佳的避灾路线必须满足三个条件：一是适合不同的灾害事故，二是安全条件好，三是撤离时间最短。

井下所有工作地点必须设置灾害事故避灾路线。避灾路线指示应当设置在不易受到碰撞的显著位置，在矿灯照明下清晰可见，并标注所在位置。巷道交叉口必须设置避灾路线标识。

巷道内设置标识的间隔距离：采区巷道不大于 200 m，矿井主要巷道不大于 300 m。

煤矿作业人员必须熟悉应急救援预案和避灾路线，具有自救互救和安全避险知识。井下作业人员必须熟练掌握自救器和紧急避险设施的使用方法。

班组长应当具备兼职救护队员的知识和能力，能够在发生险情后第一时间组织作业人员自救互救和安全避险。

外来人员必须经过安全和应急基本知识培训，掌握自救器使用方法，并签字确认后方可入井。

安全素质基本要求三
煤矿矿用产品安全标志和井下安全警示标志

学习目标

1. 熟悉煤矿矿用产品安全标志。
2. 熟悉煤矿井下安全警示标志。

安全素质基本要求相关知识

一、煤矿矿用产品安全标志

2007 年 4 月 1 日实施的《矿用产品安全标志标识》(AQ 1043—2007)中规定了矿用产品安全标志标识的分类、型式、尺寸、材质、颜色、使用及管理要求。

矿用产品安全标志由矿用产品安全标志证书和矿用产品安全标志

标识两部分组成。

取得矿用产品安全标志的产品，只有加施标识后生产单位方可销售，使用单位方可采购和使用。

煤矿矿用产品安全标志标识的标准型式为六边形边框，内加汉语拼音缩写“MA”，意为“煤安”，边框线表示全国煤矿范围使用，数字代码为安全标志编号，如图 1-1 所示。

图 1-1　煤矿矿用产品安全标志标识

二、煤矿井下安全警示标志

安全标志是指井下悬挂或张贴的图文标志，目的是引起煤矿井下作业人员对现场不安全因素的警觉并采取相应的措施，预防事故的发生。

2006 年 3 月 1 日实施的《煤矿井下安全标志》(AQ 1017—2005)规定了煤矿井下传递安全警示信息的安全标志，适用于各类井工开采的煤矿。

煤矿井下安全标志分为主标志和文字补充标志两类。主标志分为禁止标志、警告标志、指令标志和路标、名牌、提示标志。文字补充标志是主标志的文字说明或方向指示，它只能与主标志同时使用。文字补充标志基本形式是矩形边框，放在主标志下方，也可放在左方或右方。文字补充标志的底色应与联用的主标志底色相统一，其文字的颜色，除警告标志用黑色外，其他标志均为白色。

煤矿井下安全标志牌位置应设在与安全有关的明显的地方，并保证人们有足够的时间注意它所表示的内容。

煤矿井下安全标志牌应定期清洗，每季至少检查一次。如有变形、损坏、变色、图形符号脱落、亮度老化等现象应及时修理或更换。

（1）禁止标志是禁止或制止人们的某种行为的标志。禁止标志为白底、红圈、红斜杠、黑图形符号。煤矿井下常用的禁止标志见附表4-1。

（2）警告标志是警告人们可能发生危险的标志。警告标志的基本形状为等边三角形，顶角朝上。警告标志为黄底、黑边、黑图形符号。煤矿井下常用的警告标志见附表4-2。

（3）指令标志是指示人们必须遵守某种规定的标志。指令标志基本形状为圆形。指令标志为蓝底、白图形符号。煤矿常用的指令标志见附表4-3。

（4）路标、名牌、提示标志是告诉人们目标、方向、地点的标志。路标、名牌、提示标志基本形状为长方形。路标、名牌、提示标志为绿底（红底或黄底）、白图案（黑图案）、白字或黑字。煤矿井下常用的路标、名牌、提示标志见附表4-4。

煤矿井下安全设施和安全标志（微信扫码观看）

安全素质基本要求四 常见“三违”行为及其危害

学习目标

1. 熟悉“三违”的定义。
2. 熟悉“三违”的危害。
3. 熟悉“三违”常见的表现形式。
4. 熟悉“三违”现象产生的主观原因。
5. 提升安全意识，杜绝“三违”发生，搞好安全生产。

安全素质基本要求相关知识

安全意识就是人们头脑中建立起来的生产必须安全的观念，也就是人们在生产活动中各种各样有可能对自己或他人造成伤害的外在环境条件的一种戒备和警觉的心理状态。违章蛮干，会给个人、家庭、企业、社会带来严重后果和沉重负担。

一、“三违”的定义

“三违”是违章指挥、违章作业、违反劳动纪律的简称。“三违”极易导致事故，而事故带来的影响是深远的，损失是难以估量的，会给个人、家庭、企业、社会带来巨大的伤痛和损失。因此，要保障个人的安全健康和家庭的幸福、要保障企业的长治久安和社会的和谐稳定，就要控制各类事故的发生，而控制事故发生的关键是杜绝违章。

(1) 违章指挥：是指违反国家的安全生产方针、政策、法律、条例、规程、标准、制度及生产经营单位的规章制度和技术方案的指挥行为。

(2) 违章作业：是指在劳动过程中违反国家法律法规和生产经营单位制定的各项规章制度，包括工艺技术、生产操作、劳动保护、安全管理等方面的规程、规则、章程、条例、办法和制度等，以及有关安全生产的通知、决定的行为。

(3) 违反劳动纪律：是指违反在劳动生产过程中，为维护生产秩序，而制定的要求每个员工遵守的规章制度的行为。劳动纪律是多方面的，它包括组织纪律、工作纪律、技术纪律以及规章制度等。

二、“三违”的危害

“三违”可能会对自身或他人生命造成伤害，一旦酿成事故会给亲人、朋友带来生活上的困难和感情上的痛苦。“三违”现象已成为严重威胁职工生命安全健康，影响企业形象和制约企业安全发展的顽症。“三违”实质上是一种违反安全生产客观规律的盲目行为，安全事故与“三违”有着直接或间接联系。煤矿工人由于一些原因还存在安全意识不强、法治观念淡薄的情况，“三违”现象时有出现，屡禁不绝，严重地威胁了矿井的正常生产和矿工的生命安全健康，其影响极坏、危害极大。因此，对“三违”的现象和行为，绝不能宽恕、忽视。我们只有坚决与“三违”作斗争，坚决反“三违”，才能确保矿井的安全生产。

三、“三违”常见的表现形式

（1）常见的违章指挥行为。不按照安全生产责任制有关本职工作规定履行职责；不按规定对员工进行安全教育培训；强令员工冒险违章作业；不按照规定审查、批准技术方案和安全措施；不认真执行企业发布的管理程序；新建、改建、扩建项目不执行“三同时”的规定，不履行审批手续；对已发现的事故隐患，不及时采取措施，放任自流等。

（2）常见的违章作业行为。不按规定正确佩戴和使用劳动防护用品；发现设备或安全防护装置缺损，继续操作；不执行规定的安全防范措施，对违章指挥盲目服从，不加抵制；违反规程或安全技术措施作业；不按操作规程、工艺要求操作设备；忽视安全、忽视警告，冒险进入危险区域等。

（3）常见违反劳动纪律的表现。迟到、早退、擅离职守；工作时间干私活、办私事；上班注意力不集中、消极怠工；工作中不服从分配、不听从指挥；无理取闹、纠缠领导、影响正常工作；私自动用他人工具、设备；不遵守各项规章制度，违反工艺流程和操作规程等。

四、“三违”现象产生的主观原因

“三违”现象产生的原因有：人员安全意识不强，安全作业综合素质不高；不懂规章或规章懂得太少；存在侥幸、麻痹、自满、马虎、凑合、逆反、应付、从众型等多种心理，认为违章不会造成事故；认为规章太烦琐，操作费力费时，抢功图快；个体所受安全教育少、安全作业技能水平较低；作业环境差、劳动强度大、易疲劳，习惯性违章；情绪不良原因，操作失误；认知水平低等。

五、提升安全意识，杜绝“三违”

（1）“三违”的外在表现是行为，根子在思想和意识。从思想和意识深处着手才是根治“三违”的治本之策。根治“三违”的关键，就是要保证“三违”人员的安全思想意识认识到位。要以人为本，在关心人、尊重人、保护人上多想办法，多做工作，引导职工不断增强安全意识，规范自身行为，进而成为“想安全、会安全、能安全”的安全人。要帮助职工树立正确的安全生产思想观念，提高其安全生产意识，促使职工能够自觉安全生产。

(2) 对"三违"职工的安全教育方法多种多样,应坚持以人为本。针对"三违"职工的不同违章心理,分析其"三违"产生的直接原因及深层次原因,及时疏导和消除其违章心理,对职工的教育要动之以情,晓之以理,导之以行。加大安全教育力度,特别是加大对"三违"职工的培训力度,提高其安全知识水平和安全操作技能。只有让职工充分认识到"三违"的严重后果,才能切实增强其安全意识,提高其安全技能,杜绝"三违"现象。

(3) 严格安全管理,自觉规范行为。加大现场安全管理力度,严格执行各项规章制度,把遵章守纪、按章作业转化为员工的自觉行动。加强区队、班组管理,加强班组建设,提高区队队干和班组长的安全责任心,落实好各级人员安全生产责任制。开展班组安全联保互保,营造人人争当安全人的浓厚氛围,实现企业的安全生产。

模块三　职业病危害因素及职业病防治

安全素质基本要求一
煤矿职业病危害因素及职业病类型

学习目标

1. 熟悉职业病及职业病危害因素概述。
2. 熟悉煤矿常见职业病危害因素。
3. 熟悉煤矿常见职业病。
4. 熟悉用人单位职业病危害因素防治管理职责。
5. 熟悉从业人员和用人单位职业病预防的权利和义务。

安全素质基本要求相关知识

一、职业病及职业病危害因素概述

职业病是指企业、事业单位和个体经济组织（以下统称用人单位）的劳动者在职业活动中，因接触粉尘、放射性物质和其他有毒、有害物质等因素而引起的疾病。

职业病危害因素是指在生产过程、劳动过程和生产环境这三项劳动条件中，对从业人员的健康和劳动能力产生有害作用的危害因素。职业病危害因素包括职业活动中存在的各种有害的化学、物理、生物因素以及在作业过程中产生的其他有害因素。

职业病是由于职业活动而产生的疾病，但并不是所有工作中得的病都是职业病。要构成职业病，必须具备以下四个条件：

(1) 患病主体必须是用人单位的劳动者。

(2) 必须是在从事职业活动过程中产生的。

(3) 必须是因接触粉尘、放射性物质和其他有毒、有害物质等职业病危害因素引起的。

(4) 必须是国家公布的职业病分类和目录所列的职业病。

二、煤矿常见职业病危害因素

煤矿生产中主要的职业病危害因素有粉尘、有毒有害气体、噪声和振动、不良气候条件等。

1. 粉尘

粉尘是煤矿的主要职业病危害因素。煤矿生产中，采煤、掘进、支护、提升运输、巷道维修等生产环节均会产生粉尘，这些粉尘可能使从业人员患上尘肺。

2. 有毒有害气体

井下爆破、煤氧化、煤中放出等原因，导致矿井空气中含有甲烷(CH_4)、一氧化碳(CO)、二氧化碳(CO_2)、二氧化氮(NO_2)、硫化氢(H_2S)、二氧化硫(SO_2)、氨气(NH_3)等有毒有害气体，这些有毒有害气体会导致从业人员职业中毒。

3. 噪声和振动

煤矿噪声和振动主要来源于井下机械化生产，其危害取决于生产过程、生产工艺和所使用的工具，如风动凿岩机和局部通风机的噪声和振动等。从业人员长期在噪声下工作，可能造成听力下降，甚至引起耳聋；长期接触振动，可能导致局部疼痛，甚至引起内脏器官损伤。

4. 不良气候条件

煤矿井下的不良气候条件有气温高、湿度大、不同地点风速大小不等和温差大等。长期在潮湿环境下工作的人员易患风湿性关节炎等。

此外，劳动强度大、作业姿势不良也是煤矿井下工作的特点，易造成井下从业人员腰腿疼和各种外伤。

三、煤矿常见职业病

1. 矽肺

矽肺是由于在职业活动中长期在含游离二氧化硅 10%以上、粉尘浓度大于 2 mg/m^3 或含游离二氧化硅 10% 以下、粉尘浓度大于 10 mg/m^3 的环境中工作，吸入含游离二氧化硅呼吸性粉尘（矽尘）而引起的肺间质弥漫性纤维化病变的疾病。

2. 煤工尘肺

煤工尘肺是由于在煤炭生产活动中长期吸入煤尘而引起的肺的弥漫性纤维化病变的疾病，它是我国煤炭行业累计患病人数、每年发病人数最多，对煤矿工人身体健康危害最大的职业病。

3. 水泥尘肺

水泥尘肺是由于在职业活动中长期吸入较高浓度的水泥粉尘而引起的一种尘肺。水泥尘肺发病工龄较长，病情进展缓慢，发病工龄多在 10～15 年。

4. 职业性噪声聋

职业性噪声聋是由于在职业活动中长期接触高噪声而发生的一种进行性的听觉损伤。患者早期会出现听力下降，继续长期接触，听力损失不能完全恢复，由功能性改变发展为器质性推行性病变。

四、用人单位职业病危害因素防治管理职责

1. 人员配备

（1）职业病危害严重的用人单位，应当设置或者指定职业卫生管理机构或者组织，配备专职职业卫生管理人员。

（2）其他存在职业病危害的用人单位，劳动者超过 100 人的，应当设置或者指定职业卫生管理机构或者组织，配备专职职业卫生管理人员；劳动者在 100 人以下的，应当配备专职或者兼职的职业卫生管理人员，负责本单位的职业病防治工作。

2. 培训管理

（1）用人单位的主要负责人和职业卫生管理人员应当具备与本单位所从事的生产经营活动相适应的职业卫生知识和管理能力，并接受职业卫生培训。

（2）用人单位主要负责人、职业卫生管理人员的职业卫生培训，应当包括下列主要内容：

① 职业卫生相关法律、法规、规章和国家职业卫生标准。

② 职业病危害预防和控制的基本知识。

③ 职业卫生管理相关知识。

④ 原国家安全生产监督管理总局规定的其他内容。

(3) 用人单位应当对劳动者进行上岗前的职业卫生培训和在岗期间的定期职业卫生培训，普及职业卫生知识，督促劳动者遵守职业病防治的法律、法规、规章、国家职业卫生标准和操作规程。

(4) 用人单位应当对职业病危害严重的岗位的劳动者，进行专门的职业卫生培训，经培训合格后方可上岗作业。

(5) 因变更工艺、技术、设备、材料，或者岗位调整导致劳动者接触的职业病危害因素发生变化的，用人单位应当重新对劳动者进行上岗前的职业卫生培训。

3. 产生职业病危害的用人单位工作场所的基本要求

(1) 生产布局合理，有害作业与无害作业分开。

(2) 工作场所与生活场所分开，工作场所不得住人。

(3) 有与职业病防治工作相适应的有效防护设施。

(4) 职业病危害因素的强度或者浓度符合国家职业卫生标准。

(5) 有配套的更衣间、洗浴间、孕妇休息间等卫生设施。

(6) 设备、工具、用具等设施符合保护劳动者生理、心理健康的要求。

(7) 法律、法规、规章和国家职业卫生标准的其他规定。

4. 警示标识设置

(1) 产生职业病危害的用人单位，应当在醒目位置设置公告栏，公布有关职业病防治的规章制度、操作规程、职业病危害事故应急救援措施和工作场所职业病危害因素检测结果。

(2) 存在或者产生职业病危害的工作场所、作业岗位、设备、设施，应当按照《工作场所职业病危害警示标识》(GBZ 158)的规定，在醒目位置设置图形、警示线、警示语句等警示标识和中文警示说明。警示说明应当载明产生职业病危害的种类、后果、预防和应急处置措施等内容。

(3) 存在或产生高毒物品的作业岗位，应当按照《高毒物品作业岗位职业病危害告知规范》(GBZ/T 203)的规定，在醒目位置设置高毒物品告知卡，告知卡应当载明高毒物品的名称、理化特性、健康危害、防护措施及应急处理等告知内容与警示标识。

5. 职业病危害因素检测

(1) 存在职业病危害的用人单位，应当实施由专人负责的工作场所职业病危害因素日常监测，确保监测系统处于正常工作状态。

(2) 存在职业病危害的用人单位，应当委托具有相应资质的职业卫生技术服务机构，每年至少进行1次职业病危害因素检测。

(3) 职业病危害严重的用人单位，应当委托具有相应资质的职业卫生技术服务机构，每3年至少进行1次职业病危害现状评价。

(4) 检测、评价结果应当存入本单位职业卫生档案，并给劳动者公布。

(5) 存在职业病危害的用人单位，有下述情形之一的，应当及时委托具有相应资质的职业卫生技术服务机构进行职业病危害现状评价：

① 初次申请职业卫生安全许可证，或者职业卫生安全许可证有效期届满申请换证的。

② 发生职业病危害事故的。

③ 原国家安全生产监督管理总局规定的其他情形。

用人单位应当落实职业病危害现状评价报告中提出的建议和措施，并将职业病危害现状评价结果及整改情况存入本单位职业卫生档案。

(6) 用人单位在日常的职业病危害监测或者定期检测、现状评价过程中，发现工作场所职业病危害因素不符合国家职业卫生标准和卫生要求时，应当立即采取相应治理措施，确保其符合职业卫生环境和条件的要求；仍然达不到国家职业卫生标准和卫生要求的，必须停止存在职业病危害因素的作业；职业病危害因素经治理后，符合国家职业卫生标准和卫生要求的，方可重新作业。

(7) 向用人单位提供可能产生职业病危害的设备的，应当提供中文说明书，并在设备的醒目位置设置警示标识和中文警示说明。警示说明应当载明设备性能、可能产生的职业病危害、安全操作和维护注意事项、职业病防护措施等内容。

6. 职业病危害因素告知

(1) 用人单位与劳动者订立劳动合同(含聘用合同,下同)时,应当将工作过程中可能产生的职业病危害及其后果、职业病防护措施和待遇等如实告知劳动者,并在劳动合同中写明,不得隐瞒或者欺骗。

(2) 劳动者在履行劳动合同期间因工作岗位或者工作内容变更,从事与所订立劳动合同中未告知的存在职业病危害的作业时,用人单位应当依照前述规定,向劳动者履行如实告知的义务,并协商变更原劳动合同相关条款。

(3) 用人单位违反规定的,劳动者有权拒绝从事存在职业病危害的作业,用人单位不得因此解除与劳动者所订立的劳动合同。

7. 职业健康体检和档案管理

(1) 对从事接触职业病危害因素作业的劳动者,用人单位应当按照《用人单位职业健康监护监督管理办法》、《放射工作人员职业健康管理办法》、《职业健康监护技术规范》(GBZ 188)、《放射工作人员健康要求及监护规范》(GBZ 98)等有关规定组织上岗前、在岗期间、离岗时的职业健康检查,并将检查结果书面如实告知劳动者。

(2) 职业健康检查费用由用人单位承担。

(3) 用人单位应当按照《用人单位职业健康监护监督管理办法》的规定,为劳动者建立职业健康监护档案,并按照规定的期限妥善保存。

(4) 职业健康监护档案应当包括劳动者的职业史、职业病危害接触史、职业健康检查结果、处理结果和职业病诊疗等有关个人健康的资料。

劳动者健康出现损害需要进行职业病诊断、鉴定的,用人单位应当如实提供职业病诊断、鉴定所需的劳动者职业史和职业病危害接触史、工作场所职业病危害因素检测结果和放射工作人员个人剂量监测结果等资料。

8. 用人单位职业卫生档案管理内容

(1) 职业病防治责任制文件。

(2) 职业卫生管理规章制度、操作规程。

(3) 工作场所职业病危害因素种类清单、岗位分布以及作业人员接触情况等资料。

(4) 职业病防护设施、应急救援设施基本信息,以及其配置、使用、维护、检修与更换等记录。

(5) 工作场所职业病危害因素检测、评价报告与记录。

(6) 职业病防护用品配备、发放、维护与更换等记录。

(7) 主要负责人、职业卫生管理人员和职业病危害严重工作岗位的劳动者等相关人员职业卫生培训资料。

(8) 职业病危害事故报告与应急处置记录。

(9) 劳动者职业健康检查结果汇总资料,存在职业禁忌证、职业健康损害或者职业病的劳动者处理和安置情况记录。

(10) 建设项目职业卫生“三同时”有关技术资料,以及其备案、审核、审查或者验收等有关回执或者批复文件。

(11) 职业卫生安全许可证申领、职业病危害项目申报等有关回执或者批复文件。

(12) 其他有关职业卫生管理的资料或者文件。

9. 职业病危害事故及职业病病人管理

(1) 用人单位发生职业病危害事故,应当及时向所在地安全生产监督管理部门和有关部门报告,并采取有效措施,减少或者消除职业病危害因素,防止事故扩大。对遭受或者可能遭受急性职业病危害的劳动者,用人单位应当及时组织救治、进行健康检查和医学观察,并承担所需费用。

(2) 用人单位不得故意破坏事故现场、毁灭有关证据,不得迟报、漏报、谎报或者瞒报职业病危害事故。

(3) 用人单位发现职业病病人或者疑似职业病病人时,应当按照国家规定及时向所在地安全生产监督管理部门和有关部门报告。

(4) 工作场所使用有毒物品的用人单位,应当按照有关规定向安全生产监督管理部门申请办理职业卫生安全许可证。

(5) 用人单位在安全生产监督管理部门行政执法人员依法履行监督检查职责时,应当予以配合,不得拒绝、阻挠。

五、从业人员和用人单位职业病预防的权利和义务

1. 从业人员职业卫生保护权利

(1) 获得职业卫生教育、培训。

(2) 获得职业健康检查、职业病诊疗、康复等职业病防治服务。

(3) 了解工作场所产生或者可能产生的职业病危害因素、危害后果和应当采取的职业病防护措施。

(4) 要求用人单位提供符合防治职业病要求的职业病防护设施和个人使用的职业病防护用品,改善工作条件。

(5) 对违反职业病防治法律、法规以及危及生命健康的行为提出批评、检举和控告。

(6) 拒绝违章指挥和强令进行没有职业病防护措施的作业。

(7) 参与用人单位职业卫生工作的民主管理,对职业病防治工作提出意见和建议。

用人单位应当保障劳动者行使上述权利。因劳动者依法行使正当权利而降低其工资、福利等待遇或者解除、终止与其订立的劳动合同的,其行为无效。

2. 从业人员职业卫生保护义务

劳动者应当学习和掌握相关的职业卫生知识,增强职业病防范意识,遵守职业病防治法律、法规、规章和操作规程,正确使用、维护职业病防护设备和个人使用的职业病防护用品,发现职业病危害事故隐患应当及时报告。劳动者不履行上述规定义务的,用人单位应当对其进行教育。

3. 用人单位职业卫生保护义务

(1) 配备防护设施、治理职业危害。

(2) 对作业场所职业病危害因素进行评价与管理。

(3) 对劳动者进行健康监护(上岗前、在岗中、离岗时)。

(4) 按规定用不同的形式将职业病危害因素告知劳动者(合同告知、工作场所警示告知、培训教育)。

(5) 建立危害监测和劳动者健康档案。

(6) 职业病报告义务。

(7) 对患职业病的劳动者救治、安置。

(8) 为劳动者依法参加工伤劳动保险。

(9) 落实职业危害治理和职业病防治经费。

(10) 对未成年工、女工进行保护。

安全素质基本要求二
煤矿主要职业病危害因素防治措施

学习目标

1. 熟悉粉尘的防治。
2. 熟悉有毒有害气体的防治。
3. 熟悉生产性噪声的防护。
4. 熟悉生产性振动的防护。
5. 熟悉高温作业的防护。

安全素质基本要求相关知识

煤矿职业病的防治，坚持"预防为主、防治结合"的方针，遵循三级预防的原则。第一级预防是使劳动者尽可能不接触职业危害因素，即使在职业危害不可避免的情况下，采取措施降低生产环境中职业危害因素浓度或强度，使之达到国家职业卫生标准；第二级预防是通过早期发现职业损害，并及时处理，防止进一步发展；第三级预防是对已患职业病者，及时做出诊断和进行恰当的治疗，防止恶化和发生并发症，促进康复。

煤矿生产中主要的职业病危害有粉尘、有毒有害气体、噪声和振动、不良气候条件等，应采取积极防治措施，降低甚至消除煤矿职业病危害因素。煤矿职业病危害因素防治措施主要包括以下内容。

一、粉尘的防治

煤矿粉尘主要有煤尘、岩尘(也称矽尘)和水泥尘。煤尘进入人肺使人患煤工尘肺，矽尘进入人肺使人患矽肺，水泥尘进入人肺使人患水泥尘肺，通称为尘肺。

《煤矿安全规程》规定，作业场所空气中粉尘（总粉尘、呼吸性粉尘）浓度应当符合表 1-2 的要求。不符合要求的，应当采取有效措施。

表 1-2　作业场所粉尘浓度要求

粉尘种类	游离 SiO_2 含量/%	时间加权平均容许浓度/(mg/m^3)	
		总尘	呼尘
煤尘	<10	4	2.5
矽尘	10～50	1	0.7
	50～80	0.7	0.3
	≥80	0.5	0.2
水泥尘	<10	4	1.5

注：时间加权平均容许浓度是以时间加权数规定的 8 h 工作日、40 h 工作周的平均容许接触浓度。

矿尘防治措施如下：

井工煤矿必须建立防尘洒水系统。永久性消防防尘储水池容量不得小于 200 m^3，且贮水量不得小于井下连续 2 h 的用水量，备用水池贮水量不得小于永久性储水池的 50%。防尘供水管路应当敷设到所有能产生粉尘和沉积粉尘的地点，没有防尘供水管路的采掘工作面不得生产。

（1）减尘措施。减少采、掘作业时的粉尘产生量，包括煤层注水、采空区灌水、湿式打眼、水炮泥爆破等。

（2）降尘措施。包括各产尘点设喷雾洒水装置净化风流、洒水装置、转载点封闭、泡沫除尘等。

（3）通风排尘。调整合适的风速，加强排尘。

二、有毒有害气体的防治

矿井空气中含有甲烷（CH_4）、一氧化碳（CO）、二氧化碳（CO_2）、二氧化氮(NO_2)、硫化氢(H_2S)、二氧化硫(SO_2)、氨气(NH_3)等有毒有害气体,会导致职业中毒。

防护措施有:

(1) 消除有毒有害气体。煤矿井下的有毒有害气体主要来源于炮烟和煤氧化、火灾等。因为很多有毒有害气体是易溶于水的,可通过加强通风和喷雾洒水排除和降低有毒有害气体含量,净化空气。

(2) 加强个人防护。炮烟未散去或作业现场空气质量太差时,不要急着进入工作面,待炮烟散尽、现场空气质量好转时再进入工作面,还应用好防护服、防护面具、防尘口罩、自救器等。

(3) 提高机体抗御能力。对于在有害物质场所作业人员,给予必要的保健待遇,加强营养和锻炼。

(4) 加强对有害物质的监测,掌握其浓度含量,做到心中有数,控制其危害程度。

(5) 对受到危害的人员及时进行健康检查,必要时实行转岗、换岗作业。

(6) 加强有害物质及预防措施的宣传教育。建立健全安全生产责任制、卫生责任制和岗位安全责任制。

三、生产性噪声的防护

噪声危害损害听觉,引起各种病症,甚至引发事故。

预防噪声危害的措施有:

(1) 控制噪声传播。隔声:用吸声材料、吸声结构和隔声装置将噪声源封闭,防止噪声传播。消声:用吸声材料铺装室内墙壁或悬挂于室内空间,可以吸收和反射声能,降低传播中噪声的强度水平。

(2) 采用合理的防护措施。如利用耳塞防护。合适的耳塞隔声效果可达 30～40 dB(A),对高频噪声的阻隔效果较好。

(3) 合理安排劳动制度。工作时间穿插休息时间,休息时间离开噪声环境,限制噪声工作时间,可减轻噪声对人体的危害。

(4) 卫生保健措施。对受到噪声危害的人员定期体检,听力下降者及时治疗,重者调离噪声作业。就业前体检或定期体检中发现的听觉器官疾病、心血管病、神经系统器质性疾病者,不得从事噪声环境工作。

四、生产性振动的危害和防护

在生产过程中，按振动作用于人体的方式可将振动分为局部振动和全身振动。局部振动是最常见的和危害较大的振动。

振动危害的预防措施有：

(1) 对局部振动的减振措施。改革工艺和设备，改革工作制度。合理使用减振用品，建立合理的劳动制度，限制作业人员接触振动的时间。煤矿井下的振动危害主要来自风动凿岩机、综采综掘机械及其他机械。

(2) 对全身振动的减振措施。在有可能产生较大振动设备的周围设置隔离地沟，衬以橡胶、软木等减振材料，以确保振动不能外传。对振动源采取减振措施，如用弹簧等减振阻尼器，减少振动的传播距离。井下采煤机、掘进机、柴油车等座椅下加泡沫垫等，减弱运行中由于各种原因传来的振动。另外，利用尼龙件代替金属件，可减少机器的振动；及时检修设备，可以防止因零件松动引起的振动。

五、高温作业的防护

高温作业对人体的循环系统、消化系统、泌尿系统、神经系统等都有危害。

高温作业的防护措施有：

(1) 通风降温。加大风速排除热量。风速与温度有一定的关系，合适的风速可使温度降到一定的程度。

(2) 喷雾洒水降温。在工作面喷雾洒水既可以降温又可以降尘。

(3) 保健防护。供给含盐饮料，以补充人体所需水分和盐分。

(4) 发放保健食品。高温环境下作业，人体能量消耗快，应增加蛋白质、热量、维生素等的摄入，以减轻疲劳，提高工作效率。

(5) 个人防护。给工作人员提供结实、耐热、宽大、便于操作的工作服、工作帽、防护眼镜、隔热面具、隔热靴等。

(6) 医疗防护。对在高温条件下的作业人员进行就业前体检，凡有心血管系统疾病、高血压、溃疡病、肺气肿、肝病、肾病等疾病不宜从事高温作业的人员不安排高温作业或调离高温作业。

安全素质基本要求三
煤矿劳动防护用品的配备

学习目标

1. 熟悉如何选择防护功能和效果适用的劳动防护用品。
2. 熟悉劳动者如何正确佩戴和使用劳动防护用品。

安全素质基本要求相关知识

劳动防护用品是指由用人单位为劳动者配备的，使其在劳动过程中免遭或者减轻事故伤害及职业病危害的个体防护装备。劳动防护用品是由用人单位提供的，保障劳动者安全与健康的辅助性、预防性措施，不得以劳动防护用品替代工程防护设施和其他技术、管理措施。

根据《用人单位劳动防护用品管理规范》以及《煤矿防护用品配备标准》的要求，用人单位应按照识别、评价、选择的程序，结合劳动者作业方式和工作条件，并考虑其个人特点及劳动强度，选择防护功能和效果适用的劳动防护用品，并指导劳动者正确佩戴和使用。

(1) 接触粉尘和有毒、有害物质的劳动者应当根据不同粉尘种类、粉尘浓度及游离二氧化硅含量和毒物的种类及浓度配备相应的呼吸器、防护服、防护手套和防护鞋等。

(2) 接触噪声的劳动者当暴露于 80 dB(A)≤噪声 8 h 等效声级＜85 dB(A)的工作场所时，用人单位应当根据劳动者需求为其配备适用的护听器；当暴露于噪声 8 h 等效声级≥85 dB(A)的工作场所时，用人单位必须为劳动者配备适用的护听器。

(3) 工作场所中存在电离辐射危害的，经危害评价确认劳动者需佩戴劳动防护用品的，用人单位可参照电离辐射的相关标准及《个体防护装备配备基本要求》(GB/T 29510)为劳动者配备劳动防护用品。

(4) 从事存在物体坠落、碎屑飞溅、机械转动和锋利器具等作业的劳动者,用人单位还可参照《个体防护装备选用规范》(GB/T 11651)、《头部防护 安全帽选用规范》(GB/T 30041)和《坠落防护装备安全使用规范》(GB/T 23468)等标准,为劳动者配备适用的劳动防护用品。

(5) 同一工作地点存在不同种类的危险、有害因素的,应当为劳动者同时提供防御各类危害的劳动防护用品。需要同时配备的劳动防护用品,还应考虑其可兼容性。劳动者在不同地点工作,并接触不同的危险、有害因素,或接触不同的危害程度的有害因素的,为其选配的劳动防护用品应满足不同工作地点的防护需求。

(6) 劳动防护用品的选择还应当考虑其佩戴的合适性和基本舒适性,根据个人特点和需求选择适合型号和式样。

(7) 用人单位应当在可能发生急性职业损伤的有毒、有害工作场所配备应急劳动防护用品,放置于现场邻近位置并有醒目标识。用人单位应当为巡检等流动性作业的劳动者配备随身携带的个人应急防护用品。

安全素质基本要求四
职业病诊断、鉴定与职业病患者保障

学习目标

1. 熟悉职业健康监护相关内容。
2. 熟悉职业病诊断与鉴定相关内容。

安全素质基本要求相关知识

一、职业健康监护

职业健康监护是指以预防为目的,根据劳动者的职业接触史,通过定期或不定期的医学健康检查和健康相关资料的收集,连续性地监测劳动者的健康状况,分析劳动者健康变化与所接触的职业病危害因素的关系,并及时将健康检查和资料分析结果报告给用人单位和劳动者本人，以便及时采取干预措施，保护劳动者的健康。

职业健康监护主要包括岗前职业健康检查、在岗期间职业健康检查、离岗后职业健康检查、应急健康检查和职业健康监护档案管理等内容。

1. 职业健康检查

职业健康检查分为上岗前职业健康检查、在岗期间职业健康检查和离岗时职业健康检查。

2. 职业健康检查项目及体检周期

根据《职业健康监护技术规范》(GBZ 188)的基本要求，按照《煤矿作业场所职业病危害防治规定》，与煤炭行业有关的职业健康检查内容如下。

(1) 游离二氧化硅粉尘，检查周期：1 年。

(2) 煤尘，检查周期：2 年。

(3) 水泥尘、电焊烟尘，检查周期：2 年。

(4) 噪声，检查周期：作业场所噪声 8 h 等效声级≥85 dB(A)，1 年 1 次；80 dB(A)≤作业场所噪声 8 h 等效声级＜85 dB(A)，2 年 1 次。

(5) 高温，检查周期：1 年，应在每年高温季节到来之前进行。

(6) 手传振动，检查周期：2 年。

(7) 氮氧化物，检查周期：1 年。

(8) 一氧化碳，检查周期：3 年。

(9) 硫化氢，检查周期：3 年。

《煤矿作业场所职业病危害防治规定》规定：煤矿不得安排未经上岗前职业健康检查的人员从事接触职业病危害的作业；不得安排有职业禁忌的人员从事其所禁忌的作业；不得安排未成年工从事接触职业病危害的作业；不得安排孕期、哺乳期的女职工从事对本人和胎儿、婴儿有危害的作业。劳动者接受职业健康检查应当视同正常出勤，煤矿企业不得以常规健康检查代替职业健康检查。

二、职业病诊断与鉴定

劳动者健康出现损害需要进行职业病诊断、鉴定的，煤矿企业应当如实提供职业病诊断、鉴定所需的劳动者职业史和职业病危害接触史、作业场所职业病危害因素检测结果等资料。

1. 职业病诊断

职业病诊断必须在职业病诊断机构进行，应选择用人单位所在地、劳动者本人户籍所在地或者经常居住地的职业病诊断机构进行职业病诊断。职业病诊断机构组织3名以上单数职业病诊断医师进行集体诊断。职业病诊断医师独立分析、判断并提出诊断意见，任何单位和个人无权干预。职业病诊断机构作出职业病诊断结论后，出具职业病诊断证明书。证明书包括诊断结论和诊断时间。

2. 职业病鉴定

当事人如果对职业病诊断结果或职业病鉴定结论有异议，可以在接到职业病诊断证明书之日起30日内，向职业病诊断机构所在地设区的市级卫生行政部门申请鉴定。当事人对设区的市级职业病鉴定结论不服的，可以在接到鉴定书之日起15日内，向原鉴定组织所在地省级卫生行政部门申请再次鉴定。职业病鉴定实行两级鉴定制，省级职业病鉴定结论为最终鉴定。

3. 职业健康监护档案

煤矿应当为劳动者个人建立职业健康监护档案，并按照规定的期限妥善保存。职业健康监护档案应当包括劳动者个人基本情况、劳动者职业史和职业病危害接触史，历次职业健康检查结果及处理情况，职业病诊疗等资料。劳动者离开煤矿时，有权索取本人职业健康监护档案复印件，煤矿必须如实、无偿提供，并在所提供的复印件上签章。

模块四　煤矿灾害防治与应急避险

安全素质基本要求一
煤矿顶板灾害防治与应急避险

学习目标

1. 熟悉顶板冒落的预防相关内容。
2. 熟悉顶板冒落的预兆相关内容。
3. 熟悉顶板冒落处置措施。
4. 熟悉发生冒顶事故时的应急避险相关要求。

安全素质基本要求相关知识

顶板事故是指在井下采掘和生产服务过程中，顶板意外冒落造成的人员伤亡、设备损坏、生产中止等事故，是煤矿五大自然灾害之一。其导致的事故危害主要有三种：① 人员被堵、被埋或伤亡；② 已经或可能影响通风系统安全运行；③ 造成设备损坏、生产中止。

一、顶板冒落的预防

（1）采取有效的支护措施。

（2）及时处理局部漏顶，以免引起大范围冒顶。

（3）坚持敲帮问顶及围岩观测分析制度，在进入采掘工作面装煤、支护前、装药前、爆破后等关键环节，要坚持敲帮问顶，处理已离层的顶板，如果处理不下来，应先进行临时支护。

（4）严格按照规程作业。严禁空顶作业，所有支架必须架设牢固，严禁在浮煤或浮矸上架设支架。

二、顶板冒落的预兆

(1) 响声。顶板连续发出断裂声,这是由于直接顶和基本顶发生离层或顶板切断发出的声音。有时采空区内顶板发出像闷雷的声音,这是基本顶和上方岩层产生离层或断裂的声音。岩层下沉断裂、顶板压力急剧加大时,支架会发出很大声响。

(2) 掉渣。顶板岩石已有裂缝和碎块,其中小矸石稍受震动就掉落。这种掉渣一般由少逐渐增多,由稀逐渐变密。

(3) 片帮。冒顶前煤壁所受压力增加,变得松软,片帮煤比平时多。

(4) 漏顶。破碎的伪顶或直接顶,在大面积冒顶以前,有时因为背顶不严或支架不牢而出现漏顶。

(5) 裂缝。顶板的裂缝张开,裂缝增多。

(6) 脱层(离层)。检查顶板是否脱层要用“敲帮问顶”的方法,如果声音清脆,表明顶板完好;如果顶板发出“空空”的响声,说明上下岩层已经脱离。

(7) 瓦斯涌出量突然增大。

(8) 顶板淋水增大。

三、顶板处置措施

1. 采煤工作面处置措施

(1) 当冒落的煤、矸埋压住人时,不可惊慌,应在区队长、班组长和有经验的老工人的指挥下,严密监视冒落的顶板及两帮情况,加固冒顶处 10 m 范围内支护,用长柄工具捣掉悬矸、危岩后,由有经验的工人由外向里进行支护,动作要迅速,并设专人观察顶板。留好退路,严防继续冒落伤人,组织人力积极抢救被埋人员。

(2) 抢救时仔细侦察,分析遇险者位置和被压情况,尽量不破坏冒落矸石的堆积状态,小心搬开煤、矸救出伤员,严禁用锹、镐等强挖硬砸。

(3) 救出伤员后及时采取止血、包扎、骨折固定等救护措施,发生呼吸停止的要立即进行人工呼吸等现场救助并迅速送往医院。

(4) 若垮落、冒顶将人员堵在独头巷道，被堵人员要沉着、冷静，不要慌乱、乱喊乱叫，并设法自救。

(5) 若冒顶面积大，处理时间长，被堵人员要静卧休息，减少氧气消耗，有压风管路时可打开阀门，放入空气供人呼吸。节约矿灯电量、食物和水。若冒落的煤和矸不太多，可能扒出通道口时，应采取由有经验的老工人监视顶板，其他人员轮流攉扒的方法进行自救，并间断性地敲击金属物发出求救信号。

2. 掘进、巷修工作面处置措施

(1) 当发生顶板冒顶事故时，现场人员不可惊慌，要在区队长、班组长和有经验的老工人指挥下，严密监视顶板及两帮的情况，在确保安全的前提下立即加强、加固冒顶处 10 m 范围内的支护。

(2) 处理冒顶时，要用长钎子捣掉可能冒落的悬矸、危岩，由有经验的老工人由外向里进行支护，一般采用架设木垛的方法，在没有冒落危险的情况下，设专人观察顶板，留好退路，迅速架好支架，排好护顶木垛，一直到冒顶最高点将顶托住。

(3) 当冒落的煤、岩石埋压住人员时，要仔细侦察，分析遇险人员的位置和被埋压情况，在安全的前提下组织抢救工作。抢救中要尽量不破坏冒落岩石的堆积状态，小心搬开冒落的岩石，严禁使用锹、镐等强挖硬砸，严防对埋压人员造成二次伤害。

(4) 救出的伤员要及时采取止血、包扎、骨折固定等急救措施，发生呼吸停止的要立即进行人工呼吸等现场救助并迅速送往医院。

(5) 若冒落的矸石将人员堵在独头巷道内，被堵人员要沉着、冷静，不要乱喊乱叫。若冒顶面积大，处理的时间长，被堵人员应立即静坐休息，注意节约矿灯电量、食品和水，减少氧气消耗，保持足够的体力。有压风管的应打开压风阀门，保持良好的通风；若冒顶面积不太大，被堵人员应在区队长、班组长和有经验的老工人指挥下，专人监视顶板情况，采用轮番攉扒冒落岩石的方法组织自救，并间断性敲打铁管、钢轨等发出呼救信号，等待救援。

(6) 当冒顶的范围大，影响通风或人员被堵，可采用小断面快速修复的方法，架设比原来巷道规格小得多的临时支护，采用撞楔法把冒落的岩石控制住，从巷道两侧清理岩石，且边清理边维护，防止煤矸流入巷道。帮、顶维护好后，就可以架设永久支护。

（7）当冒顶的长度大，不易处理时，可采用打绕道的方法，绕过冒落区去抢救被堵人员，或绕过冒落区后再转入正常掘进。

四、发生冒顶事故时的应急避险

（1）迅速撤离。当发现工作地点有即将发生冒顶的征兆而又难以采取措施防止顶板冒落时，要迅速离开危险区，撤退到安全地点。

（2）及时躲避。当冒顶发生而又来不及撤至安全地点时，应靠煤帮贴身站立避灾，但要注意避免煤壁片帮伤人；如靠近木垛，也可撤至木垛处避灾。

（3）立即求救。冒落基本稳定后，遇险人员应立即采用呼叫、敲打（不要敲打对自己有威胁的支架、物料和岩块）等方法，发出有规律、不间断的求救信号，以便救援人员了解灾情，组织力量进行抢救。

（4）自救和互救。事故发生后，遇险人员要听从灾区区队长、班组长和有经验的老工人的指挥，在保证安全的前提下，积极开展自救和互救。正视已发生的灾害，注意保持自身体力，未受伤和受轻伤人员要采取切实可行的措施设法营救被掩埋人员，并尽可能脱离险区或转移到较安全地点等待救援。

（5）配合营救。发生冒顶埋人事故时，被埋压的人员不要惊慌失措，切忌猛烈挣扎；被隔堵的人员应在遇险地点维护好自身安全，构筑脱险通道，配合外部的营救工作。

（6）现场安全负责人应根据现场实际情况采取果断措施进行处理；当无法处理时，要迅速带领人员撤离，防止事故扩大。

安全素质基本要求二
煤矿水灾防治与应急避险

学习目标

1. 熟悉矿井水灾相关内容。

2. 熟悉矿井水灾预防相关内容。

3. 熟悉发生透水事故前的预兆。

4. 熟悉矿井发生突水事故时的应急避险。

5. 熟悉发生突水事故后撤离现场时应注意的事项。

安全素质基本要求相关知识

一、矿井水灾特点与类型

矿区内大气降水、地表水、地下水通过各种通道涌入井下，成为矿井涌水。当矿井涌水量超过矿井正常排水能力时即会发生水患，称为矿井水灾，通常也称为透水。

煤矿水害是指发育于主要开采煤层顶底板直接或间接含水层中的水在矿井采掘过程中通过天然或人为扰动的导水通道进入矿井并给矿井带来灾害的过程与结果。

1. 突水的特点

(1) 突发性强，无明显前兆。

(2) 水量增速快，灾害控制难度大。

(3) 突水往往具有时滞性，容易造成误解。

(4) 突水量与过水通道有相互促进现象。

2. 按水源划分的各种水害类型

(1) 顶板裂隙水水害：水源为砂岩、砾岩等裂隙含水层的水。当煤层顶部有厚层砂岩和砾岩含水层，在裂隙发育时，若与上覆第四系冲积层发生水力联系，极可能导致较大突水事故。

(2) 底板灰岩水水害：在掘进或回采过程中，由于揭露导水断层、过导水灰岩陷落柱、煤层底板隔水层厚度变小或裂隙发育等情况，常常引起底板突水，造成淹面或淹井。

(3) 断层水水害：断层水即断裂带的积水，断层面通常还与不同的含水层连通，甚至与地表水相通，断层水的危害极大。

(4) 老空积水水害：由于预测预报不准或探放老空积水不彻底，当采掘巷道接近或遇到老空积水区时，引发大量老空水短时间内涌出，来势凶猛，常造成恶性事故。

(5) 封闭不良钻孔水害:封闭不良的钻孔就是一个良好的导水通道,它可以沟通钻孔所穿过的所有含水层和地表水而导致水害事故。

(6) 地表水水害:地表水通过采后冒落带、岩溶塌陷坑、断层带及封闭不良钻孔导入井下;或因工作面超限回采,破坏冲积层下防隔水煤柱,导致冲积层水和地表水溃入采煤工作面。

(7) 洪水水害:特大暴雨、洪水冲毁工业广场,造成泄水不畅,水位急速抬高,洪水从井口直接溃入井下。

二、矿井水灾预防

防治水工作要坚持以防为主、防治结合,以及当前与长远、局部与整体、地面与井下、防治与利用相结合的原则;坚持"预测预报、有疑必探、先探后掘、先治后采"的十六字方针;落实"探、防、堵、疏、排、截、监"七项措施,根据不同的水文地质条件,采用不同的防治方法,因地制宜,统一规划,综合治理。

(1) 严格按照规定留设防隔水煤(岩)柱。

(2) 在井下必要的地点设置截水建(构)筑物,如防水闸门和防水闸墙。

(3) 建立完善的井下排水系统。

(4) 严格按照有关规定进行矿井探放水。

三、发生透水事故前的预兆

1. 一般预兆

(1) 挂红。在煤(岩)裂隙表面附着有暗红色的水锈。

(2) 挂汗。煤(岩)壁上凝结有水珠,说明此时巷道接近积水区。但有时空气中的水分遇到低温煤(岩)壁也会挂汗,这是一种假象。所以,遇到煤(岩)壁挂汗时,要辨别真伪,其辨别方法是剥去一薄层煤(岩),观察新暴露面是否也有潮气,若有则是透水预兆。

(3) 空气变冷。工作面接近大量积水时,气温骤降,煤壁发凉,人一进去就有阴冷的感觉,时间愈长愈感到阴凉。

(4) 出现雾气。当巷道温度很高时,积水渗到煤壁后蒸发而形成雾气。

(5) 水叫。若在采煤工作面煤壁、岩层内听到"吱吱"的水叫声,说明已接近高压积水区。若是煤巷掘进，则透水即将发生，这时必须立即发出警报，撤出所有受水威胁的人员。

(6) 煤层变湿、淋水加大。这表明已接近积水区。

(7) 矿压增大，顶板来压、片帮、底板鼓起。

(8) 水色发浑，有臭味。这是接近老空积水的征兆。

(9) 钻孔喷水、煤壁溃水。

(10) 裂缝出现渗水。若出水清净，则离积水区较远；若出水混浊，则离积水区较近。

(11) 煤层变潮湿、松软；煤帮出现滴水、淋水现象，且淋水可由小变大；有时煤帮出现铁锈色水迹。

(12) 工作面气温降低，或出现雾气及硫化氢气味。

(13) 有时可听到水的“嘶嘶”声。

2. 工作面底板灰岩含水层突水预兆

(1) 工作面压力增大，底板鼓起，底鼓量可达 500 mm 以上。

(2) 工作面底板产生裂隙，并逐渐增大。

(3) 沿裂隙或煤帮向外渗水，随着裂隙的增大，水量增加，当底板渗水量增大到一定程度时，煤帮渗水可能停止，此时水色时清时浊，底板活动时水变浑浊，底板稳定时水变清。

(4) 底板破裂，沿裂缝有高压水喷出，并有“嘶嘶”声或刺耳水声。

(5) 底板发生“底爆”，伴有巨响，水大量涌出，水色呈乳白或黄色。

3. 冲击层水的突水预兆

(1) 突水部位发潮、滴水，滴水逐渐增大，仔细观察可发现水中有少量细砂。

(2) 发生局部冒顶，水量突增并出现流砂，流砂常呈间歇性，水色时清时浑，总的趋势是水量、砂量增加，直至流砂大量涌出。

(3) 顶板发生溃水、溃砂，这种现象可能影响到地表，致使地表出现塌陷坑。

四、矿井发生突水事故时的应急避险

矿井发生突水事故时，要根据灾情迅速采取以下有效措施进行紧急避险：

(1) 在突水迅猛、水流急速的情况下，现场人员应立即避开出水口和泄水流，躲避到硐室内、拐弯巷道或其他安全地点。如情况紧急来不及转移躲避，可抓牢棚梁、棚腿或其他固定物体，防止被涌水冲倒和冲走。

(2) 当老空水涌出，使所在地点有毒有害气体浓度增高时，现场人员应立即佩戴好隔离式自救器。在未确定所在地点空气成分能否保证人员生命安全时，禁止任何人随意摘掉自救器的口具和鼻夹，以避免中毒窒息事故发生。

(3) 井下发生突水事故后，决不允许任何人以任何借口在不佩戴防护器具的情况下冒险进入灾区；否则，不仅达不到抢险救灾的目的，反而会造成自身伤亡、扩大事故。

(4) 水害事故发生后，在现场及附近地点工作的人员脱离危险后，应在可能情况下迅速观察和判断突水的地点、涌水的程度、现场被困人员的情况等，并立即报告矿井调度室。同时，应利用电话或其他联络方式及时向下部水平和其他可能受到威胁区域的人员发出警报通知。

五、发生突水事故后撤离现场时的注意事项

如果涌水来势凶猛、现场无法抢救或者将危及人员安全，井下职工应沿着规定的避灾路线和安全通道迅速撤退到上部水平或地面。在行动中应注意下列事项。

1. 井下发生水灾初期的自救

(1) 井下发生突水后，应立即用最快的方法通知附近区域的人员一起按照矿井灾害预防和处理计划中所规定的路线撤出。

(2) 突水初期，水势很猛，冲力很大，人员撤退时一定要注意向高处走，沿着上山方向进入上部水平，然后出井。

(3) 在撤退中，如出路已被水隔断，就要寻找井下位置最高、离井筒和大巷最近的地点暂时躲避；同时定时在钢轨和水管上敲打发出求救信号。

(4) 如突水区设立水闸门，在人员撤出后，要立即紧紧关死水闸门，把水流完全隔断。

(5) 水泵房人员在接到突水事故报警后，要立即关闭泵房两侧的

密闭门，启动所有水泵，把突出的水尽快排出；没接到救灾领导人的撤退命令，绝对不可离开工作岗位。

（6）突水后，特别是老空积水突出以后，往往会从积水的空间放出大量有害气体，如瓦斯、硫化氢等，所以在避灾自救中要注意防止有害气体中毒和窒息。

2. 水灾现场处理

（1）应迅速判定水灾的性质，了解突水地点、影响范围、静止水位，估计突出水量、补给水源及有影响的地面水体。

（2）要掌握灾区范围、搞清事故前人员分布，分析被困人员可能躲避的地点以便迅速组织抢救。

（3）根据突水量的大小和矿井排水能力，积极采取排、堵、截水的技术措施。

（4）加强通风，防止瓦斯和其他有害气体的积聚和发生熏人等事故。

（5）在排水后进行侦察、抢险时，要防止冒顶、掉底和二次突水。

（6）在抢救和运送长期被困井下的人员时，要采取措施避免因突然改变他们已适应的环境和生存条件而造成不应有的伤亡。

3. 撤离注意事项

（1）撤离前，应当设法将撤退的避灾路线和目的地告知矿井负责人。

（2）透水后，应在可能的情况下，迅速观察和判断透水的地点、水源、涌水量、发生原因、危害程度等情况，根据预防水灾的避灾路线迅速撤至透水地点以上的水平，而不能进入突水点附近及下方独头巷道。

（3）行进中应靠近巷道一侧，抓牢支架或其他固定物体，尽量避开压力水头和泄水主流，并注意防止被水中滚动的矸石和木料撞伤。

（4）若透水破坏了巷道中的照明和路标，遇险人员应朝着有风流通过的上山巷道方向撤退。

（5）在撤退沿途和所经过的巷道交叉口，应留设指示行进方向的明显标志，以提示救护人员注意。

（6）人员撤退到竖井需从梯子间上去时，应遵守秩序，不要慌乱和争抢。行动中手要抓牢，脚要蹬稳，切实注意本人和他人安全。

（7）撤退过程中，若唯一出口被堵塞而无法撤退，应有组织地在独头工作面躲避，等待救护人员营救，严禁盲目潜水等冒险行为。

（8）被困期间断绝食物后，即使在饥饿难忍的情况下，也应努力克制自己，绝不嚼食杂物充饥。需要饮用井下水时，选择适宜的水源，并用纱布或衣服过滤。

（9）长时间被困井下，发现救护人员到来营救时，不可过度兴奋和慌乱。

安全素质基本要求三
煤矿火灾防治与应急避险

学习目标

1. 熟悉煤炭自燃的初期预兆。
2. 熟悉井下火灾的灭火方法。
3. 熟悉火灾事故的应急避险。
4. 熟悉发生火灾事故后安全撤离时的注意事项。

安全素质基本要求相关知识

凡发生在井下的火灾及发生在井口附近能够危害到井下安全的火灾，都叫作矿井火灾。发生矿井火灾的原因有两种：一是外部火源引起的火灾，二是煤炭本身的物理化学性质的内在因素引起的火灾。因此，矿井火灾分为两类：外因火灾和内因火灾。

外因火灾，又称外源火灾。在井下违章吸烟、拆卸矿灯、放明炮、电焊、气焊等，都可能引起井下火灾。内因火灾，又称煤炭自燃火灾。

一、煤炭自燃的初期预兆

煤矿内因火灾事故隐患主要表现为煤炭自然发火。煤炭自燃的初期预兆有如下几种：

（1）巷道内湿度增加，出现雾气、水珠。煤炭氧化初期生成水分，往往使巷道内湿度增加，出现雾气或在巷道壁上挂有水珠；浅部开采时，冬季在地面钻孔或塌陷处会发现水蒸气冒出或冰雪融化现象。

(2) 煤炭自燃放出焦油味。煤炭从“发烧”(自热)到自燃过程中，氧化时会产生多种碳氢化合物，并放出煤油味、汽油味、松节油味或焦油味等。当嗅到这些气味时，说明煤已自燃到了一定程度。

(3) 巷道内发热，气温升高。煤炭氧化自燃过程中要释放出大量热量。因此，从自然发火的地方流出的水和空气的温度比平时要高，人的皮肤可以直接感觉到。

(4) 人有疲劳感。煤炭氧化自燃过程中，会放出有害气体，如二氧化碳、一氧化碳、二氧化硫等，这些有害气体会使人感到头痛、闷热、精神不振、不舒服、有疲劳感。尤其是多数人有同感时，应提高警惕，查明原因，以防矿井火灾的发生。

二、井下火灾的灭火方法

煤矿灭火方法有直接灭火、隔绝灭火和封闭火区 3 种。

1. 直接灭火

(1) 采用灭火剂或挖出火源等方法把火直接扑灭，称为直接灭火法。常用的灭火剂有水、泡沫、干粉、二氧化碳、四氯化碳、卤代烷、惰气、砂子和岩粉等。

① 水。水是不燃液体，是消防上常用的灭火剂之一。使用水灭火的方法有水射流和水幕两种形式。

② 泡沫。泡沫是一种体积小，表面被液体围成的气泡群。泡沫的比重小，且流动性好，可实现远距离立体灭火，具有持久性和抗燃烧性，导热性能低，黏着力大。

③ 干粉。干粉灭火剂是目前公认的灭火效力较高的一种新型的化学灭火剂，应用范围比较广泛。

④ 卤代烃灭火剂。常用的卤代烃灭火剂是用氟、氯、溴取代甲烷和乙烷中的氢而制成的，因此也叫卤代烷灭火剂。

⑤ 砂子和岩粉。砂子和岩粉在煤矿广泛应用于扑灭电气火灾。

(2) 消除可燃物。直接灭火除了向火源喷射灭火剂以外，在有些条件下还可以清除可燃物，消除燃烧的物质基础。煤矿常用的是挖除火源。

(3) 用凝胶处理高温点和自燃火源。凝胶是近年来应用于煤矿井下防灭火较为广泛的材料，由基料[硅酸盐(水玻璃)]+促凝剂(碳酸氢氨等盐类)+水(90%左右)组成。

(4) 灌浆灭火。灌浆灭火是煤矿井下常用的灭火方法。灌浆灭火的方法因火源位置不同而异。常用的方法有井下巷道(钻窝)打钻灌浆、在火区密闭墙上插管灌浆和地面钻孔注浆3种。

2. 隔绝灭火

当不能直接将火扑灭时，为了迅速控制火势，使其熄灭，可在通往火源的所有巷道内砌筑密闭墙，使火源与空气隔绝。

3. 封闭火区

封闭火区的方法分为3种：

(1) 锁风封闭火区。从火区的进回风侧同时密闭，封闭火区时不保持通风。这种方法适用于氧气浓度低于瓦斯爆炸界限(小于12%)的火区。

(2) 通风封闭火区。在保持火区通风的条件下，同时构筑火区进回风两侧的密闭。

(3) 注惰气封闭火区。

三、火灾事故的应急避险

(1) 井下若发现烟气或明火等火灾灾情，应立即通知在附近工作的人员及调度室。

(2) 如果火灾范围不大，应立即组织力量扑灭。

(3) 如果火灾范围大或是火势凶猛，则应在撤出灾区人员、保证自身安全的前提下，采取稳定风流、控制火势发展、防止人员中毒和预防瓦斯或煤尘爆炸的措施，并随时保持与地面指挥部的联系，根据指挥部的命令行事。

(4) 见到火或突然接到火警通知，需要立即撤退人员，要在判明灾情和自己实际处境以及应采取的应急措施的前提下再采取行动。

四、发生火灾事故后安全撤离时的注意事项

发生火灾事故时，如果不能直接扑灭或控制灾情，应迅速撤离火灾现场，撤离时要注意以下事项：

(1) 要尽最大可能迅速了解或判明事故的性质、地点、范围和事故区域的巷道情况、通风系统、风流、火灾烟气蔓延的速度和方向,以及与自己所处巷道位置之间的关系,并根据矿井灾害预防与事故处理计划和现场实际情况确定撤退路线和避灾自救方法。

(2) 撤退时,任何人在任何情况下都不要惊慌、不能狂奔乱跑,应在现场负责人和有经验的老工人带领下有组织地撤退。位于火源进风侧的人员,应迎着新鲜风流撤退。位于火源回风侧的人员或是在撤退途中遇到烟气有中毒危险时,应迅速佩戴好自救器,尽快通过捷径绕到新鲜风流中去,或是在烟气没有到达之前顺着风流尽快从回风出口撤到安全地点;如果距火源较近而且越过火源没有危险时,也可迅速穿过火区撤到火源的进风侧。

(3) 如果在自救器有效作用时间内不能安全撤出,应在设有存储备用自救器的硐室换用自救器后再行撤退,或是寻找有压风管路系统的地点以压缩空气供呼吸之用。

(4) 撤退行动既要迅速果断又要快而不乱。撤退中应靠巷道有连通出口的一侧行进,避免错过脱离危险区的机会,同时还要随时注意观察巷道和风流的变化情况,谨防火风压可能造成的风流逆转。

(5) 如果是逆风或顺风撤退都无法躲避着火巷道或火灾烟气造成的危害,则应迅速进入避难硐室,没有避难硐室时应在烟气袭来之前选择合适的地点就地利用现场条件快速构筑临时避难硐室,进行避灾自救。

安全素质基本要求四
煤矿瓦斯事故的防治与应急避险

学习目标

1. 熟悉瓦斯爆炸及其预防相关内容。

2. 熟悉煤与瓦斯突出及其预防相关内容。

安全素质基本要求相关知识

在煤矿事故中与瓦斯有关的事故有5种，即瓦斯爆炸事故、瓦斯燃烧事故、瓦斯窒息事故、瓦斯喷出事故和煤与瓦斯突出事故。这5种事故通常都会造成重大人员伤亡，其中，瓦斯爆炸事故和煤与瓦斯突出事故发生频繁，危害最大。

一、瓦斯爆炸及其预防

瓦斯爆炸就是瓦斯(CH_4)在高温火源的作用下，与空气中的氧气发生剧烈的化学反应，生成二氧化碳和水蒸气，同时产生大量的热量，形成高温、高压，并以极高的速度向外冲击而产生的动力现象。

1. 瓦斯爆炸条件

瓦斯发生爆炸必须同时具备3个基本条件：一是瓦斯浓度在爆炸界限内，一般为5%～16%；二是混合气体中氧气的浓度不小于12%；三是有足够能量的点火源，温度在650～750 ℃。瓦斯爆炸的3个条件必须同时满足，缺一不可。

2. 预防瓦斯爆炸的措施

预防瓦斯爆炸应从瓦斯爆炸的3个条件入手，即设法防止瓦斯积聚和出现引燃火源；同时一旦出现瓦斯爆炸，还要设法防止爆炸事故扩大。

(1) 防止瓦斯积聚的措施。瓦斯积聚是指在0.5 m^3 及以上空间中瓦斯浓度达到2%及以上的现象。防止瓦斯积聚应落实瓦斯防治“十二字方针”，即先抽后采、监测监控、以风定产，从源头上消除瓦斯的危害。防止瓦斯积聚的基本方法如下：① 加强通风；② 加强瓦斯浓度和通风情况的检查；③ 及时处理局部积聚的瓦斯。

(2) 防止瓦斯引燃的措施：① 防止明火；② 防止电火花；③ 防止爆破引燃瓦斯；④ 防止机械摩擦、冲击火花。

(3) 限制瓦斯爆炸范围扩大的措施：

① 实行分区通风。

② 通风系统力求简单。

③ 装有主要通风机的出风井口应安装防爆门，以防止发生爆炸时通风机被毁坏，造成救灾和恢复生产困难。

④ 开采有煤尘、瓦斯爆炸危险的矿井，都必须用水棚或岩粉棚隔开。

⑤ 每个矿井每年必须由矿技术负责人组织编制矿井灾害预防和处理计划。

3. 发生瓦斯爆炸事故时的应急避险

(1) 当灾害发生时一定要镇静清醒，不要惊慌失措、乱喊乱跑。当听到或感觉到爆炸声响和空气冲击波时，应立即背朝声响和气浪传来的方向、脸朝下、双手置于身体下面、闭上眼睛迅速卧倒。头部要尽量低，有水沟的地方最好趴在水沟边上或坚固的障碍物后面。

(2) 立即屏住呼吸，用湿毛巾捂住口鼻，防止吸入有毒的高温气体，避免中毒和灼伤气管和内脏。

(3) 用衣服将自己身上的裸露部分尽量盖严，以防火焰和高温气体灼伤皮肉。

(4) 迅速戴好自救器，以防止吸入有毒气体。

(5) 高温气浪和冲击波过后应立即辨别方向，通过最短的距离进入新鲜风流中，并按照避灾路线尽快逃离灾区。

(6) 已无法逃离灾区时，应立即选择进入避难硐室中，充分利用现场的一切器材和设备来保护人员和自身安全。进入避难硐室后要注意安全，最好找到离水源近的地方，设法堵好硐口，防止有害气体进入。注意节约矿灯电量、食品和水，室外要做好标记，有规律地敲打连接外部的管子、轨道等，发出求救信号。

二、煤与瓦斯突出及其预防

煤与瓦斯突出是指在压力作用下，破碎的煤与瓦斯由煤体内突然向采掘空间大量喷出，它是一种瓦斯特殊涌出。

1. 煤与瓦斯突出的预兆

(1) 无声预兆。工作面顶板压力增大，使支架变形、煤壁外鼓、片帮、掉渣、顶板下沉或底板鼓起，煤层层理紊乱，煤暗淡无光泽，煤质变软，瓦斯涌出量异常或忽大忽小，煤壁发凉，打钻时有顶钻卡钻、喷瓦斯等现象。

（2）有声预兆。煤层在变形过程中发生劈裂声、闷雷声、机枪声、响煤炮，声音由远到近、由小到大，有短暂的、有连续的，间隔时间长短也不同，煤壁发生震动和冲击，顶板来压，支架发出断裂声。

特别注意：任何一次突出前，并不是所有预兆都出现，仅出现其中一种或数种，而且有的预兆还不明显；也有的预兆距发生突出的时间很短。因此，发现任何预兆，都要格外警惕，及时报告并躲避。

2. 煤与瓦斯突出的危害

大量的煤与瓦斯在短时间内向采掘空间突然喷出，突出的煤流或岩石流抛出会掩埋井下作业人员、堵塞巷道，造成风流逆转，破坏井下设施、设备和通风系统，井巷中充满高浓度瓦斯会引起人员缺氧窒息死亡。当突出瓦斯与新鲜风流汇合后，遇到火源还可能引发燃烧或爆炸使灾害事故扩大。

3. 煤与瓦斯突出事故的预防

防突工作必须坚持“区域综合防突措施先行、局部综合防突措施补充”的原则，按照“一矿一策、一面一策”的要求，实现“先抽后建、先抽后掘、先抽后采、预抽达标”。突出煤层必须采取两个“四位一体”综合防突措施，做到多措并举、可保必保、应抽尽抽、效果达标，否则严禁采掘活动。对于预防和治理煤与瓦斯突出的各种措施和方法，必须根据具体条件合理选择，并遵守以下各项规定：

（1）在突出地点工作的人员，必须经过专门训练，掌握防治突出的基本知识，熟悉突出的各种预兆和井下的避灾路线。

（2）突出煤层采掘工作面都必须有独立的通风系统，并设专人检查瓦斯。该区域要安设直通矿调度室的电话，发现有突出危险时，立即撤出人员。

（3）在突出危险区工作的人员必须佩戴隔离式自救器。

（4）在有突出危险的煤层中进行采掘作业时，在一个或相邻的两个采区中，同一煤层的同一区段禁止布置2个工作面同时相向回采、禁止2个工作面同时相向掘进。

（5）在有突出危险煤层中的掘进工作面，应在其进风侧的巷道中设置2道坚固的反向风门,并保持回风巷道畅通无阻。

(6) 在突出煤层的采掘工作面附近的进风巷中,必须设置有供给压缩空气的避难硐室或压风自救装置。

4. 发生煤与瓦斯突出事故的应急避险

(1) 佩戴隔离式自救器保护自己。

(2) 寻找可避难的场所。

(3) 新鲜风流区域的人员主动、正确地参加救护工作。

5. "四位一体"综合防突措施

我国对煤与瓦斯突出的防治技术进行了长期的研究,总结出了一套行之有效的两个(区域、局部)"四位一体"综合防突措施,在煤矿生产实际应用中取得了较好的效果。

(1) 区域"四位一体"综合防突措施:区域突出危险性预测、区域防突措施、区域防突措施效果检验、区域验证。

(2) 局部"四位一体"综合防突措施:工作面突出危险性预测、工作面防突措施、工作面防突措施效果检验、安全防护措施。

安全素质基本要求五
煤矿煤尘事故的防治与应急避险

学习目标

1. 熟悉煤尘爆炸及其预防相关内容。
2. 熟悉煤尘爆炸预防措施。
3. 熟悉煤尘爆炸的应急避险相关内容。

安全素质基本要求相关知识

在采掘生产过程中,特别是采掘工作面在爆破、落煤、运输过程中都会产生大量煤尘。煤尘危害主要有两个方面:一是对人体的危害。二是煤尘爆炸危害。煤尘爆炸是煤矿最严重的灾害之一,严重威胁矿井安全生产。

一、煤尘爆炸及其预防

风速过高会引起采掘工作面和运输巷道煤尘飞扬，而风速过低会使产尘点产生的煤尘排不出去导致浮尘量增加。带式输送机、刮板输送机各转载点如不采取有效防尘措施，会造成煤尘飞扬。当煤尘含量达到爆炸临界点，遇电气设备漏电产生的火花、爆破产生的火焰等引爆火源时，就会发生煤尘爆炸事故。

1. 煤尘爆炸事故灾害类型

(1) 在采掘生产过程中，特别是采掘工作面在爆破、落煤、运输过程中都会产生大量煤尘，煤尘浓度可达到爆炸界限，当电气设备漏电产生火花、爆破产生火焰等引爆火源存在时，就会发生煤尘爆炸事故。

(2) 煤尘爆炸时会产生高温、高压、有毒有害气体，造成人员伤亡、机械设备和巷道的破坏，强大的冲击波会造成风流逆转、通风系统紊乱，还可能引起其他地点连续爆炸。

(3) 采掘工作面及其回风巷发生煤尘爆炸事故时，将影响本采区；当引起连续爆炸时，将扩大影响范围，直至影响整个矿井；进风井附近发生煤尘事故时，将影响其进风流中的所有工作地点，反风不及时将影响整个矿井。

2. 煤尘爆炸的条件

煤尘发生爆炸必须同时具备 3 个基本条件：一是煤尘本身具有爆炸性，而且浮游煤尘要达到一定浓度(下限为 45 g/m^3，上限为 1 500～2 000 g/m^3)；二是混合气体中氧气的浓度不小于 18%；三是有足够能量的点火源，温度在 610～1 050 ℃之间。

二、煤尘爆炸预防措施

(1) 矿井开采新水平、新煤层，要及时对煤层开展煤尘爆炸性鉴定工作，根据鉴定结果采取相应的安全措施，并将作业场所的煤尘降低到《煤矿安全规程》规定的浓度以下。

(2) 建立煤尘监测制度，加强采掘工作面和主要场所的煤尘监测，消除煤尘隐患。

(3) 加强巡查及管理，防止井下出现明火、爆破火焰、电气火花等引爆火源。

(4) 按照“源头治理、科学防治”的原则，认真落实减尘、捕尘、洗尘有关规定。完善防尘洒水系统，采取湿式钻眼，使用水炮泥，爆破前后冲洗煤壁，爆破时采用高压喷雾或压气喷雾降尘，采掘面回风巷按规定安设自动控制风流净化水幕，转载点采用自动喷雾降尘或密闭尘源除尘器抽尘净化等措施。

三、煤尘爆炸的应急避险

发生煤尘爆炸事故后的危险区域，救援人员只能在救人的情况下才能进入，且必须采取有效措施，保证救援人员的安全。

(1) 如果事故不能及时得到控制，或有扩大趋势，或抢救非常困难时，由指挥部决定是否请求外援。

(2) 井下发生煤尘爆炸事故时，一般有较大声响和较强的冲击波以及煤尘飞扬。如发生以上情况，立即采取如下措施：

① 无论任何人，凡发现灾害事故，不论灾害程度如何、波及范围大小，都应立即向矿调度室汇报，并详细说明事故发生的地点、时间、类别、事故现场情况、冲击波的方向及事故可能波及的地点。

② 事故现场的区队长或工程技术人员及通风、安检部门人员应立即组织在场人员采取一切有效措施进行自救和抢险救灾，将事故消灭在初发阶段。

③ 不能有效消除危险时，应立即组织灾区人员和受威胁区域的人员迅速沿避灾路线撤离。

④ 采煤工作面发生事故时，受灾人员要以事故区为中心，分别由上、下顺槽撤退，转入安全的进风巷道。

(3) 在发生煤尘爆炸事故灾区人员无法迅速撤离时，应考虑下述方法避灾：

① 避灾人员要戴上自救器或用湿毛巾堵住口鼻，以隔绝火焰和防止高温有害气体的伤害，待爆炸冲击波过去后，迅速撤到安全地点。

② 不能撤离的人员迅速转入独头巷道(最好是岩石巷道)等安全

地点，停止局部通风机，切断电源，断开风筒，堵住入口，防止有毒气体侵入，并在躲避地点巷道口悬挂矿灯、工具并定时敲打管子、铁轨等发出呼救信号，等待救援。

③ 避灾地点若有压风管，可设法打开压风管路，以便向避灾人员输送新鲜空气。

(4) 调度室接到井下灾情报告后，立即通知矿山救护队赶赴现场实施救援。

(5) 救护队伍到达现场后，要维持事故现场原状，经全面侦察后再采取措施。如果需要开动局部通风机供风，必须请示指挥部后再确定，不能贸然行事。

(6) 爆炸产生火灾，应同时进行灭火和救人，并应采取防止再次发生爆炸的措施。

(7) 井筒、井底车场或石门发生爆炸时，在侦察确定没有火源，无爆炸危险的情况下，应派遣 1 个小队救人，1 个小队恢复通风。如果通风设施损坏不能恢复，2 个小队应全部去救人。

(8) 爆炸事故发生在采煤工作面时，派 1 个小队沿回风侧、1 个小队沿进风侧进入救人，在此期间必须维持通风系统原状。

(9) 井筒、井底车场或石门发生爆炸时，为了排除爆炸产生的有毒、有害气体，抢救人员应在查清确无火源的基础上，尽快恢复通风。如果有害气体严重威胁回风流方向的人员，为了紧急救人，在进风方向的人员已安全撤退的情况下，可采取区域反风。之后，矿山救护队应进入原回风侧引导人员撤离灾区。

(10) 在救灾过程中，应采取措施防止局部火灾或瓦斯爆炸点燃被扬起的沉积煤尘引起二次爆炸。

(11) 根据事故的变化情况，由指挥部决定及时改变处理方案。

(12) 严格停送电措施，防止事故扩大。

(13) 医院急救人员根据情况迅速带齐物品进行现场急救。

(14) 需要矿井反风时，由总指挥下达反风命令。

安全素质基本要求六
生产安全事故及其防治基础知识

学习目标

1. 了解生产安全事故的概念及类型。
2. 了解生产安全事故的原因及预防。
3. 了解事故处理“四不放过”原则。

安全素质基本要求相关知识

一、生产安全事故的概念及类型

生产安全事故，是指生产经营单位在生产经营活动中发生的伤害人身安全和健康，或者损坏设备设施，造成经济损失，导致原生产经营活动暂时中止或永远终止的意外事件，包括造成人员死亡、伤害、职业病、财产损失或其他损失的所有意外事件。

1. 按《生产安全事故报告和调查处理条例》分类

根据《生产安全事故报告和调查处理条例》规定，生产安全事故一般分为特别重大事故、重大事故、较大事故和一般事故。造成 30 人及以上死亡的事故属于特别重大事故，造成 10～29 人死亡的事故属于重大事故，造成 3～9 人死亡的事故属于较大事故，造成 1～2 人死亡的事故属于一般事故。

2. 煤矿事故分类

(1) 顶板事故，是指冒顶、片帮、顶板掉矸、顶板支护垮倒、冲击地压、露天煤矿边坡滑移垮塌等，底板事故视为顶板事故。

(2) 瓦斯事故，是指瓦斯(煤尘)爆炸、燃烧，煤(岩)与瓦斯突出，中毒、窒息事故。

(3) 机电事故，是指机电设备(设施)导致的事故，包括运输设备在安装、检修、调试过程中发生的事故。

（4）运输事故，是指运输设备（设施）在运输过程中发生的事故。

（5）爆破事故，是指爆破崩人、触响瞎炮造成的事故。

（6）火灾事故，是指煤与矸石自然发火和外因火灾造成的事故，其中煤层自燃未见明火、逸出有害气体中毒视为瓦斯事故。

（7）水害事故，是指地表水、老空水、地质水、工业用水造成的事故及透黄泥、流砂导致的事故。

（8）其他事故，是指以上7类事故以外的事故。

二、生产安全事故的原因及预防

任何事故的发生都是有原因的，生产安全事故也不例外。一般来讲，发生生产安全事故的原因，主要包括人的不安全行为、物的不安全状态和管理上的缺陷等。

1. 人的不安全行为

（1）麻痹、侥幸心理，工作蛮干，在“不可能意识”的支配下，发生了安全事故。

（2）精神疲惫、酒后上班、班中睡觉、擅自离岗、干与本职工作无关的事以及工作时注意力不集中、思想麻痹。

（3）未正确佩戴或使用安全防护用品。

（4）操作和作业时，违反安全规章制度和安全操作规程，未制定或执行相应的安全措施。

（5）机器在运转时进行检修、调整、清扫等作业。

（6）在有可能出现坠落物、吊装物的地方冒险通过、停留。

（7）在作业和危险场所随意走、攀、坐、靠。

（8）违规使用非专用工具、设备或用手代替工具作业。

2. 物的不安全状态

（1）防护、保险、警示等装置缺失或存在缺陷。

（2）机械、电气设备维护检修不到位，带“病”运转。

（3）物体的固有性质和建造设计使其存在不安全状态。

（4）设备安装不规范，或超期使用、部件老化。

3. 管理上的缺陷

（1）管理人员在思想上对安全工作的重要性认识不足，将其视为可有可无，日常以麻木的心态和消极的行为对待安全工作，安全法律责任意识淡薄。

（2）规章制度、安全技术操作规程、作业规程、安全技术措施、岗位责任制等，未建立、不健全或不完善。

（3）管理人员不学习、不理解、不彻底落实企业的各种安全规章制度，只注重生产指标，忽视安全检查、安全教育和隐患排查治理。

（4）管理人员安全知识不全面、安全管理能力差、安全管理执行力不强。

管理上的缺陷的主要预防措施为：

（1）严格贯彻落实“安全第一，预防为主，综合治理”的安全生产方针。安全生产工作应当以人为本，坚持安全发展，坚持“安全第一，预防为主，综合治理”的方针，强化和落实生产经营单位的主体责任，建立健全生产经营单位负责、职工参与、政府监管、行业自律和社会监督的机制。

（2）广泛开展安全教育和培训工作。通过安全教育和培训，不断提高从业人员的安全意识和安全素质，加强自主保安和相互保安，认真学习并贯彻落实《煤矿安全规程》、安全技术操作规程和作业规程等三大规程，杜绝违章指挥、违章作业、违反劳动纪律等“三违”行为。

（3）认真贯彻落实岗位责任制。岗位责任制是企业根据法律法规建立的针对所有从业人员保证安全生产责任层层落实的制度。所有从业人员都按照岗位责任制的要求上标准岗、干标准活，工作中各负其责，才能搞好安全生产工作。

（4）积极开展风险预控、隐患排查治理工作。煤矿作业过程中存在很多风险，因此要求作业人员在从事每项工作前，必须充分认识到作业过程中存在的各类风险，并提前采取有效措施，防止发生各类安全事故。同时，工作中还要经常进行隐患排查，发现问题立即解决或汇报，防止隐患演变成事故。

三、事故处理“四不放过”原则

发生事故后，必须按照“四不放过”的原则进行处理，其具体内容是：事故原因没有查清不放过，事故责任人没有受到处理不放过，事故责任人和广大群众没有受到教育不放过，没有采取防范措施不放过。

1. 事故原因没有查清不放过

发生事故后，必须查清事故的直接原因和间接原因，只有这样，才能根据事故原因制定相应的防范措施，杜绝类似事故再次发生。

2. 事故责任人没有受到处理不放过

发生事故后，或者对人员造成了伤害，或者造成了财产的损失，影响了生产经营单位的经济利益，因此必须严格按照安全事故责任追究的规定和有关法律法规的要求对事故责任人进行处理。对于触犯刑法的，还要依法追究其刑事责任。

3. 事故责任人和广大群众没有受到教育不放过

发生事故后，必须对事故责任者和广大群众进行安全教育，使事故责任者和广大群众了解事故发生的原因、造成的危害和防范措施，并认真吸取教训，防止类似事故在本岗位和其他相关岗位再次发生。

4. 没有采取防范措施不放过

发生事故后，必须根据事故原因，制定、采取相应的防范措施，以达到防止事故再次发生的目的。

模块五　自救、互救与现场急救

大量煤矿事故事实证明，当矿井发生灾害事故后，事故现场人员在万分危急的情况下，依靠自己的智慧和力量，积极正确地开展自救和互救工作，是最大限度地减少事故损失的重要环节。因此，每个入井人员都必须掌握自救、互救的基本方法。

安全素质基本要求一　自救器的使用

学习目标

1. 掌握化学氧自救器的使用。
2. 掌握压缩氧自救器的使用。

安全素质基本要求相关知识

自救器是入井人员在井下发生火灾，瓦斯、煤尘爆炸，煤与瓦斯突出等事故时防止有害气体中毒或缺氧窒息的一种随身携带的呼吸保护器具，其体积小、重量轻、便于携带。

煤矿必须使用隔离式自救器。隔离式自救器能防护所有的有害气体，它的作用包括提供氧气、防止窒息和防止有害气体中毒。隔离式自救器分类见表 1-3。

表 1-3　隔离式自救器分类

分类	压缩氧	化学氧
气源	压缩氧气	化学生氧
周期	反复使用	一次性
维护保养	复杂	简单
适用范围	有毒有害气体、缺氧环境	

一、化学氧自救器的使用

化学氧自救器是指利用化学生氧物质产生氧气的隔离式呼吸保护器。它用于灾区环境大气中缺氧或存在有毒有害气体的环境，供一般入井人员使用，只能使用 1 次。

以 ZH30D 化学氧自救器为例，其中字母 Z 代表自救器，H 代表化学氧，30 代表防护时间为 30 min，D 代表设计序号。

1. 化学氧自救器结构

化学氧自救器的结构如图 1-2 所示。

自救器的操作与使用（微信扫码观看）

2. 防护特点

(1) 提供人员逃生时所需的氧气。

(2) 呼吸在人体与自救器之间循环进行，与外界空气成分无关，能防护各种有毒气体。

(3) 用于从火灾、爆炸、突出的灾区中逃生。

3. 使用方法

(1) 佩戴位置。将专用腰带穿入自救器腰带环内，固定在背部右侧腰间，如图 1-3(a)所示。

(2) 开启扳手。使用时先将自救器沿腰带转到右侧腹前，左手托底，右手拉护罩胶片，使护罩挂钩脱离壳体并丢掉，再用右手掰锁口带扳手至封印条断开后，丢开锁口带，如图 1-3(b)所示。

(3) 去掉上外壳。左手抓住下外壳，右手将上外壳用力拔下、扔掉，如图 1-3(c)所示。

(4) 套上挎带。将挎带套在脖子上，如图 1-3(d)所示。

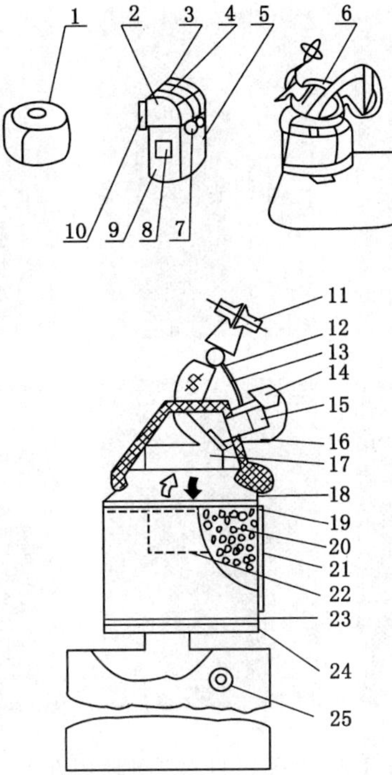

1—保护套；2—上外壳；3—前锁口带；4—封印条；5—使用注意牌；6—呼吸保护器；7—后封口带；8—铭牌；9—下外壳；10—皮带穿环；11—鼻夹；12—头带；13—鼻夹绳；14—口具；15—口具塞；16—降温网；17—口水挡板；18—生氧罐；19—上过滤装置；20—生氧剂；21—隔热底座；22—快速启动筒；23—下过滤装置；24—气囊；25—排气阀。

图 1-2　化学氧自救器结构图

(5) 提起口具并立即戴好。用力提起口具，此时气囊逐渐鼓起，立即拔掉口具塞并同时将口具塞入口中，口具片置于唇齿之间，牙齿紧紧咬住牙垫，紧闭嘴唇，如图 1-3(e)所示。若尼龙绳被拉断，气囊未鼓，可以直接拉启动环。

(6) 夹好鼻夹。两手同时抓住两个鼻夹垫的圆柱形把柄，将鼻夹拉开，此时佩戴人要憋住一口气，用鼻夹垫准确夹住鼻子。

(7) 调整挎带。如果挎带过长，抬不起头，可以拉动挎带上的大圆

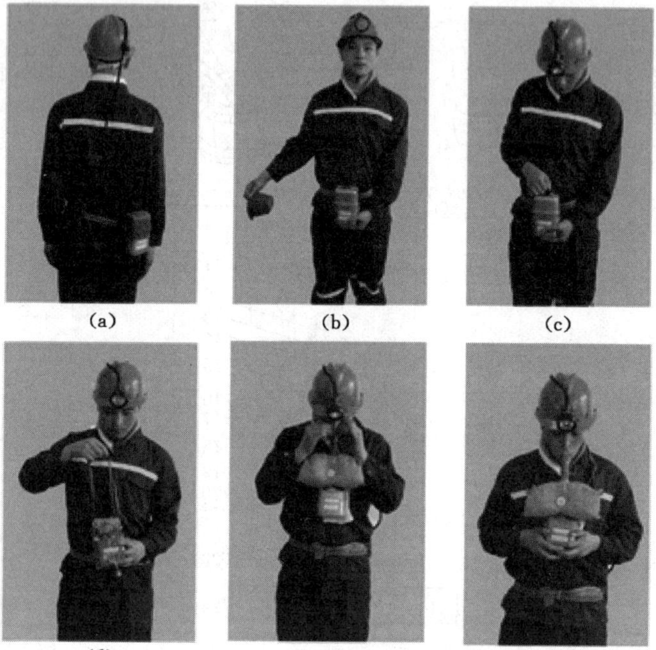

(a) (b) (c) (d) (e) (f)

图 1-3 化学氧自救器的使用方法

环,使挎带缩短,长度适宜后,系在小圆环上,如图 1-3(f)所示。

(8) 退出灾区。上述操作完成后,开始撤离灾区。途中感到吸气不足时不要惊慌,应放慢脚步,做深呼吸,待气量充足后再快步行走。

4. 使用注意事项

(1) 每班携带自救器前,应检查自救器外壳有无损伤或松动,如发现不正常现象,应及时将自救器送到发放室检查校验。

(2) 携带自救器时,应避免碰撞、跌落,禁止将自救器当坐垫用;禁止用尖锐的器具猛砸外壳或药罐;禁止自救器接触带电体或浸泡在水中。

(3) 携带自救器时,任何场所不准随意打开自救器上外壳;如果自救器上外壳已意外开启,应立即停止携带,做报废处理。

(4) 在井下工作时,一旦发现事故征兆,应立即佩戴自救器后迅速撤离。佩戴自救器要求操作准确、迅速。

(5) 佩戴自救器撤离火区时，要冷静、沉着，最好匀速行走。

(6) 在整个逃生过程中，要注意把口具、鼻夹戴好，保证不漏气，严禁从嘴中取下口具说话。

(7) 吸气时，比平时正常吸气干、热一些，表明自救器在正常工作，对人体无害，此时千万不可取下自救器。

(8) 当发现呼气时气囊瘪而不鼓，并渐渐缩小时，表明自救器的使用时间已接近终点，要做好应急准备。

二、压缩氧自救器的使用

压缩氧自救器是指利用压缩氧气供氧的隔离式呼吸保护器。它用于灾区环境大气中缺氧或存在有毒有害气体的情况，是一种可反复多次使用的自救器，每次使用后只需要更换吸收二氧化碳的吸收剂和重新充装氧气即可重复使用。

1. 压缩氧自救器的结构

压缩氧自救器的结构如图 1-4 所示。

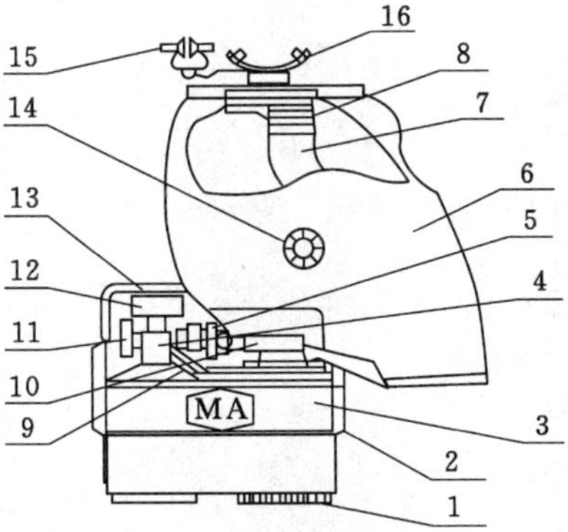

1—底盖；2—挂钩；3—清净罐；4—氧气瓶；5—减压阀；6—气囊；7—呼气软管；8—呼气阀；9—支架；10—补气压板；11—手轮开关；12—压力表；13—上盖；14—排气阀；15—鼻夹；16—口具。

图 1-4　压缩氧自救器的结构图

2. 防护特点

(1) 提供人员逃生时所需的氧气，能防护各种毒气。

（2）可反复多次使用。

（3）用于有毒气或缺氧的环境条件下。

（4）可用于压风自救系统的配套装备。

3. 使用方法

（1）携带时，挎在肩膀上或者挂在专用皮带上，如图 1-5(a)、(b)所示。

（2）使用时，先打开外壳封口带手把。

（3）打开上盖，然后左手抓住氧气瓶，右手用力向上提上盖，如图 1-5(c)所示；此时氧气瓶开关即可自动打开，随后将主机从下壳中拽出，如图 1-5(d)所示。

（4）摘下安全帽，挎上挎带，戴好安全帽。

（5）拔开口具塞，将口具放入口腔里，牙齿咬住牙垫，如图 1-5(e)所示。

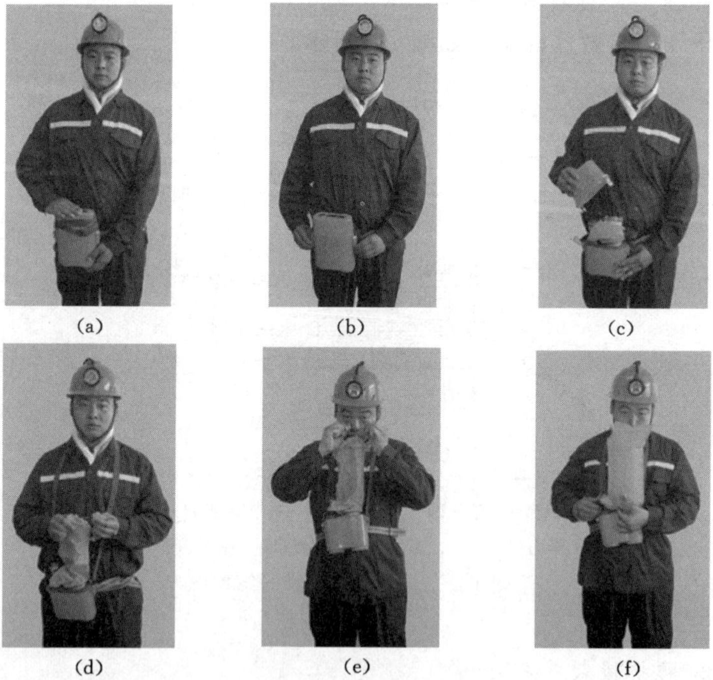

(a) (b) (c)

(d) (e) (f)

图 1-5　压缩氧自救器的使用方法

(6) 将鼻夹夹在鼻子上,开始呼吸。

(7) 在呼吸的同时,按动补给按钮,1～2 s 气囊充满后立即停止(在使用过程中发现气囊供气不足时,也可按上述方法操作),如图 1-5(f)所示。

(8) 挂上腰钩。

4. 使用注意事项

(1) 使用符合《隔绝式氧气呼吸器和自救器用氢氧化钙技术条件》(MT 454)要求的 CO_2 吸收剂,每隔半年更换一次。

(2) 清净罐中的 CO_2 吸收剂,无论是否使用到额定防护时间,都必须清空后重新换装新药。

(3) 用于充填自救器的氧气应符合《医用及航空呼吸用氧》(GB 8982)的规定。

(4) 每隔 3 年要对氧气瓶做水压试验。

(5) 每隔半年检查一次气密性和氧气压力。

(6) 使用中要养成经常观察氧气瓶压力表的习惯,以掌握耗氧情况。

(7) 高压氧气瓶储装有 20 MPa 的氧气,携带过程中要防止撞击、磕碰和摔落,也不许把压缩氧自救器当坐垫使用。

(8) 呼气和吸气时都要慢而深(即深呼吸)。口与自救器的距离不能过近,以免气囊内的呼气软管打折,增加呼气阻力。

(9) 使用中应防止利器刺伤、划伤气囊。

(10) 在未达到安全地点时严禁摘下自救器。

安全素质基本要求二
避难硐室的自救避灾

学习目标

1. 掌握永久避难硐室相关规定。

2. 掌握临时避难硐室相关规定。

3. 掌握在避难硐室避难时应注意的相关事项。

安全素质基本要求相关知识

避难硐室是井下发生灾害事故后，人员无法撤离灾区时的避难场所。避难硐室分为事先构筑好的永久避难硐室和由避灾人员用身边现有材料建造的临时避难硐室。

一、永久避难硐室

永久避难硐室预先设在井底车场附近或采区工作地点安全出口的路线上，距工作点不能太远(即在自救器的有效工作时间内可到达)。避难硐室的容积原则上应能容纳采区的全体人员。硐室内应备有供避灾人员呼吸用的供气装备(如压风自救装置)、通信设备、自救器、药品、食物等。需要注意两个问题：一是硐室内的供气装置要有保障，即空气气源能长时间供气，遇险人员使用的呼吸装置要佩戴方便、迅速，呼吸自如舒畅。二是硐室内要存放一定数量的自救器，其防护时间要长一些(如 30 min 以上的化学氧和压缩氧自救器)，确保遇险人员在条件允许时，佩戴自救器从避难硐室撤到安全地点或井上。进入避难硐室的流程如图 1-6 所示。

二、临时避难硐室

临时避难硐室是一旦出现灾变事故，遇险人员在等待救援的过程中利用现场的材料临时搭建的设施。临时避难硐室是利用独头巷道、硐室或两道风门之间的巷道，由避灾人员临时修建的，所以应在这些地点事先准备好所需的木板、木桩、风筒、黏土、砂子或砖等材料，还应装有带阀门的压气管。避灾时，若无构筑材料，避灾人员就用衣服和身边现有的材料临时构筑避难硐室，以减少有害气体的侵入。密闭应该设置两道，设置密闭时人应站在里面。

三、在避难硐室避难时的注意事项

(1) 进入避难硐室前，应在硐室外留有矿灯、衣服、工具等明显标志，以便矿山救护队及时发现。

(2) 避难人员在避难硐室中应保持安静、不急躁，尽量俯卧于巷道底部，避免不必要的体力和氧气消耗，以便延长避难时间。

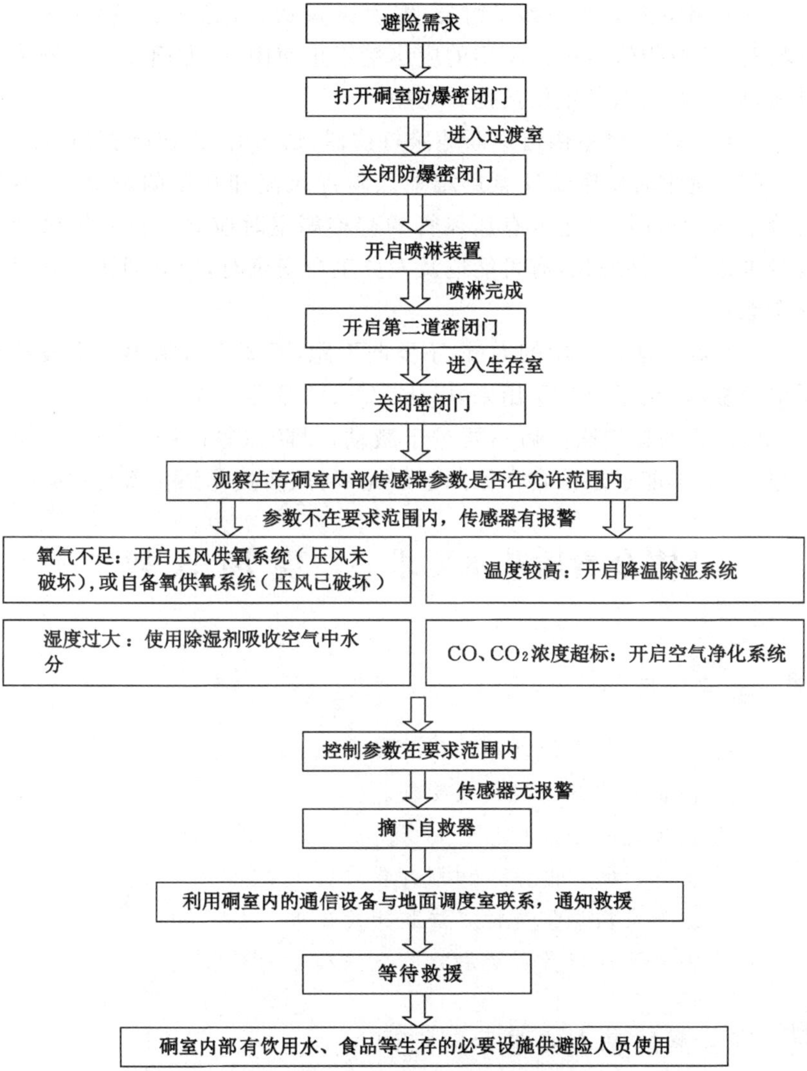

图 1-6　进入避难硐室的流程图

(3) 在避难中，要保持良好的精神状态和心理状态，坚持克服各种困难，坚定信心。

(4) 硐室内只留一盏矿灯照明,其余熄灭,以备人员撤离时使用。自救器、急救袋暂时可以不用的应尽量停止使用,一方面以备延长待救时间,另一方面以备重伤员抢救之用。

(5) 在避难硐室内可间断地敲打铁器、岩石等,发出呼救信号。

(6) 避难时要密切注意避难地点附近风流和瓦斯的情况,要不断改善争取待救时间(进入有压风管的避难硐室时应立即打开压风管)。若避难地点条件恶化,有可能危及人员生命安全时,应立即转移到附近安全地点。

(7) 被水堵在上山的人员,不要向下跑,不要盲目探险。水被排走露出顶板时,也不要急于出来,以防 SO_2、H_2S 等气体中毒。

(8) 看到救护队员后不要过于激动,以防血管破裂。避难时间过长被救后,不能过多饮食和见到强烈光线,以防损伤消化器官和眼睛。

安全素质基本要求三　现场急救

学习目标

1. 掌握心肺复苏的方法和相关要求。
2. 掌握止血的方法和相关要求。
3. 掌握包扎的方法和相关要求。
4. 掌握骨折固定的方法和相关要求。
5. 掌握伤员搬运护送的方法和相关要求。
6. 掌握对不同伤员现场急救的方法和相关要求。

安全素质基本要求相关知识

现场急救的关键在于"及时",时间上突出一个"急"字,技术上突出一个"救"字。争取在最短的时间内有效地完成急救和安全转运任务。对伤员要快抢、快救和快运是事故伤员救治工作的第一步,这不但直接关系到伤员的生死,而且能为后续各级救治打下基础,必须及时、准确。

要做好伤员分类工作，优先抢救危重伤员，积极防止休克、感染等并发症。

现场互救必须遵守转运原则：初步确切止血、骨折简易固定、生命体征平稳、医护全程护送、边救边送、就近医院救治。

现场急救必须遵守“三先三后”的原则：

(1) 窒息(呼吸道完全堵塞)或心跳、呼吸骤停的伤员，必须先进行人工呼吸或心脏复苏后搬运。

(2) 对出血的伤员，先止血后搬运。

(3) 对骨折的伤员，先固定后搬运。

现场急救的方法包括心肺复苏、止血、创伤包扎、骨折临时固定和伤员搬运。

一、心肺复苏

煤矿井下每名职工都要掌握急救相关知识。一旦发现有人晕倒，应采取如下 4 个步骤措施：第一步判断意识；第二步呼救；第三步翻转体位；第四步胸外心脏按压。如图 1-7 所示。

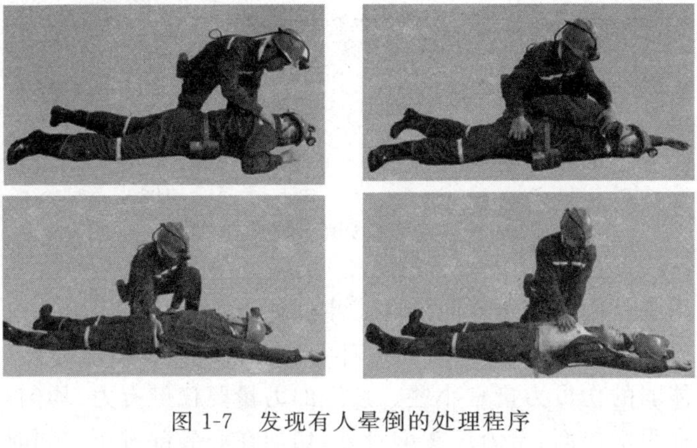

图 1-7　发现有人晕倒的处理程序

胸部正中，乳头连线水平(两乳头连线中点)，右手中、食指沿一侧肋弓向内上方滑动至胸骨下端，左手掌根靠紧食指，放于胸骨上，按压频率 100～120 次/min，按压深度 5～6 cm。如图 1-8(a)所示。

1. 胸外心脏按压

操作方法如下：

首先使伤员仰卧在木板上或地上，解开其上衣和腰带，脱掉其胶鞋。救护者位于伤员右侧，手掌面与前臂垂直，一手掌面压在另一手掌面上，使双手重叠置于伤员胸骨 1/3 处（其下方为心脏），以双肘和臂肩之力有节奏地、冲击式地向脊柱方向用力按压，使胸骨下陷至少 5～6 cm；按压后，迅速抬手使胸骨复位，以利于心脏的舒张。按压次数以每分钟 100～120 次为宜。按压过快，心脏舒张不够充分，心室内血液不能完全充盈；按压过慢，动脉压力低，效果也不好，如图 1-8(b)所示。

心肺复苏操作步骤
（微信扫码观看）

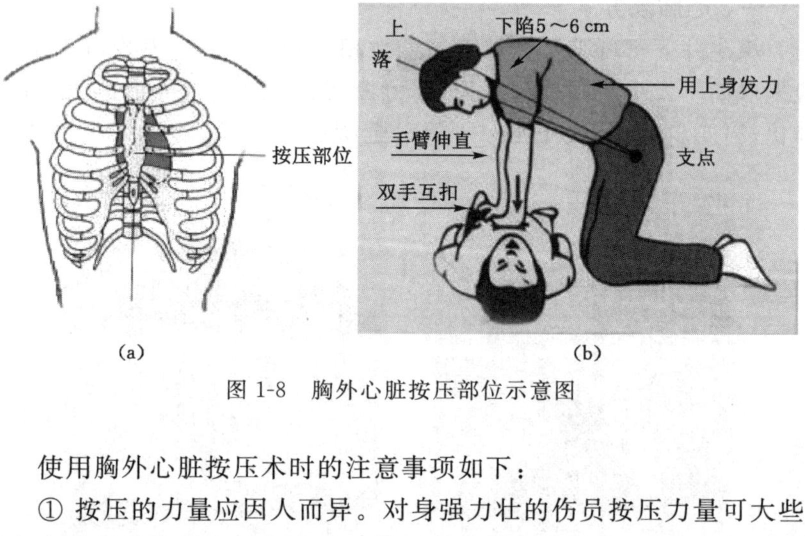

(a) (b)

图 1-8 胸外心脏按压部位示意图

使用胸外心脏按压术时的注意事项如下：

① 按压的力量应因人而异。对身强力壮的伤员按压力量可大些；对年老体弱的伤员力量宜小些。按压的力量要稳健有力、均匀规则，重力应放在手掌根部，着力仅在胸骨处，切勿在心尖部按压。同时注意用力不能过猛，否则可致肋骨骨折、心包积血或引起气胸等。

② 胸外心脏按压与口对口吹气法最好同时施行，无论单人心肺复苏还是双人心肺复苏，均为每按压心脏 30 次，做口对口人工呼吸 2 次。

③ 按压显效时，可摸到颈总动脉、股动脉搏动，散大的瞳孔开始缩

小，皮肤转为红润。

2. 人工呼吸

适用于休克、溺水、有害气体中毒、窒息或外伤窒息等引起的呼吸停止、假死状态者。

在施行人工呼吸前，先要将伤员运送到安全、通风良好的地点，将伤员领口解开，注意保持体温，腰背部垫上软的衣服等。先清除口中脏物，把舌头拉出或压住，防止堵住喉咙、妨碍呼吸。各种有效的人工呼吸都必须在呼吸道畅通的前提下进行。常用的方法有口对口吹气法、仰卧压胸法和俯卧压背法 3 种。

① 口对口吹气法。它是效果最好、操作最简单的一种人工呼吸方法。操作前使伤员仰卧，救护者在其头的一侧，一只手托起伤员下颌，并尽量使其头部后仰，另一只手将其鼻孔捏住，以免吹气时从鼻孔漏气；救护者深吸一口气，紧贴伤员的口将气吹入，迫使伤员吸气，然后松开捏鼻的手，并用手压其胸部以帮助伤员呼气。如此有节律、均匀地反复进行，每分钟应吹气 14～16 次。注意吹气时切勿过猛、过短，也不宜过长，以占一次呼吸周期的 1/3 为宜。

② 仰卧压胸法。让伤员仰卧，救护者跨跪在伤员大腿两侧，两手拇指向内，其余四指向外伸出，平放在其胸部两侧乳头之下，借半身重力压伤员胸部，挤出伤员肺内空气；然后救护者身体后仰，除去压力，伤员胸部依其弹性自然扩张，使空气吸入肺内。如此有节律地进行，要求每分钟压胸 16～20 次。

此法不适用于胸部外伤或 SO_2、NO_2 中毒者，也不能与胸外心脏按压法同时进行。

③ 俯卧压背法。此法与仰卧压胸法操作大致相同，只是伤员俯卧，救护者跨跪在伤员大腿两侧。因为这种方法便于排出肺内水分，因而对溺水者急救较为适合。

二、止血

1. 少量出血的处理

表面伤口和擦伤，应用干净的水冲洗，用创可贴或干净的纱布、手绢包扎伤口。

2. 严重出血的止血方法

(1) 直接压迫止血,如图 1-9 所示。

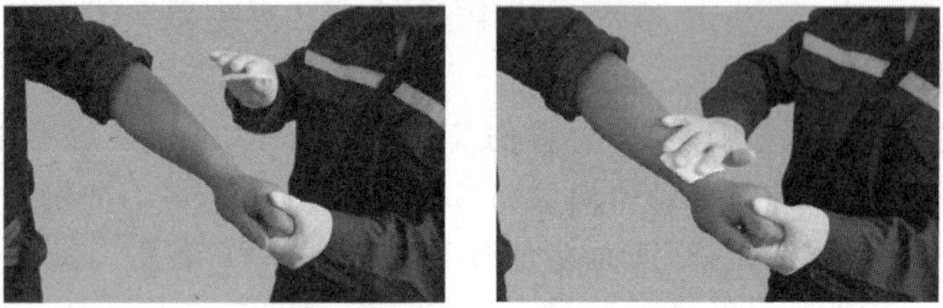

图 1-9　直接压迫止血示意图

(2) 加压包扎止血,如图 1-10 所示。

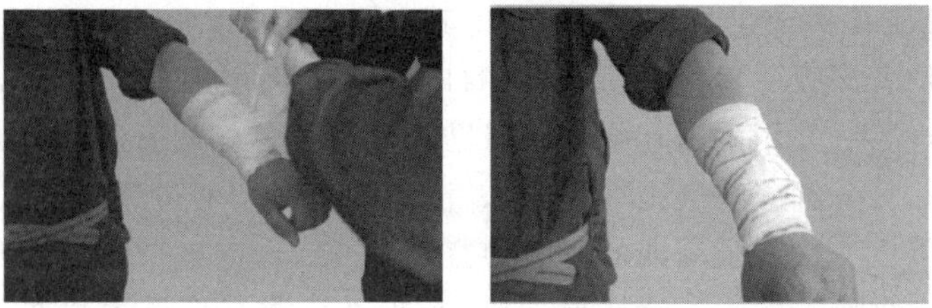

图 1-10　加压包扎止血示意图

(3) 止血带止血。

① 表带式止血带止血,如图 1-11 所示。

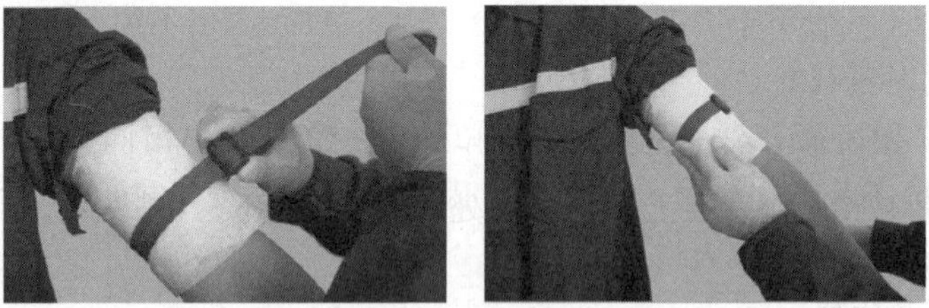

图 1-11　表带式止血带止血示意图

② 橡胶管止血带止血,如图 1-12 所示。

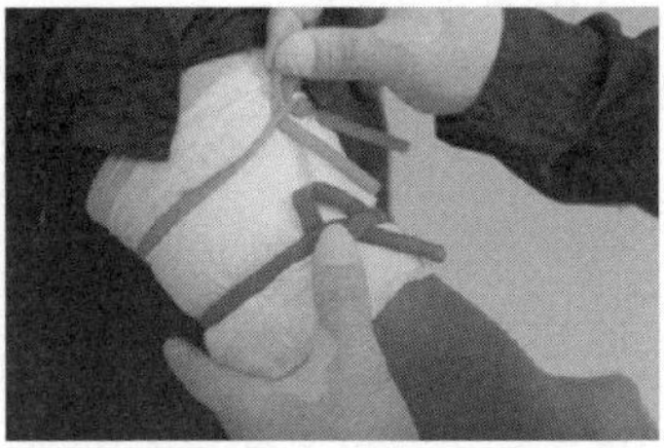

图 1-12　橡胶管止血带止血示意图

止血带止血法
（微信扫码观看）

③ 布带止血带止血，如图 1-13 所示。

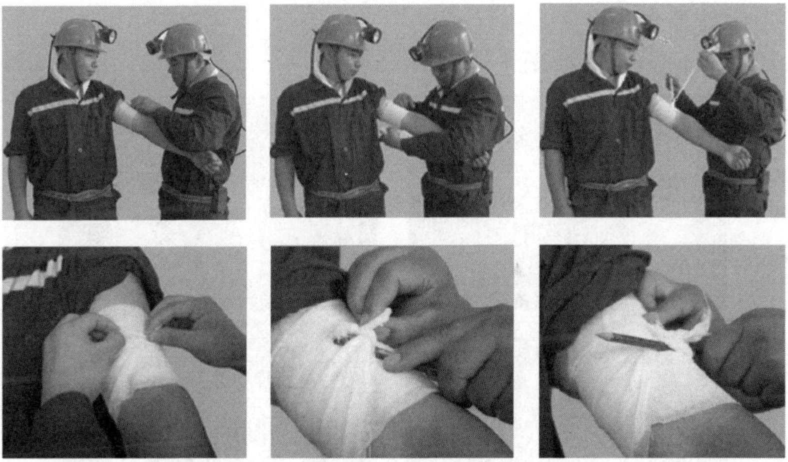

图 1-13　布带止血带止血示意图

上止血带的注意事项如下：

① 止血带不能直接缠在皮肤上。

② 上肢出血扎在上臂上 1/3 处，下肢出血扎在大腿中上部。

③ 松紧适度。

④ 做好明显标记。

⑤ 每隔 40～50 min 放松一次，每次放松 2～3 min。放松时，应采取指压止血。

⑥ 不能用铁丝、电线、绳索等代替止血带。

⑦ 结扎止血带的时间一般不应超过 2 h。

三、包扎

1. 包扎的目的

止血、保护伤口、防止感染、固定夹板和敷料。

2. 包扎的要求

轻、快、准、牢，先盖后包。

3. 包扎的材料

绷带、三角巾、四头带、多头带、就地取材。

4. 绷带包扎方法

(1) 环形包扎，如图 1-14 所示。

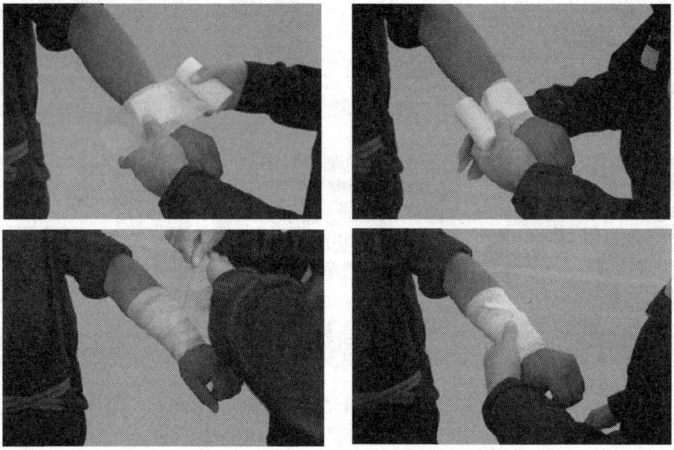

图 1-14　环形包扎示意图

(2) 螺旋包扎，如图 1-15 所示。

(3) 螺旋反折包扎，如图 1-16 所示。

(4) "8"字包扎，如图 1-17 所示。

(5) 三角巾包扎，如图 1-18 所示。

三角巾包扎法
（微信扫码观看）

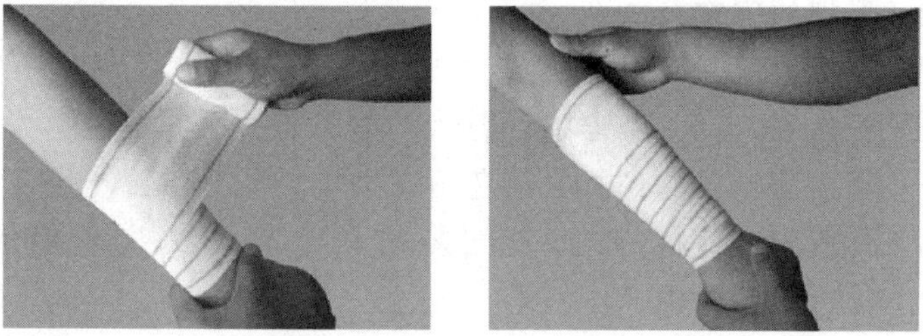

图 1-15　螺旋包扎示意图

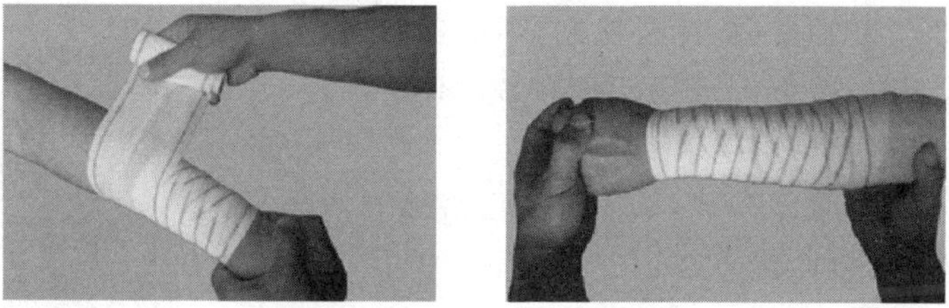

图 1-16　螺旋反折包扎示意图

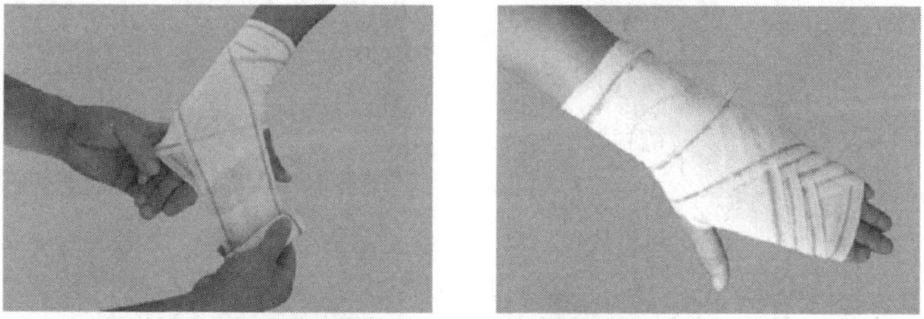

图 1-17　“8”字包扎示意图

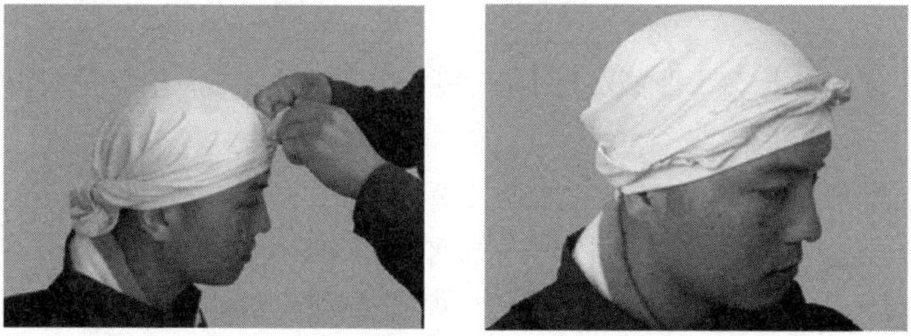

图 1-18　三角巾包扎示意图

四、骨折的固定

(1) 骨折原因:外力导致。

(2) 骨折判定:肿胀、疼痛、畸形、功能障碍。

(3) 骨折固定目的:制动、避免再次损伤、利于搬运。

(4) 骨折固定材料:夹板、充气夹板、固定架、健侧肢体、就地取材。

(5) 骨折固定原则:

① 首先检查意识、呼吸、脉搏及处理严重出血。

② 夹板的长度应能将骨折处的上下关节一同加以固定。

③ 骨断端暴露,不要拉动,不要送回伤口内。

④ 开放性骨折现场不要冲洗、不要涂药,应该先止血包扎,再固定。

⑤ 暴露肢体末端,以便观察血液循环情况。

骨折固定操作步骤
(微信扫码观看)

(6) 骨折固定方法:

① 锁骨骨折固定方法,如图 1-19 所示。

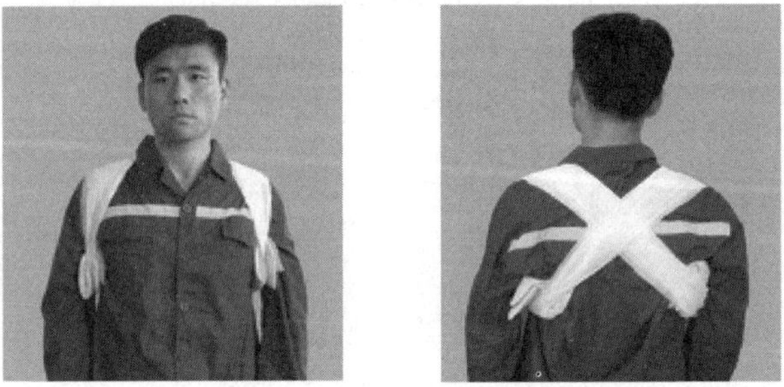

图 1-19　锁骨骨折固定方法

② 上肢(上臂)骨折、上臂下段(髁上)骨折固定方法,如图 1-20 所示。

③ 前臂骨折固定方法,如图 1-21 所示。

④ 下肢(大腿)骨折固定方法,如图 1-22 所示。

⑤ 下肢(小腿)骨折固定方法,如图 1-23 所示。

五、伤员的搬运护送

搬运时应尽量不增加伤员的痛苦,避免造成新的损伤及合并症。

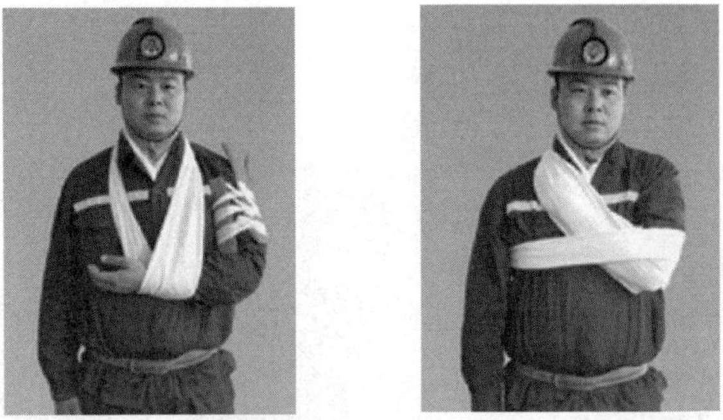

图 1-20　上肢骨折固定方法

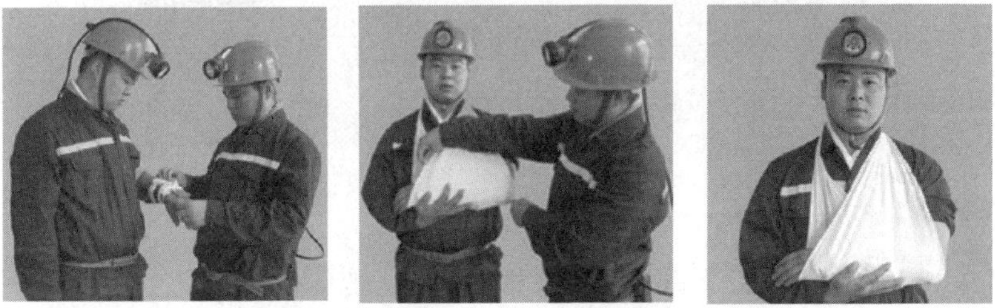

图 1-21　前臂骨折固定方法

图 1-22　下肢(大腿)骨折固定方法

图 1-23　下肢(小腿)骨折固定方法

1. 单人徒手搬运法

（1）扶行法，如图 1-24 所示。

（2）背负法，如图 1-25 所示。

图 1-24　扶行法

图 1-25　背负法

（3）拖行法（腋下拖行、衣服拖行、毛毯拖行），如图 1-26 所示。

图 1-26　拖行法

（4）爬行法，如图 1-27 所示。

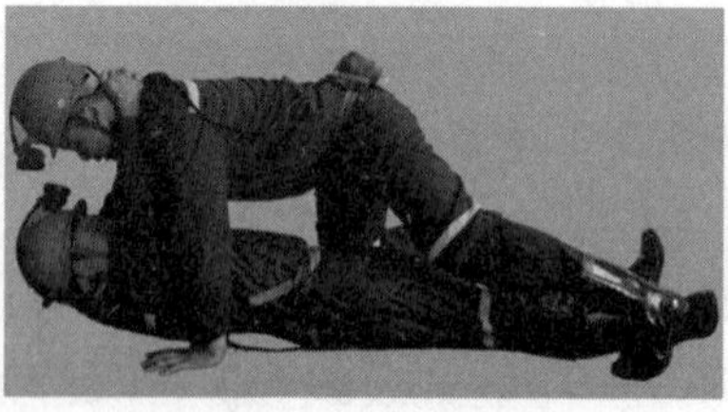

图 1-27　爬行法

2. 双人徒手搬运法

(1) 轿杠式,如图 1-28 所示。

图 1-28　轿杠式

(2) 椅拖式,如图 1-29 所示。

图 1-29　椅拖式

3. 三人徒手搬运法

三人徒手搬运法如图 1-30 所示。

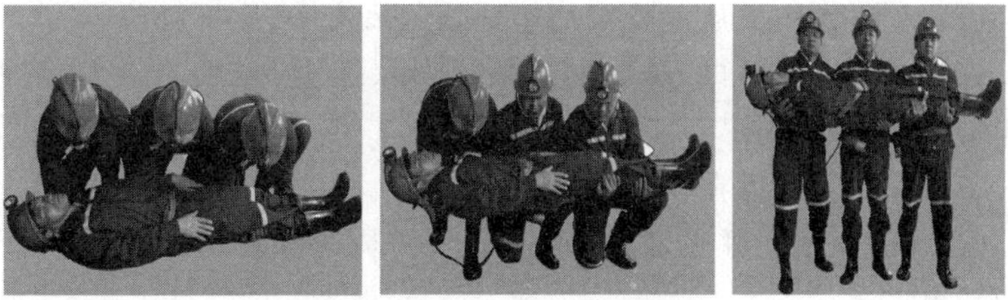

图 1-30　三人徒手搬运法

4. 四人徒手搬运法

四人徒手搬运法如图 1-31 所示。

图 1-31　四人徒手搬运法

5. 担架搬运

担架搬运如图 1-32 所示。

图 1-32　担架搬运

六、对不同伤员的现场急救

1. 对中毒或窒息人员的急救

（1）立即将伤员从危险区抢运到新鲜风流中，取平卧位。

（2）立即将伤员口、鼻内的黏液、血块、泥土、碎煤等除去，解开上衣和腰带，脱掉胶鞋。

（3）用衣服覆盖在伤员身上保暖。

（4）根据心跳、呼吸、瞳孔等特征和伤员的神智情况，初步判定伤情的轻重。

（5）当伤员出现眼红肿、流泪、畏光、喉痛、咳嗽、胸闷现象时，说明是二氧化硫中毒。当出现眼红肿、流泪、喉痛及手指、头发呈黄褐色现象时，说明是二氧化氮中毒。一氧化碳中毒的显著特征是嘴唇呈桃红色，两颊有红斑点。对二氧化硫、二氧化氮的中毒者只能进行口对口的人工呼吸，不能进行压胸或压背法的人工呼吸。

(6) 人工呼吸持续的时间以恢复自主性呼吸或到伤员真正死亡时为止。当救护队来到后，转由救护人员用苏生器苏生。

2. 对外伤人员的急救

对外伤人员、烧伤人员、出血人员和骨折人员的急救，应分别采用包扎创面、止血和骨折临时固定等急救措施，然后迅速送往地面，到医院救治。

3. 对溺水者的急救

突水中，人员溺水时，可能造成呼吸困难而窒息死亡。对溺水者应采取如下措施急救：

(1) 转送：把溺水者从水中救出后，立即送到比较温暖和空气流动的地方，松开腰带，脱掉湿衣服，盖上干衣服保暖。

(2) 检查：检查溺水者的口鼻，如果有泥水和污物堵塞，应迅速清除，擦洗干净，以保持呼吸道通畅。

(3) 控水：将溺水者取俯卧位，用木料、衣服等垫在其肚子下面；施救者左腿跪下，把溺水者的腹部放在右侧大腿上，使其头朝下；按压其背部，迫使水从体内流出。

(4) 上述控水效果不理想时，应立即做俯卧压背法人工呼吸或口对口吹气，或胸外心脏按压。

4. 对触电者的急救

(1) 立即切断电源，或使触电者脱离电源。

(2) 迅速观察伤员有无呼吸和心跳。如发现已停止呼吸或心音微弱，应立即进行人工呼吸或胸外心脏按压。

(3) 若呼吸和心跳都已停止，应同时进行人工呼吸和胸外心脏按压。

(4) 对遭受电击者，若有其他损伤，如跌伤、出血等，应做相应的急救处理。

5. 对冒顶埋压人员现场急救

(1) 扒伤员时须注意不要损伤人体。靠近伤员身边时,扒掘动作要轻巧稳重,以免对伤员造成伤害。

(2) 如果确知伤员头部位置,应先扒去其头部煤岩块,以使头部尽早露出外面。头部扒出后,要立即清除口腔、鼻腔的污物。与此同时扒身体其他部位。

(3) 此类伤员常常发生骨折,因此在扒掘与抬离时必须十分小心。严禁用手去拖拉伤员双脚或用其他粗鲁动作拖扒伤员,以免增加伤势。

(4) 当伤员呼吸困难或停止呼吸时,可进行口对口人工呼吸。

(5) 有大出血者,应立即止血。

(6) 有骨折者,应用夹板固定。如怀疑有脊柱骨折者,应该用硬板担架转运,千万不能由人扶持或抬运。

(7) 转运时须有医务人员护送,以便对发生的危险情况给予急救。

6. 对长期被困在井下人员的急救

(1) 严禁用矿灯照射遇险者的眼睛,应用毛巾、衣服片、纸张等蒙住其眼睛。

(2) 用棉花或纸张堵住遇险者双耳。

(3) 注意保暖。

(4) 不能立即升井,应将其放在安全地点逐渐适应环境和稳定情绪。待情绪稳定,体温、脉搏、呼吸及血压等稍有好转后,方可升井送医院。

(5) 搬运时要轻抬轻放、缓慢行走,注意伤情变化。

(6) 升井后和治疗初期,劝阻亲属探视,以免伤员过度兴奋发生意外。

(7) 不能让伤员吃过量或硬的食物,限量吃一些稀软、易消化的食物,以使肠胃功能逐渐恢复。

模块六 风险分级管控与隐患排查治理

安全技术基础知识一
安全风险分级管控基础知识

学习目标

1. 了解风险的概念。
2. 了解风险控制方法相关内容。

安全技术基础知识相关知识

一、风险的概念

风险是指事故发生的可能性与事故后果严重性的组合。在煤矿作业中，存在着各种各样的风险。例如，入井人员乘罐笼过程中，存在着提升钢丝绳断裂同时防坠器失效、罐笼坠入井底的风险；立井提升过程中，存在过卷、松绳、断绳等各类风险；斜井串车提升过程中，存在矿车掉道、矿车撞人和跑车的风险；井下水平巷道机车运输过程中，存在触电、掉道、撞人或撞坏支护设施的风险。

在一定的条件下，对现场岗位中的风险进行预先辨识、风险评估，继而采取有效措施，消除、减少、控制风险，使风险降到人们可接受程度的一系列活动，称为风险预控管理。

风险预控管理的基本原理是运用风险管理的技术，通过探求风险发生、变化的规律，认识、估计和分析风险对安全生产所造成的危害，运用计划、组织、指导、管制等一系列手段，实现“一切意外均可避免”“一切风险皆可控制”的风险管理目标。

二、风险控制方法

煤矿风险预控管理体系的基本内涵，是指在煤矿整个运营过程中，对煤矿各个生产系统、生产环节中的各种危险源进行预先辨识，对各种风险进行评价分析，继而采取有效措施消除、减少和控制风险，并在一定经济、技术条件下，通过“人、机、环、管”（即人员、机电设备、环境、管理）的最佳匹配，防止风险转化为事故，实现本质安全，做到安全生产。

煤矿作业现场风险预控，可以从以下几个方面进行控制：

（1）提高安全意识和安全素质。员工按规定参加安全培训，贯彻落实“以人为本”的指导思想，通过安全培训，提高煤矿从业人员的安全意识和技术水平，变“要我安全”为“我要安全”。

（2）落实各项规章制度。主要以各种制度规范煤矿从业人员的行为，如操作人员的手指口述、现场班组长验收签字、安全检查工检查等。

（3）落实操作程序。在现有安全技术操作规程的基础上，对每一个工种作业中的每一道工序都制定出详细的操作程序，不论任何人，在同一岗位上完成某一工序时，都按照规定的操作程序执行，这就避免了违章操作和误操作的发生，在很大程度上减小了风险发生的可能性。

（4）执行操作标准。以《煤矿安全规程》、安全技术操作规程为依据，对每一项工作都制定出操作标准，提高操作水平，降低事故发生的概率。

安全技术基础知识二
事故隐患排查治理基础知识

学习目标

1. 了解隐患的概念。
2. 了解隐患的分类。
3. 了解隐患排查管理制度。
4. 了解常见事故隐患的治理措施。

安全技术基础知识相关知识

一、隐患的概念

隐患，是指在生产活动中存在的可能导致不安全事件或事故发生的问题，包括人的不安全行为、物的不安全状态和管理上的缺陷。隐患从性质上分为一般安全隐患和重大安全隐患。

在煤矿作业现场，事故隐患如未能得到及时消除，往往会导致事故发生，现场作业人员必须予以高度重视。

二、隐患的分类

(1) 按隐患危害程度分类。

一般隐患：危险性不大，事故影响或损失较小的隐患。

重大隐患：危险性大，可能造成较大事故，造成人身伤亡或财产损失的隐患。它是煤矿企业建设和生产过程中存在的可能导致重大人身伤亡或者重大经济损失的危险性因素。

(2) 按隐患表现形式分类。人的隐患(认识隐患、行为隐患)、物的隐患、环境隐患和管理隐患。

(3) 按煤矿安全生产的专业分为一通三防、顶板(采掘)、机电运输、地测防治水、安全管理、爆破和其他隐患。

三、隐患排查管理制度

煤矿企业应当建立和完善以下各项事故隐患排查管理制度：

(1) 制定事故隐患定期排查治理制度，落实具体的排查时间、方法、人员、措施以及事故隐患的种类、等级等。

(2) 制定事故隐患排查治理责任制度，明确事故隐患排查治理工作的组织领导，整改资金的落实，治理效果的检查；明确具体的事故隐患排查治理工作要求；明确具体的事故隐患排查治理的管理程序；明确具体的事故隐患排查治理人员。

(3) 制定事故隐患分级管理制度，并明确事故隐患的分级范围、治理措施、要求及责任。

(4) 制定事故隐患的报告制度，煤矿企业应当将难以排除的事故隐患按照隶属关系和管理权限向煤炭管理部门报告，并报煤矿安全监察机构备案，不得不报、谎报或者拖延迟报。

四、常见事故隐患的治理措施

作业现场的隐患排查治理是围绕消除人的不安全行为、物的不安全状态和环境的不安全因素展开的，针对作业现场的常见事故隐患，要采取以下措施：

（1）规范操作人员的安全行为，结合班组的具体情况，以及国家的法律法规、相关规定和标准，制定规章制度和操作规程。

（2）正确穿戴和使用劳动防护用具、用品。

（3）严格执行煤矿安全规程、安全技术操作规程、作业规程的相关规定。

（4）加强对作业场所的安全检查，及早发现问题，及时妥善地整改。

（5）加强生产设备管理，尤其是设备的防爆管理，按规定做好设备、安全设施、防护装置的维护保养，使之始终保持完好状态。

（6）保证各种保护和监测系统灵敏、可靠，井下设备、电缆完好。

（7）设备布置、物料码放要尽可能地科学合理，保持通道畅通。

（8）及时清扫垃圾、废料，整理现场的原材料、产品和工具。

模块七　岗位“双述”基础知识

学习目标

1. 熟悉岗位描述相关内容。
2. 熟悉手指口述相关内容。

安全操作技能相关知识

岗位“双述”是指煤矿生产中，为确保操作安全，各岗位的职工在作业操作前，对工作环境和操作对象进行设备与环境描述、岗位主要风险描述及安全确认。主要包括岗位描述和手指口述。

一、岗位描述

岗位描述是一种对自我状况、安全责任、作业标准、作业环境、工艺流程、设备工具性能特点、协作配合等内容进行描述，从而逐步达到岗位作业本质安全水平的综合性知行训练。

岗位描述主要内容包括自我状况描述、设备与环境描述、岗位风险与安全确认、操作程序和避灾路线等几方面。

岗位描述的根本目标是进一步清晰岗位责任制，培养行家能手，锤炼岗位专家型职工队伍，但具体岗位、具体工种也可不拘泥于上述岗位描述的内容，各集团、各公司、各矿可根据实际情况进行岗位描述。

二、手指口述

手指口述就是要求现场作业人员在作业和操作中，运用心想、眼看、手指、口述等一系列行为，对与安全有关的每一道关键工序、每一处关键部位、每一个关键环节进行确认，使人员的注意力高度集中，避免操作失误，从而减少事故，实现安全操作。

手指口述的动作要求是上身保持直立姿势，眼睛紧紧注视着需要确认的对象，右手用力挥动手臂由上向下，食指指向需要确认的对象，刺激大脑思考，把最关键的话大声说出来。

手指口述的作用是：

(1) 促使操作者保持高度集中的注意力。

(2) 增强操作者的定力和稳定性，使操作者强制自己排除各种干扰。

(3) 快速启动作业，使操作者迅速进入作业状态，并把注意力稳定在作业状态。

(4) 强化对操作程序的记忆再现，增强作业的系统性、条理性及完整性。

(5) 实现记忆的清晰化，提高操作的精确度，减少误差。

(6) 严密地分析当前的作业状况，及时准确地作出判断，进行正确的选择。

(7) 提高作业者对操作行为的自信心。

(8) 有利于对关键性操作或问题、错误多发点的提醒。

手指口述简单易学，实用操作性强。手指口述操作法让我们在工作中少出错误、少出纰漏，是风险预控管理的重要方法，可为安全生产打下良好的基础。

第二部分　地质测量作业

地质测量作业安全技术基础知识

地质测量作业安全操作技能

地质测量作业典型事故案例

模块一 地质测量作业安全技术基础知识

安全技术基础知识一 专业技术基础知识

学习目标

1. 了解地质构造。
2. 熟悉影响煤矿生产的主要地质因素。
3. 掌握巷道中腰线的标定与检查方法。
4. 掌握贯通测量方法。
5. 熟悉矿井水文地质基础知识。
6. 掌握矿井水防治方法。
7. 掌握储量计算与管理方法。

安全技术基础知识相关知识

一、地质构造

地质构造是指在地球的内、外应力作用下，岩层或岩体发生变形或位移而遗留下来的形态。

地质构造有褶皱、节理、断层三种基本类型。

1. 褶皱

岩层在形成时一般是水平的。在构造运动作用下，岩层因受力而发生弯曲，一个弯曲称褶曲，如果发生一系列波状弯曲变形，就叫褶皱。褶皱虽然改变了岩石的原始产状，但并未丧失岩石的连续性和完整性。

褶皱基本形态分背斜和向斜。从形态上看，背斜一般是岩层向上拱起；向斜一般是岩层向下弯曲。从岩层的新老接触关系看，背斜核心部分岩层较老，两翼岩层较新；向斜则相反，核心部分岩层较新，两翼岩层较老。在褶皱隆起的初期，往往背斜成为山岭，向斜成为谷地。

褶皱要素是褶皱的基本组成部分，用以描述褶皱的形态和产状。包括以下内容：

（1）核，是指处于褶皱中心部位的岩层。背斜的核是该褶皱中最老的地层；向斜的核是该褶皱中最新的地层。

（2）翼，泛指褶皱两侧比较平直的部位。当背斜和向斜相连时，有一翼是两者共用的。

（3）枢纽，指单一褶皱面（如岩层面）上最大弯曲点的连线。枢纽可以是直线，也可以是曲线和折线。枢纽的空间产状可以是水平的、倾斜的或直立的，它可以表示褶曲在其延长方向上产状的变化。

2. 节理

节理也称为裂隙，是岩体受力断裂后两侧岩块没有显著位移的小型断裂构造。节理是很常见的一种地质构造现象，就是在岩石露头上所见的裂缝，或称岩石的裂缝。

按节理的成因，节理可分为原生节理和次生节理两大类。原生节理是指成岩过程中形成的节理。例如沉积岩中的泥裂，火山熔岩冷凝收缩形成的柱状节理，以及岩浆侵入过程中由于流动作用和冷凝收缩产生的各种原生节理等。次生节理是指岩石成岩后形成的节理，包括非构造节理（风化节理）和构造节理。

非构造节理，是由外力地质作用形成的，还包括岩石在形成过程中形成的节理，如风化作用、山崩、地滑、岩溶塌陷、冰川活动和人工爆破等引起的节理，常局限于地表浅处。

构造节理是所有节理中最常见的，根据力学性质它又可分为两类：张节理和剪切节理。前者即岩石受张应力形成的裂隙，后者即岩石受切应力形成的裂隙。沿最大切应力方向发育的细而密集的剪切节理，称为“劈理”。

3. 断层

断层是岩层或岩体顺破裂面发生明显位移的构造。断层在地壳中广泛发育,是地壳的最重要构造之一。在地貌上,大的断层常常形成裂谷和陡崖,如著名的东非大裂谷、中国华山北坡大断崖。

根据断层两侧岩块相对运动关系,它可以分为正断层、逆断层、平移断层。按力学性质分为张性断层、压性断层、剪切断层、扭断层等。两条断层或多条断层可组合为地垒、地堑、裂谷、阶梯状断层等。

(1) 正断层。上盘沿断层面下降,下盘沿断层面上升,多为张性断层。顺断层走向延伸不太稳定,断面参差不齐,断层破碎带比较宽,其中夹有断层角砾岩,两侧伴有张节理,并造成地层的重复。

(2) 逆断层。上盘沿断层面上升,下盘沿断层面下降,多为压性断层。断层走向延伸比较稳定或呈弧形弯曲,断面比较平滑,发育断层泥,两侧伴有与主断层斜交的破裂,并造成地层缺失。一般认为逆断层是受到近水平的挤压应力作用而成的,多与褶皱相伴生。

(3) 平移断层。断层两盘沿断层走向相对滑动的断层叫平移断层。断层两侧在水平方向上发生了相对错移运动。平移断层作用的应力来自两旁的剪切力,其两盘顺断层面走向相对位移,而无上下垂直移动。面向断层的延伸方向,其右侧相对向身后运动,称其为右平移断层;反之,称其为左平移断层。

断层产状的三要素是倾向、倾角、落差。① 倾向。断层面上与走向线相垂直的线叫倾斜线或真倾斜线,它在水平面上的投影所指的沿平面向下倾斜的方位即为断层的倾向。② 倾角。岩层层面上的真倾斜线与其在水平面上投影线的夹角叫倾角。它表示在垂直断层面走向的直立剖面上,该层面与水平面间的夹角。③ 落差是指两盘相同点之间的铅直距离。断层产状表示方法:F_1 $305°\angle 65°$ $H=15$ m,指倾向305°,倾角65°,落差15 m。

二、影响煤矿生产的主要地质因素

(1) 煤层厚度变化是影响煤矿生产的主要地质因素之一。煤层发生分叉、变薄、尖灭等厚度变化,直接影响煤矿正常生产。煤层厚度变化是多种多样的,但就其成因来说,可分为原生变化和后生变化两大类。

① 煤层厚度的原生变化。煤层厚度的原生变化是指泥岩层堆积过程中,在形成煤层顶板岩层的沉积物覆盖以前,由于地壳活动、沉积环境变迁等各种地质因素的影响而引起的煤层形态和厚度变化。原生变化的原因主要有地壳不均衡沉降引起的煤层分叉、变薄、尖灭,泥炭沼泽古地形对煤层形态和煤厚的影响,河流同生冲蚀,海水同生冲蚀等4种。

② 煤层厚度的后生变化。煤层厚度的后生变化是指煤层被沉积物覆盖以后,或煤系形成以后,由于河流剥蚀、构造变动、岩浆侵入、岩溶陷落等各种地质因素影响而引起的煤层形态和厚度变化。

其对煤矿的影响表现为:影响采掘部署、采煤工艺、计划生产,并使掘进率增高、采出率降低等。

(2) 地质构造是影响煤矿建设和生产的各种地质因素中最重要的因素之一。断层是矿井地质构造的研究重点。

矿井地质构造按其规模大小和对生产的影响程度,可分为大、中、小三种类型。大型构造是指决定井田边界的大型褶曲与断层,这类构造在勘探阶段已基本查明。中型构造是指分布在井田范围内,影响开采水平、采区划分和巷道布置的次一级构造,它们对煤矿生产影响极大,是矿井地质工作的重点。小型构造是指那些在巷道或工作面中比较容易查明全貌的、更次一级的褶曲与断层。

① 褶曲构造对煤矿生产的影响。大型褶曲在勘查阶段已经查明,它的规模、方向和位置影响井田的划分和矿井开拓方式及开拓系统的部署,是矿井设计考虑的主要问题。中型褶曲对整个矿井的开拓部署影响不大,但对采区的布置影响大,影响采区的大小和采区巷道的布置。小型褶曲是在采煤工作面准备过程中,在巷道中揭露的幅度仅几米到几十米的褶曲。它影响煤层平巷的掘进方向,从而影响工作面长度,给机械化回采、顶板管理带来一定困难。小型褶曲还往往引起煤层厚度发生变化,使生产条件复杂化。小型褶曲特别发育时,甚至会造成煤层变为不可采。

② 断裂构造对煤矿生产的影响。节理(裂隙)等断裂构造影响钻

眼爆破效果、开采效率、顶板控制方法和工作面布置。

③ 断层对煤矿生产的影响。断层破坏了煤层的连续性和完整性，对煤矿生产造成了很大影响。断层规模不同，对生产的影响程度不同。目前对断层规模等级的划分建议采用下列标准：落差大于 30 m 的为大型断层；落差小于 30 m 到落差大于煤厚的为中型断层；落差小于煤厚的为小型断层。

断层对煤矿生产的影响主要表现在以下几个方面：影响井田划分、影响井田开拓方式、影响采区和工作面布置、影响安全生产、增加煤炭损失量、增加巷道掘进量、影响煤矿综合经济效益。

(3) 岩浆侵入煤层对煤矿生产的影响：减少煤炭储量，使煤质变差、灰分增高、黏结性减弱，降低了煤炭工业价值，破坏了煤层的连续性和均一性，使采区、工作面布置困难。

(4) 岩溶陷落柱对煤矿生产的影响：破坏可采煤层，减少煤炭储量，影响正规开采和采掘施工，影响安全。

(5) 矿井瓦斯对煤矿生产的影响：矿井瓦斯会造成人员窒息、瓦斯燃烧、瓦斯突出、瓦斯爆炸或火灾等，严重影响煤矿安全生产。

(6) 煤层顶底板对煤矿生产的影响：影响工作面连续推进，顶板破坏可能导致突水，影响支护。

(7) 矿井地热对煤矿生产的影响：影响人体健康，降低劳动生产率和危及安全生产的热、湿作业环境。

(8) 矿山压力对煤矿生产的影响：煤矿生产过程中，采煤工作面常有顶板下沉、顶板破碎、局部冒顶、大面积冒顶、支柱变形与折损等一系列矿山压力现象，严重影响安全生产。

三、巷道中腰线的标定和检查

(一) 巷道中腰线标定的要求

1. 巷道中线标定

标定巷道中线前，应对设计图纸上的几何要素进行闭合验算，计算标定要素，进行实地标定，并交施工单位掌握。

主要巷道中线应用全站仪标定，采区次要巷道中线也可用经纬仪和罗盘仪标定。

2. 巷道腰线标定

主要运输巷道腰线应用水准仪、全站仪标定，次要巷道腰线也可用悬挂半圆仪等标定。急倾斜巷道腰线应尽量用矿用全站仪标定，短距离内也可用悬挂半圆仪标定。

3. 基本要求

(1) 新开口的巷道中腰线，可根据现场实际情况，用全站仪标定；掘进到 4～8 m 时，应检查或重新标定中腰线。

(2) 中线点应成组设置。腰线点可成组设置，也可每隔 30～40 m 设置一个，但必须在帮上画出腰线，腰线距巷道底板(轨面)的高度在同一矿井中宜为定值。

(3) 成组设置中腰线点时，每组均不得少于 3 个(对)，点间距离以不小于 2 m 为宜。

(4) 最前面一个中腰线点至掘进工作面的距离，一般不应超过 30～40 m。在延设中腰线点过程中，对所使用中腰线点均须进行检查。

(二) 激光指向仪指示巷道掘进方向时的规定

(1) 激光指向仪在现场安装须由测量人员会同施工单位进行，安装完毕后，测量人员应将光束与巷道中腰线的关系向施工人员交代清楚。

(2) 激光指向仪的设置位置和光束方向，应根据全站仪和水准仪标定的中腰线点确定，所用的中腰线点一般应不少于 3 个，点间距离以大于 30 m 为宜。

(3) 施工人员在使用前应检查光束是否偏离正确位置，发现问题应及时通知测量人员进行检查调整。

(4) 激光指向仪的设置必须安全牢靠，仪器至掘进工作面的距离应不小于 70 m。在使用过程中要加强管理，每次使用前应检查激光光束，使其正确指示巷道掘进方向。

(5) 根据激光指向仪的性能，在保证光斑清晰、稳定的前提下，可自行确定仪器至掘进工作面的最大距离。

(6) 巷道每掘进 100 m，至少应对中腰线点进行一次检查测量，并根据检查测量结果调整中腰线。

(7) 激光指向仪的电源承受电压与外界电压要一致，开关要符合防爆规定。

(8) 激光指向仪若是矿用防爆型，可在高瓦斯矿井和突出矿井中使用。

(三) 巷道中线的标定方法

标定巷道中线就是按设计给定巷道平面内的方向。巷道中线标定的方法有以下几种：全站仪法、罗盘法和卷尺法。

1. 全站仪法

如图 2-1 所示，标定时，在 4 点安置全站仪照准 5 点，沿此方向由 4 点量取一段距离 l_1，即得到开切点 A。将 A 点在顶板上固定后再量 A 点到 5 点的距离 l_2 作为检核。

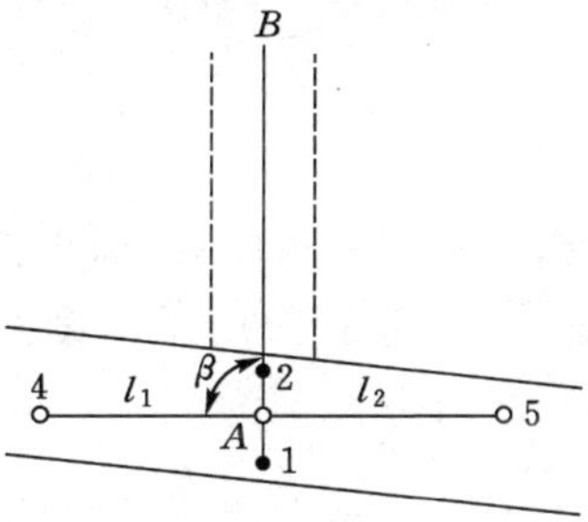

图 2-1　全站仪法

将全站仪安置在 A 点，后视 4 点，水平度盘置零后用正镜拨 β 角，这时望远镜视线的方向就是巷道掘进的方向。沿此方向在顶板固定一点 2，倒转望远镜在其延长线上再固定一点 1，由 1、A、2 三点组成一组中线点，即可指示巷道开切的方向。为便于观察，还必须用油漆画出三点的连线。全站仪在标设以后应实测 β 角，作为检核。

2. 罗盘法

在标设之前，在地面先求出设计巷道 AB 的坐标方位角，并加磁偏角改正，求出其磁方位角 $A_{AB}=\alpha_{AB}+\Delta$。

标设时，用卷尺沿 4—5 方向量距离 l_1 得 A 点(图 2-2)，同时量 l_2

做检核。在顶板固定 A 点后，拉一线绳，用挂罗盘（有时也用地质罗盘）根据 AB 的磁方位角给出巷道掘进的方向，在巷道顶板上固定一组中线点或用油漆标出掘进的方向。

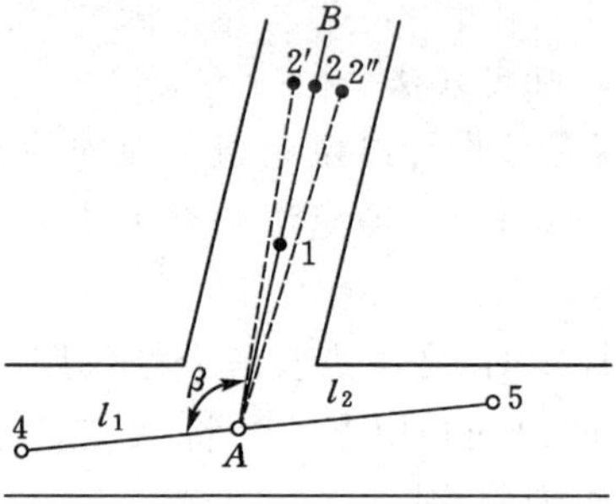

图 2-2　罗盘法

3. 卷尺法

在定出开切点之后，可利用三角原理，用小钢尺或布卷尺量距的方法标设巷道掘进的方向，如图 2-3(a)所示。设△$A2P$ 为等腰三角形，腰长为 l，其顶角为 β，则所对边长 a 为：

$$a = 2l\sin\frac{\beta}{2}$$

下井实地标设前，根据指向角 β，按一定的 l 长算出 a 值。实地标设时，沿 A—4 方向量 l 长得 P 点，再从 A 点和 P 点以 l 和 a 的长度用线交会法交会出 2 点，并在 2—A 延长线上标出 1 点，1、A、2 三点的连线方向即为开切的方向。

当指向角大于 90°时，如图 2-3(b)所示，一般用指向角的补角计算其对应的长度，标设方法同上。

当指向角 β=90°时，如图 2-3(c)所示，可在 A—4 与 A—5 方向上以等长距离确定出 P、P'点。再以此两点为圆心，以等长的半径用线交会法交出 1 和 2 点。1、A、2 三点应在同一直线上，其所指方向即为开切的方向。

主要大巷开掘时一般采用全站仪法，次要巷道可用卷尺法和罗盘

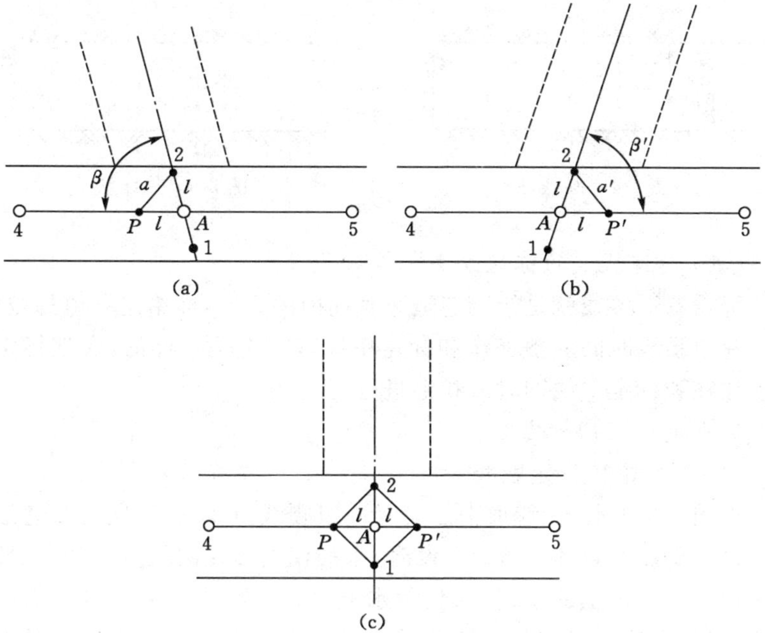

图 2-3　卷尺法

法，但在金属支架的巷道中开掘时应避免用罗盘法。

（四）巷道中线的延长

1. 瞄线法

如图 2-4 所示，在中线点 1、2、3 上挂垂球线，一人站在垂球线 1 的后面，用矿灯照亮 3 根垂球线，并在中线延长线上设置新的中线点 4，系上垂球，沿 1、2、3、4 点确定的方向用眼睛瞄视，在工作面上定出巷道中线的位置。

2. 拉线法

如图 2-5 所示，将线绳的一端系于 1 点上，另一端拉向工作面，使线绳与 2、3 点的垂球线相交，并依此设置中线点 4，使线绳与其垂球线相切，则线绳在工作面的端点即为巷道中线位置。

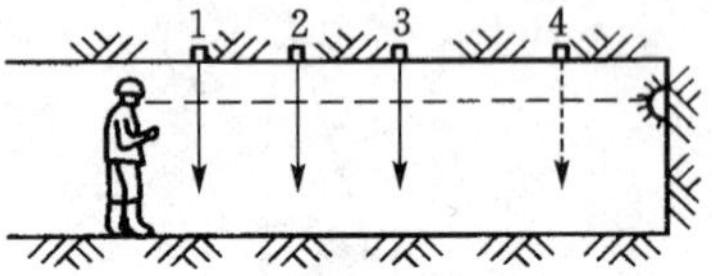

图 2-4 瞄线法

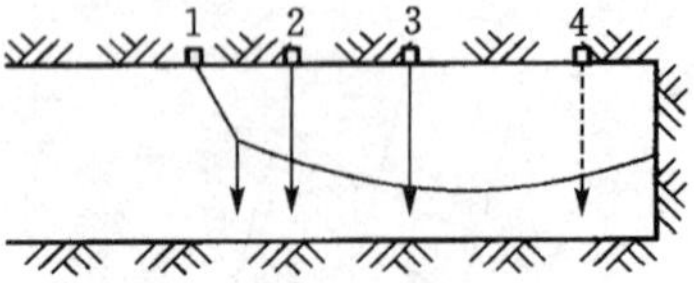

图 2-5 拉线法

（五）巷道腰线的标定方法

标设巷道腰线就是给定巷道竖直面内的方向，即给定巷道的坡度。标定巷道腰线时的准备工作和标定中线基本上是一样的，实地标定工作也往往和标定中线同时或相继进行。

1. 平巷腰线的标定

（1）用水准仪标定腰线

如图 2-6 所示，在巷道中已设有一组腰线点 1、2、3，现需在巷道前端标设一组新的点 4、5、6。标设时，水准仪安置在两组点之间，先照准原腰线点 1、2、3 上的小钢尺（代替水准尺）并读数，然后计算各点间的高差，以检查原腰线点是否移动过。在确定其可靠后，记下点 3 的读数 a。a 的符号以视线为准，在视线之上为正，在视线之下为负。接着用卷尺丈量点 3 到点 4 的距离 L_{34}，根据巷道的设计坡度，算出腰线点 4 距视线的高度 b 为：

$$b = a + h_{34}$$

$$h_{34} = L_{34} \times i$$

式中 h_{34}——腰线点间的高差；

i——巷道设计坡度，上坡为正，下坡为负。

计算后，用水准仪前视点 4 处，以视线为准。根据 b 值标出腰线点 4 的位置。b 值为正，腰线点在视线之上；b 值为负，则在视线之下。点 5、6 的计算和操作与点 4 完全相同。

（2）用连通水准管标定腰线

这是平巷中标定腰线的简便方法。如图 2-7 所示，3 为原腰线点，4 为巷道前方所要标定的腰线点。标设时由一人将连通水准管对准腰

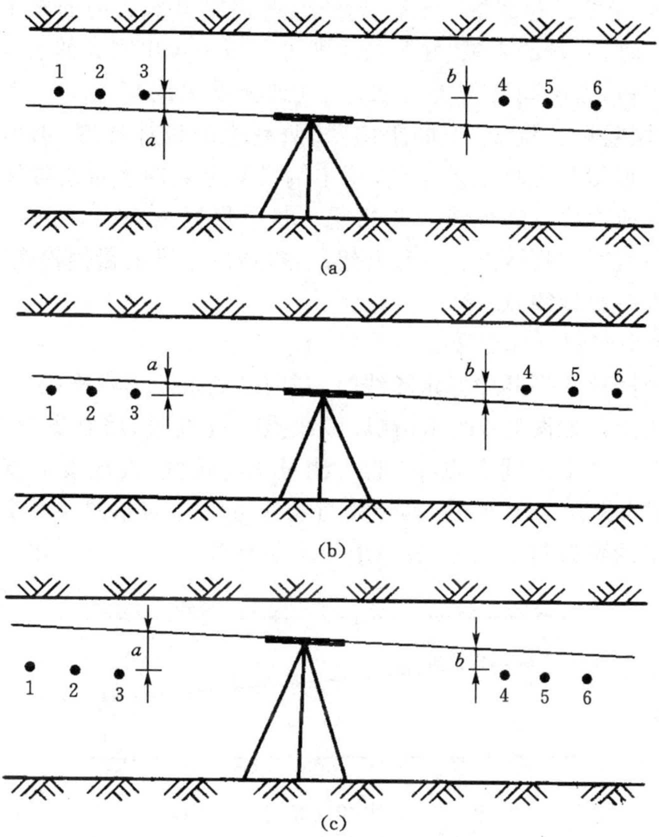

图 2-6 用水准仪标定腰线

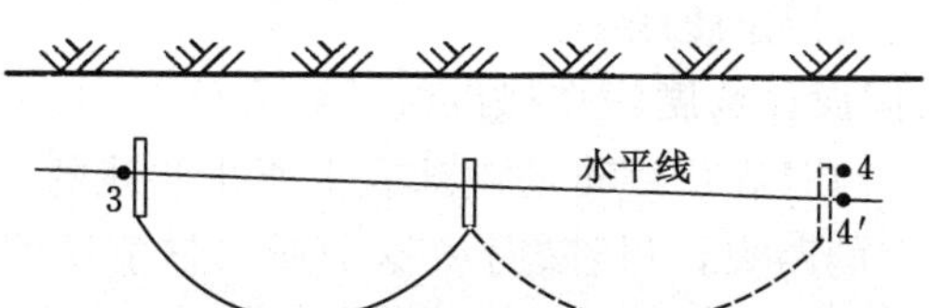

图 2-7 用连通水准管标定腰线

线点 3,前端靠近巷道帮上抬高或落低,当后端玻璃管内的水平面落在点 3 高度时,后端的人喊“好”,前端即可在帮上定出同高的点。一般胶皮管比较短,需用同法传递几次,一直到标设出同高点 4′。为定出腰线位置,用卷尺丈量 3—4′的距离,按照巷道的设计坡度,求出腰线点的高差。根据巷道坡度的正负,用小钢尺向上或向下定出腰线点 4 的位置。其他腰线点的标设方法相同。巷道每掘进 30 m 左右,需要重新标设一组新的腰线点。标设几组后,应该用水准测量做检查,并用水准仪标设一组腰线点。

(3) 用半圆仪标定腰线

用半圆仪在平巷中标定腰线时,利用半圆仪给出水平线,再按坡度标出腰线点。如图 2-8 所示,在原腰线点 3 拴线绳,将半圆仪对零度,在线绳另一端定出同高点 4′,然后测量 $L_{34'}$ 长度,按坡度 i 算出高差 L_{34},再用小钢尺定出点 4。其计算与操作方法与前相同。用半圆仪在平巷标定的腰线精度较低,故只用于次要巷道。

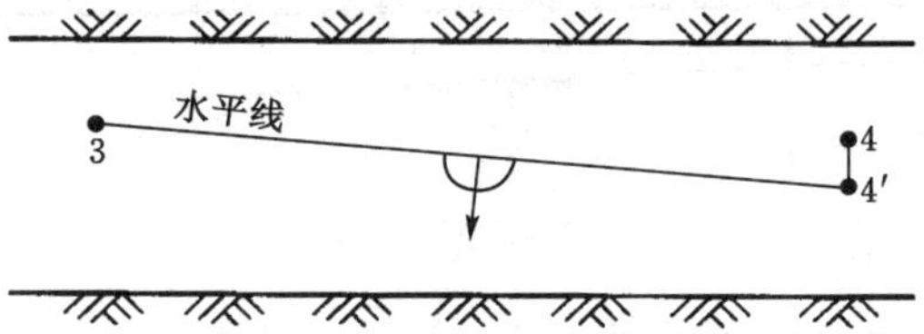

图 2-8　用半圆仪标定平巷腰线

2. 斜巷腰线的标定

(1) 用全站仪标定腰线

① 中线点同时作为腰线点标设法

该方法的特点是在中线点的垂球线上作出腰线的标志。同时量腰线标志到中线点的距离,以便随时根据中线点恢复腰线的位置。如图 2-9 所示,标设时仪器安置在中线点 1 上,在标定中线点 4、5、6 之后,仪器用正镜瞄准中线,竖盘对准巷道设计的倾角,此时望远镜视线和巷道腰线平行。根据视线方向在垂球线 4、5、6 相应位置用大头针做记号,再用倒镜测其倾角,作为检查。然后丈量仪器高 i。又知中线点 1 到

腰线位置的距离 a_1，则仪器视线到腰线点的距离 b 为：

$$b = i - a_1$$

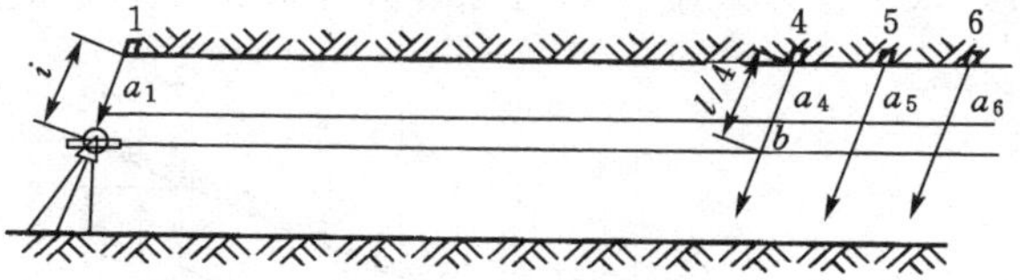

图 2-9　中线点同时作为腰线点标设法

计算时，从中线点向下量的 i 和 a 值均取正值。b 值为正时，腰线在视线之上；b 值为负时，腰线在视线之下。从 3 个垂球线上标出的视线记号起，根据视线与腰线的关系用小钢尺向上或向下量长度 b，即可得出相应的腰线点位置，并做出标记。

② 伪倾角标设法

主要巷道掘进时，应在巷道帮上准确设腰线点。用全站仪在帮上设腰线点，如仪器安置在巷道中线上，就出现了伪倾角现象。

如图 2-10 所示，OA 为巷道中线方向，其倾角为 δ；B 为垂直于 OA 线在巷道帮上与 A 同高的点。这时 OB 的倾角就不是 δ 而是 δ'。

实地标设时，仪器安置在中线点 Ⅰ 上（图 2-11），在标设新中线点 Ⅱ 后，量取仪器高 i，并根据中线点与腰线点的高差算出视线到腰线的高度 b。仪器度盘对零，瞄准中线点，松开照准部，瞄准在帮上拟设腰

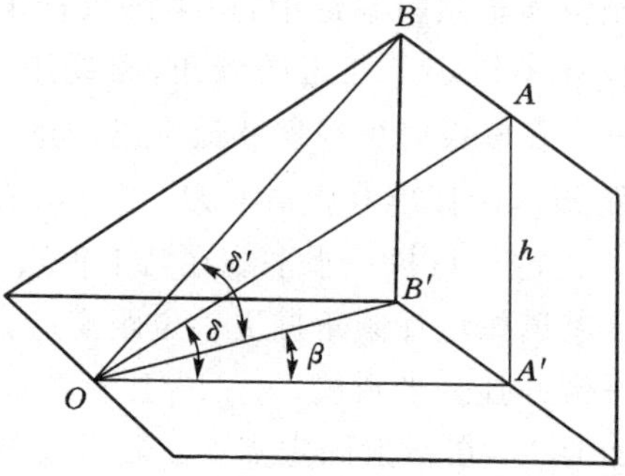

图 2-10　伪倾角标设法

线点处，测出水平角 β。按巷道设计倾角算出伪倾角。仪器竖盘对准伪倾角，根据望远镜视线在帮上定出腰线点 4′，最后根据 b 值用小钢尺在帮上定出腰线点 4。如需要同时标设几个腰线点，其余点的标设方法同上。

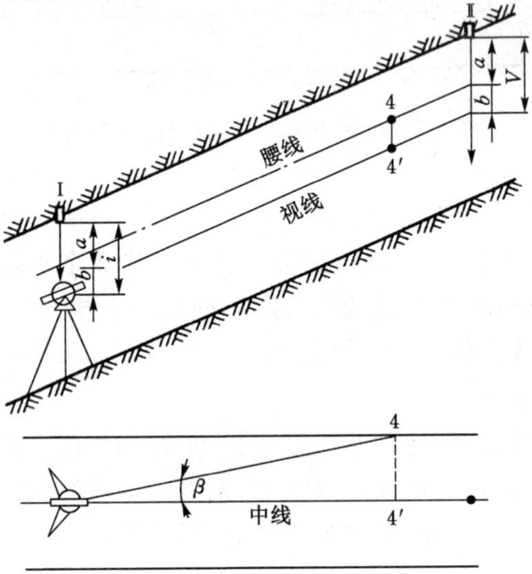

图 2-11　伪倾角标设法(实地标设)

(2) 用半圆仪标定腰线

在非主要的倾斜和急倾斜巷道中，用半圆仪标定腰线是最常用的方法(图 2-12)。设计中给定了巷道的倾角，腰线距底板的高度，巷道腰线起始点的高程。在标设时可根据巷道中已知点 A 的高程 H_A 和腰线起始点 1 的高程 H_1，计算出高差 $h=H_1-H_A$，在 A 点挂垂球线，量 h 长度得 a 点。再过 a 点拉一水平线在帮上得点 1。点 1 就是斜巷的起始腰线点。当巷道按设计倾角掘进一定距离后，就以 1 为始点，在巷道一帮拉线绳一端并挂上半圆仪，另一端上下移动，使半圆仪读数正好等于巷道的设计倾角，在帮上固定点 2。最后以点 2 为准继续按设计的倾角掘进。

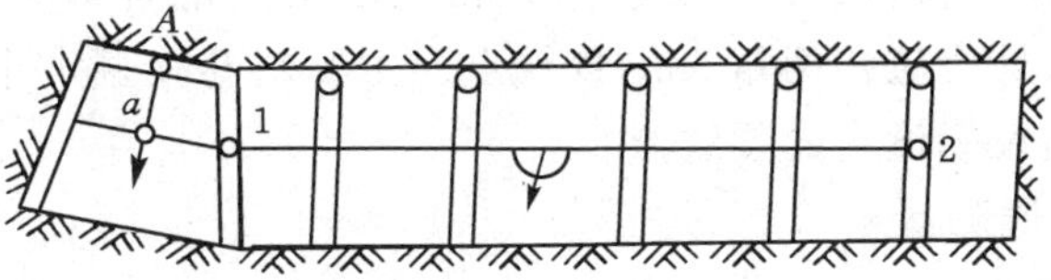

图 2-12　用半圆仪标定斜巷腰线

3. 平斜巷连接处腰线的标定

在图 2-13 中，巷道由平巷转为倾角 δ 的下山，A 点为巷道的起坡点(巷道底板在竖直面的转折点)。测量人员要在实地标设出起坡点的位置，即图上的 A 点。设平巷中腰线到巷道轨面(或底板)的距离为 C。如果斜巷腰线到轨面的法线距离也保持为 C，则腰线应在起坡点处抬高 Δl 值，其数值为：

$$\Delta l = C\sec\delta - C = C(\sec\delta - 1)$$

在实地标定起坡处的中线点 A，然后在 A 点垂直于巷道中线的两帮上根据抬高的腰线位置标出斜巷的起始腰线点。斜巷最初十余米的

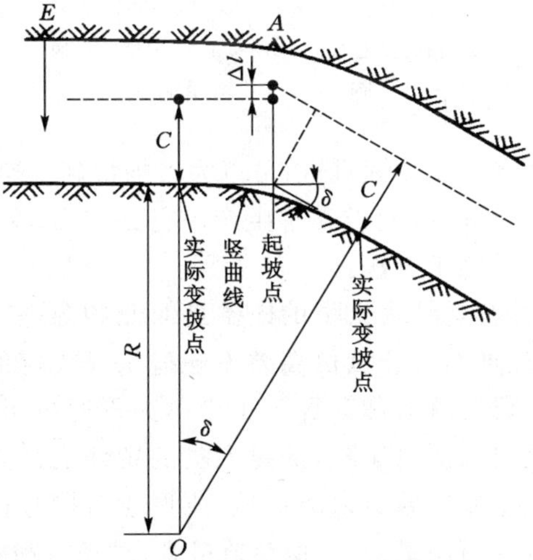

图 2-13　平斜巷连接处腰线的标定

掘进，可用半圆仪在 A 点拉线绳，在帮上画出倾角为 δ 的腰线。巷道实际变坡点处也应在两帮设出腰线点。主要斜巷在掘进十余米之后，应该用全站仪标设新的腰线点。

四、贯通测量

（一）概述

一条巷道按设计要求掘进到指定的地点，并与另一条巷道相通，称作巷道贯通，简称贯通。贯通往往是一条巷道在不同的地点以两个或两个以上的工作面分段掘进，而后彼此相通的。如果两个工作面掘进方向相对称相向贯通，如图 2-14(a)所示；如果两个工作面掘进方向相同，称同向贯通，如图 2-14(b)所示；如果从巷道的一端向另一端指定处掘进，称单向贯通，如图 2-14(c)所示。

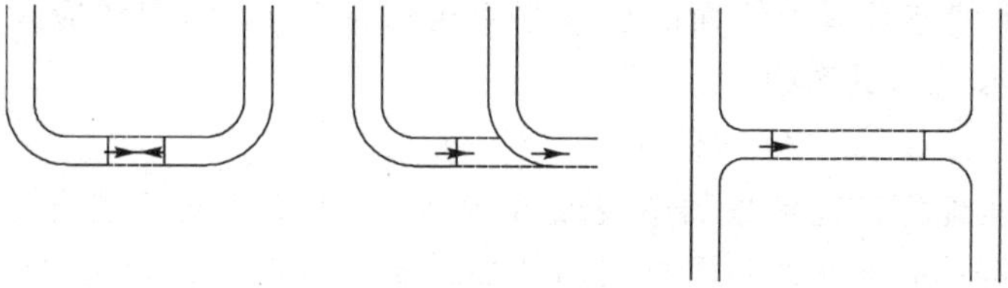

(a)　　(b)　　(c)

(a) 相向贯通；(b) 同向贯通；(c) 单向贯通。

图 2-14　巷道贯通

同一巷道用多个工作面掘进，可以大大加快施工速度，改善通风状况和工人的劳动条件，有利于安排生产。它是矿山、交通、水利等工程中普遍采用的一种施工方法。

井巷贯通时，测量技术人员的任务是保证各掘进工作面沿着设计的方向掘进，使贯通后接合处的偏差不超过工程规定的限差。为了保证贯通正确而进行的测量和计算等工作称为贯通测量。显然，贯通测量是一项十分重要的测量工作，测量人员的责任也是重大的。如果贯通测量过程中发生差错导致未能贯通，或贯通后接合处的偏差超过限值都将严重影响巷道质量，甚至使巷道报废，对经济和时间造成很大损失。因此，矿山测量技术人员必须一丝不苟，严肃认真地对待贯通测量工作，以保证贯通工程顺利完成。

在巷道开拓时，一般将贯通分为沿导向层（煤、岩层等标志层）的贯通和不沿导向层的贯通。按巷道的性质又可分为平巷贯通［图 2-15(a)］、斜巷贯通［图 2-15(b)］和竖井贯通［图 2-15(c)］。

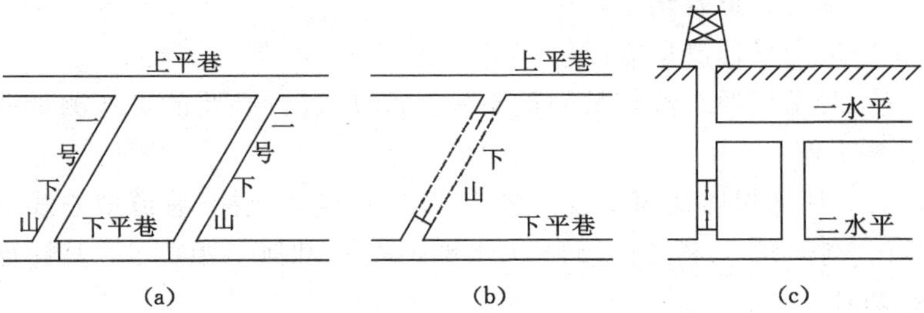

(a) 平巷贯通；(b) 斜巷贯通；(c) 竖井贯通。

图 2-15　巷道贯通

（二）贯通容许偏差

由于贯通测量中不可避免地带有误差，贯通实际上总是存在偏差的。如果巷道贯通接合处的偏差达到某一数值，但仍不影响巷道的正常使用，则该值为贯通的容许偏差。这种容许偏差的大小是随采矿工程的性质和需要而定的，也称作贯通的生产限差。

《煤矿测量规程》规定，各种巷道贯通测量的容许偏差值，不应超过表 2-1 的规定。

表 2-1　巷道贯通测量的容许偏差值

贯通类型	贯通巷道名称	容许偏差值/m	
		中线之间	腰线之间
第一种	沿导向层开凿的水平巷道	—	0.2
第二种	沿导向层开凿的倾斜巷道	0.3	—
第三种	在同一矿井中开凿的倾斜巷道或水平巷道	0.3	0.2
第四种	在两矿井中开凿的倾斜巷道或水平巷道	0.5	0. 2
第五种	用小断面开凿的竖井井筒	0.5	—

（三）贯通测量工作的程序

（1）为贯通进行的测量准备工作如下：

① 展绘井下导线点。

② 确定巷道贯通中心线。

③ 确定巷道开切地点。

④ 确定贯通测量方案。

⑤ 对于贯通距离较长的重要井巷，还应进行必要的贯通测量精度的估算工作。

（2）计算贯通几何要素。包括：开切地点的坐标、巷道中心线的方位角 α、指向角 β、巷道的倾角 δ、水平距离 L 和倾斜距离 S。其计算方法有两种：

① 图解法。在贯通距离较短或巷道贯通精度要求较低时可以采用图解法，即巷道的方向、坡度和斜长从设计图或施工图上直接量取。

② 解析法。这是一种常用的方法，其实质就是在测量中反算方法的应用。

（3）根据巷道的掘进速度、贯通距离、施工日期等，确定相向相遇点和贯通时间。

（4）实地标定贯通巷道的中线和腰线。

（5）根据工程进度，及时延长巷道中线和腰线。巷道每掘进 100 m，必须用导线测量和高程测量的方法，对中线、腰线进行检查，及时填图，并根据测量结果及时调整中线和腰线的位置。最后一次标定贯通方向时，两个工作面的距离不得小于 50 m。各种测量和计算都必须有可靠的检校。

（6）当两个工作面间的距离在岩巷中剩下 20～30 m、煤巷中剩下 30～40 m 时，快速掘进 50 m 前下发安全贯通通知单，煤与瓦斯突出区域应在 60 m 之前下发安全贯通通知单，掘进工作面与煤层巷道交叉贯通前，被贯通的煤层巷道必须超过贯通位置，其超前距不得小于 5 m，地质测量部门以通知单的形式报告矿井总工程师，并通知安全检查部门、通风部门及施工区队。

（7）巷道贯通后，应立即测量贯通的实际偏差值，同时将两边的导线连接起来，测量与计算各项闭合差、填绘平面图和断面图，并对最后一段巷道的中线、腰线进行调整。

重要贯通工程完成后，应对测量工作进行精度分析，做出技术总结。

（四）贯通测量的施测

贯通结果的好坏，不仅取决于所选择的贯通测量方案和测量方法是否正确，而且还有很重要的一方面便是实际施测工作的质量。因此在实际施测过程中，需要根据实测成果衡量评定所达到的精度，进行可靠的检核，及时填图，并经常检查和调整贯通巷道的方向和坡度以尽量减少测量误差对工程的影响，保证井巷能按设计要求准确贯通。

(1) 注意原始资料的可靠性，起算数据应当准确无误。使用地面控网的资料时，必须对原网的精度、控制网点位是否受到采动影响等了解清楚，必要时应实地进行检查测量。

对于地面控制点和井下测量起始点，务必查明，确保无破坏和位移后方可使用。

对于工程设计资料，特别是巷道的方位、坐标、距离、高程、坡度等，要进行认真的检核，如对井底车场设计导线进行闭合计算等。

(2) 各项测量工作都要有可靠的独立检核，并进行复测、复算，防止产生粗差。对于重要的贯通工程，在进行复测时，应尽可能换人观测和计算，条件允许时最好换用测量仪器和工具，复测合格后方可施工。

(3) 精度要求很高的重要贯通，要采取提高精度的相应措施。例如，设法提高定向测量的精度，有条件时，要加测陀螺定向边，并进行平差；在施测高精密导线时，要尽可能加大导线边长，并用光电测距仪量边。对井下边长较短的测站，要设法提高仪器和觇标的对中精度，如采取防风措施，采用光学对中，加大垂球质量，增加重新对中次数，或者采用四架法测量、省点法测量。斜巷中测角时要注意仪器整平的精度，并考虑全站仪竖轴的倾斜改正。陀螺定向测量时，要尽量消除外界不良环境条件对精度的影响。例如，在地面测定仪器常数时，可将测站点引入室内进行观测，避免在室外高压线附近或风大气温低的测站上观测；井下亦可选在硐室内观测，再引测到贯通导线边上，这就减少了巷道中运输、风流等对陀螺定向观测的影响。

(4) 对施测成果要及时进行精度分析,并与原误差预计的精度要求进行对比,各个环节均不能低于原精度要求,必要时要进行返工重测。

(5) 利用测量成果计算标定要素时,注意不要抄错或用错已知的数据资料。实地标定时,注意不要用错测点,每次标定前检测检验角。井下测点的标定编号要醒目、清晰。

(6) 贯通巷道掘进过程中,要及时进行测量和填图,并根据测量成果及时调整巷道掘进的方向和坡度。

有了贯通测量方案之后,通过实际施测,常能发现在制定方案时所没有考虑的一些问题,也可能遇到一些新情况,所以在施测过程中,可以进一步完善和充实原定的方案。

(五) 贯通后偏差的测定

巷道贯通后,实际偏差的测定是一项重要的工作,它有以下意义:

(1) 对巷道贯通的结果做出最后的评定。

(2) 用实际数据检查测量工作的成果,从而验证贯通测量误差预计的正确程度,以丰富贯通测量的理论和经验。

(3) 通过贯通后的连测可使两端原来没有闭合或附合条件的井下测量控制网有了可靠的检核和进行平差及精度评定。

(4) 作为巷道中腰线最后调整的依据。

所以《煤矿测量规程》中规定:井巷贯通后,应在贯通点处测量贯通实际偏差值,并将两端导线、高程连接起来,计算各项闭合差。重要贯通的测量完成后,还应进行精度分析,并做出总结。总结要连同设计书和全部内、外业资料一起保存。

五、矿井水文地质基础知识

自然界中,水存在的形式有大气水、地表水和地下水。存在于大气圈的水称为大气水;分布于地表上的海、河、湖、冰川中的水称为地表水;埋藏于岩石空隙中的水称为地下水。

(一) 地下水的分类

地下水有的埋藏很深,有的埋藏很浅;有的水量大,有的水量小;它们分别赋存于不同的含水介质空隙中。各种地下水在形成、分布、运动、水质、水量等方面都有所不同。目前，关于地下水的分类方法有许多种，其中对煤矿生产有直接意义的两种是：第一，按地下水的埋藏条件分类，可分为上层滞水、潜水、承压水；第二，按含水介质（空隙）类型分类，可分为孔隙水、裂隙水、岩溶水。

1. 按地下水的埋藏条件分类

(1) 上层滞水是指埋藏在离地表不深的饱气带中局部隔水层上的重力水。一般为季节性存在，雨季出现，干旱季节消失，分布范围有限，水量少，对矿山生产几乎没有影响。

(2) 潜水是指埋藏在地表以下、第一隔水层以上，且具有自由水面的重力水。潜水的自由水面称为潜水面。地表至潜水面的垂距，称为潜水埋藏深度。潜水面至其底板隔水层顶面间的距离，称为潜水含水层厚度。潜水面上任一点的标高，称为潜水位。

(3) 承压水是充满于上、下两稳定隔水层之间的含水层中的重力水。承压水由于有隔水顶板存在，故其补给区和分布区不一致；与季节变化的关系不甚明显，动态稳定，不易受污染。其受上、下隔水层的限制，故有一定的承压水头，其运动方式不是在重力作用下的自由流动，而是以传递静水压力的方式进行水的交替，就像自来水管中的水受供水水塔的静水压力一样运动。

2. 按地下水的含水介质（空隙）分类

(1) 孔隙水

储存于疏松岩层孔隙中的水，称为孔隙水。孔隙水的存在条件和特征取决于岩石孔隙的发育情况。一般特征下，岩石颗粒大而均匀，则含水层孔隙大、透水性好、水量大、运动快、水质好；反之，则含水层孔隙小、透水性差、水量小、运动慢、水质也差。

孔隙水由于埋藏条件不同，可形成上层滞水、潜水和承压水。孔隙水对采矿的影响主要取决于孔隙含水层的厚度、岩层颗粒大小及其与煤层的相互关系。一般来说，如果岩石颗粒大且均匀，地下水运动快、水量大，那么井巷工程穿过时要加大排水能力。如果采煤工作面顶板为含孔隙水丰富的含水层，随着工作面的推进，顶板的破裂及冒落，孔隙水会大量进入工作面，造成工作面的生产困难，甚至会引起水患事故。

(2) 裂隙水

赋存于基岩裂隙中的地下水称为裂隙水。裂隙的性质和发育程度决定了裂隙水的存在、富水性及其运动条件。按成因,岩石的裂隙可分为风化裂隙、成岩裂隙和构造裂隙三种类型,相应的裂隙水也分为风化裂隙水、成岩裂隙水和构造裂隙水三种类型。

(3) 岩溶水

岩溶是发育在可溶性岩石地区的一系列独特的地质作用和现象的总称。这种地质作用包括地下水的溶蚀作用和冲蚀作用,其产生的地质现象就是由这两种作用所形成的各种溶隙、溶洞和溶蚀地形。埋藏于溶洞、溶隙中的重力水,称为岩溶水或喀斯特水,有时也称溶洞水。

岩溶发育必须具备的条件是:存在透水的可溶性岩层(灰岩、石膏、盐岩及白云岩等);运动于可溶性岩层中的水具有侵蚀性,且不停地流动。岩石的溶解度越大,透水性越好;水的侵蚀性越大,水的交替越强烈,则岩溶越发育。

(二) 矿井充水水源

1. 天然充水水源

矿井充水的天然水源主要有大气降水、地表水、地下水三种。

(1) 大气降水是地下水的主要补给来源,所有矿井充水都直接或间接地与大气降水有关。但这里所讲的大气降水水源,是指对矿井直接充水的大气降水水源。

(2) 地表水指存在于地壳表面,暴露于大气的水。有大型地表水体分布(河流、水库、水池)的矿区,应查清天然条件下和矿井开采后的地表水对矿井开采的影响,这是矿区水文地质勘探和矿井水文地质工作的头等大事,也是评价矿井开采价值的重要内容。地表水不仅可能造成矿井突然涌水,严重情况下会导致水沙同时溃入矿井。

(3) 地下水充水类型的划分:① 根据充水岩层性质不同,矿井可分为砂砾石孔隙充水矿井,坚硬岩层裂隙充水、岩溶充水矿井。② 根据矿层与充水岩层接触关系不同,矿井可分为直接充水矿井、间接充水矿井。③ 根据矿层与充水岩层相对位置不同,矿井可分为顶板水充水矿井、底板水充水矿井、周边水充水矿井。

2. 人为充水水源

(1) 袭夺水

随着矿井开采、降落漏斗的不断扩展，人工流场强烈改造矿区天然地下水流场，人工地下水流场获得新的补给水源称为袭夺水源。袭夺水源存在下列几种情况：① 位于矿井地下水排泄区的泉水；② 位于矿井地下水排泄区的地表水体（湖、河、水库）；③ 位于矿井地下水径流带内的排泄区一侧相邻含水层；④ 相邻水文地质单元地下水。

(2) 老窑及采空区积水

古代及近期的采空区及废弃巷道，由于长期停止排水而使地下水集聚。当采掘工作面接近它们时，其内积水便会成为矿井充水的人为水源。它们具有下列特点：① 水以静储量为主，静储量与采空区分布范围有关。② 老窑水为多年积水，水循环条件差，水中含有大量 H_2S 气体，并多为酸性水，有较强的腐蚀性。③ 老窑突水一般水势迅猛，硫化氢气体危害性大。④ 采空区积水成为突水水源时，来势猛，易造成严重水害事故。⑤ 当与其他水源无联系时，易于疏干；若与其他水源有联系时，则可造成量大而稳定的涌水。

(三) 矿井充水通道

水源的存在表明矿井有充水的可能性，要使矿井充水成为现实，还必须有矿井充水的通道。充水通道是决定矿床充水程度的主要方面，不同充水通道的充水特征及对矿井的危害性是不一样的。对防治水来说，研究充水通道的意义尤为重要。矿井充水通道有天然形成的和人为造成的两大类。

1. 天然充水通道

矿井天然充水通道主要包括点状岩溶陷落柱、线状断裂（裂隙）带、窄条状隐伏露头、面状裂隙网络（局部面状隔水层变薄或尖灭）和地震裂隙等。

(1) 点状岩溶陷落柱通道

岩溶陷落柱在我国北方较为发育，在地下水的长期物理和化学作用下，灰岩形成了大量的古岩溶空洞。在上覆岩层和重力的作用下，空洞溃塌并被上覆岩层下陷填实，被下塌的破碎岩块所充填的柱状岩溶陷落柱像一导水管道沟通了煤系充水含水层中地下水与灰岩水的联系，特别是位于富水带上的岩溶陷落柱，可造成不同充水含水层组中地下水的密切水力联系。

(2) 断裂(裂隙)带通道

断裂带是否能够成为充水通道主要取决于断裂带性质和矿井开采时人为采矿活动方式与强度。

隔水断层。一般为压扭性断层或断层带被黏土质充填，使两侧含水层不发生水力联系。在矿井开采时，由于人为活动，天然状态下隔水断层常变为导水断层。隔水断层处于不同位置，其水文地质意义亦不同。隔水断层分布于主要充水岩层内时，常分割充水岩层的水力联系；隔水断层在边界上时，会阻止区域地下水补给。

导水断层。一般为张性断层。导水断层所处位置不同其水文地质意义亦不同。当导水断层位于区域边界时，常形成充水含水层或临近充水含水层的补给通道；当导水断层与地表水连通时，常形成地表水体补给矿井的主要通道；当充水岩层被导水断层切割时，将增加充水岩层与外界的水力联系程度；当导水断层切割矿层隔水顶、底板时，断层常引起顶板或底板突水问题。

沟通充水含水层组密切水力联系的线状断裂(裂隙)带多发生在断层密集带、断层交叉点、断层收敛处或断层尖灭端等部位。另外，节理尤其是张节理是矿井充水的有利通道。在一般情况下，脆性岩石较柔性岩石的节理更为发育，其裂隙宽度较大；柔性岩石中的裂隙大多是细小闭合的，其透水性差，但多组裂隙相互沟通时，也可形成矿井充水的良好通道。

(3) 窄条状隐伏露头通道

我国大部分煤矿，煤系薄层灰岩含水层和中厚层砂岩裂隙含水层以及巨厚层的碳酸盐岩含水层，多呈窄条状的隐伏露头形式与上覆第四系松散沉积物不整合接触。

(4) 面状裂隙网络通道

根据对含煤岩系和矿井水文地质沉积环境分析，在华北地区煤田，煤系含水层组主要以厚层状砂岩含水层组为主，薄层灰岩沉积较少。

在厚层砂岩含水层组之间沉积了以细砂岩、粉细砂岩和泥岩为主的隔水层组。在地质历史的多期构造应力作用下，脆性的隔水岩层受力后以破裂形式释放应力，致使隔水岩层产生了不同方向的、较为密集的裂隙和节理，形成了较为发育的呈整体面状展布的裂隙网络。

2. 人为充水通道

矿坑人为充水通道包括顶板冒落裂隙带、底板矿压破坏带和封孔质量不佳钻孔等。

(1) 顶板冒落裂隙带及底板矿压破坏带

根据对岩层移动规律的研究，当煤层开采后，采空区上方的岩体失去平衡，引起垮落、开裂和移动塌陷，直到充满采空区为止，从而形成煤层上部岩体三个不同的破坏带（简称上三带），即冒落带、导水裂隙带、弯曲沉降带。同时，随着工作面的连续推进，煤层底板岩体也会遭到不同程度的破坏，根据破坏程度的不同，煤层底板岩体也可划分为三个地带，即破坏带、完整岩层带、地下水导升带。

(2) 封孔质量不佳钻孔

按照规定，勘探时施工的钻孔在工作结束后按要求进行封闭，如果封孔质量未达到标准要求，钻孔就会成为矿层与其顶底板含水层或地表水体之间的通道。当掘进巷道或采区工作面经过或接近没有封好的钻孔时，顶、底板含水层中的地下水或地表水体将沿着钻孔补给矿层，造成涌（突）水事故。

六、矿井水防治

矿井防治水工作应当坚持预测预报、有疑必探、先探后掘、先治后采的原则，根据不同水文地质条件，采取“探、防、堵、疏、排、截、监”等综合防治措施。

1. 地表水防治

地表水防治是指在地面修筑防排水工程和采取一定的隔水防渗措施，即导流防漏。防治方法包括：地表水下渗通道的堵塞、汛期洪水导流、矿区积水的排除、河道的修补改道等。

2. 井下防治水

井下防治水的主要任务是预防矿井突水和处理意外的突水事故，

以确保矿井生产安全。主要措施包括：探放水、留设防隔水煤（岩）柱、设置防水闸门和防水闸墙、注浆堵水等。

（1）探放水

探放水是探水和放水的总称。探水是指采矿过程中用超前勘探方法，查明采掘工作面顶底板、侧帮和前方等水体的具体空间位置和状况等。放水是指为了预防水害事故，在探明情况后采用施工钻孔等安全方法将水体放出。在危险地段施工时应采取超前探放水措施，以探明水情，将水放出，消除突水威胁后才能继续掘进，即“有疑必探，先探后掘”的防水害措施。

采掘工作面遇有下列情况之一的，必须进行探放水：① 接近水淹或者可能积水的井巷、老空或者相邻煤矿时；② 接近含水层、导水断层、溶洞或者导水陷落柱时；③ 打开隔离煤柱放水时；④ 接近可能与河流、湖泊、水库、蓄水池、水井等相通的导水通道时；⑤ 接近有出水可能的钻孔时；⑥ 接近水文地质条件不清的区域时；⑦ 接近有积水的灌浆区时；⑧ 接近其他可能突水的地区时。

（2）防隔水煤（岩）柱

防隔水煤（岩）柱是指为确保近水体安全采煤而留设的煤层开采上（下）限至水体底（顶）界面之间的煤岩层区段。

有下列情况之一的，应当留设防隔水煤（岩）柱：① 煤层露头风化带；② 在地表水体、含水冲积层下或者水淹区域邻近地带；③ 与富水性强的含水层间存在水力联系的断层、裂隙带或者强导水断层接触的煤层；④ 有大量积水的老空；⑤ 导水、充水的陷落柱、岩溶洞穴或者地下暗河；⑥ 分区隔离开采边界；⑦ 受保护的观测孔、注浆孔和电缆孔等。

矿井防隔水煤（岩）柱一经确定，不得随意变动。严禁在各类防隔水煤（岩）柱中进行采掘活动。

（3）防水闸门与防水闸墙

为了预防采掘过程中发生淹井事故，常需要在井下适当地点设置防水闸门或防水闸墙，以便在突水时隔离巷道或封闭采区，避免波及全矿井。

水文地质类型复杂、极复杂或者有突水淹井危险的矿井，应当在井底车场周围设置防水闸门或者在正常排水系统基础上另外安设由地面直接供电控制，且排水能力不小于最大涌水量的潜水泵排水系统。不具备形成独立潜水泵排水系统条件，与正常排水系统共用排水管路的老矿井，必须安装控制阀门，实现管路间的快速切换。

(4) 注浆堵水

注浆堵水是将水泥浆或化学浆通过管道压入井下岩层空隙、裂隙或巷道中，使其扩散、凝固和硬化，从而使岩层具备高强度、密实性和不透水性，达到封堵截断补给水源和加固地层的作用，它是矿井防治水害的重要手段之一。

注浆堵水方案设计应包括如下内容：① 确定堵水范围、注浆层位和部位，注浆孔、观测孔、检查孔数及其布置方式；② 确定注浆材料、注浆深度，划分注浆段，选择注浆方式和止浆方法；③ 确定注浆参数及质量检查和评价方法；④ 选择钻探设备，确定钻孔结构与施工方法，确定主要安全技术措施(包括注浆操作规程)。

七、储量计算和管理

1. 资源储量估算

(1) 资源储量估算工业指标。说明采用或变更的工业指标文件、文号及内容。

(2) 资源储量估算范围、对象。叙述资源储量估算的范围(综合矿体分布的拐点、编号及其坐标、埋藏深度)、具体矿种和矿体(层)号；开采矿区已设置采矿权的，应分采矿许可证内、证外(或设计范围内、外)等，分别估算消耗、保有资源储量。

(3) 资源储量估算方法选择依据。说明核实的方法，如保有资源储量的核实是采用重算的方法，还是先算采空区消耗的资源储量，后从总量中扣除的；对于未动用块段是如何核实的，跨边界块段是如何分割的等。论述选择估算方法的依据及合理性，写明采用的资源储量估算方法和估算公式。

(4) 资源储量估算参数确定。叙述单工程厚度、平均品位，块段或剖面平均厚度、品位、面积、体积质量(体重)和矿体(层)平均品位，各种校正系数(含矿率、荒料率、岩溶率)等参数计算、测定方法及特高品位

(特大厚度)处理原则。说明各类数值单位及数据取舍原则。

(5) 块段划分。说明资源储量估算块段划分原则和块段编号方法(注:尽量沿用原块段划分,对已采或采矿权设置部分,可在原基础上做进一步划分)。

(6) 资源储量类型确定条件。根据矿体(层)的地质可靠程度、可行性评价(矿山开发程度)确定的经济意义,对资源储量类型进行划分。具体叙述各类型保有资源储量划归条件及空间分布。

2. 矿井开拓煤量可采期

(1) 煤与瓦斯突出矿井、水文地质类型极复杂矿井、冲击地压矿井不得少于5年。

(2) 高瓦斯矿井、水文地质类型复杂矿井不得少于4年。

(3) 其他矿井不得少于3年。

3. 矿井准备煤量可采期

(1) 水文地质条件复杂和极复杂矿井、煤与瓦斯突出矿井、冲击地压矿井、煤巷掘进机械化程度与综合机械化采煤程度的比值小于0.7的矿井不得少于14个月。

(2) 其他矿井不得少于12个月。

4. 矿井回采煤量可采期的规定

(1) 2个及以上采煤工作面同时生产的矿井不得少于5个月。

(2) 其他矿井不得少于4个月。

5. 矿井"三量"及"三量"可采期计算方法

(1) 开拓煤量是在矿井可采储量范围内已完成设计规定的主井、副井、风井、井底车场、主要石门、采(盘)区大巷、回风石门、回风大巷、主要硐室和煤仓等开拓掘进工程后,形成矿井通风、排水等系统所圈定的煤炭储量,减去开拓区内地质及水文地质损失、设计损失量和开拓煤量可采期内不能回采的临时煤柱及其他开采量。开拓煤量按下式计算:

$$Q_{开} = (LhMD - Q_{地损} - Q_{呆滞})K$$

式中 $Q_{开}$——开拓煤量,t;

L——已完成开拓工程的采(盘)区煤层平均走向长度,m;

h——已完成开拓工程的采(盘)区煤层平均倾斜长,m;

M——开拓区域煤层平均厚度，m；

D——实体煤密度，t/m^3；

$Q_{地损}$——地质及水文地质损失，t；

$Q_{呆滞}$——呆滞煤量(包括永久煤柱的可回采部分和开拓煤量可采期内不能开采的临时煤柱及其他煤量)，t；

K——采区回采率。

(2) 准备煤量是在开拓煤量范围内已完成了设计规定的采(盘)区主要巷道掘进工程，形成完整的采(盘)区通风、排水、运输、供电、通信等生产系统后，且煤与瓦斯突出煤层煤巷条带区域无突出危险的煤层中，各区段(或倾斜条带)可采储量与回采煤量之和。准备煤量按下式计算：

$$Q_{准} = \sum_{i=1}^{n}(L_i l_i M_i D_i K_i + q_i) + Q_{回}$$

式中　$Q_{准}$——准备煤量，t；

L_i——第 i 个区段的采煤工作面有效推进长度，m；

l_i——第 i 个区段的平均采煤工作面长度，m；

M_i——第 i 个区段的煤层平均厚度，m；

D_i——第 i 个区段的实体煤密度，t/m^3；

K_i——第 i 个区段的工作面回采率；

q_i——第 i 个区段的巷道掘进出煤量，t；

n——区段个数；

$Q_{回}$——回采煤量，t。

(3) 煤与瓦斯突出煤层煤巷条带区域无突出危险应当满足下列条件：

① 煤与瓦斯突出煤层所圈定的准备煤量范围内，回采巷道及开切眼的煤巷条带采取区域防突措施后，各单元评价测点测定的煤层残余瓦斯压力或残余瓦斯含量，都小于预期的防突效果达标瓦斯压力或瓦斯含量，且施工测定钻孔时没有喷孔、顶钻或其他动力现象。

② 开采保护层后，准备煤量或准备煤量范围内回采巷道及开切眼的煤巷条带在保护层的有效保护范围内。

③ 准备煤量可以按煤巷掘进方向分段计算，各分段长度不得小于300 m。

(4) 回采煤量是准备煤量范围内，已按设计完成工作面进风巷、回风巷等回采巷道及开切眼掘进工程所圈定的，且瓦斯抽采、防突和防治水的效果已达到工作面安全回采要求的可采储量，即正在回采或只要安装设备后，便可进行正式回采的工作面可采煤量之和。

瓦斯抽采、防突和水害防治效果达到安全回采要求的可采储量，可以按工作面推进方向分段计算，分段长度不得小于 300 m。

回采煤量按下式计算：

$$Q_{回} = \sum_{i=1}^{n} L_i l_i M_i D_i K_i$$

式中 $Q_{回}$——回采煤量，t；

L_i——第 i 个采煤工作面有效或剩余推进(回采)长度，m；

l_i——第 i 个采煤工作面平均长度，m；

M_i——第 i 个采煤工作面煤层平均厚度，m；

D_i——第 i 个采煤工作面实体煤密度，t/m^3；

K_i——第 i 个采煤工作面回采率；

n——采煤工作面个数。

(5) 有下列情况之一的，不得计算为回采煤量：

① 所圈定的回采范围内瓦斯抽采不达标，或未按照规定进行抽采达标评判的煤量。

② 所圈定的回采范围内水害防治不达标，或未按照规定进行水害防治效果验证的煤量。

③ 有冲击地压危险的煤矿，所圈定的回采范围内采煤工作面没有进行冲击危险性评价，或评价为严重冲击地压工作面的煤量。

④ 所圈定的回采范围内受其他次生灾害影响的煤量。

(6) 矿井“三量”可采期按下式计算：

开拓煤量可采期(年)＝期末开拓煤量/当年计划产量或设计(核定)能力。

准备煤量可采期(月)＝期末准备煤量/当年平均月计划产量。

回采煤量可采期(月)=期末回采煤量/当年平均月计划回采产量。

当矿井实际月产量连续两个月超过计划月产量的10%时,应当按实际产量重新计算矿井"三量"可采期。

矿井应当建立完善"三量"管理制度,明确责任分工和管理要求。

矿井应当编制矿井生产和灾害治理规划、年度计划,统筹采掘工程、灾害治理工程安排。

(7) 矿井发现"三量"可采期未达到规定要求的,应当及时报告上级公司,并主动降低产量,制定相应的灾害治理和采掘调整计划方案。矿井可根据采掘接续紧张的严重程度,相应调减计划产量,或减少同时作业的采煤工作面个数,并形成正式文件或纪要,报上级公司或负责属地监管的煤矿安全监管部门。工作面回采结束后无接续工作面的,应当确定停采期。

(8) 煤矿上级公司应当加强煤矿灾害治理和采掘平衡管理工作,发现所属矿井采掘接续紧张或接到矿井采掘接续紧张的报告并验证确认后,应当按照"三量"平衡管理要求,以正式文件或纪要形式重新调整下达产量考核指标和相对应的经营考核指标。

(9) 煤矿上级公司明知矿井采掘接续紧张仍然下达导致采掘接续紧张的产量考核指标或相应的经营考核指标的,相关主管部门应依法对煤矿上级公司进行联合惩戒。导致生产安全事故发生的,相关主管部门应依照有关规定对上级公司主要负责人、分管负责人及相关管理部门负责人给予问责。

安全技术基础知识二 本岗位安全责任制

学习目标

1. 掌握地质作业岗位安全责任制。
2. 掌握测量作业岗位安全责任制。
3. 掌握水文作业岗位安全责任制。
4. 掌握储量作业岗位安全责任制。

安全技术基础知识相关知识

一、地质作业岗位安全责任制

(1) 矿井地质工必须经过专业技术培训,考试合格后,持证上岗。

(2) 矿井地质工必须熟悉《煤矿地质工作规定》《安全生产法》《煤矿安全规程》《煤矿安全生产标准化管理体系基本要求及评分方法(试行)》中的有关规定。

(3) 必须经过煤矿安全知识培训,掌握煤矿防灾和避灾知识。

(4) 严格按照《煤矿安全规程》、《矿井地质规程》及其实施细则和《矿井地质工作手册》中各项技术要求开展工作。

(5) 提交的各类成果资料必须经地质主管技术人员或地测科科长把关确认,原始地质资料应及时复查、核实,确保提供的地质资料准确无误。

(6) 原始记录必须在现场进行,并记录在专门的地质原始记录簿上。记录簿应统一编号,不得缺页、破损,并妥善保存。现场记录填写应用铅笔,不得用钢笔、圆珠笔,以防遇水后造成记录模糊不清。

(7) 在井下现场发现重大地质异常或有可能危及安全生产的地质问题时,必须及时汇报并及时处理。情况紧急时直接向调度室或有关领导汇报,并做好记录。

(8) 严禁在地质观测、资料编录、汇总等工作中弄虚作假。

(9) 应根据采掘地点的位置、进度及相邻区的地质资料等情况,确定井下现场工作的内容、目的及方法。

(10) 备齐必要的观测记录用具,如工具包、记录本、铅笔、放大镜、地质锤、皮尺、罗盘、坡度规、条痕板、钉子、线绳等。

(11) 矿井地质工观测内容:岩巷的地质观测、煤层的地质观测、顺层巷道中煤岩层产状的观测、穿层巷道中煤岩层产状的观测、节理的观测与描述、煤层顶底板的观测与描述、断层的观测与描述、褶曲的观测与描述、含煤地层中岩浆岩的观测与描述、陷落柱的观测与描述等。

(12) 必须随着采掘工程的推进及时收集现场地质资料,确保资料完整统一。

（13）对采掘工程的布置和调整有影响的地质资料，要及时填绘在有关的生产用图上，并向有关部门、领导汇报。

（14）及时整理井下原始观测资料，上井后必须完成上表、填图，两天内整理完成各种记账、卡片的归档。

（15）根据煤矿安全生产标准化的内容做好地质构造素描、实测剖面素描等素描图的绘制。

（16）认真进行地质预测预报和月度地质预报验证分析，不断提高预报的准确性，以便及时准确指导采掘生产。

二、测量作业岗位安全责任制

矿山测量工负责矿山测量放线、标定、收尺、基本矿图的填绘和更新、业务通知单的发放等工作，安全生产职责如下：

（1）测量工在测量技术人员的领导下，严格按《煤矿测量规程》及《煤矿安全生产标准化管理体系基本要求及评分方法（试行）》规定开展井上、下测量工作。

（2）掌握矿山测量安全技术基本知识，能熟练地使用水准仪、全站仪等煤矿测量相关仪器，能独立进行井上、下各级导线及水准测量工作。

（3）深入井下施工现场，正确熟练地进行各开拓、掘进工程的中腰线标定及延设工作。

（4）对随身携带的仪器做好维护工作，避免仪器意外损坏。

（5）能独立地进行全站仪导线和水准测量记录、计算及数据整理工作。

（6）能独立正确地解算和标定一般的测量工程。

（7）协助技术负责人搞好施工图纸设计的审核及各种测量方案的制定与实施工作。

（8）做好科室与区队的业务联系工作。

（9）深入现场了解施工情况，并向技术负责人正确反映工作现场的情况及存在的问题，按要求及时填写相关记录，及时、准确、完整地填绘各类施工测量图纸。

（10）参与月末井巷工程进度验收工作，及时、正确填写验收记录、工作日记等。

（11）及时准确地下发各类安全贯通、透巷、过巷、开口及施工变更给线等业务保安通知单。

（12）认真擦拭各类已用仪器、工具等，做好仪器的携带、维护与保养工作。

（13）参与矿井大型机电设备安装定位及巷修给线工作，做好机电设备安装的抄平、找正及巷修工程的中腰线标定工作。

（14）参与地表移动观测站及矿井大型建（构）筑物沉降的外业观测工作，熟练进行野外观测及数据收集。

（15）按时完成上级安排的各种临时性测量工作。

三、水文作业岗位安全责任制

（1）必须熟悉《煤矿防治水细则》《煤矿安全规程》《安全生产法》《煤矿安全生产标准化管理体系基本要求及评分方法（试行）》中的有关规定。

（2）必须经过煤矿安全知识培训，掌握煤矿水害防灾和避灾知识。

（3）协助水文地质工程师深入现场调查收集水文地质资料，及时建立台账、填图，定期更新矿井水文地质图纸和水文地质台账。

（4）按照《煤矿防治水细则》及相关制度规定，定期观测矿井水文地质钻孔水压、矿井涌水量、降雨量等水文地质参数，绘制矿井涌水量相关曲线图。

（5）当矿井突然发生水害异常时，立即收集现场资料，采取水样，急送有关单位检验。

（6）协助做好矿井水文地质日常工作，发现水文地质信息异常及时向有关领导汇报，并建立水文地质异常信息台账。

（7）协助水文地质工程师做好井下探放水、疏水降压、注浆堵水、放水试验等业务工作。

（8）原始记录必须在现场进行，并记录在专门的水文地质原始记录簿上。记录簿应统一编号，不得缺页、破损，并妥善保存。

（9）严禁水文地质观测、资料收集、汇总等工作中弄虚作假。

（10）备齐必要的观测记录用具，如工具包、记录本、笔、秒表等。

（11）做好其他方面的资料内业和安全生产标准化资料的整理、归档工作。

四、储量作业岗位安全责任制

(1) 协助地质工程师做好地质资源储量专业安全管理工作，掌握矿井地质、防治水和瓦斯防治方面的安全基础知识。

(2) 协助地质工程师、科长、地测副总工程师、矿总工程师贯彻落实有关煤矿安全生产的法律、法规、规章、技术规范及上级部门关于安全生产的指示和精神。

(3) 推广煤矿地质、防治水新技术，参与地质、防治水科研攻关和瓦斯地质数据收集和整理，不断提高矿井地质、防治水和瓦斯防治方面安全管理水平。

(4) 协助地质工程师督促、检查本专业组的业务规程、规定、条例及工作细则及全矿井日常地质业务的执行情况。

(5) 积极下井解决问题，依据所收集的地质资料及时上图并进行综合分析、预测，及时向有关领导及生产部门汇报。

(6) 分年、季、月组织编制、审查、修正、补充各种储量计算图纸。

(7) 根据生产需要协助编制采区地质说明书、各掘进和回采地质说明书及相关的平、剖面图件。

(8) 对各采煤工作面定期进行煤炭资源的监督、检查，对出现资源浪费及没有按要求进行回采的，及时下发整改通知单，并对有关单位及责任人进行处罚。负责编制月、季度“三量”和储量报表，并及时上报。

(9) 进行储量报损、注销，地质及水文地质损失、转入、转出的上报工作。

(10) 完成储量年终报表，配合地矿部门及省资源厅的季检、年检等工作。

(11) 做好探放水日报表资料的填图分析工作，做好安全生产标准化资料的整理工作。

安全技术基础知识三　本岗位风险及控制

学习目标

1. 掌握测量作业岗位风险及控制。

2. 掌握地质作业岗位风险及控制。

3. 掌握水文作业岗位风险及控制。

4. 掌握储量作业岗位风险及控制。

安全技术基础知识相关知识

一、测量作业岗位风险及控制

1. 测量作业岗位风险

(1) 测量作业环境不安全,不具备测量作业条件。

(2) 布置测点登高作业摔伤人。

(3) 测量仪器安置不牢固,摔坏设备。

(4) 测量放线用错导线点,造成施工放线错误。

(5) 漏发通知单,造成误贯通事故。

(6) 图纸更新不及时,造成图纸和现场不对应。

2. 测量作业岗位风险控制措施

(1) 进行测量作业前,首先安排施工单位对作业环境进行敲帮问顶,发现不安全情况立即安排施工队处理。

(2) 前视人员登高作业时系好安全带,攀爬梯子有同伴监护。

(3) 安置仪器前对三脚架进行安全检查,确保三脚架安全可靠,固定螺丝灵活可靠,测量作业期间仪器操作人员应在仪器 1 m 以内。

(4) 测量作业前测量检查角和前视距离,符合限差要求后方可应用该起算方向。

(5) 根据设计图排查相关通知单,按《煤矿测量规程》要求下发通知单。

(6) 外业测量结束后,及时计算、填绘相关图纸。

二、地质作业岗位风险及控制

1. 地质作业岗位风险

(1) 地质工在迎头收集地质信息时,应确认迎头是否有活矸危石,是否具备作业条件。

(2) 矿井是否配齐地质作业专业技术人员。

(3) 水文地质类型复杂、极复杂的矿井是否设立专门的防治水机构和配备专门的探放水作业队伍、配齐专用探防水设备。

(4) 是否对井田范围内采空区、废弃老窑的积水情况进行了排查。

(5) 在强降雨天气下或上游发生洪水时，矿井是否实施停产撤人措施。

(6) 是否按时进行预测预报。

(7) 是否对突水威胁区进行探放水。

(8) 是否按规定留设防隔水煤柱。

2. 地质作业岗位风险控制措施

(1) 地质作业前，首先安排施工单位对作业环境进行敲帮问顶，发现不安全情况立即安排施工队处理。

(2) 配齐地质作业专业技术人员。

(3) 水文地质类型复杂、极复杂的矿井设立专门的防治水机构，配备专门的探放水作业队伍，配齐专用探防水设备。

(4) 排查矿井水文地质条件和井田范围内采空区、废弃老窑积水情况。

(5) 在强降雨天气下或上游发生洪水时，矿井实施停产撤人措施。

(6) 按时进行预测预报。

(7) 对突水威胁区进行探放水。

(8) 按规定留设防隔水煤柱。

三、水文作业岗位风险及控制

1. 水文作业岗位风险

(1) 水文作业人员在水文测量和水文观测时，现场是否具备作业条件。

(2) 水文作业人员是否掌握煤矿水害防灾和避灾知识，现场出现水灾情况时能否正确指导防灾避灾。

(3) 水文地质类型复杂、极复杂的矿井是否设立专门的防治水机构和配备专门的探放水作业队伍、配齐专用探防水设备。

(4) 是否对矿井范围内的积水情况进行了排查。

(5) 在强降雨天气下或上游发生洪水时，矿井是否实施停产撤人措施。

(6) 是否按时进行水文预测预报。

(7) 是否按要求对矿井涌水量进行观测。

2. 水文作业岗位风险控制措施

(1) 水文作业人员在水文测量和水文观测前，首先对现场进行隐患排查和敲帮问顶，确保现场具备作业条件后再开展水文观测工作。

(2) 水文作业人员学习掌握煤矿水害防灾和避灾知识，现场出现水灾情况时能正确指导防灾避灾。

(3) 水文地质类型复杂、极复杂的矿井设立专门的防治水机构，配备专门的探放水作业队伍，配齐专用探防水设备。

(4) 对矿井范围内的积水情况进行排查上图，掌握矿井范围内的积水量。

(5) 在强降雨天气下或上游发生洪水时，矿井实施停产撤人措施。

(6) 按时进行水文预测预报。

(7) 按要求对矿井涌水量进行观测。

四、储量作业岗位风险及控制

1. 储量作业岗位风险

“三量”是否满足开采要求。

2. 储量作业岗位风险控制措施

矿井合理安排采掘接替，确保“三量”平衡。

安全技术基础知识四
本岗位事故隐患排查治理方法

学习目标

1. 掌握测量作业岗位事故隐患排查及治理。
2. 掌握地质作业岗位事故隐患排查及治理。
3. 掌握水文作业岗位事故隐患排查及治理。
4. 掌握储量作业岗位事故隐患排查及治理。

安全技术基础知识相关知识

一、测量作业岗位事故隐患排查及治理

1. 隐患内容

(1) 布置测点登高作业没有系安全带。

(2) 测量仪器安置不牢固。

(3) 测量放线用错导线点。

(4) 图纸更新不及时。

(5) 漏发巷道贯通通知单。

2. 隐患治理

(1) 布置测点登高作业必须系安全带。

(2) 测量仪器安置必须牢固。

(3) 测量放线严禁用错导线点。

(4) 图纸更新必须及时。

(5) 严禁漏发巷道贯通通知单。

二、地质作业岗位事故隐患排查及治理

1. 隐患内容

(1) 收集地质信息时,迎头有活矸危石。

(2) 矿井没有配齐地质作业专业技术人员。

(3) 水文地质类型复杂、极复杂的矿井没有设立专门的防治水机构、配备专门的探放水作业队伍、配齐专用探防水设备。

(4) 没有对井田范围内采空区、废弃老窑的积水情况进行排查。

(5) 矿井在强降雨天气下或上游发生洪水时没有实施停产撤人措施。

(6) 没有对突水威胁区进行探放水。

2. 隐患治理

(1) 收集地质信息时,迎头的活矸危石必须处理掉。

(2) 矿井必须配齐地质作业专业技术人员。

(3) 水文地质类型复杂、极复杂的矿井必须设立专门的防治水机构,配备专门的探放水作业队伍,配齐专用探防水设备。

(4) 必须对井田范围内采空区、废弃老窑的积水情况进行排查。

(5) 矿井在强降雨天气下或上游发生洪水时必须实施停产撤人措施。

(6) 必须对突水威胁区进行探放水。

三、水文作业岗位事故隐患排查及治理

1. 隐患内容

(1) 现场不具备作业条件,水文作业人员进行水文测量和水文观测作业。

(2) 水文作业人员不掌握煤矿水害防灾和避灾知识。

(3) 未对矿井范围内的积水情况进行排查。

(4) 没有按时进行水文预测预报。

(5) 没有按要求对矿井涌水量进行观测。

2. 隐患治理

(1) 水文作业人员进行水文测量和水文观测作业时,现场必须具备作业条件。

(2) 水文作业人员必须掌握煤矿水害防灾和避灾知识。

(3) 必须对矿井范围内的积水情况进行排查。

(4) 必须按时进行水文预测预报。

(5) 必须按要求对矿井涌水量进行观测。

四、储量作业岗位事故隐患排查及治理

1. 隐患内容

(1) 统计储量不准确。

(2) “三量”不满足开采要求。

2. 隐患治理

(1) 统计储量必须准确无误。

(2) “三量”必须满足开采要求。

安全技术基础知识五
《煤矿安全规程》及安全生产标准化的相关规定

学习目标

1. 熟悉《煤矿安全规程》相关规定。
2. 熟悉安全生产标准化的相关要求。

安全技术基础知识相关知识

一、《煤矿安全规程》的相关规定

1.《煤矿安全规程》对测量的一般规定

第一百四十三条　贯通巷道必须遵守下列规定：

（一）巷道贯通前应当制定贯通专项措施。综合机械化掘进巷道在相距 50 m 前、其他巷道在相距 20 m 前，必须停止一个工作面作业，做好调整通风系统的准备工作。

停掘的工作面必须保持正常通风，设置栅栏及警标，每班必须检查风筒的完好状况和工作面及其回风流中的瓦斯浓度，瓦斯浓度超限时，必须立即处理。

掘进的工作面每次爆破前，必须派专人和瓦斯检查工共同到停掘的工作面检查工作面及其回风流中的瓦斯浓度，瓦斯浓度超限时，必须先停止在掘工作面的工作，然后处理瓦斯，只有在 2 个工作面及其回风流中的甲烷浓度都在 1.0％以下时，掘进的工作面方可爆破。每次爆破前，2 个工作面入口必须有专人警戒。

（二）贯通时，必须由专人在现场统一指挥。

（三）贯通后，必须停止采区内的一切工作，立即调整通风系统，风流稳定后，方可恢复工作。

间距小于 20 m 的平行巷道的联络巷贯通，必须遵守以上规定。

2.《煤矿安全规程》对防治水的一般规定

第二百八十三条　煤矿企业应当建立健全防治水各项制度，配备满足工作需要的防治水专业技术人员，配齐专用探放水设备，建立专门的探放水作业队伍，储备必要的水害抢险救灾设备和物资。

水文地质条件复杂、极复杂的煤矿，应当设立专门的防治水机构。

第二百八十四条 煤矿应当编制本单位防治水中长期规划（5～10年）和年度计划，并组织实施。

矿井水文地质类型应当每3年修订一次。发生重大及以上突（透）水事故后，矿井应当在恢复生产前重新确定矿井水文地质类型。

水文地质条件复杂、极复杂矿井应当每月至少开展1次水害隐患排查，其他矿井应当每季度至少开展1次。

第二百八十五条 当矿井水文地质条件尚未查清时，应当进行水文地质补充勘探工作。

第二百八十六条 矿井应当对主要含水层进行长期水位、水质动态观测，设置矿井和各出水点涌水量观测点，建立涌水量观测成果等防治水基础台账，并开展水位动态预测分析工作。

第二百八十七条 矿井应当编制下列防治水图件，并至少每半年修订1次：

（一）矿井充水性图。

（二）矿井涌水量与相关因素动态曲线图。

（三）矿井综合水文地质图。

（四）矿井综合水文地质柱状图。

（五）矿井水文地质剖面图。

第二百八十八条 采掘工作面或者其他地点发现有煤层变湿、挂红、挂汗、空气变冷、出现雾气、水叫、顶板来压、片帮、淋水加大、底板鼓起或者裂隙渗水、钻孔喷水、煤壁溃水、水色发浑、有臭味等透水征兆时，应当立即停止作业，撤出所有受水患威胁地点的人员，报告矿调度室，并发出警报。在原因未查清、隐患未排除之前，不得进行任何采掘活动。

3.《煤矿安全规程》对井下防治水的规定

第二百九十七条 相邻矿井的分界处，应当留防隔水煤（岩）柱；矿井以断层分界的，应当在断层两侧留有防隔水煤（岩）柱。

矿井防隔水煤（岩）柱一经确定，不得随意变动，并通报相邻矿井。

严禁在设计确定的各类防隔水煤(岩)柱中进行采掘活动。

第二百九十八条　在采掘工程平面图和矿井充水性图上必须标绘出井巷出水点的位置及其涌水量、积水的井巷及采空区范围、底板标高、积水量、地表水体和水患异常区等。在水淹区域应当标出积水线、探水线和警戒线的位置。

第二百九十九条　受水淹区积水威胁的区域,必须在排除积水、消除威胁后方可进行采掘作业;如果无法排除积水,开采倾斜、缓倾斜煤层的,必须按照《建筑物、水体、铁路及主要井巷煤柱留设与压煤开采规程》中有关水体下开采的规定,编制专项开采设计,由煤矿企业主要负责人审批后,方可进行。

严禁开采地表水体、强含水层、采空区水淹区域下且水患威胁未消除的急倾斜煤层。

第三百条　在未固结的灌浆区、有淤泥的废弃井巷、岩石洞穴附近采掘时,应当制定专项安全技术措施。

第三百零一条　开采水淹区域下的废弃防隔水煤柱时,应当彻底疏干上部积水,进行安全性论证,确保无溃浆(砂)威胁。严禁顶水作业。

第三百零二条　井田内有与河流、湖泊、充水溶洞、强或极强含水层等存在水力联系的导水断层、裂隙(带)、陷落柱和封闭不良钻孔等通道时,应当查明其确切位置,并采取留设防隔水煤(岩)柱等防治水措施。

第三百零三条　顶、底板存在强富水含水层且有突水危险的采掘工作面,应当提前编制防治水设计,制定并落实水害防治措施。

第三百零四条　煤层顶板存在富水性中等及以上含水层或者其他水体威胁时,应当实测垮落带、导水裂缝带发育高度,进行专项设计,确定防隔水煤(岩)柱尺寸。当导水裂缝带范围内的含水层或者老空积水等水体影响采掘安全时,应当超前进行钻探疏放或者注浆改造含水层,待疏放水完毕或者注浆改造等工程结束、消除突水威胁后,方可进行采掘活动。

第三百零五条　开采底板有承压含水层的煤层,隔水层能够承受的水头值应当大于实际水头值;当承压含水层与开采煤层之间的隔水层能够承受的水头值小于实际水头值时,应当采取疏水降压、注浆加固底板改造含水层或者充填开采等措施，并进行效果检测，制定专项安全技术措施，报企业技术负责人审批。

第三百零六条 矿井建设和延深中，当开拓到设计水平时，必须在建成防、排水系统后方可开拓掘进。

第三百零七条 煤层顶、底板分布有强岩溶承压含水层时，主要运输巷、轨道巷和回风巷应当布置在不受水害威胁的层位中，并以石门分区隔离开采。对已经不具备石门隔离开采条件的应当制定防突水安全技术措施，并报矿总工程师审批。

第三百零八条 水文地质条件复杂、极复杂或者有突水淹井危险的矿井，应当在井底车场周围设置防水闸门或者在正常排水系统基础上另外安设由地面直接供电控制，且排水能力不小于最大涌水量的潜水泵。在其他有突水危险的采掘区域，应当在其附近设置防水闸门；不具备设置防水闸门条件的，应当制定防突(透)水措施，报企业主要负责人审批。

防水闸门应当符合下列要求：

(一) 防水闸门必须采用定型设计。

(二) 防水闸门的施工及其质量，必须符合设计。闸门和闸门硐室不得漏水。

(三) 防水闸门硐室前、后两端，应当分别砌筑不小于 5 m 的混凝土护碹，碹后用混凝土填实，不得空帮、空顶。防水闸门硐室和护碹必须采用高标号水泥进行注浆加固，注浆压力应当符合设计。

(四) 防水闸门来水一侧 15～25 m 处，应当加设 1 道挡物箅子门。防水闸门与箅子门之间，不得停放车辆或者堆放杂物。来水时先关箅子门，后关防水闸门。如果采用双向防水闸门，应当在两侧各设 1 道箅子门。

(五) 通过防水闸门的轨道、电机车架空线、带式输送机等必须灵活易拆；通过防水闸门墙体的各种管路和安设在闸门外侧的闸阀的耐压能力，都必须与防水闸门设计压力相一致；电缆、管道通过防水闸门墙体时，必须用堵头和阀门封堵严密，不得漏水。

(六) 防水闸门必须安设观测水压的装置，并有放水管和放水闸阀。

（七）防水闸门竣工后，必须按设计要求进行验收；对新掘进巷道内建筑的防水闸门，必须进行注水耐压试验，防水闸门内巷道的长度不得大于 15 m，试验的压力不得低于设计水压，其稳压时间应当在 24 h 以上，试压时应当有专门安全措施。

（八）防水闸门必须灵活可靠，并每年进行 2 次关闭试验，其中 1 次应当在雨季前进行。关闭闸门所用的工具和零配件必须专人保管，专地点存放，不得挪用丢失。

第三百零九条 井下防水闸墙的设置应当根据矿井水文地质情况确定，防水闸墙的设计经煤矿企业技术负责人批准后方可施工，投入使用前应当由煤矿企业技术负责人组织竣工验收。

第三百一十条 井巷揭穿含水层或者地质构造带等可能突水地段前，必须编制探放水设计，并制定相应的防治水措施。

井巷揭露的主要出水点或者地段，必须进行水温、水量、水质和水压(位)等地下水动态和松散含水层涌水含砂量综合观测和分析，防止滞后突水。

4.《煤矿安全规程》对排水的规定

第三百一十一条 矿井应配备与矿井涌水量相匹配的水泵、排水管路、配电设备和水仓等，并满足矿井排水的需要。除正在检修的水泵外，应当有工作水泵和备用水泵。工作水泵的能力，应当能在 20 h 内排出矿井 24 h 的正常涌水量(包括充填水及其他用水)。备用水泵的能力，应当不小于工作水泵能力的 70%。检修水泵的能力，应不小于工作水泵能力的 25%。工作和备用水泵的总能力，应能在 20 h 内排出矿井 24 h 的最大涌水量。

排水管路应当有工作和备用水管。工作排水管路的能力，应当能配合工作水泵在 20 h 内排出矿井 24 h 的正常涌水量。工作和备用排水管路的总能力，应当能配合工作和备用水泵在 20 h 内排出矿井 24 h 的最大涌水量。

配电设备的能力应当与工作、备用和检修水泵的能力相匹配，能够保证全部水泵同时运转。

第三百一十二条　主要泵房至少有2个出口，一个出口用斜巷通到井筒，并高出泵房底板7 m以上；另一个出口通到井底车场，在此出口通路内，应当设置易于关闭的既能防水又能防火的密闭门。泵房和水仓的连接通道，应当设置控制闸门。

排水系统集中控制的主要泵房可不设专人值守，但必须实现图像监视和专人巡检。

第三百一十三条　矿井主要水仓应当有主仓和副仓，当一个水仓清理时，另一个水仓能够正常使用。

新建、改扩建矿井或者生产矿井的新水平，正常涌水量在1 000 m^3/h以下时，主要水仓的有效容量应当能容纳8 h的正常涌水量。

正常涌水量大于1 000 m^3/h的矿井，主要水仓有效容量可以按照下式计算：

$$V = 2(Q + 3\ 000)$$

式中　V——主要水仓的有效容量，m^3；

Q——矿井每小时的正常涌水量，m^3。

采区水仓的有效容量应当能容纳4 h的采区正常涌水量。

水仓进口处应当设置箅子。对水砂充填和其他涌水中带有大量杂质的矿井，还应当设置沉淀池。水仓的空仓容量应当经常保持在总容量的50%以上。

第三百一十四条　水泵、水管、闸阀、配电设备和线路，必须经常检查和维护。在每年雨季之前，必须全面检修1次，并对全部工作水泵和备用水泵进行1次联合排水试验，提交联合排水试验报告。

水仓、沉淀池和水沟中的淤泥，应及时清理，每年雨季前必须清理1次。

第三百一十五条　大型、特大型矿井排水系统可以根据井下生产布局及涌水情况分区建设，每个排水分区可以实现独立排水，但泵房设计、排水能力及水仓容量必须符合本规程第三百一十一条至第三百一十四条要求。

第三百一十六条　井下采区、巷道有突水危险或者可能积水的，应当优先施工安装防、排水系统，并保证有足够的排水能力。

5.《煤矿安全规程》对探放水的规定

第三百一十七条　在地面无法查明水文地质条件时，应当在采掘前采用物探、钻探或者化探等方法查清采掘工作面及其周围的水文地质条件。

采掘工作面遇有下列情况之一时，应当立即停止施工，确定探水线，实施超前探放水，经确认无水害威胁后，方可施工：

（一）接近水淹或者可能积水的井巷、老空区或者相邻煤矿时。

（二）接近含水层、导水断层、溶洞和导水陷落柱时。

（三）打开隔离煤柱放水时。

（四）接近可能与河流、湖泊、水库、蓄水池、水井等相通的导水通道时。

（五）接近有出水可能的钻孔时。

（六）接近水文地质条件不清的区域时。

（七）接近有积水的灌浆区时。

（八）接近其他可能突（透）水的区段时。

第三百一十八条　采掘工作面超前探放水应当采用钻探方法，同时配合物探、化探等其他方法查清采掘工作面及周边老空水、含水层富水性以及地质构造等情况。

井下探放水应当采用专用钻机，由专业人员和专职探放水队伍施工。

探放水前应当编制探放水设计，采取防止有害气体危害的安全措施。探放水结束后，应当提交探放水总结报告存档备查。

第三百一十九条　井下安装钻机进行探放水前，应当遵守下列规定：

（一）加强钻孔附近的巷道支护，并在工作面迎头打好坚固的立柱和拦板，严禁空顶、空帮作业。

（二）清理巷道，挖好排水沟。探放水钻孔位于巷道低洼处时，应当配备与探放水量相适应的排水设备。

（三）在打钻地点或者其附近安设专用电话，保证人员撤离通道畅通。

（四）由测量人员依据设计现场标定探放水孔位置，与负责探放水工作的人员共同确定钻孔的方位、倾角、深度和钻孔数量等。

探放水钻孔的布置和超前距离，应当根据水压大小、煤（岩）层厚度和硬度以及安全措施等，在探放水设计中做出具体规定。探放老空积水最小超前水平钻距不得小于 30 m，止水套管长度不得小于 10 m。

第三百二十条 在预计水压大于 0.1 MPa 的地点探放水时，应当预先固结套管，在套管口安装控制闸阀，进行耐压试验。套管长度应当在探放水设计中规定。预先开掘安全躲避硐室，制定避灾路线等安全措施，并使每个作业人员了解和掌握。

第三百二十一条 预计钻孔内水压大于 1.5 MPa 时，应当采用反压和有防喷装置的方法钻进，并制定防止孔口管和煤（岩）壁突然鼓出的措施。

第三百二十二条 在探放水钻进时，发现煤岩松软、片帮、来压或者钻孔中水压、水量突然增大和顶钻等突（透）水征兆时，应当立即停止钻进，但不得拔出钻杆；现场负责人员应当立即向矿井调度室汇报，撤出所有受水威胁区域的人员，采取安全措施，派专业技术人员监测水情并进行分析，妥善处理。

第三百二十三条 探放老空水前，应当首先分析查明老空水体的空间位置、积水范围、积水量和水压等。探放水时，应当撤出探放水点标高以下受水害威胁区域所有人员。放水时，应当监视放水全过程，核对放水量和水压等，直到老空水放完为止，并进行检测验证。

钻探接近老空时，应当安排专职瓦斯检查工或者矿山救护队员在现场值班，随时检查空气成分。如果甲烷或者其他有害气体浓度超过有关规定，应当立即停止钻进，切断电源，撤出人员，并报告矿调度室，及时采取措施进行处理。

第三百二十四条 钻孔放水前，应当估计积水量，并根据矿井排水能力和水仓容量，控制放水流量，防止淹井；放水时，应当有专人监测钻孔出水情况，测定水量和水压，做好记录。如果水量突然变化，应当立即报告矿调度室，分析原因，及时处理。

第三百二十五条 排除井筒和下山的积水及恢复被淹井巷前，应当制定安全措施，防止被水封闭的有毒、有害气体突然涌出。

排水过程中，应当定时观测排水量、水位和观测孔水位，并由矿山救护队随时检查水面上的空气成分，发现有害气体，及时采取措施进行处理。

二、煤矿安全生产标准化的相关要求

(1) 煤矿地质标准化评分表见表 2-2。

表 2-2 煤矿地质标准化评分表

项目	项目内容	基本要求	标准分值	评分方法	得分
一、基础工作(20分)	地质观测与分析	1. 按《煤矿地质工作规定》要求进行地质观测与资料编录； 2. 跟踪地质变化，进行地质分析，及时提供分析成果及相关图件	8	查资料。未开展地质观测、无观测资料不得分；资料无针对性扣 4 分；其他不符合规定 1 处扣 2 分	
	地质勘探	1. 井上下钻探、物探、化探工程应有设计、有成果和总结报告； 2. 按规定开展煤矿地质补充调查与勘探； 3. 按规定针对性地开展综合勘查与分析研究，编制研究报告	6	查现场和资料。无勘探设计、勘探成果或总结报告 1 项扣 3 分；施工结果与设计偏差较大而未采取措施的 1 处扣 3 分；未按规定开展研究缺 1 次扣 2 分，无研究报告缺 1 次扣 1 分	

表 2-2(续)

项目	项目内容	基本要求	标准分值	评分方法	得分
一、基础工作(20分)	致灾因素普查与地质类型划分	1. 按规定查明影响煤矿安全生产的各种隐蔽致灾地质因素; 2. 按“就高不就低”原则划分煤矿地质类型,出现影响煤矿地质类型划分的突水和煤与瓦斯突出等地质条件变化时,在1年内重新进行地质类型划分	6	查资料。矿井隐蔽致灾地质因素普查报告内容不全面,缺1项扣2分;普查方法不当扣1分;未按原则划分煤矿地质类型扣3分;未及时划分煤矿地质类型不得分	
二、基础资料(35分)	地质报告	按规定编制满足不同生产阶段需求的地质报告,按期修编,并按要求审批	10	查资料。建井地质报告、生产地质报告不全,缺1项扣3分;地质报告未按期修编1次扣3分;未按要求审批1次扣2分	
	地质说明书及采后总结	1. 采掘工程设计或施工前,按时提交由总工程师批准的采区地质说明书、采煤工作面地质说明书、掘进工作面地质说明书; 2. 井巷揭煤前,探明煤层厚度、构造、瓦斯地质、水文地质及顶底板岩性等地质条件,编制揭煤地质说明书; 3. 采区和采煤工作面结束后,按规定编制采后总结	10	查资料。说明书、采后总结不全,缺1项扣3分;使用未经批准的地质说明书,或内容严重不符合规定1次扣2分;文字、原始资料、图纸数字与实际不符或自相矛盾或内容不全1处扣1分;采后总结内容不符合规定1处扣1分	

表 2-2(续)

项目	项目内容	基本要求	标准分值	评分方法	得分
二、基础资料(35分)	图纸台账	1. 按《煤矿地质工作规定》要求整理编制必备的地质台账、地质图件等地质基础资料； 2. 地质图件内容符合《煤矿地质测量图技术管理规定》及其补充规定要求，图种齐全，有电子文档； 3. 各项综合分析成果能满足安全生产工作需要	10	查资料。综合分析成果不能满足需要的不得分；综合分析成果与资料内容存在明显漏洞或错误扣5分；图纸图幅不全扣2分，无电子文档扣2分；台账或图纸未及时更新1处扣1分；图例、注记不规范1处扣1分；素描图不全少1处扣3分；台账或图纸要素内容不全1处扣1分；日常用图中采掘工程及地质内容未及时填绘1处扣1分	
	原始记录	1. 有专用原始记录本，分档按时间顺序保存； 2. 记录内容齐全，字迹、草图清楚	5	查资料。专用记录本不全，缺1种扣3分；其他不符合要求1处扣1分	

表 2-2(续)

项目	项目内容	基本要求	标准分值	评分方法	得分
三、预测预报（10分）	地质预报	地质预报内容符合《煤矿地质工作规定》要求，内容齐全，有年报、月报和临时性预报，并以年为单位装订成册，归档保存	10	查资料。预报不全，缺1次扣5分；预报内容不符合规定、预报有疏漏、失误1处扣1分；未经批准1次扣2分。未预报造成工程事故本项不得分	
四、瓦斯预报（15分）	瓦斯地质	1. 编制突出矿井并至少每年更新1次各主采煤层瓦斯地质图，规范填绘瓦斯赋存采掘进度、煤层赋存条件、地质构造、被保护范围等内容，图例符号绘制统一、字体规范； 2. 采掘工作面距未保护区边缘50 m前，编制发放临近未保护区通知单，按规定揭露煤层及断层，探测设计及探测报告及时无误； 3. 根据瓦斯地质图及时进行瓦斯地质预报	15	查资料。瓦斯预报错误造成工程事故或误揭煤层及断层的，不得分；未编制下发临近未保护区通知单的，1次扣2分；未编制揭煤探测设计及探测报告扣5分；其他1项不符合要求扣1分	

表 2-2(续)

项目	项目内容	基本要求	标准分值	评分方法	得分
五、资源回收及储量管理(20分)	储量估算图	有符合《矿山储量动态管理要求》规定的各种图纸,内容符合储量、损失量计算图要求	6	查资料。图种不全,缺1种扣2分;其他1项不符合要求扣1分	
	储量估算成果台账	有符合《矿山储量动态管理要求》规定的储量计算台账和损失量计算台账,种类齐全,填写及时、准确,有电子文档	6	查资料。每种台账至少抽查1本,台账不全、未按规定及时填写或台账无电子文档的,缺1种扣2分;台账内容不全、数据前后矛盾1处扣1分	
	统计管理	1. 储量动态清楚,损失量及构成原因等准确; 2. 储量变动批文、报告完整,按时间顺序编号、合订; 3. 定期分析回采率,能如实反映储量损失情况; 4. 采区、工作面结束后,有损失率分析报告; 5. 每半年进行1次全矿回采率总结; 6. 三年内丢煤通知单完整无缺,按时间顺序编号、合订; 7. 采区、工作面回采率符合要求	8	查资料。回采率达不到要求不得分;未按时编制半年回采率总结,缺1项扣3分;其他1项不符合要求扣2分	

得分合计:

(2) 煤矿测量标准化评分表见表 2-3。

表 2-3 煤矿测量标准化评分表

项目	项目内容	基本要求	标准分值	评分方法	得分
一、基础工作(40分)	控制系统	1. 测量控制系统健全,精度符合《煤矿测量规程》要求; 2. 及时延长井下基本控制导线和采区控制导线	10	查现场和资料。控制点精度不符合要求 1 处扣 1 分;井下控制导线延长不及时 1 处扣 2 分;未按规定敷设相应等级导线或导线精度达不到要求 1 处扣 2 分	
	测量重点	1. 贯通、开掘、放线变更、停掘、停采、过特殊地质异常区、过空间距离小于巷高或巷宽 4 倍的相邻巷道等重点测量工作,执行通知单制度; 2. 通知单按规定审批、提前发送到施工单位、相关部门和人员	10	查资料。未按制度下发通知单 1 次扣 5 分;其他不符合要求 1 处扣 2 分	
	贯通精度	贯通精度满足设计要求,两井贯通和一井内导线距离 3 000 m 以上贯通测量工程应有设计,并按规定审批和总结	8	查现场和资料。未编制贯通测量设计或未经审批、没有总结的,缺 1 项扣 3 分;贯通后重要方向误差超过允许偏差值的 1 处扣 5 分	

表 2-3(续)

项目	项目内容	基本要求	标准分值	评分方法	得分
一、基础工作(40分)	中腰线标定	中腰线标定符合《煤矿测量规程》要求	6	查现场和资料。掘进方向偏差超过限差1处扣3分	
	原始记录及成果台账	1. 导线测量、水准测量、联系测量、井巷施工标定、陀螺定向测量等外业记录本齐全,并分档按时间顺序保存,记录内容齐全,书写工整、无涂改; 2. 测量成果计算资料和台账齐全; 3. 建立测量仪器检校台账,定期进行仪器检校	6	查资料。专用记录本缺1种扣2分;无目录索引、编号1处扣1分;偏差超限1处扣2分;原始记录内容不全,涂改1处扣1分;无测量成果计算资料和标定解算台账扣3分,测量成果计算资料和标定解算台账中数据不全或错误的1处扣2分;其他不符合要求1处扣1分	
二、基本矿图(40分)	测量矿图	有采掘工程平面图、工业广场平面图、井上下对照图、井底车场图、井田区域地形图、保安煤柱图、井筒断面图、主要巷道平面图等《煤矿测量规程》规定的基本矿图	20	查资料。图种不全的,缺1种扣4分	

表 2-3(续)

项目	项目内容	基本要求	标准分值	评分方法	得分
二、基本矿图(40分)	矿图要求	1. 基本矿图采用计算机绘制,内容、精度符合《煤矿测量规程》要求; 2. 图形符号、线条、注记等符合《煤矿地质测量图例》要求; 3. 图面清洁、层次分明,色泽准确适度,文字清晰,并按图例要求的字体进行注记; 4. 采掘工程平面图每月填绘 1 次,井上下对照图每季度填绘 1 次,图面表达和注记无矛盾; 5. 数字化底图至少每季度备份 1 次	20	查资料。图形符号、线条、注记不符合要求 1 种扣 1 分,内容、精度不符合要求 1 处扣 1 分;填绘不及时 1 处扣 2 分;无数字化底图或未按时备份数据扣 2 分;其他不符合要求 1 处扣 1 分	
三、沉陷观测控制(20分)	地表移动	1. 进行地面沉陷观测; 2. 提供符合矿井情况的有关岩移参数	15	查现场和资料。未进行地面沉陷观测扣 10 分;岩移参数提供不符合要求 1 处扣 3 分	
	资料台账	1. 及时填绘采煤沉陷综合治理图; 2. 建立地表塌陷裂缝治理台账、村庄搬迁台账; 3. 绘制矿井范围内受采动影响土地塌陷图表	5	查资料。不符合要求 1 处扣 1 分	
得分合计:					

(3)煤矿防治水标准化评分表见表2-4。

表2-4 煤矿防治水标准化评分表

项目	项目内容	基本要求	标准分值	评分方法	得分
一、水文地质基础工作(45分)	基础工作	1. 按《煤矿防治水细则》要求进行水文地质观测； 2. 开展水文地质类型划分工作，发生较大及以上水害事故或者因突水造成采掘区域或矿井被淹的，恢复生产前应重新确定； 3. 对井田范围内及周边矿井采空区位置和积水情况进行调查分析并做好记录，制定相应的安全技术措施，对受老空水影响的煤层按规定划分可采区、缓采区、禁采区； 4. 按照《煤矿防治水细则》要求进行矿井水文地质补充勘探，有可靠的安全技术措施，按规定编制补充勘探设计，有补充勘探报告和相关成果，由企业总工程师对设计进行审批、对报告和成果组织评审； 5. 按《煤矿防治水细则》要求建立健全水害防治技术管理制度、水害隐患排查治理制度、探放水制度、重大水患停产撤人制度	15	查现场和资料。水文地质观测不符合规定1处扣2分；未及时划分水文地质类型扣5分；积水区未按要求标识1处扣2分；未制定措施或未按要求划分区域扣5分；未按要求补充勘探1项扣10分；无补勘设计和勘探成果未按规定审批或未组织评审1项扣10分；施工结果与设计偏差较大而未采取措施1处扣5分；设计内容不全1处扣1分，施工工程质量未达到设计目的1次扣2分；成果或总结内容不全1处扣0.5分；制度缺1项扣3分，不完善1处扣1分；其他不符合要求1处扣1分	

表 2-4(续)

项目	项目内容	基本要求	标准分值	评分方法	得分
一、水文地质基础工作(45分)	基础资料	1. 有井上、下和不同观测内容的专用原始记录本,记录规范,保存完好; 2. 按《煤矿防治水细则》要求编制矿井水文地质类型划分报告、水文地质补充勘探报告,按规定修编、审批; 3. 建立防治水电子基础台账,并至少每半年修正1次	10	查资料。专用原始记录本不全缺1种扣2分,记录不全缺1处扣1分;报告缺1种或未按规定审批扣4分;台账缺1种扣2分,内容不全1处扣1分;其他不符合要求1处扣1分	
	水文图纸	1. 绘制矿井综合水文地质图、矿井综合水文地质柱状图、矿井水文地质剖面图、矿井充水性图、矿井涌水量与各种相关因素动态曲线图等水文图件,图种齐全有电子文档,内容全面、准确; 2. 在采掘工程平面图和矿井充水性图上标绘出井巷出水点的位置及涌水量,积水的井巷及采空区范围底板标高、积水量和水患异常区;标明井田范围内及周边采空区的积水范围、积水量、积水标高、积水线、探水线、警戒线	10	查资料。图纸缺1种扣3分,图纸电子文档缺1种扣2分;图种内容有矛盾的1处扣1分;未按规定标注或标定有误1处扣1分	

表 2-4(续)

项目	项目内容	基本要求	标准分值	评分方法	得分
一、水文地质基础工作(45分)	水害预报	1. 年报、月报、临时预报应包含突水危险性评价和水害处理意见等内容,预报内容齐全、下达及时。 2. 在水害威胁区域掘进前,应查清水文地质条件,提出水文地质情况分析报告和水害防治措施,由煤矿总工程师组织生产、安全、地测等有关部门审批。 3. 工作面回采前,应提出专门水文地质情况评价报告和水害隐患治理情况分析报告,经煤矿总工程师组织生产、安全、地测等有关部门审批;发现断层、裂隙或者陷落柱等构造充水的,应当采取注浆加固或者留设防隔水煤(岩)柱等安全措施。 4. 年初编制年度水害分析预测表及水害预测图。 5. 编制矿井中长期防治水规划及年度防治水计划,并组织实施	10	查资料。因预报失误造成事故不得分;缺预报或预报不能指导生产1次扣2分;图表不符、描述不准确1处扣1分;预报下发不及时1次扣2分;审批、接收手续不齐全1次扣1分;突水危险性评价缺1次扣3分;未按规定审批1次扣2分;发现充水构造未采取安全措施1处扣5分;无年度水害分析图表扣2分;无中长期防治水规划或年度防治水计划扣3分,未组织实施扣5分;其他不符合要求1处扣1分	

表 2-4(续)

项目	项目内容	基本要求	标准分值	评分方法	得分
二、防治水工程(50分)	防排水系统建立	1. 矿井、采区、工作面防排水系统健全完善,能力满足相关规定要求; 2. 建立地下水动态监测系统,受底板承压水威胁的水文地质类型复杂、极复杂矿井,还应建立突水监测预警系统	10	查现场和资料。防排水系统达不到规定要求不得分;未按规定建立监测系统不得分,1个系统运行不正常扣5分	
	技术要求	1. 井上、下各项防治水工程按照《煤矿防治水细则》要求编制设计方案和施工安全技术措施,并按程序审批;工程结束提交验收报告及总结报告。 2. 按规定编制探放水设计与专项措施;井下探放水执行“三专两探一撤”的要求。 3. 探放水工程有包含单孔设计的专项设计。 4. 对井田内井下和地面的所有水文钻孔每半年进行1次全面排查,记录详细。 5. 按规定落实地面防治水与井下防水工程要求;防水煤柱留设按规定程序审批;防水闸门与防水闸墙按要求设计、施工、竣工验收。 6. 制定并严格执行雨季“三防”措施、水害应急专项预案和现场处置方案	15	查现场和资料。各类防治水工程设计及措施不完善扣5分,未经审批扣3分;验收、总结报告内容不全1处扣1分;未执行“三专两探一撤”的要求扣10分;单孔设计未达到要求扣3分;定期排查分析记录缺1次扣2分;防水煤柱未按规定程序审批扣3分;未执行雨季“三防”措施扣2分;其他不符合要求1处扣1分	

表 2-4(续)

项目	项目内容	基本要求	标准分值	评分方法	得分
二、防治水工程(50分)	工程质量	防治水工程质量均符合设计要求	15	查现场和资料。工程质量未达到设计标准1次扣5分;探放水施工不符合规定1处扣5分;超前探查钻孔不符合设计1处扣2分	
	疏干带压开采	用物探和钻探等手段查明疏干、带压开采工作面隐伏构造、构造破碎带及其含(导)水情况,制定防治水措施	5	查现场和资料。没有查明疏干、带压开采存在地质构造的不得分;其他不符合要求1项扣1分	
	辅助工程	1. 积水能够及时排出; 2. 按规定及时清理水仓、水沟,保证排水畅通	5	查现场。排积水不及时,影响生产扣4分;未及时清理水仓、水沟扣1分	
三、水害预报(5分)	水害预警	对断层水、煤层顶底板水、陷落柱水、地表水等威胁矿井生产的各种水害进行检测、诊断,发现异常及时预警预控	5	查现场和资料。未进行水害检测、诊断或异常情况未及时预警不得分	

得分合计:

模块二 地质测量作业安全操作技能

安全操作技能一 水文作业(制浆)岗位“双述”示例

学习目标

了解水文作业(制浆)岗位“双述”示例。

安全操作技能相关知识

一、岗位描述

我叫×××,是×队职工,经过专业技术培训,考试合格,取得操作资格证,持证上岗。

1. 设备与环境描述

我现在所在的位置为×注浆站。本站于×年投入使用,主要担负×矿×采区的制浆任务,采用自动控制注浆系统配合监控系统完成全自动运行,使用 BD-TQ 可移动式在线密度计、BDLDG50F 电磁流量计、BDRD701 物位计、DYYL-WW-05AB 水泥液位计、DY-WQ12 压力变送器等仪器实现对浆液比重、流量、水泥存量、浆液存量、注浆压力等数据的在线监测。

注浆站现有 2 个×吨水泥储存罐、2 台 WZ-20 涡流制浆机、2 台 NBB-260/7 泥浆泵,利用 YVP225M-4 变频电机提供动力,使用 BZK-3 注浆控制系统整体调控。

2. 岗位风险和安全确认

(1) 检查泵的安装是否正确,各连接紧固件是否牢固、可靠。

(2) 检查压力表是否灵活可靠。

(3) 检查安全阀、卡销是否牢固。

(4) 检查注浆泵对轮护罩、螺丝是否紧固，盘动胶带的胀紧度是否合适。

(5) 检查挡位手把是否放在空挡位置。

(6) 检查吸入通道是否畅通，有无漏气、堵塞现象。

经安全确认，无隐患，可以施工。（经安全确认，注浆泵有×隐患，正在处理）

3. 操作程序

现场交接班→排查安全状况→施工准备→将吸浆管和水龙头放在合适位置→打开电脑→启动射流泵、注浆泵排空气→填写钻孔孔号、出水深度等数据→启动拌浆池内搅拌机、铰刀、给料机等设备→启动注浆泵、按下离合器按钮，将手把扳到合适的位置→刷拌浆池、压清水→关闭设备清理现场。

4. 避灾路线

(1) 避水灾路线：作业地点→沿途大巷→上井。

(2) 避火灾路线：作业地点→沿途大巷→上井。

二、手指口述

1. 班前安全确认

(1) 检查周围环境

手指口述：防尘设施安装可靠，个人防护用品佩戴齐全，确认完毕。（眼看、手指注浆站）

(2) 检查注浆泵等设备

手指口述：注浆泵等设备正常，摆放稳定，防护措施到位，确认完毕。（眼看、手指注浆泵等设备）

(3) 检查注浆管路

手指口述：注浆管路连接可靠，无堵塞情况，确认完毕。（眼看、手指注浆管路）

2. 班中安全确认

(1) 开启电脑检测设备情况

手指口述：设备自检完成，安全可靠，确认完毕。（眼看、手指电脑）

（2）开启注浆泵，检查设备运转情况

手指口述：注浆泵等设备运转无异常，确认完毕。（眼看、手指注浆泵等设备）

（3）检查管路输送及压力是否正常

手指口述：管路内空气排净，压力满足注浆要求，确认完毕。（眼看、手指注浆管路）

（4）注浆期间浆液比重及管路压力是否正常

手指口述：浆液比重符合要求，管路压力正常，确认完毕。（眼看、手指拌浆池及压力表）

（5）检查管路冲洗情况

手指口述：管路内残余浆液冲洗完毕，冲洗时间满足要求，确认完毕。（眼看、手指注浆管路）

3. 班后安全确认

（1）关闭注浆泵、搅拌机等设备

手指口述：注浆泵、搅拌机等设备已关闭，确认完毕。（眼看、手指注浆泵、搅拌机）

（2）移除注浆管路、关闭电源

手指口述：注浆管路已移除并放回原处，电源已关闭，确认完毕。（眼看、手指注浆管路）

（3）整理现场及设备卫生

手指口述：现场水泥尘清理，设备清洗、涂油完成，确认完毕。（眼看、手指地面及设备）

安全操作技能二　本岗位安全技术操作规程

学习目标

1. 掌握地质作业安全技术操作规程。

2. 掌握测量作业安全技术操作规程。

3. 掌握水文作业安全技术操作规程。

4. 掌握储量作业安全技术操作规程。

安全操作技能相关知识

一、地质作业安全技术操作规程

（1）能对矿层（体）、岩层、构造进行观测和描述，并能正确判断标志层。

（2）能根据要求采集岩石标本、矿样及水样。

（3）能独立进行水量、水位观测。

（4）能正确使用常规的地质及水文地质仪器、仪表。

（5）能独立探测煤（矿）层厚度。

（6）能编制掘进、回采地质说明书，并能为勘探工程设计提供有关地质资料。

（7）能独立进行井巷地质及水文地质调查、编录、素描，并能编绘工作用图。

（8）能用计算机绘制各种矿图。

（9）能发现影响矿山生产的简单的地质及水文地质问题。

（10）能填绘矿山地质、水文地质台账和卡片。

（11）能协助技术人员编制矿井地质报告。

（12）能配合技术人员进行矿井地球物理勘探工作。

（13）能进行地质预测预报和月度地质预报验证分析工作。

二、测量作业安全技术操作规程

（1）熟悉《煤矿安全规程》和《煤矿测量规程》，取得地质测量作业安全培训合格证明，方可上岗。

（2）必须掌握测量工作的一般安全知识和专业知识，熟悉测量仪器性能，掌握其操作方法，熟悉测绘资料整理、计算及图纸填绘等工作。

（3）遵守《煤矿安全规程》，严格按照《测绘法》《煤矿测量规程》中各项技术要求进行测量资料的收集、汇总工作。

（4）应根据工程精度要求确定施测等级，各项观测限差均应符合《煤矿测量规程》的规定和要求。

(5) 不得在测量原始记录、资料计算、汇总、图纸填绘等工作中弄虚作假。

(6) 测量人员应以施工设计、规程、任务通知单为依据,没有施工设计或任务通知单,或与设计或规程要求相违背的,有权拒绝作业。

(7) 各种仪器应按规定操作,用力要轻,制动螺丝不要拧得太紧,微动螺丝的旋转速度要均匀。

(8) 作业前,必须明确工作地点、工作任务,备齐必需的仪器、工具、材料等。

(9) 能正确使用经纬仪、水准仪、全站仪和陀螺仪等观测。

(10) 掌握平面控制测量、边长丈量、高程控制测量、水准测量、三角高程测量、碎部测量技能。

(11) 掌握井下中腰线标定和巷道贯通管理技能。

(12) 掌握各种观测记录、资料计算及整理技能。

(13) 根据内业计算结果及时填绘采掘工程平面图。

三、水文作业安全技术操作规程

(1) 掌握《煤矿防治水细则》《煤矿安全规程》《安全生产法》《煤矿安全生产标准化管理体系基本要求及评分方法(试行)》中相关的水文条款。

(2) 掌握矿井水害防灾和避灾知识。

(3) 能独立进行水量、水位观测。

(4) 会收集水文地质资料,会建立台账、填图,会更新矿井水文地质图纸和水文地质台账。

(5) 能独立观测矿井水文地质钻孔水压、矿井涌水量、降雨量等水文地质参数,会绘制矿井涌水量相关曲线图。

(6) 在矿井突发异常时,能收集现场资料,采取水样,送有关单位检验。

(7) 发现水文地质异常信息应第一时间向有关领导汇报,并会建立水文异常信息台账。

(8) 能用计算机绘制各种矿图。

(9) 能协助水文地质工程师做好井下探放水、疏水降压、注浆堵水、放水试验等业务工作。

（10）能填绘水文台账和卡片。

（11）能协助技术人员编制矿井地质报告。

（12）能配合技术人员进行矿井地球物理勘探工作。

（13）能进行水文预测预报和月度水文预报验证分析工作。

四、储量作业安全技术操作规程

（1）对各采煤工作面定期进行煤炭资源的监督、检查，对出现资源浪费及没有按要求进行回采的，及时下发整改通知单，并对有关单位及相关责任人进行处罚。

（2）负责编制月度损失量报表、季度“三量”报表，分析“三量”动态变化。

矿井应当定期计算、分析矿井“三量”，确保矿井灾害治理和采掘平衡，通过绘制和填报相应的图、表、台账及文字说明，及时掌握和分析生产准备程度与采掘关系；至少每季度形成期末“三量”动态报表，并根据采掘接续变化，定期（每年不得少于 1 次）对“三量”的动态变化进行统计和分析，形成分析报告，编制或修订不少于 24 个月的采掘工作面接续图表，计算出最短的“三量”可采期。

（3）协助地质分管科长对井下地质条件复杂开采区域资料进行核对，以及对储量报损、注销、地质及水文地质损失、转入、转出的上报、审批工作。

（4）协助分管科长完成储量年度检测编制工作，配合相关部门做好年检工作。

模块三　地质测量作业典型事故案例

学习目标

1. 了解地质测量作业典型事故案例。

2. 增强职工安全意识和提高安全操作技能，吸取事故教训，防止同类事故发生。

安全操作技能相关知识

案例一　矿井掘进工作面透水事故

1. 事故经过

20××年11月12日，×公司一矿12191下顺槽掘进工作面发生一起透水事故，突水量约5 000 m^3，造成两人下落不明。发生事故的12191下顺槽掘进工作面于11月7日掘进70 m后，因工作面前方14 m探水孔出水停掘，经矿井分析确定为老空积水。11月12日22时左右，因工作面出水量突然变大无法控制造成透水，致使−50 m泵房及部分巷道被淹，一名安全检查员和一名司泵工下落不明。

2. 原因分析

(1) 探放水钻孔水平钻距不符合《煤矿防治水细则》要求，造成老空水冲垮煤壁，发生透水事故。

(2) 掘进工作面探放水期间套管下入长度不够，造成煤墙帮漏水，水量无法得到控制。

3. 防范措施

(1) 将相邻地段的采掘、积水及防水警戒线等及时填绘在矿井充水性图、采掘工程平面图等图纸上。

(2) 探放老空水设计，应根据水压、煤(岩)层厚度和强度及安全措施等情况确定，但最小水平钻距不得小于 30 m；到达探水线后，停止掘进，进行探放水，直至积水探放完毕方可继续掘进。

(3) 探放水期间，地测科每两天至少有 1 人到现场查看放水情况，并详细记录。发现钻孔水量减小时应及时分析原因，安排处理，准确判断积水区水头高度；发现有煤层潮湿、渗水、受压变形、蠕变移动等透水征兆时，要立即停止作业，撤出受水害威胁的所有人员。

(4) 施工区队跟班队长现场进行监督管理，要求探放水工必须严格执行套管下入长度的规定。

(5) 防治水专检人员应监督检查探放水工是否按设计长度下入套管。

案例二　矿井突水 8 人遇险获救事故

1. 事故经过

2010 年 3 月 1 日 7:30，×煤矿 9# 煤工作面的杨某等 16 名工人下班走到停车场时，发现停车场水深约 30 cm，且不到 1 min 时间水位就上涨到 1 m(后来估算本次事故涌水量起初时最大达 7.2×10^4 m^3/h)。发现异常后，他们立即撤回作业面并向调度室汇报了情况。在调度室指挥下，杨某等人顺着回风巷道往立井方向跑，但到了立井发现并无可供攀爬的设施。这时一个大浪袭来，8 名工人顿时没了身影，剩下 8 名工人抓住木板等物漂浮，在水中坚持了 4 h 后才获救。

2. 原因分析

16# 煤回风大巷掘进工作面遇煤层下方隐伏陷落柱，在承压水和采动应力作用下，承压水突破隔水带形成导水通道，导致奥灰水从煤层底板涌出，是造成此次事故的主要原因。

3. 防范措施

(1) 煤矿企业和煤矿建设施工单位要认真贯彻《煤矿防治水细则》，要采用适合本矿井的物探、钻探等手段，查明矿井范围内的隐伏导水构造及地下含水层基本情况，准确掌握矿井水患情况。对受采掘影响的隐伏导水构造要及时处理，采取有效的防治措施。采掘工作面物探不能代替钻探；存在异常情况，必须进行打钻探放水。发现有透水预兆时，必须立即撤出受威胁区域的所有人员。

(2) 全面提升煤矿安全保障能力。要根据矿井主要水害类型和可能发生的水害事故，制定水害应急救援预案和现场处置方案，储备足够的抢险排水设备和材料，并每年进行 1 次救灾演练。

(3) 煤矿企业要定期对从业人员进行安全教育培训，让职工了解矿井存在的水害威胁类型及发生水害事故时的应急处置方式，提高职工的安全意识，增强职工的自保和互保能力。

案例三　某矿 1101 上巷专用回风巷用错测点导致巷道掘偏事故

1. 事故经过

2009 年 3 月 8 日早班，某矿施工区队技术人员反映 1101 上巷已掘至 1101 上巷专用回风巷开口位置，要求地测科安排人员对 1101 上巷专用回风巷进行开口放线。地测科立即安排李某、张某、刘某三个人去开口放线。到了现场后，张某观测仪器，并协助打前视；李某负责记录；刘某打后视、前视。根据设计图在现场做了一个导线点、木桩点，靠右帮，距迎头 1.5 m，做完点后发现该点放不上线，于是在距下帮 0.5 m、距迎头 1 m 处重新做导线点 1101H_0，将第一次做的木桩点的线绳拽掉，并向现场人员交代该点不能再用。而后在 1101H_0 架仪器，后视开口点 701G_0，按设计的两巷夹角 46°(方位 10°32′12″)，给出了一个偏中线点(木桩点)，给出的两个点均为固定点。现场没有验收员和技术人员，区队跟班队长赵某参与了给线的整个过程，并在现场协助放线，给完线以后交代作业人员待中午升井资料算完后，再按计算出的正确的偏中线进行施工。升井后通过计算和对算，确定走下帮 300 mm 的偏中线，随后将给线情况告诉了掘进三队队长及技术队长。3 月 11 日早班，区队反映巷道向前施工了 9 m 左右，剩余 5.5 m，打探眼 6 m 没有探透。地测科重新安排人员对巷道的施工情况进行了实测，发现施工单位错将上帮最初做的废点当成中线点，把废点和 1101H_0 当成一组中线进行施工，造成巷道掘偏。此时巷道已掘至 1101H_0 点前

14.5 m，净进尺 11 m，巷道施工方向比设计值小了 31°17′30″，通过计算发现迎头距离正确的透点位置为 7.6 m ，造成该巷道未能按设计要求与回风巷贯通。

2. 原因分析

(1) 施工区队于 2009 年 3 月 8 日早班地测科放线时，没有安排技术人员和验收员在现场，导致技术人员和验收员对现场中线情况不了解。

(2) 地测科在现场放线时没有将废弃的测点处理掉，现场留有隐患。

(3) 施工区队验收员现场使用中线时没有校核，一组中线三个点，仅用两个中线点进行开口施工。

(4) 现场区队跟班队长赵某安全意识淡薄，对测量工作不重视，没有向队和下一班交接现场中线使用注意事项。

(5) 地测科在升井后没有下发正规的给线通知单，仅口头通知区队，思想上不重视。

3. 防范措施

(1) 规范地测科放线的工艺及程序，区队提前申请放线，技术员必须掌握现场情况，确保能满足放线条件，再由地测科进行开口放线。

(2) 地测科现场放线时，区队必须保证现场有技术人员或验收员在场。放线后，必须给施工区队下发给线通知单，通知单详细记录中线点个数和中线点之间的距离。

(3) 地测科现场放设的中线点必须用喷漆标注清晰，标注统一，便于查找，废弃的导线点应处理彻底。

第三部分　机械维修作业

机械维修作业安全技术基础知识
机械维修作业安全操作技能
机械维修作业典型事故案例

模块一　机械维修作业安全技术基础知识

安全技术基础知识一　专业技术基础知识

学习目标

1. 熟悉金属材料的性能。
2. 熟悉钳工常用量具、工具及使用方法。
3. 熟悉识图基本知识。
4. 熟悉常用机械知识。
5. 熟悉机械传动知识。
6. 熟悉装配知识。
7. 熟悉液压技术基础知识。
8. 熟悉以下专业知识：

(1) 提升机机械维修作业专业知识；
(2) 空压机机械维修作业专业知识；
(3) 主排水机械维修作业专业知识；
(4) 带式输送机机械维修作业专业知识。

安全技术基础知识相关知识

一、金属材料的性能

金属材料的性能包括物理性能、化学性能、力学性能和工艺性能等。

(一) 金属材料的物理性能

金属材料的物理性能是指金属固有的属性，包括密度、导热性、导电性、热膨胀性、磁性和耐磨性等。

(1) 密度。某种物质单位体积的质量称为物质的密度。金属的密度即金属单位体积的质量。

(2) 导热性。金属材料传导热量的性能称为导热性。导热性的好坏通常用热导率来衡量。热导率符号是 A。热导率越大,金属的导热性越好。金属的导热能力以银为最好,铜、铝次之。

(3) 导电性。金属材料传导电流的性能称为导电性。衡量金属材料导电性的指标是电阻率 ρ,ρ 越小,金属导电性越好。金属材料的导电能力以银为最好,铜、铝次之。合金的导电性比纯金属差。

(4) 热膨胀性。金属材料随着温度变化而膨胀、收缩的特性称为热膨胀性。一般来说,金属受热时膨胀而体积增大,冷却时收缩而体积减小。衡量热膨胀性的指标称为热膨胀系数。

(5) 磁性。金属材料在磁场中受到磁化的性能称为磁性。其特征是能被磁铁吸引。根据金属材料在磁场中受到磁化的程度不同,可分为铁磁性材料(如铁、钴等)、顺磁性材料(如锰、铬等)、抗磁性材料(如铜、锌等)。常用的磁性材料有铁、镍和钴等。

(6) 耐磨性。金属材料在工作过程中承受磨损的耐久程度称为耐磨性。耐磨性直接影响零件的使用寿命。材料的耐磨性与其硬度、表面粗糙度、摩擦系数、运动速度等有关。

(二) 金属材料的化学性能

金属材料在室温或高温下,抵抗介质对其化学侵蚀的能力,称为金属材料的化学性能。金属材料的化学性能一般包括耐腐蚀性、抗氧化性和热稳定性等。

(三) 金属材料的力学性能

金属材料的力学性能又称机械性能,是指金属在外力作用时表现出来的工作性能。力学性能包括强度、塑性、硬度、韧性及疲劳强度等。

(四) 金属材料的工艺性能

金属材料的工艺性能是指金属材料对不同加工工艺方法的适应能力。它包括铸造性能、可锻性能、焊接性能和切削加工性能等。

二、钳工常用量具、工具及使用方法

（一）游标卡尺的使用方法

1. 读数方法

以刻度值 0.02 mm 的精密游标卡尺为例，读数方法可分为以下 3 步：

（1）根据副尺零线以左的主尺上的最近刻度读出整毫米数。

（2）根据副尺零线以右与主尺上的刻度对准的刻线数乘上 0.02 读出小数。

（3）将上面整数和小数两部分加起来，即为总尺寸。

如图 3-1 所示，横线以上是主尺，横线以下是副尺。副尺 0 线所对主尺前面的刻度为 64 mm，副尺 0 线后的第 9 条线与主尺的一条刻线对齐。副尺 0 线后的第 9 条线表示：

$$0.02\times9=0.18\ (\text{mm})$$

所以被测工件的尺寸为：$64+0.18=64.18\ (\text{mm})$

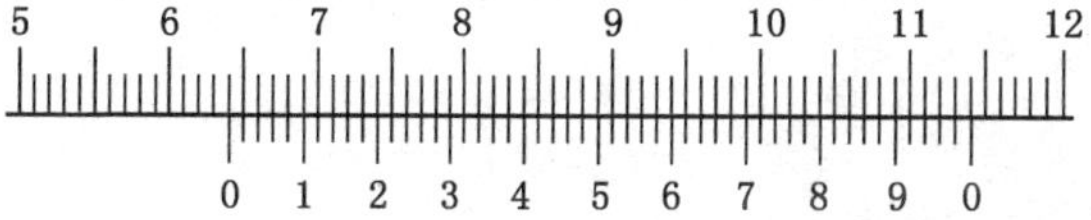

图 3-1　0.02 mm 游标卡尺的读数方法

2. 使用方法

（1）测量前应将游标卡尺擦干净；量爪贴合后，游标的零线应和尺身的零线对齐。

（2）测量时，所用的测力应使两量爪刚好接触零件表面为宜。

（3）测量时，防止卡尺歪斜。

（4）在游标卡尺上读数时，避免视线误差。

（二）内径千分尺

内径千分尺是用来测量内径尺寸的，有普通内径千分尺（图 3-2）和杠杆内径千分尺（图 3-3）两种。

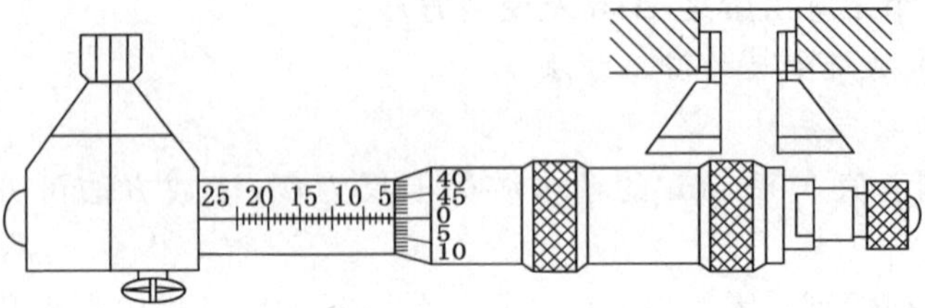

图 3-2　普通内径千分尺

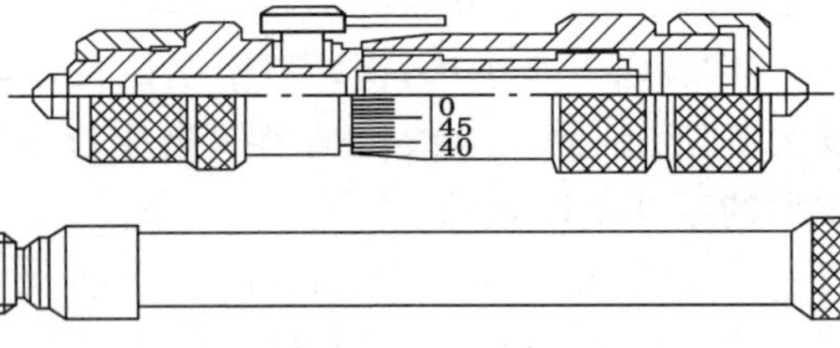

图 3-3　杠杆内径千分尺

1. 读数方法

读取千分尺的数据可分为以下 3 步：

(1) 读出微分筒边缘在固定套管主尺的毫米数和半毫米数。

(2) 看微分筒上哪一格与固定套管基准线对齐，并读出不足半毫米的数。

(3) 把两个读数加起来就是测量的实际尺寸。

2. 使用方法

(1) 测量前，转动千分尺的测力装置，使两测量面靠合，并检查是否密合；同时看微分筒与固定套筒的零线是否对齐，如有偏差应调整固定套筒对零。

(2) 测量时，用手转动测力装置、控制测力，不允许用冲力转动微分筒。千分尺测螺旋杆轴线应与零件表面贴合垂直。

(3) 读数时，最好不取下千分尺进行读数。如果需要取下读数，应先锁紧微螺杆；然后，轻轻取下千分尺，防止尺寸变动；读数时要看清刻度，不要错读。

(三) 锯削

用锯切割材料或在工件上锯出沟槽的方法叫锯削。

1. 锯条的种类

按锯齿的齿距大小，锯条可分为粗齿锯条、中齿锯条和细齿锯条 3 种。锯齿的粗细是按锯条上每 25 mm 长度内齿数表示的。14～18 齿的为粗齿，24 齿的为中齿，32 齿的为细齿。锯齿的粗细也可按齿距 t 的大小来划分：粗齿的齿距 t 为1.4～1.8 mm，中齿的齿距 t 为1.0～1.2 mm，细齿的齿距 t 为 0.8 mm。

2. 锯削方法

(1) 安装锯条。锯削时向前推锯可以锯切，所以安装锯条时，锯齿尖应向前。另外，锯条不宜拉得过紧和过松，过紧容易使锯条崩断，过松锯出的锯缝容易歪斜。一般用两个手指的力将调整螺母旋紧为止。

(2) 工件安装。工件伸出钳口不能过长，以免锯削时产生振动。锯线应和钳口边缘平行，并夹在台虎钳左边以便于操作。工件应夹紧，但要防止变形和夹坏已加工表面。

(3) 手锯的握法。一般右手握住锯柄，左手轻扶锯弓架的前端。

(4) 起锯。起锯时，锯条应与零件表面稍倾斜一个角度(约 10°～15°)，不宜太大，以防崩齿；另外，起锯时为防止锯条横向滑动，可以用拇指抵住锯条一侧，起锯时可以快速往复推锯，当锯出一个小的锯缝时，左手离开锯条，轻轻按住锯弓前端进行锯削。

(5) 锯削时施力情况。锯削时，锯弓做往复直线运动，不应出现摇摆现象，防止锯条断裂。向前推锯时，两手要均匀施加压力，实现切削作用；返回时，锯条要轻轻滑过加工表面，则两手不施加压力。锯削时，往复运动不宜过快，为 40～50 次/min，并应使锯条全长的 2/3 部分参与锯切工作，以防锯条局部磨损，损坏锯条。另外，在锯削时，为了润滑和散热，适当加些润滑剂，如钢件用机油、铝件用水等。

(四) 锉削

利用锉刀将零件锉去一层很薄的金属，使零件的几何形状、尺寸表面粗糙度均符合图纸的要求，这种操作方法叫锉削。它可以加工零件的内外表面、沟槽、曲面,以及各种复杂的表面。

1. 锉刀的结构与种类

锉刀由锉面、锉边、锉柄(装手柄)组成。钳工锉的规格以工作部分的长度表示,分为 100 mm、150 mm、200 mm、250 mm、300 mm、350 mm、400 mm 等 7 种。

锉刀由优质碳素工具钢 T12、T13 或 T12A、T13A 制成,经热处理后切削硬度达 62～72 HRC。它由锉身和锉柄两部分组成。锉刀有大量的锉齿,按锉齿的排列方向分为单齿纹和双齿纹两种。单齿纹的强度弱,适用于锉软材料;双齿纹强度高,适用于锉硬材料。

锉刀的分类方法很多,按齿纹齿距大小可分为粗齿锉、中齿锉、细齿锉和油光锉等。按用途不同可分为普通锉、特种锉和整形锉(什锦锉)等。

2. 锉刀的规格

锉刀的尺寸规格和锉纹的粗细规格划分如下。

(1) 锉刀的尺寸规格。圆锉是用其断面的直径表示的,方锉使用其边长表示,其他锉刀以锉刀的锉身长度表示。常用的有 100 mm、150 mm、200 mm、250 mm 和 300 mm 等几种。

(2) 锉刀的粗细规格,是以锉刀每 10 mm 轴向长度内主锉纹的条数表示的。主锉纹是指锉刀上起主要切削作用的齿纹;另一个方向的起分屑作用的齿纹称辅助齿纹。

3. 锉刀的选用

锉刀的选用包括选取锉刀的粗细齿和锉刀的大小及形状。锉刀粗细齿的选择,取决于加工工件余量的大小、加工精度的高低和工件材料的性能。一般粗齿锉刀用于加工余量在 0.5～1 mm 精度和粗糙度要求低的软金属工件;细齿锉刀用于加工余量小、精度和表面粗糙度要求高的硬材料工件。

锉刀的尺寸和形状的选用取决于加工工件的大小及加工面的形状。

4. 锉削步骤

(1) 锉刀握法。使用大的平锉时,应右手握锉刀手柄,左手压在锉刀的另一端，保持锉刀水平；使用中型平锉时，因用力较小，用左手的大拇指和食指捏着锉刀的前端，引导锉刀水平移动；使用小锉刀时，用右手握住即可。

(2) 施力情况。刚开始往前推锉刀时，即开始位置，左手压力大，右手压力小。推进中两力应逐渐变化，至中间位置时两力相等，再往前锉时右手压力逐渐增大，左手压力逐渐减小。这样使左右手的力矩平衡，使锉刀保持水平运动。否则，开始阶段锉柄下偏，后半段时前段下偏，会形成前后低而中间凸起的表面。

(3) 锉削平面的方法：

第一种，顺向锉法，锉刀与工件垂直锉削，用于锉平或锉光。

第二种，交叉锉法，锉刀与工件成30°～45°角，交替变换，多用于粗加工。

第三种，推锉法，余量小时使用，或用于修光。尤其适用于加工较窄的表面，以及顺向锉法锉刀前进受到阻碍的情况。

（五）钳台和装拆工作台

钳台也叫钳工案子，用于安装虎钳，放置工具和工件。钳台用木料制成，大都在下部还附有存放工具等的小抽屉或小柜。钳台的高度约为800～900 mm，面板厚70～80 mm，宽和长随需要而定。钳台上虎钳的前方设有安全网。在台上放置的任何物体不许伸出台边以外。左手用的工具放在虎钳的左边，右手用的放在右边，并且放置的位置要固定，尽量做到伸手到位即可取得。装拆工作台不装虎钳，一般不设抽屉和小柜，用于中、小部件的装、拆。装、拆工作台可采用钢结构，但上面要垫以橡胶板。

（六）虎钳

虎钳装在钳台上，用来夹持工件，有固定式和回转式两种。当顺(或逆)时针方向转动手柄时，可带动螺杆，使活动钳身向固定钳身靠近(或离开)，通过钳口将工件夹紧(或放松)。钳口用沉头螺钉固定。工作表面开有交叉的浅槽，以防止工件滑动。

回转式虎钳的底座用螺栓紧固在钳台上。当逆时针方向转动手柄将紧定螺钉松开后，转盘以上的部件可用手扳动在底座上回转。

（七）砂轮机

砂轮机有多种类型。砂轮机的主要组成部分有：机座、控制按钮、支持工件的托架、装在同一根传动轴两端的两个砂轮（通常一个粒度较粗、一个较细）、保护罩、外罩，以及装在机座内部、经三角带传动砂轮轴的电动机。打开机座上的盖板，可以调节三角带的松紧程度。

砂轮的质地很脆，开裂的砂轮转动或转动中的砂轮碎裂都可能造成严重的危害。所以，安装和使用砂轮时的首要问题就是确保安全，防止对人员造成伤害。

（八）台式钻床

1. 钻床分类

钻床分为台式钻床、立式钻床、卧式钻床、摇臂钻床、单轴钻床、多轴钻床、固定钻床、移动钻床、磁座钻床、滑道钻床、半自动钻床、数控钻床、深孔钻床、龙门数控钻床、组合钻床、钻铣床等。钻床的用途非常广泛，下面以台式钻床为例加以说明。

2. 台式钻床的用途

台式钻床简称台钻，是一种体积小巧、操作简便，通常安装在专用工作台上使用的小型孔加工机床。主要是作中小型零件钻孔、扩孔、绞孔、攻螺纹、刮平面等技工车间和机床修配车间使用；钻孔直径一般在13 mm以下，最大不超过16 mm。

3. 台式钻床工作原理

其工作原理是由电机做动力输出，通过塔式皮带轮，经过变速将动力传递给主轴。主轴最外面的是不会旋转的、只做直线运动的套筒，上面有齿条结构和齿轮配合组成纵向进给机构，主轴装在这个套筒里面。主轴能在套筒里面自由旋转，套筒的上下移动会带动主轴的上下移动，最里面的是一个比较长的滑移花键。主轴能在花键上自由上下移动，但要和花键一起旋转。花键的上端固定了一个空心塔式皮带轮，通过花键传递给主轴钻头。

三、识图基本知识

机械图纸中最常用的是正投影三视图，由主视图、俯视图和左视图组成。

1. 三视图

首先，将垫块由前向后向正立投影面（简称正面，用 V 表示）投射，在正面上得到一个视图，称为主视图[图 3-4(a)]；然后，再加一个与正面垂直的水平投影面（简称水平面，用 H 表示），并由垫块的上方向下投射，在水平面上得到第二个视图，称为俯视图[图 3-4(b)]；再加一个与正面和水平面均垂直的侧立投影面（简称侧面，用 W 表示），从垫块的左方向右投射，在侧面上得到第三个视图，称为左视图[图 3-4(c)]。显然垫块的三个视图从三个不同方向反映了垫块的形状。

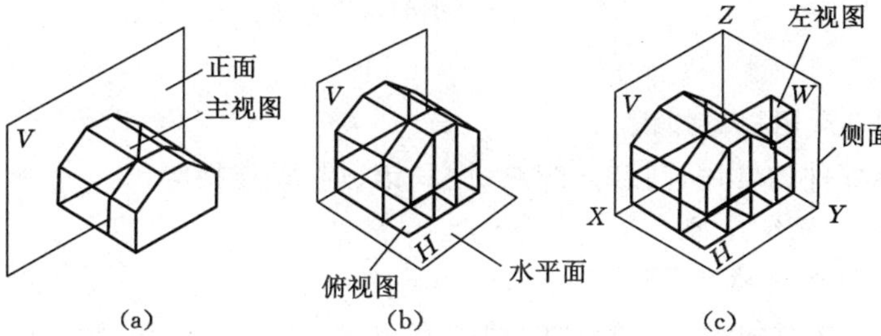

图 3-4　三视图的形成

2. 视图的投影关系

物体有长、宽、高三个方向，其大小通常规定为：物体左右之间的距离为长，前后之间的距离为宽，上下之间的距离为高。从图 3-5 可以看出，一个视图只能反映物体两个方向的大小。如主视图反映垫块的长和高；俯视图反映垫块的长和宽；左视图反映垫块的宽和高。由上述三个投影面展开过程可知，俯视图在主视图的下方，对应的长度相等，且左右两端对正，即主、俯视图相应部分的连线为互相平行的竖直线。同理，左视图与主视图高度相等且对齐，即主、左视图相应部分在同一条水平线上。左视图与俯视图均反映垫块的宽度。

根据上述三视图之间的投影关系，可归纳以下 3 条投影规律：

(1) 主、俯视图——长对正。

(2) 主、左视图——高平齐。

(3) 俯、左视图——宽相等。

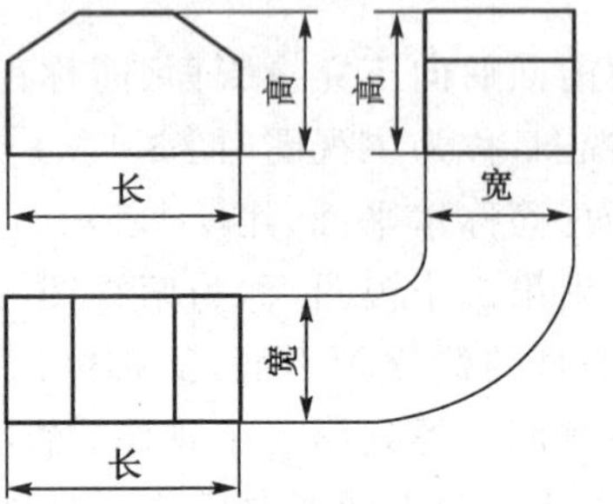

图 3-5　三视图的投影关系

四、常用机械知识

零部件的常用连接有：螺纹、键和销、焊、铆连接等。

（一）螺纹连接

1. 螺纹种类

（1）螺纹的种类。螺纹的种类有很多，在圆柱或圆锥表面上加工出的螺纹叫外螺纹；在孔壁上加工出的螺纹叫内螺纹。根据螺纹的旋转方向不同，可以分为顺时针方向旋入的右螺纹和逆时针方向旋入的左螺纹。螺纹的旋向可以用右手来判定，手心对着自己，螺纹的旋向与右手大拇指的指向一致为右螺纹，反之为左螺纹，一般常用右螺纹。按螺旋线的数目不同，还可分为单线螺纹和多线螺纹。螺纹按用途的不同，可分为连接螺纹和传动螺纹两大类，普通螺纹用于连接，梯形螺纹用于传动。按其截面的形状不同，还可以分为三角形、梯形、锯齿形、矩形以及其他特殊形状的螺纹。

（2）普通螺纹的主要参数。普通螺纹的主要参数有：大径、小径、中径、螺距、导程、线数、牙型角和升角等 8 个。对于标准螺纹来说，只要知道大径、线数、螺距和牙型角就可以了；而其他参数，可通过计算或查表得出。

2. 螺纹连接的种类

螺纹连接主要有普通螺栓连接、精密螺栓连接、双头螺柱连接、螺钉连接、紧定螺钉连接等方式。

(1) 普通螺栓连接:被连接件不太厚,螺杆带钉头,通孔不带螺纹,螺杆穿过通孔与螺母配合使用。装配后,孔与杆间有间隙,并在工作中不许消失,结构简单,装拆方便,可多次装拆,应用较广。

(2) 精密螺栓连接:装配后无间隙,主要承受横向载荷,也可作定位用,采用基孔制配合铰制孔螺栓连接。

(3) 双头螺栓连接:螺杆两端无钉头,但均有螺纹,装配时一端旋入被连接件,另一端配以螺母。适用于常拆卸且被连接件之一较厚时。拆装时只需拆螺母,而不将双头螺栓从被连接件中拧出。

(4) 螺钉连接:适用于被连接件之一较厚(上带螺纹孔),不需经常装拆;一端有螺钉头,不需螺母,适于受载较小情况。

(5) 紧定螺钉连接:拧入后,利用杆末端顶住另一零件表面或旋入零件相应的缺口中以固定零件的相对位置。连接后,可传递不大的轴向力或扭矩。

3. 螺纹连接的预紧与防松

(1) 螺纹连接的预紧:为了增强连接的刚性,增加紧密性和提高防松能力。对于受轴向拉力的螺栓连接,还可以提高螺栓的疲劳强度;对于受横向载荷的普通螺栓连接,有利于增大连接中接合面间的摩擦。

(2) 螺纹连接的防松:在静载荷作用下,连接螺纹升角较小,能满足自锁条件。但在受冲击、振动或变载荷以及温度变化大时,连接有可能自动松脱,容易发生事故。因此,在设计螺纹连接时,必须考虑防松问题。

防松的根本问题在于防止螺纹副的相对转动。按工作原理分,主要有 4 种防松方式:利用摩擦力防松,利用机械元件直接锁住防松,破坏螺纹副的运动关系防松,化学防松。

4. 螺纹连接在使用中的注意事项

(1) 螺纹连接件和锁紧件必须齐全、牢固、可靠。螺栓头部和螺母不得有铲伤、棱角严重变形。螺孔乱扣、滑扣时,允许扩孔,增大螺栓直径,但不能因扩孔而影响被扩工件的机械强度和工作性能。

(2) 螺母必须拧紧,拧紧后螺栓的螺纹应露出螺母 1～3 个螺距,不得在螺母下加多余的垫圈来减少螺栓露出长度。

(3) 螺栓不得弯曲,螺纹损伤不得超过螺纹工作高度的1/2,且不得连续超过一周。连接件螺栓的螺纹旋入孔内长度不得小于螺纹直径的1.5倍。沉头螺栓拧紧后,沉头部分不得凸出连接件的表面。

(4) 螺纹表面必须光洁,不得用粗制螺纹代替精制螺纹。

(5) 同一部位的紧固件规格必须一致,材质必须满足设计要求。主要连接部位或受冲击载荷容易松动部位的螺母,必须使用防松螺母或其他防松方法。

(6) 使用花螺母时,开口销应符合要求。使用止动垫圈时,包角应稳固;使用铁丝锁紧时,其拉紧方向必须和螺栓方向一致,接头应向内弯曲。

(7) 弹簧垫圈应有足够的弹性(自由状态开口重叠部分不得大于垫圈厚度的1/2)。

(8) 螺栓头部或螺母必须和相接触的部件紧贴。如该处为斜面时,应增加相同斜度的斜垫。

(9) 铆钉必须不生锈、不变形,紧固有效;铆接对口不得有错动痕迹。

(10) 定位销和定位孔相吻合,不松旷。

(二) 键连接和销连接

1. 键连接的定义及类型

键是一种标准件,通常用于连接轴与轴上旋转零件与摆动零件,起周向固定零件的作用以传递旋转运动或扭矩,而导键、滑键、花键还可用作轴上移动的导向装置。

其主要类型有平键、半圆键、楔键、切向键。

(1) 平键

平键主要有普通平键、薄型平键、导向平键与滑键。

① 普通平键:用于静连接,即轴与轮毂间无相对轴向移动,其两侧面为工作面,靠键与槽的挤压和键的剪切传递扭矩;轴上的槽用盘铣刀或指状铣刀加工;轮毂槽用拉刀或插刀加工。

② 薄型平键:键高约为普通平键的60%~70%,有圆头、方头、单圆头形状,用于薄壁结构、空心轴等径向尺寸受限制的连接。

③ 导向平键与滑键：用于动连接，即轴与轮毂之间有相对轴向移动的连接。

(2) 半圆键

轴槽用于与半圆键形状相同的铣刀加工，键能在槽中绕几何中心摆动，键的侧面为工作面，工作时靠其侧面的挤压来传递扭矩。其特点是工艺性好、装配方便，适用于锥形轴与轮毂的连接，但由于轴槽对轴的强度削弱较大，只适宜轻载连接。

(3) 楔键

楔键分为普通楔键和钩头楔键。普通楔键有圆头、方头或单圆头三种。钩头楔键的钩头是为了拆键用的。楔键的特点：适用于低速、轻载、精度要求不高、对中性较差、力有偏心的连接，变载下易松动。钩头键只用于轴端连接，如中间用键槽应比键长 2 倍才能装入，且要罩上安全罩。

(4) 切向键

切向键是由两个斜度为 1∶100 的楔键连接而成，上、下两面为工作面(打入)，布置在圆周的切向，主要靠工作面与轴及轮毂相挤压来传递扭矩。其特点如下：能传递很大的转矩，当双向传递转矩时，需用两对切向键并分布成 120°～130°。

2. 花键连接

轴和轮毂孔周向均布多个凸齿和凹槽所构成的连接称为花键连接。齿的侧面是工作面。

(1) 花键特点

① 齿较多、工作面积大、承载能力较强。

② 键均匀分布，各键齿受力较均匀。

③ 齿槽线、齿根应力集中小，对轴的强度削弱减少。

④ 轴上零件对中性好。

⑤ 导向性较好。

⑥ 加工需专用设备、制造成本高。

(2) 花键类型

按齿形分，主要有矩形和渐开线两种花键。

① 矩形花键。矩形花键连接按新标准为内径定心，定心精度高，定心稳定性好，配合面均要研磨，磨削消除热处理后变形，应用广泛。

② 渐开线花键。定心方式为齿形定心，当齿受载时，齿上的径向力能自动定心，有利于各齿均载，应用广泛，优先采用。

五、机械传动

（一）摩擦轮传动

1. 摩擦轮传动的工作原理

摩擦轮传动是利用两轮直接接触所产生的摩擦力来传递运动和动力的一种机械传动。正常传动时，主动轮依靠摩擦力的作用带动从动轮转动，并保证两轮面的接触处有足够大的摩擦力，使主动轮产生的摩擦力足以克服从动轮上的阻力矩。如果摩擦力矩小于阻力矩，两轮面接触处在传动中会出现相对滑移现象，这种现象称为“打滑”。

2. 传动比

机构中瞬时输入速度与输出速度的比值称为机构的传动比。摩擦轮传动的传动比就是主动轮转速 n_1 与从动轮转速 n_2 的比值。传动符号用 i 表示，表达式为：

$$i = n_1/n_2$$

3. 摩擦轮传动的特点

与其他传动相比较，摩擦轮传动具有下列特点：

（1）结构简单，使用维修方便，适用于两轴中心距较小的传动。

（2）传动时噪声小，并可在运转中变速、变向。

（3）过载时，两轮接触处会产生打滑，因而可防止薄弱零件的损坏，起到安全保护作用。

（4）在两轮接触处有产生打滑的可能，所以不能保持准确的传动比。

（5）传动效率低，不宜传递较大的转矩，主要适用于高速、小功率传动的场合。

直接接触的摩擦轮传动一般应用于摩擦压力机、摩擦离合器、制动器、机械无级变速器及仪器的传动机构等场合。

（二）带传动

带传动是利用带作为中间挠性件，依靠带与带轮之间的摩擦力或啮合来传递运动动力的。

1. 摩擦式带传动

平带的横截面为扁平矩形，内表面为工作面。而V带的横截面为等腰梯形，两侧面为工作面。根据楔形面的受力分析可知，在相同压紧力和相同摩擦因数的条件下，V带产生的摩擦力要比平带约大3倍，所以V带传动能力强，结构更紧凑，应用最广泛。

2. 啮合式带传动

啮合式带传动是靠带的齿与带轮上的齿相啮合来传递动力的，较典型的是同步带传动。同步带传动兼有带传动和齿轮传动的特点，传动功率较大（可达几百千瓦），传动效率高（η 为 0.98～0.99），允许的线速度高（v 不大于 50 m/s），传动比大（i 不大于 12），传动结构紧凑。

（三）链传动

1. 链传动及其传动比

链传动是由链条和具有特殊齿形的链轮组成的传递运动、动力的传动。它是一种具有中间挠性件（链条）的啮合传动。当主动链轮回转时，依靠链条与两轮之间的啮合力，使从动链轮回转，进而实现运动动力的传递。

2. 链传动的常用类型

（1）按用途不同，链可分为传动链、起重链和牵引链三种。传动链一般在机械中用来传递运动和动力；起重链用于起重机械提升重物；牵引链用于运输机械驱动输送带等。

（2）按机构不同，可将链分为滚子链和齿形链。齿形链（又称无声链）工作传动平稳，噪声和震动很小，承受冲击载荷的能力较好，但其结构复杂、重量大、价格贵、拆装困难，因此，除特别的工作环境要求使用外，一般运用较少。而滚子链的结构简单，成本低，运用范围很广。

（四）螺旋传动

螺旋传动是利用内、外螺纹组成的螺旋副传递运动和动力的传动装置。螺旋传动可以方便地把主动件的回转运动转变为从动件的直线运动。

六、装配知识

1. 装配前的准备工作

(1) 研究和熟悉装配图，了解设备的结构、零件的作用以及相互的连接关系。

(2) 确定装配方法、顺序，准备所需的装配工具。

(3) 对零件进行清理和清洗。

(4) 对某些零件要进行修配密封试验或平衡工作等。

2. 装配工作要点

(1) 清理和清洗。清理是指去除零件残留的型砂、铁锈及切屑等。清洗是指对零件表面的洗涤。

(2) 加润滑剂。相配表面在配合或连接前，一般都需要加润滑剂。

(3) 配合尺寸准确。装配时，对于某些较重要的配合尺寸进行复验或抽验，尤其对过盈配合装配后不再拆下的零件，这常常是很必要的。

(4) 做到边装配边检查。当所装配的产品较复杂时，每装完一部分就应检查是否符合要求。在对螺纹连接件进行紧固的过程中，还应注意对其他有关零部件的影响。

(5) 试车时的事前检查和启动过程的监视。试车时意味着机器将开始运动并经受负荷的考验，不能盲目从事。机器启动后，应立即观察主要参数和运动件是否正常运动。主要工作参数包括润滑油压力、温度、振动和噪声等。

3. 螺纹连接装配

螺纹连接是一种可拆的固定连接，具有结构简单、连接可靠、装拆方便等优点。

(1) 螺纹在装配前要仔细清理工作表面、锐边倒角并检查是否与图样相符。旋紧的次序要合理，方形和圆形的连接顺序一般是从中间向两边对称扩展。

(2) 螺纹的防松措施：① 增加摩擦力防松，它采用双螺母锁紧或弹簧垫圈防松，结构简单、可靠，应用普遍；② 机械防松装置，分为开口销和带槽螺母装置、止动垫圈装置和窜连钢丝绳装置三种;③ 点铆法防松,这种方法拆后的零件不能使用,故只能在特殊需要的情况下使用;④ 胶结法防松,在螺纹连接面涂厌氧胶,拧紧后,胶黏剂固化,即可黏住,防松效果良好。

4. 联轴器的装配

装配的主要技术要求是保证两轴的同轴度。键和键槽的装配要求如下:

(1) 键的表面应光滑平整,规格符合要求,四角倒棱,材质的抗剪切强度不得低于 45 号钢的剪切强度。

(2) 键和轮毂键槽规格和公差符合标准。

(3) 键和键槽之间不得加垫。平键键槽磨损后,允许加宽原槽的 5%。轴及轮毂的键槽宽度应一致。

(4) 装配楔键和切向键时,键初打入键槽的长度,不得小于键全长的 80%,不得大于键全长的 95%(钩头键不包括钩头的长度)。键与轮毂的接触长度不得小于轮毂宽度的 80%。花键的接触齿数应不小于总齿数的 2/3。

(5) 平键键槽的中心线与轴的轴心线的平行度、平键和键槽配合公差,均应符合相关技术规定。

5. 滚动轴承的装配

轴承在机械中是用来支承轴和轴上旋转件的重要部件。它的种类很多,根据轴承与轴工作表面间摩擦性质的不同,轴承可分为滚动轴承和滑动轴承两大类。按照滚动轴承所受载荷不同,滚动轴承可分为推力轴承、向心轴承、向心推力轴承。

滚动轴承的装配应根据轴承的结构、尺寸大小和轴承部件的配合性质而定。一般滚动轴承的装配方法有锤击法、压入法、热装法及冷缩法等。

(1) 滚动轴承上带有标记代号的端面应装在可见方向上,以便更换时查对。

(2) 轴承装在轴上或装入轴承座孔后,不允许有歪斜现象。

(3) 同轴的两个轴承中,必须有一个轴承在轴承受热膨胀时有轴向移动的余地。

(4) 装配轴承时，压力(或冲击力)应直接加在待配合的套圈端面上，不允许通过滚动物体传递压力。

(5) 装配过程中应保持清洁，防止异物进入轴承内。

(6) 装配后的轴承应运转灵活，噪声小，工作温度不超过 75 ℃。

七、液压技术基础知识

液压传动是用液体作为工作介质来传递能量和进行控制的传动方式。

1. 液压传动的基本原理

在密闭的容器内，利用有压力的油液作为工作介质来实现能量转换和传递动力。其中的液体称为工作介质，一般为矿物油；它的作用和机械传动中的皮带、链条和齿轮等传动元件相类似。液压传动是利用帕斯卡原理，在密闭环境中，向液体施加一个力，这个液体会向其他各个方向传递这个力，且力的大小不变。液压传动就是利用这个物理性质，向一个物体施加一个力，利用帕斯卡原理从而起到举起重物的效果。传递动力时，基于能量守恒定律；传递力时，基于帕斯卡原理。

2. 液压系统的组成

液压系统一般由以下五个主要部分组成：

(1) 动力元件。它是供给液压系统压力油，把机械能转换成液压能的装置。最常见的形式是液压泵。

(2) 执行元件。它是把液压能转换成机械能的装置。其形式有做直线运动的液压缸，做回转运动的液压马达。

(3) 控制元件。它是对系统中的压力、流量或流动方向进行控制或调节的装置。如溢流阀、节流阀、换向阀、开停阀、减压阀等。

(4) 辅助元件。上述三部分之外的其他装置，例如油箱、滤油器、油管等。它们是保证系统正常工作必不可少的。

(5) 工作介质。它是传递能量的流体，如液压油等。

3. 液压传动的主要参数

(1) 压力：也就是单位面积上液体的作用力，用符号 p 表示。压力的单位是 Pa(帕)，$1\ Pa = 1\ N/m^2$，$1\ MPa = 10^6\ Pa = 10\ bar$(巴)

(1 bar 约1 kg/cm²)。

(2) 流量:单位时间通过某截面的液体体积,一般用 Q 或 q 表示。流量的单位:法定计量单位是 m^3/s(立方米/秒),常用单位是 L/min(升/分)。

4. 液压传动的优缺点

(1) 液压传动与机械传动、电气传动相比较,具有以下优点:

① 易于在较大的速度范围内实现无级变速。

② 易于获得很大的力或力矩,因此承载能力大。

③ 在功率相同的情况下,液压传动的体积小、质量轻,因而动作灵敏、惯性小。

④ 传动平稳,吸振能力强,便于实现频繁换向和过载保护。

⑤ 操纵简便,易于采用电气、液压联合控制以实现自动化。

⑥ 由于采用油液为工作介质,对元件具有防锈作用和自润滑能力,使用寿命长。

⑦ 液压元件易于实现系列化、标准化、通用化,便于设计、制造,有利于推广应用。

(2) 液压传动系统的缺点如下:

① 该系统采用油液作为工作介质,但是由于泄漏和管件的弹性变形以及油液具有一定的可压缩性,因此,传动比不能恒定,不适用于传动比要求严格的场合。

② 液压传动的能量损失大,系统效率较低,而且动能转化为热量,易引起热变形,影响系统的正常工作。

③ 液压系统中混入空气时,会产生噪声,容易引起振动和爬行,影响传动的平稳性。

④ 油液的黏度随温度而变化,当油温变化时,会直接影响传动机构的工作性能。此外,在低温条件或高温条件下采用液压传动有较大的困难。

⑤ 油液污染后,机械杂质会堵塞小孔、缝隙,影响动作的可靠性。

⑥ 液压系统发生故障时,故障原因不易查找,排除较困难,维修保养工作量大。

⑦ 液压元件的制造精度和密封性能要求高,增加了设备成本。

八、专业技术知识

(一) 提升机机械维修作业专业知识

根据井筒的倾角和提升容器不同,矿井提升系统可分为立井普通罐笼提升系统、立井箕斗提升系统和斜井串车提升系统。矿井提升系统按用途可分为主井提升系统和副井提升系统。煤矿主井提升系统主要承担着将煤炭从井下提升至地面的任务;副井提升系统担负着升降人员,运送设备、物料,提升矸石和煤泥等任务。按提升机类型可分为缠绕式提升机和摩擦式提升机。

矿井提升机主要由主轴装置、减速器、深度指示器、制动装置和导向轮等组成。

1. 主轴装置

主轴装置由主导轮、主轴及主轴承 3 部分组成。

主导轮由筒壳、轮辐和轮毂、制动盘构成。筒壳由厚 20～30 mm 的 16Mn 钢板焊制,其上用倒梯形的固定压块(铸铝或塑料制)将摩擦衬垫压紧并固定于主导轮表面上,摩擦衬垫形成衬圈,再车出绳槽。摩擦衬垫是与钢丝绳接触并传递摩擦力的重要零件,它承担着提升容器及其载荷、钢丝绳、尾绳等的全部重力,以及运行时产生的动载荷。因此,摩擦衬垫应具有足够的抗压强度,较好的耐磨性和较高的摩擦系数。常用的摩擦衬垫材料是聚氯乙烯、聚氨基甲酸乙酯橡胶等,也可用运输输送带代用。

2. 减速器

多绳摩擦式提升机的减速器有带弹簧基础和不带弹簧基础两种。减速器一般采用飞溅润滑方式。

为了减少因启动、加减速及安全制动时动负荷对传动齿轮及基础的影响,弹簧基础中心驱动式减速器采用弹簧支承基础和液压减震装置。由于采用弹簧支承,其传动形式必须用共轴传动。

3. 深度指示器

在提升过程中,摩擦式提升机不可避免地会出现钢丝绳蠕动现象,钢丝绳与摩擦轮衬垫间会出现相对位移,衬垫会出现磨损;还可能出现打滑及钢丝绳伸长等现象。所有这些都会影响位置指示器的准确性。因此，摩擦式提升机的位置指示器，除了应具备缠绕式提升机所具有的功能外，还应有自动调零作用。所谓调零就是每提升一循环之后，在停车期间，自动校正一次，把指针调到零，以防误差积累。目前我国设计的调零机构有两种：立式位置指示器调零机构和水平位置指示器调零机构。

深度指示器的作用有：指示提升容器在井筒中的运行位置；当容器接近井口或井底停车位置时，发出减速信号；限制提升容器过卷开关能切断安全保护回路，进行安全制动；在减速阶段，通过限速装置进行过速保护。

目前我国单绳缠绕式提升机上的深度指示器有牌坊式(立式)和圆盘式两种。KJ 型提升机采用牌坊式。JK 型提升机可选用牌坊式和圆牌式任一种。多绳摩擦式提升机采用带有调零补偿机构的深度指示器。另外，还有轴编码器式数字深度指示器和直接从钢丝绳提取信号的深度指示器。

4. 制动装置

提升机制动装置由执行机构及传动机构组成。执行机构称为制动器或制动闸，按结构可分为块式制动闸与盘式制动闸。传动机构是控制、调节或解除制动的机构，按制动力的来源可分为重锤重力、弹簧弹力、空气压力等；按松闸的方式可分为手动、油压及空气压力等。

5. 导向轮(天轮)

天轮位于井架的天轮平台上，其作用是支撑和引导从提升机房出来的提升钢丝绳到井筒内，并作导向作用。天轮有移动天轮和固定天轮两种。移动天轮可以沿轴移动，以便缩短提升机和天轮间的距离，并保证钢丝绳偏角不大于规定值，多用于井下暗斜井或上(下)山运输。固定天轮不能沿轴移动，多用于大型提升设备。天轮轮缘上的绳槽分为带衬垫和无衬垫两种。带衬垫天轮是将衬垫镶嵌在轮缘的绳槽内，这样既可以减少钢丝绳的磨损，又可以避免天轮轮缘的磨损，从而延长天轮和钢丝绳的使用寿命。

（二）空压机机械维修作业专业知识

空气压缩机是一种压缩气体，提高气体压力或输送气体的机器，简称空压机。压缩空气驱动各种风动机械、风动工具时，通常使用压力为0.4～1.5 MPa。煤矿用空压机有活塞式、回转式、离心式及螺杆式等形式。目前，活塞式空压机在井工煤矿系统已禁止使用，主要使用螺杆式空压机。

1. 空压机组成

螺杆式空压机主要由主机和辅机两大部分组成。主机包括螺杆空压机主机和主电机；辅机包括进排气系统、喷油及油气分离系统、冷却系统、控制系统和电气系统等。

2. 空压机工作原理

(1) 吸气过程

螺杆式空压机进气侧的吸气口，必须设计成使压缩室能够充分吸气，而螺杆式空压机没有进排气阀组，进气只靠开闭一个调节阀。转子转动时，主、副转子的齿槽空间在转向进口端壁的开口处空间最大，此时转子的齿槽空间与进气口的自由空气相通，因为齿槽空间内的空气被完全排出，当横梁转向进气口时，齿槽处于真空状态，外部空气被吸入并沿轴向流入主副转子的齿槽内。当空气充满整个齿槽时，转子进风侧端面背离机壳进风口，齿槽间空气被封闭。

(2) 封闭及输气过程

主、副转子在吸气终了时，其齿峰会与机壳封闭，此时空气在齿沟内封闭不再外流，即封闭过程。两转子继续转动，其齿峰与齿沟在吸气端吻合，吻合面逐渐向排气端移动，此即输气过程。

(3) 排气过程

当转子的啮合端面转到与机壳排气相通时（此时压缩气体压力最高），被压缩的气体开始排出，直至齿峰与齿沟的啮合面移至排气端面，此时两转子啮合面与机壳排气口的齿沟空间为零，即完成排气过程。与此同时，转子啮合面与机壳进气口之间的齿沟长度达到最长，其吸气过程又在进行。

(4) 压缩及喷油过程

在输气过程中，啮合面逐渐向排气端移动，亦即啮合面与排气口间的齿沟渐渐减小，齿沟内的气体逐渐被压缩，压力升高，此即压缩过程。在压缩的同时，润滑油亦因压力差的作用而喷入压缩室内与空气混合。

3. 润滑系统

压缩机排气端压缩出来的是油气混合体，经油气分离罐分离后，大约 90％的压缩机油被截留于油罐内，余下 10％左右的润滑油和压缩气体再经油精分离器分离下来。这一小部分油通过插入油精分离器内的小管吸出流入主机低压端。主机低压端装有单向节流阀，它的作用有两个：一是单向节流，及时地把分离出来的油吸走；二是防止停机时主机内的润滑油倒流入油精分离器内。

分离罐内的热油进入温控阀。温控阀内设有温控器，它根据流入油的温度控制温控阀的开启，实现控制热由流入冷却器和旁通流量的比例，以控制排气温度不至于过低（注：过低的排气温度会导致压缩气体中的水分在分离罐内被凝析出来，使油发生乳化变质失去润滑作用而不能继续使用），经温控阀的油通过油过滤器后喷入主机。

润滑油的循环机理是调节分离油罐与主机低压腔之间的压差关系。为使机器在运行过程中保持油循环的正常进行，必须保证分离油罐内始终有 0.25 MPa 以上的压力，最小压力阀就是起到这一调节作用的。空压机润滑系统的作用是减轻滑动部位磨损、延长零件寿命、减少摩擦功率、降低能耗、冷却各部零件，将摩擦热带走，从而保证滑动部分必要的运转间隙，防止滑动部件卡住或烧伤，密封汽缸的工作容积，提高活塞和填料箱的密封性。

4. 减荷阀控制系统

减荷阀集合了排气量比例调节、通断调节、减荷消声降压以及停机放空等功能。

减荷阀的开启度决定了进气量的大小，是气量调节的执行机构。当压缩机启动时，减荷阀阀门处于关闭位置，以减少压缩机的启动负荷及空载负荷；当压力接近（可通过螺钉调节）系统设定压力时，比例阀开始工作，减荷阀阀门随压力的升高而逐渐关小，排气量也按比例变小，此过程为比例调节过程；当压力超过额定工作压力时，减荷阀阀门关闭，使压缩机处于空载状态，直到压力降低到规定值时，阀门打开，压缩机又进入正常运转，此过程称为通断调节。

减荷时有小部分的气体通过减荷阀内的小孔放掉，以平衡减荷阀小孔的吸入气量，使分离油罐内的压力保持在0.2～0.3 MPa，维持正常的润滑油循环。回气阀的作用是：减荷时，通过该阀放气，快速地把分离罐内压力降低至0.2～0.3 MPa(可通过螺钉调节)，以降低减荷时的功耗。

减荷阀的开启、关闭动作是由调节系统的压力传感器和装在减荷阀上的比例调节阀和电磁阀自动控制的。减荷阀的开启、关闭动作是否灵活，对压缩机的可靠性是很重要的。因此，减荷阀应定期保养，以维持良好的工作状态。保养时，须将零件拆下，检查各摩擦表面的磨损情况，特别需注意检查橡胶密封圈表面，如有损坏或裂缝，则须更换新件。在重新安装时，各零件应清洗干净，金属零件的摩擦表面应涂上润滑油。

5. 冷却器系统

冷却器的作用是冷却压缩机排出的压缩空气及润滑油。

在风冷型热交换过程中，空气侧的热阻起主导作用。因此，要经常保持散热片和板管表面的清洁，如有大量的油污和尘垢，可用压缩空气清除。冷却器应定时定期进行清洗，清洗外表面时，可用汽油或煤油刷洗，然后用压缩空气吹净。

6. 空气过滤器

空气过滤器是通过多孔过滤材料的作用从气固两相流中捕集粉尘，并使气体得以净化的设备。常用的空气过滤器有粗效过滤器、中效过滤器和高效过滤器。

空气经过纸质滤芯的微孔，使灰尘等固体杂质过滤在滤芯的外表面，不进入压缩机主机内，以防止相对运动件的磨损和润滑油加速氧化。

7. 油过滤器

油过滤器是由滤芯、壳体集成的高容量旋装式过滤器。

它的作用是在润滑油的循环过程中，不断地把油中的氧化物、颗粒、粉尘等杂质滤掉、截留，以保证提供洁净的润滑油供主机润滑。

8. 油气分离罐

油气分离部分主要由分离罐和油精分离器组成。

来自主机排气口的油气混合物进入油气分离罐体空间，经过改变方向、转折作用，大部分油聚集于罐体的下部。含有少量润滑油的压缩空气经过油精分离器，使润滑油获得充分的回收；油精分离器收集到的润滑油被插入油精分离器内的管子抽出，经节流单向阀流入主机的低压部分。

油气分离器的上部装有安全阀，当容器内压力过高，通过该安全阀释放空气，确保压缩机的安全使用；油分离器的下部设有加油口和油位指示器，开机后油面必须保持在油位指示器的中间位置。压缩机工作一段时间停机后，空气中的水分会冷凝沉积在分离罐的底部，所以应经常通过装在分离罐底部的排污阀排出水分，延长润滑油的使用寿命。

9. 最小压力阀

最小压力阀由阀体、阀芯、弹簧、密封圈、调整螺钉等组成。

最小压力阀装在油精分离器的出口。它的作用是保持油气分离罐内的压力不至于降到 0.25 MPa 以下，这样能使含油的压缩空气在分离器内得到较好的分离，减少润滑油的损耗。同时，能保证建立油压所需的气体压力。最小压力阀还有单向阀的作用，防止停机时系统中的压缩空气倒流。最小压力阀的保持压力在出厂时已调整好，如使用时间过长，保持压力发生变化时，可通过该阀上的调整螺钉调节。

10. 温控阀

温控阀控制压缩机的最低喷油温度。较低的喷油温度会使压缩机主机的排气温度偏低，会在油气分离器内析出冷凝水，恶化润滑油的品质，缩短其使用寿命。当喷油温度高于一定温度时，排出的空气和润滑油的混合气体会始终高于露点温度。

其工作原理是：由油罐来的油进入温控阀 E 口，当温度小于 70 ℃时，油缸伸长，推动活塞关闭 E—H 之间的通道，并逐渐打开 E—U 之间的通道。两个通道流通面积的比例是由进油温度决定的，经 U 流出的油被冷却后进入 R 口，与经 H 旁通过来的热油混合并经过滤后进入主机。当进油温度较高时，E—H 之间的通道全部关闭，全部的油都进入冷却器被冷却。

11. 安全阀

安全阀安装在分离油罐上。当调节系统发生故障，排气压力上升到安全阀开启压力时，气体顶开阀芯向大气喷射，使分离油罐的压力下降；当压力下降到安全阀关闭压力时，安全阀自动关闭。一般情况下，安全阀开启压力比压缩机的额定压力高 0.05～0.10 MPa。

12. 气水分离器

气水分离器由壳体，浮筒，粗、细滤网，护罩等组成。

压缩空气中的水分经气水分离器分离出后，由装在气水分离器底部的自动排污阀排水。应定期对自动排污阀进行清洗。

13. 空压机附属设施

空压机附属设施包括储气罐、管路、冷却水池。

（三）主排水机械维修作业专业知识

1. 矿井主排水设备的作用

涌入矿井的水称为矿水。矿水主要有大气降水、地表水、含水层水、断层水和采空区水等。

矿水积聚在巷道中不但影响生产，而且威胁着工作人员的健康和安全，因此需要把矿水及时排出。有时井下生产也需要用水（如水力采煤、灭尘等），这就需要供水。矿井生产过程中，不论排水或供水，都由排水设备来完成。

单位时间内涌入矿井的水体积量叫作矿井绝对涌水量，用“q”表示，单位为 m^3/h。

涌水量的大小受水文地质、地形特征、气候条件、地面和地下积水等因素的影响，因此各矿涌水量不同。同一个矿的涌水量在不同季节也不相同，雨季和融雪期达到高峰；高峰期间的涌水量称为最大涌水量，平时的涌水量称为正常涌水量。

2. 矿井主排水设备的组成

矿井主排水设备主要包括离心式水泵、射流泵、真空泵、闸阀、止回阀、逆止阀、管道和压力表，另外排水电气控制系统则主要包括防爆电动机、磁力启动器、高低压开关柜以及软启动器等。

(1) 离心式水泵：离心式水泵的主要工作原理是叶片在电动机的带动下进入高速旋转模式，此时矿井下的水就会顺着排水管排出水仓，在开启电动机之前应该确保其吸水管和叶轮内部都已灌满水，开启电动机后水体跟随叶轮做高速旋转运动，高速旋转的水体在离心力的作用下做离心运动脱离泵体，最后在出水口聚集沿出水口流出矿井。

(2) 闸阀：闸阀的位置位于止回阀的右下方，是排水管路上的重要结构。对于闸阀来说，作用主要包括：① 控制通过离心式水泵排出井下水的相关参数，例如单位时间的排水流量以及离心式水泵排水扬程等；② 在开启离心式水泵时，闸阀处于关闭状态，可以降低电动机的启动电流，电动机运转负载相应下降，泵轴功率也会相应下降。

(3) 逆止阀：排水系统中安装逆止阀能够有效防止水在下落过程中降速过快，导致下降时高速流水对水泵和管路产生过大的冲击力。

(4) 压力表与真空表：安装在排水系统中排水管路上的表是压力表，通常来说排水系统中主排水管路和分排水管路都会安装一个压力表，这样能够及时测量出各个管路中水压的大小。而安装在水泵和吸水管上的是真空表，真空表的主要作用是监测排水系统运行过程中吸水管的真空度。

(5) 射流泵与真空泵：在排水系统排水时，首先要保证泵腔内和吸水管内都已注满水后才能启动离心式水泵，只有这样才能保证水泵能正常启动。相反，如果泵腔内和吸水管内没有注满水，还存在空气，吸水管内部与水仓的压力就是相同的，吸水管内水压较大，外部的水就不会被压入吸水管内部，水泵运行时就会出现水量不足的情况，产生的热量就会影响到水泵的正常使用寿命。另外，在对真空泵进行抽真空时通常使用射流泵，具体操作过程是在主排水管路上加开一条旁路，利用射流泵带动泵内空气流动，在高速射流的带动下，会形成虹吸，水流会逐渐由水仓被吸入吸水管和泵腔内部。

目前我国煤矿大多采用离心式水泵排出矿井的自然涌水，排水设备功率大、电耗高。因此，了解排水设备的性能与结构，加强设备的检修对于节省电耗有着重要的意义。主排水泵一般采用多级分段离心式水泵。

主排水系统由水泵及仪表、引流装置、管路及附件，水仓、吸水井等组成。

（四）带式输送机机械维修作业专业知识

带式输送机按牵引方式不同，可分为滚筒驱动式和钢丝绳牵引式两类。一般矿井采区多用滚筒驱动式，大巷中使用较多的也是滚筒驱动式，但也有用钢丝绳牵引式的；主煤流带式运输一般采用钢丝绳牵引式。带式输送机既可用于水平运输，也可用于倾斜运输。但用于倾斜运输时，其倾角会受到一定限制。通常情况下，倾斜向上运输时的倾角不超过 18°，向下运输时的倾角不超过 15°。为降低输送带的磨损，带式输送机不宜运送有棱角的货物。

1. 工作原理

带式输送机是以输送带兼做牵引机构的连续运输机械，输送带围包在传动滚筒上，依靠滚筒与输送带的摩擦力驱动输送带进行无极循环地往复运动，从而将物料从机尾运送到机头。

2. 带式输送机的结构

煤矿井下一般使用可伸缩带式输送机。其结构主要由传动装置、输送带、托辊及机架、储带装置、制动装置、防逆转装置、张紧装置和清扫装置等组成。

安全技术基础知识二　本岗位安全责任制

学习目标

1. 掌握提升机机械维修作业岗位安全责任制。
2. 掌握空压机机械维修作业岗位安全责任制。
3. 掌握主排水机械维修作业岗位安全责任制。
4. 掌握带式输送机机械维修作业岗位安全责任制。

安全技术基础知识相关知识

一、提升机机械维修作业岗位安全责任制

(1) 必须经培训合格并取得合格证后,方可持证上岗。

(2) 坚持安全生产确认制度和本工种操作规程。

(3) 严格执行巡视检查制度、定期检修制度和现场交接班制度。

(4) 熟悉和掌握提升机及其附属设施和设备的性能、特征、维修保养等知识,对设备精查细验,并做好检修记录。

(5) 涉及多工种作业搞好协作,做好自保互保,保证各项工作安全有序进行。

(6) 当班工作情况及时、准确向本单位值班室汇报,严禁用电话闲聊。

(7) 设备检修完毕,要试运转,正常后由当班负责人做好记录并由本人签字。

(8) 按时完成领导交办的其他临时性工作任务。

二、空压机机械维修作业岗位安全责任制

(1) 必须经培训合格并取得合格证后,方可持证上岗。

(2) 坚持安全生产确认制度和本工种操作规程。

(3) 严格执行巡视检查制度、定期检修制度和现场交接班制度。

(4) 熟悉和掌握空压机及其附属设施和设备的性能、特征、维修保养等知识,对设备精查细验,并做好检修记录。

(5) 涉及多工种作业搞好协作,做好自保互保,保证各项工作安全有序进行。

(6) 当班工作情况及时、准确向本单位值班室汇报,严禁用电话闲聊。

(7) 设备检修完毕,要试运转,正常后由当班负责人做好记录并由本人签字。

(8) 按时完成领导交办的其他临时性工作任务。

三、主排水机械维修作业岗位安全责任制

(1) 必须经培训合格并取得合格证后,方可持证上岗。

(2) 坚持安全生产确认制度和本工种操作规程。

(3) 严格执行巡视检查制度、定期检修制度和现场交接班制度。

(4) 熟悉和掌握水泵及其附属设施和设备的性能、特征、维修保养等知识,对设备精查细验,并做好检修记录。

(5) 涉及多工种作业搞好协作,做好自保互保,保证各项工作安全有序进行。

(6) 当班工作情况及时、准确向本单位值班室汇报,严禁用电话闲聊。

(7) 设备检修完毕,要试运转,正常后由当班负责人做好记录并由本人签字。

(8) 按时完成领导交办的其他临时性工作任务。

四、带式输送机机械维修作业岗位安全责任制

(1) 必须经培训合格并取得合格证后,方可持证上岗。

(2) 坚持安全生产确认制度和本工种操作规程。

(3) 严格执行巡视检查制度、定期检修制度和现场交接班制度。

(4) 熟悉和掌握带式输送机及其附属设施和设备的性能、特征、维修保养等知识,对设备精查细验,并做好检修记录。

(5) 涉及多工种作业搞好协作,做好自保互保,保证各项工作安全有序进行。

(6) 当班工作情况及时、准确向本单位值班室汇报,严禁用电话闲聊。

(7) 设备检修完毕,要试运转,正常后由当班负责人做好记录并由本人签字。

(8) 按时完成领导交办的其他临时性工作任务。

安全技术基础知识三　本岗位风险及控制

学习目标

1. 掌握提升系统机械维修作业岗位风险及控制。
2. 掌握压风系统机械维修作业岗位风险及控制。
3. 掌握主排水系统机械维修作业岗位风险与控制。
4. 掌握带式输送机机械维修作业岗位风险及控制。

安全技术基础知识相关知识

一、提升系统机械维修作业岗位风险及控制

提升系统机械维修作业岗位风险与控制措施见表 3-1。

表 3-1 提升系统机械维修作业岗位风险与控制措施

序号	作业类别	风险	控制措施
1	检查运转设备	挤伤	1. 检查时,与滚筒、天轮等运转设备保持安全距离。 2. 检修时,必须使提升机安全闸处于制动状态,并停电、挂牌。 3. 护栏、护罩等防护设施齐全完好
2	井口附近及其他地点高处作业	1. 摔伤。 2. 砸伤	1. 在滚筒窝附近检修作业时,精神应集中,时刻注意脚下,踩牢站稳。 2. 检修作业时,在通往地下室盖板打开处,应设警戒线或专人监护;检修完毕,各种盖板及时恢复。 3. 需在井口 1 m 以内作业时,应佩戴合格的保险带。 4. 高处作业时,佩戴合格的保险带。 5. 经常检查天轮平台上护栏,确保护栏焊接牢固。 6. 按规定佩戴安全帽、防砸胶靴、手套等劳动保护用品。 7. 利用脚手架、梯子作业时,确保稳固可靠。 8. 做好工具、材料防坠落措施。 9. 严禁上下交叉作业
3	检修、查验井口操车系统	挤伤	1. 巡视查验时,与推车机、调车机运行范围保持安全距离。 2. 检修操车系统时,与信号工说明具体情况,停液压站电源并挂牌

表 3-1(续)

序号	作业类别	风险	控制措施
4	滚筒、暖风机、冷却风机等设备、设施内检修	1. 人身伤害。 2. 设备损坏	1. 在滚筒内检修时,必须使提升机安全闸处于制动状态,并停电、挂牌。 2. 在暖风机风道内检修时,必须停风、停电、挂牌。 3. 检修人员必须佩戴安全帽。 4. 工作结束后清点人数,并清理工具、杂物
5	检修液压、制动系统	1. 人身伤害。 2. 过卷、坠罐	检修前必须停电、挂牌,液压系统泄压
6	提升容器位置指示器(深度指示器)	1. 人身伤害。 2. 过卷、坠罐	1. 定期检修。 2. 关键部件定期探伤

二、压风系统机械维修作业岗位风险及控制

压风系统机械维修作业岗位风险与控制措施见表 3-2。

表 3-2 压风系统机械维修作业岗位风险与控制措施

序号	作业类别	风险	控制措施
1	检修空压机	1. 挤伤。 2. 灼烫	1. 佩戴劳动保护用品,与发热部件保持安全距离。 2. 严禁压力管路出口正对着人
2	起吊设备	1. 砸伤。 2. 挤伤	1. 所有人员躲避晃动倾倒范围,控制晃动幅度。 2. 提前检查起吊设施及工具,保证完好可靠

表 3-2(续)

序号	作业类别	风险	控制措施
3	登高作业	摔伤	1. 确保登高工具完好，并有专人把扶梯子。 2. 2 m 以上作业，应系好安全带
4	酸洗冷却器	灼伤	佩戴护目镜、防酸手套
5	检修设备	挤伤、碰伤	检修前，必须停机、停电，挂停电牌

三、主排水系统机械维修作业岗位风险与控制

主排水系统机械维修作业岗位风险与控制措施见表 3-3。

表 3-3 主排水系统机械维修作业岗位风险与控制措施

序号	作业类别	风险	控制措施
1	1. 出水阀门未关严，引起水泵倒转。 2. 提前拆除防护罩	1. 触电。 2. 卷入	1. 提前对水泵电机及出水闸阀进行停电、验电、封地、挂牌操作。 2. 必须在水泵停稳、断电、关闭出水阀门情况下，打开防护罩
2	1. 采用热装配法，用手试探加热处周边温度。 2. 安装联轴器柱销时	1. 烫伤。 2. 挤伤	1. 严禁用手直接接触受热部位试探温度。 2. 穿戴好相应的劳动保护用品。 3. 严禁用手试探间隙

表 3-3(续)

序号	作业类别	风险	控制措施
3	1. 起吊设施失效。 2. 钢丝绳断裂。 3. 起吊物脱钩。 4. 起吊设备晃动。 5. 使用钎子等撬动部件	1. 砸伤。 2. 弹伤	1. 提前检查起吊设施及工具,保证完好可靠。 2. 检查钢丝绳确保安全可靠。 3. 采取防脱钩措施。 4. 所有人员躲避晃动范围,尽可能降低晃动幅度。 5. 撬点稳固,人员躲开弹射范围
4	登高作业	摔伤	登高 2 m 以上应系好安全带

四、带式输送机机械维修作业岗位风险及控制

带式输送机机械维修作业岗位风险与控制措施见表 3-4。

表 3-4　带式输送机机械维修作业岗位风险与控制措施

序号	作业类别	风险	控制措施
1	输送带(硫化)黏接	挤伤、砸伤、割伤、溅弹伤、中毒、电击伤、火灾	1. 不要将手及身体其他部位置于输送带与输送带、托辊、硫化机位置。 2. 提前对间隙变化做出预判。 3. 放置垫铁时注意手指放置位置,落下垫铁及时收手。 4. 扶稳扶正钉子,垂直落锤。 5. 材料、工具拿稳放牢,防止倾倒。 6. 运刀距离不宜过长,用力均匀适当。 7. 身体部位不得置于刀片运行前方

表 3-4(续)

序号	作业类别	风险	控制措施
1	输送带（硫化）黏接	挤伤、砸伤、割伤、溅弹伤、中毒、电击伤、火灾	8. 送电前，确保打磨机处在关闭位置。 9. 更换毛刷前，必须关掉电源。 10. 操作打磨机时，需佩戴防护眼镜及防尘口罩。 11. 确保打磨机完好，必须开机试转。 12. 掰裁纸刀片，刀片探出一段即可，严禁朝向身体及他人。 13. 提前安排人员逐个握扶绳头。 14. 必须完全放开胶管，用手握住端部，缓慢打开阀门供水。 15. 提前对液压管路进行全面检查，确保无泄漏。 16. 接触尖锐、带有毛刺等物品时，必须佩戴手套。 17. 必要时，对相应部位进行打磨。 18. 必须使用专用器具测量加热部位温度，严禁用手试探。 19. 加热时，人员严禁与锅炉及蒸汽管路直接接触。 20. 检查电源线有无破损，有则更换。 21. 使用装有漏电保护装置的电源。 22. 打磨前，清除现场的易燃物。 23. 当打磨机机体有烫手感觉时，立即停机，自然冷却后再使用。 24. 加热设备必须安全可靠；加热时设专人监护；盛装汽油等有毒、有害液体的容器必须有明显标识。 25. 人应站在硫化机两侧及上风口

表 3-4(续)

序号	作业类别	风险	控制措施
2	起重、人工搬运	人员伤害	1. 身体各部位不能处于发生挤压的位置。 2. 多人搬运,互叫互应。 3. 平均每人搬运重物不得超过 30 kg,如超重可多人或借助起重工具。 4. 多人合作应有专人指挥,同起同落。不得超负荷搬运。 5. 拴绑重物要牢靠。 6. 保持好重物平衡,防止侧滑或倾倒。 7. 禁止抛掷工具和工件。 8. 抬、放重物应步调一致。 9. 必须熟悉现场环境,如水沟、地坑等。 10. 清理好现场,防止杂物绊倒,如不能清除障碍物需做明显标志。 11. 在重量不详时,不能强行搬运重物。 12. 人员躲开物体弹射范围。 13. 高处作业系好合格安全带,扶牢站稳
3	输送带检修	卷入、跌落、弹(溅)伤	1. 检修前必须停电、闭锁、挂牌。 2. 输送带试运转时,选好站位,保持安全距离。 3. 护栏完好,防护有效。 4. 高处作业,系好合格安全带,选好站位。 5. 护栏、盖板完好,防护有效。 6. 带压管路固定好,需手持压力胶管时要握牢。 7. 人员站在有弹射危险范围之外。 8. 检修液压系统前停电、泄压

表 3-4(续)

序号	作业类别	风险	控制措施
4	输送带打倒车，人拉输送带，清理转动滚筒	卷入、人员伤害	1. 检修前必须停电、闭锁、挂牌。 2. 输送带打倒车和试运转时，选好站位，保持安全距离

安全技术基础知识四
本岗位事故隐患排查治理方法

学习目标

1. 掌握提升系统隐患排查及治理。
2. 掌握压风系统隐患排查及治理。
3. 掌握主排水系统隐患排查及治理。
4. 掌握带式输送机隐患排查及治理。

安全技术基础知识相关知识

一、提升系统隐患排查及治理

提升系统隐患排查与治理见表 3-5。

表 3-5 提升系统隐患排查与治理

序号	隐患类别	隐患内容	隐患治理
1	物(设施)的不安全状态	1. 提升机滚筒周围缺少防护栏，存在人员卷入的危险。 2. 高压胶管老化，存在崩裂伤人危险。 3. 设备、物件不牢固，存在坠落的危险	1. 加装护栏，确保完好可靠。 2. 更换老化的高压胶管。 3. 检查并确保设备、物件牢靠

表 3-5(续)

序号	隐患类别	隐患内容	隐患治理
1	物(设施)的不安全状态	4. 各处螺栓连接、焊接部位连接不牢固,有机械故障危险。 5. 电动工具存在漏电现象或防护装置不完好,有触电、伤人危险。 6. 提升容器位置指示器失效,有过卷、坠罐危险。 7. 制动系统失效,有过卷、墩罐危险。 8. 制动力矩不足,有过卷、坠罐危险。 9. 摩擦衬垫摩擦力下降,可能导致过卷、坠罐危险	4. 紧固螺栓、检查焊接部位,确保牢固。 5. 检查电动工具,确保不漏电、防护装置完好。 6. 检查提升容器位置指示器,确保有效。 7. 检查制动系统,确保有效。 8. 按规定进行试验,确保制动力矩符合规定。 9. 提前试验,摩擦力应符合要求
2	人的不安全行为	1. 不遵守本工种的安全技术操作规程。 2. 不按安全技术措施进行作业。 3. 劳动保护用品穿戴不齐全。 4. 登高作业时,无专人把扶梯子,未系挂保险带或保险带系挂不规范。 5. 检修作业未执行停、送电规定。 6. 检修前,未停风、停水,泄压。 7. 检修作业时,未与信号工或提升机司机联系清楚。 8. 井口巡视查验时与推车机、调车机安全距离不够;与滚筒、天轮之间安全距离不够。 9. 身体状态不好、精神不集中	1. 加强教育、培训。 2. 抽测措施学习情况。 3. 检查劳动保护用品穿戴情况。 4. 使用梯子登高作业时,应专人把扶;规范系挂保险带。 5. 严格执行停送、电规定。 6. 严格执行停风、停水,泄压。 7. 检修作业时与信号工或提升机司机联系清楚。 8. 确保巡视安全距离。 9. 确认身体状况,精神应集中

表 3-5(续)

序号	隐患类别	隐患内容	隐患治理
3	环境	1. 现场有油污。 2. 设备、工具乱放。 3. 各种盖板锈蚀,承重能力下降,存在人员坠落危险	1. 清理油污。 2. 清理。 3. 更换锈蚀的盖板

二、压风系统隐患排查及治理

压风系统隐患排查与治理见表 3-6。

表 3-6 压风系统隐患排查与治理

序号	隐患类别	隐患内容	隐患治理
1	物(设施)的不安全状态	1. 对于在地面安装的空压机,冬季未对其管路及时放冷凝水,造成结冰堵住出风管路,甚至出现管路冻裂。 2. 空压机润滑系统中的故障可能导致温度升高	1. 及时放水。 2. 定期加注润滑油脂
2	人的不安全行为	1. 不遵守本工种的安全技术操作规程。 2. 不按安全技术措施进行作业。 3. 劳动保护穿戴不齐全。 4. 登高作业时,无专人把扶梯子;未系挂保险带或保险带系挂不规范。 5. 检修作业未执行停、送电规定。 6. 检修前,未停风、停水,泄压。 7. 身体状态不好、精神不集中	1. 加强教育、培训。 2. 抽测措施学习情况。 3. 检查劳动保护穿戴情况。 4. 使用梯子登高作业时,设专人把扶;正确系挂保险带。 5. 严格执行停、送电规定。 6. 严格执行停风、停水,泄压。 7. 确认身体状况,精神集中

表 3-6(续)

序号	隐患类别	隐患内容	隐患治理
3	环境	1. 现场有油污。 2. 设备、工具乱放。 3. 碹顶爆裂	1. 清理油污。 2. 清理。 3. 检查，有爆裂时及时找掉

三、主排水系统隐患排查及治理

主排水系统隐患排查与治理见表 3-7。

表 3-7　主排水系统隐患排查与治理

序号	隐患类别	隐患内容	隐患治理
1	物(设施)的不安全状态	1. 水泵保护装置不可靠。 2. 主排水管路锈蚀，管壁变薄，出现排水管路爆裂。 3. 各处螺栓连接、焊接部位连接不牢固。 4. 水泵温度高、异响、震动、仪表指示异常等。 5. 水仓清理不及时，水仓口未加设篦子。 6. 泵房内有背板断裂、掉顶、底鼓现象	1. 检查并确保水泵保护装置可靠。 2. 及时更换锈蚀管路。 3. 拧紧螺栓连接、确保焊接部位连接牢固。 4. 定期巡视，发现问题及时处理。 5. 及时清理水仓，水仓口加设篦子。 6. 及时处理背板断裂、掉顶、底鼓
2	人的不安全行为	1. 不遵守本工种的安全技术操作规程。 2. 不按安全技术措施进行作业。 3. 劳动保护用品穿戴不齐全。 4. 检修前未泄压。 5. 登高作业时，无专人把扶梯子；未系挂保险带或保险带系挂不规范。 6. 检修作业未执行停、送电规定。 7. 身体状态不好、精神不集中	1. 加强教育、培训。 2. 抽测措施学习情况。 3. 检查劳动保护用品穿戴情况。 4. 检修前及时泄压。 5. 使用梯子登高作业时设专人把扶；正确系挂保险带。 6. 严格执行停、送电规定。 7. 确认身体状况，精神集中

表 3-7(续)

序号	隐患类别	隐患内容	隐患治理
3	环境	1. 现场有油污。 2. 设备、工具乱放。 3. 碹顶爆裂	1. 清理油污。 2. 设备、工具有序放置。 3. 检查,有爆裂时及时找掉

四、带式输送机隐患排查与治理

带式输送机隐患排查与治理见表 3-8。

表 3-8　带式输送机隐患排查与治理

序号	项目	隐患类别	隐患内容	隐患治理
1	硫化输送带	物(设施)的不安全状态	1. 打磨机送电前,开关未在关闭位置。 2. 更换打磨机毛刷,插头未拔。 3. 使用的打磨机保护罩、毛刷、螺栓等松动。 4. 掰裁纸刀片,刀片探出较长,掰断前方伤人。 5. 断绳时,断出短节或钢丝弹起。 6. 液压系统出现泄漏。 7. 电源线有破损。 8. 给打磨机用的电源没有漏电开关装置。 9. 打磨机的磨切方向对着汽油	1. 检查打磨机送电前,确保开关在关闭位置。 2. 更换打磨机毛刷,必须拔掉插头。 3. 使用前检查打磨机,确保保护罩、毛刷、螺栓无松动。 4. 掰裁纸刀片,刀片前方不要对准人。 5. 断绳时,做好防护。 6. 施工前,检查液压系统,确保无泄漏。 7. 更换电源线。 8. 打磨机用的电源应安装漏电开关装置。 9. 严禁打磨机的磨切方向对着汽油

表 3-8(续)

序号	项目	隐患类别	隐患内容	隐患治理
1	硫化输送带	物（设施）的不安全状态	10. 打磨机使用时间过长。 11. 烤灯放置位置不稳定。 12. 钢丝绳头尖锐。 13. 物体边缘留有毛刺。 14. 蒸汽管路出现异常泄漏	10. 按规定使用打磨机。 11. 烤灯放置位置稳定。 12. 做好防护。 13. 清除毛刺。 14. 处理泄漏
		人的不安全行为	1. 拽带时，将手放于输送带与输送带、托辊、硫化机下加热板之间。 2. 多人协同作业，个人精神不集中。 3. 拽带及落下时，没能对手握处间隙变小做出预判。 4. 放置垫铁时，手指放置位置不当。 5. 加热板下压过程中仍对接口进行作业。 6. 用锤子钉钉子砸偏。 7. 剥带时用力过猛撞到他人或物品。 8. 剥带过程中，带条突然断裂。 9. 使用裁纸刀用力过猛。 10. 身体部位置于刀片运行前方。 11. 打磨坡口，打磨机前方站人，碎屑溅到身体或眼睛上。 12. 使用胶管冲洗设备，没放开胶管圈，手没握住端部，突然开大。 13. 误饮汽油。 14. 硫化加热时，人员站在下风口。 15. 加热或冷却时，用手试探加热板、锅炉、蒸汽的温度	1. 拽带时，严禁将手放于输送带与输送带、托辊、硫化机下加热板之间。 2. 多人协同作业，个人精神集中。 3. 拽带及落下时，看好间隙。 4. 放置垫铁时，看好位置。 5. 加热板下压时，严禁对接口进行作业。 6. 钉钉子注意力应集中。 7. 剥带时用力要均匀。 8. 剥带过程中，做好防护。 9. 使用裁纸刀用力要均匀。 10. 严禁身体部位在刀片运行前方。 11. 打磨坡口，打磨机前方严禁站人，戴上护目镜。 12. 使用胶管冲洗设备，握牢。 13. 专用容器盛放汽油。 14. 硫化加热时，严禁站在下风口。 15. 加热或冷却时，严禁用手试探加热板、锅炉、蒸汽的温度

表 3-8(续)

序号	项目	隐患类别	隐患内容	隐患治理
1	硫化输送带	环境	1. 现场有油污。 2. 设备、工具乱放。 3. 现场有煤尘、积煤	1. 清理油污。 2. 设备、工具有序放置。 3. 清理煤尘、积煤
2	起重作业	物(设施)的不安全状态	1. 挂绳过程中重物滑动。 2. 刚起吊时,有弯曲的钢丝绳受力从挂钩上脱落。 3. 从挂钩上摘钢丝绳时,钢丝绳本身弹力伤人。 4. 用钎子撬动重物时,撬点打滑。 5. 使用大锤或手锤时砸手。 6. 刚起吊或起吊过程中,重物受力不均,出现滑动掉落。 7. 超负荷起吊,钢丝绳拉断或手拉葫芦打滑。 8. 起吊点不牢固导致重物掉落。 9. 系绳过程中钢丝绳有断股或重物有锐角	1. 挂绳应牢固。 2. 刚起吊时,做好保险。 3. 从挂钩上摘钢丝绳时,做好保险,人员躲开危险范围。 4. 用钎子撬动重物时,做好防滑。 5. 安全使用大锤或手锤。 6. 起吊时找好重心。 7. 严禁超负荷起吊。 8. 确保起吊点牢固。 9. 检查钢丝绳无断股,重物无锐角
		人的不安全行为	1. 挂绳过程中踩空,高空作业时未系保险带。 2. 起吊过程中,将手放到可移动部位之间。 3. 拉手拉葫芦时用力过猛,铁链弹起伤人。 4. 脚放到重物下方。 5. 路面、平台有水,导致滑倒。 6. 仰头挂绳时煤尘掉落	1. 挂绳过程中踩稳;高空作业时系保险带。 2. 严禁起吊过程中,将手放到可移动部位之间。 3. 拉手拉葫芦时,用力要均匀。 4. 严禁脚放到重物下方。 5. 提前清理路面、平台水。 6. 提前清理煤尘
		环境	1. 现场有油污 2. 设备、工具乱放 3. 现场有煤尘、积煤	1. 清理油污。 2. 设备、工具有序放置。 3. 清理

表 3-8(续)

序号	项目	隐患类别	隐患内容	隐患治理
3	检修输送带	物(设施)的不安全状态	1. 煤仓上盖锈蚀严重,导致人跌入煤井。 2. 护栏糟朽,锈蚀严重,倚靠护栏,护栏断裂。 3. 路面、平台滑	1. 更换煤仓上盖板。 2. 更换护栏,严禁倚靠护栏。 3. 提前做好防滑措施
		人的不安全行为	1. 误启动输送带。 2. 人员碰到旋转部件。 3. 人员被工件挤压。 4. 人员被输送带与托辊挤压。 5. 静压水阀门开启过快,操作胶管人员把持不住胶管。 6. 液压检修,系统没有泄压。 7. 托辊安装不到位,突然掉下	1. 启动输送带前做好确认。 2. 严禁碰到旋转部件。 3. 人员站好位。 4. 人员躲开输送带与托辊。 5. 缓慢开启静压水阀门。 6. 液压检修前,先将系统泄压。 7. 托辊安装到位
		环境	1. 现场有油污。 2. 设备、工具乱放。 3. 现场有煤尘、积煤。 4. 碹顶爆裂	1. 清理油污。 2. 设备、工具有序放置。 3. 清理煤尘、积煤。 4. 检查,有爆裂时及时找掉

安全技术基础知识五
《煤矿安全规程》及安全生产标准化的相关规定

学习目标

1. 熟悉《煤矿安全规程》相关规定。
2. 熟悉煤矿安全生产标准化相关要求。

安全技术基础知识相关知识

一、《煤矿安全规程》的相关规定

（一）《煤矿安全规程》对提升系统维修的规定

第三百九十五条 立井罐笼提升井口、井底和各水平的安全门与罐笼位置、摇台或者锁罐装置、阻车器之间的联锁，必须符合下列要求：

（一）井口、井底和中间运输巷的安全门必须与罐位和提升信号联锁：罐笼到位并发出停车信号后安全门才能打开；安全门未关闭，只能发出调平和换层信号，但发不出开车信号；安全门关闭后才能发出开车信号；发出开车信号后，安全门不能打开。

（二）井口、井底和中间运输巷都应当设置摇台或者锁罐装置，并与罐笼停止位置、阻车器和提升信号系统联锁：罐笼未到位，放不下摇台或者锁罐装置，打不开阻车器；摇台或者锁罐装置未抬起，阻车器未关闭，发不出开车信号。

（三）立井井口和井底使用罐座时，必须设置闭锁装置，罐座未打开，发不出开车信号。升降人员时，严禁使用罐座。

第三百九十六条 提升容器的罐耳与罐道之间的间隙，应当符合下列要求：

（一）安装时，罐耳与罐道之间所留间隙应当符合下列要求：

1. 使用滑动罐耳的刚性罐道每侧不得超过 5 mm，木罐道每侧不得超过 10 mm。

2. 钢丝绳罐道的罐耳滑套直径与钢丝绳直径之差不得大于5 mm。

3. 采用滚轮罐耳的矩形钢罐道的辅助滑动罐耳，每侧间隙应当保持10～15 mm。

（二）使用时，罐耳和罐道的磨损量或者总间隙达到下列限值时，必须更换：

1. 木罐道任一侧磨损量超过15 mm或者总间隙超过40 mm。

2. 钢轨罐道轨头任一侧磨损量超过8 mm，或者轨腰磨损量超过原有厚度的25%；罐耳的任一侧磨损量超过8 mm，或者在同一侧罐耳和罐道的总磨损量超过10 mm，或者罐耳与罐道的总间隙超过20 mm。

3. 矩形钢罐道任一侧的磨损量超过原有厚度的50%。

4. 钢丝绳罐道与滑套的总间隙超过15 mm。

第三百九十九条　应当每年检查1次金属井架、井筒罐道梁和其他装备的固定和锈蚀情况，发现松动及时加固，发现防腐层剥落及时补刷防腐剂。检查和处理结果应当详细记录。

建井用金属井架，每次移设后都应当涂防腐剂。

第四百条　提升系统各部分每天必须由专职人员至少检查1次，每月还必须组织有关人员至少进行1次全面检查。

检查中发现问题，必须立即处理，检查和处理结果都应当详细记录。

第四百零一条　检修人员站在罐笼或箕斗顶上工作时，必须遵守下列规定：

（一）在罐笼或箕斗顶上，必须装设保险伞和栏杆。

（二）必须系好保险带。

（三）提升容器的速度，一般为0.3～0.5 m/s，最大不得超过2m/s。

（四）检修用信号必须安全可靠。

第四百零八条　各种用途钢丝绳的安全系数，必须符合下列要求：

（二）在用的缠绕式提升钢丝绳在定期检验时，安全系数小于下列规定值时，应当及时更换：

1. 专为升降人员用的小于 7。

2. 升降人员和物料用的钢丝绳：升降人员时小于 7，升降物料时小于 6。

3. 专为升降物料和悬挂吊盘用的小于 5。

第四百一十一条　在用钢丝绳的检验、检查与维护，应当遵守下列规定：

（一）升降人员或者升降人员和物料用的缠绕式提升钢丝绳，自悬挂使用后每 6 个月进行 1 次性能检验；悬挂吊盘的钢丝绳，每 12 个月检验 1 次。

（二）升降物料用的缠绕式提升钢丝绳，悬挂使用 12 个月内必须进行第一次性能检验，以后每 6 个月检验 1 次。

（三）缠绕式提升钢丝绳的定期检验，可以只做每根钢丝的拉断和弯曲 2 种试验。试验结果，以公称直径为准进行计算和判定。出现下列情况的钢丝绳，必须停止使用：

1. 不合格钢丝的断面积与钢丝总断面积之比达到 25％时；

2. 钢丝绳的安全系数小于本规程第四百零八条规定时。

（四）摩擦式提升钢丝绳、架空乘人装置钢丝绳、平衡钢丝绳以及专用于斜井提升物料且直径不大于 18 mm 的钢丝绳，不受（一）、（二）限制。

（五）提升钢丝绳必须每天检查 1 次，平衡钢丝绳、罐道绳、防坠器制动绳（包括缓冲绳）、架空乘人装置钢丝绳、钢丝绳牵引带式输送机钢丝绳和井筒悬吊钢丝绳必须每周至少检查 1 次。对易损坏和断丝或者锈蚀较多的一段应当停车详细检查。断丝的突出部分应当在检查时剪下。检查结果应当记入钢丝绳检查记录簿。

（六）对使用中的钢丝绳，应当根据井巷条件及锈蚀情况，采取防腐措施。摩擦提升钢丝绳的摩擦传动段应当涂、浸专用的钢丝绳增摩脂。

（七）平衡钢丝绳的长度必须与提升容器过卷高度相适应，防止过卷时损坏平衡钢丝绳。使用圆形平衡钢丝绳时，必须有避免平衡钢丝绳扭结的装置。

（八）严禁平衡钢丝绳浸泡水中。

（九）多绳提升的任一根钢丝绳的张力与平均张力之差不得超过±10%。

第四百二十条 钢丝绳绳头固定在卷筒上时，应当符合下列要求：

（一）必须有特备的容绳或者卡绳装置，严禁系在卷筒轴上。

（二）绳孔不得有锐利的边缘，钢丝绳的弯曲不得形成锐角。

（三）卷筒上应缠留3圈绳，以减轻固定处的张力，还必须留有定期检验用绳。

第四百二十一条 通过天轮的钢丝绳必须低于天轮的边缘，其高差：提升用天轮不得小于钢丝绳直径的1.5倍，悬吊用天轮不得小于钢丝绳直径的1倍。

天轮和摩擦轮绳槽衬垫磨损达到下列限值，必须更换：

（一）天轮绳槽衬垫磨损达到1根钢丝绳直径的深度，或者沿侧面磨损达到钢丝绳直径的1/2。

（二）摩擦轮绳槽衬垫磨损剩余厚度小于钢丝绳直径，绳槽磨损深度超过70 mm。

第四百二十六条 提升机机械制动装置的性能，必须符合下列要求：

（一）制动闸空动时间：盘式制动装置不得超过0.3 s，径向制动装置不得超过0.5 s。

（二）盘形闸的闸瓦与闸盘之间的间隙不得超过2 mm。

（三）制动力矩倍数必须符合下列要求：

1. 制动装置产生的制动力矩与实际提升最大载荷旋转力矩之比K值不得小于3。

2. 对质量模数较小的提升机，上提重载保险闸的制动减速度超过本规程规定值时，K值可适当降低，但不得小于2。

3. 在调整双滚筒提升机滚筒旋转的相对位置时，制动装置在各滚筒闸轮上所产生的力矩，不得小于该滚筒所悬重量（钢丝绳重量与提升容器重量之和）形成的旋转力矩的1.2倍。

4. 计算制动力矩时，闸轮和闸瓦的摩擦系数应当根据实测确定，一般采用 0.30～0.35。

（二）《煤矿安全规程》对空压机维修的规定

第四百三十一条　矿井应当在地面集中设置空气压缩机站。

在井下设置空气压缩设备时，应当遵守下列规定：

（一）应当采用螺杆式空气压缩机，严禁使用滑片式空气压缩机。

（二）固定式空气压缩机和储气罐必须分别设置在 2 个独立硐室内，并保证独立通风。

（三）移动式空气压缩机必须设置在采用不燃性材料支护且具有新鲜风流的巷道中。

（四）应当设自动灭火装置。

（五）运行时必须有人值守。

第四百三十二条　空气压缩机站设备必须符合下列要求：

（一）设有压力表和安全阀。压力表和安全阀应当定期校准。安全阀和压力调节器应当动作可靠，安全阀动作压力不得超过额定压力的 1.1 倍。

（二）使用闪点不低于 215 ℃的压缩机油。

（三）使用油润滑的空气压缩机必须装设断油保护装置或者断油信号显示装置。水冷式空气压缩机必须装设断水保护装置或者断水信号显示装置。

第四百三十三条　空气压缩机站的储气罐必须符合下列要求：

（一）储气罐上装有动作可靠的安全阀和放水阀，并有检查孔。定期清除风包内的油垢。

（二）新安装或者检修后的储气罐，应当用 1.5 倍空气压缩机工作压力做水压试验。

（三）在储气罐出口管路上必须加装释压阀，其口径不得小于出风管的直径，释放压力应当为空气压缩机最高工作压力的 1.25～1.4 倍。

（四）避免阳光直晒地面空气压缩机站的储气罐。

第四百三十四条　空气压缩设备的保护，必须遵守下列规定：

（一）螺杆式空气压缩机的排气温度不得超过 120 ℃，离心式空气压缩机的排气温度不得超过 130 ℃。必须装设温度保护装置，在超温时能自动切断电源并报警。

（二）储气罐内的温度应当保持在 120 ℃以下，并装有超温保护装置，在超温时能自动切断电源并报警。

（三）《煤矿安全规程》对主排水系统维修的规定

第三百一十一条　矿井应当配备与矿井涌水量相匹配的水泵、排水管路、配电设备和水仓等，并满足矿井排水的需要。除正在检修的水泵外，应当有工作水泵和备用水泵。工作水泵的能力，应当能在 20 h 内排出矿井 24 h 的正常涌水量（包括充填水及其他用水）。备用水泵的能力，应当不小于工作水泵能力的 70%。检修水泵的能力，应不小于工作水泵能力的 25%。工作和备用水泵的总能力，应当能在 20 h 内排出矿井 24 h 的最大涌水量。

排水管路应当有工作和备用水管。工作排水管路的能力，应当能配合工作水泵在 20 h 内排出矿井 24 h 的正常涌水量。工作和备用排水管路的总能力，应当能配合工作和备用水泵在 20 h 内排出矿井 24 h 的最大涌水量。

配电设备的能力应当与工作、备用和检修水泵的能力相匹配，能够保证全部水泵同时运转。

第三百一十二条　主要泵房至少有 2 个出口，一个出口用斜巷通到井筒，并高出泵房底板 7 m 以上；另一个出口通到井底车场，在此出口通路内，应当设置易于关闭的既能防水又能防火的密闭门。泵房和水仓的连接通道，应当设置控制闸门。

排水系统集中控制的主要泵房可不设专人值守，但必须实现图像监视和专人巡检。

第三百一十三条　矿井主要水仓应当有主仓和副仓，当一个水仓清理时，另一个水仓能够正常使用。

新建、改扩建矿井或者生产矿井的新水平，正常涌水量在 1 000 m^3/h 以下时，主要水仓的有效容量应当能容纳 8 h 的正常涌水量。

正常涌水量大于 1 000 m^3/h 的矿井，主要水仓有效容量可以按照下式计算：

$$V = 2(Q + 3\ 000)$$

式中 V——主要水仓的有效容量，m^3；

Q——矿井每小时的正常涌水量，m^3。

采区水仓的有效容量应当能容纳 4 h 的采区正常涌水量。

水仓进口处应当设置箅子。对水砂充填和其他涌水中带有大量杂质的矿井，还应当设置沉淀池。水仓的空仓容量应当经常保持在总容量的 50%以上。

第三百一十四条 水泵、水管、闸阀、配电设备和线路，必须经常检查和维护。在每年雨季之前，必须全面检修 1 次，并对全部工作水泵和备用水泵进行 1 次联合排水试验，提交联合排水试验报告。

水仓、沉淀池和水沟中的淤泥，应及时清理，每年雨季前必须清理 1 次。

（四）《煤矿安全规程》对带式输送机的规定

第三百七十四条 采用滚筒驱动带式输送机运输时，应当遵守下列规定：

（一）采用非金属聚合物制造的输送带、托辊和滚筒包胶材料等，其阻燃性能和抗静电性能必须符合有关标准的规定。

（二）必须装设防打滑、跑偏、堆煤、撕裂等保护装置，同时应当装设温度、烟雾监测装置和自动洒水装置。

（三）应当具备沿线急停闭锁功能。

（四）主要运输巷道中使用的带式输送机，必须装设输送带张紧力下降保护装置。

（五）倾斜井巷中使用的带式输送机，上运时，必须装设防逆转装置和制动装置；下运时，应当装设软制动装置且必须装设防超速保护装置。

（六）在大于 16°的倾斜井巷中使用带式输送机，应当设置防护网，并采取防止物料下滑、滚落等的安全措施。

（七）液力偶合器严禁使用可燃性传动介质（调速型液力偶合器不受此限）。

（八）机头、机尾及搭接处，应当有照明。

（九）机头、机尾、驱动滚筒和改向滚筒处，应当设防护栏及警示牌。行人跨越带式输送机处，应当设过桥。

（十）输送带设计安全系数，应当按下列规定选取：

1. 棉织物芯输送带，8～9。

2. 尼龙、聚酯织物芯输送带，10～12。

3. 钢丝绳芯输送带，7～9；当带式输送机采取可控软启动、制动措施时，5～7。

第三百七十五条 新建矿井不得使用钢丝绳牵引带式输送机。生产矿井采用钢丝绳牵引带式输送机运输时，必须遵守下列规定：

（一）装设过速保护、过电流和欠电压保护、钢丝绳和输送带脱槽保护、输送带局部过载保护、钢丝绳张紧车到达终点和张紧重锤落地保护，并定期进行检查和试验。

（二）在倾斜井巷中，必须在低速驱动轮上装设液控盘式失效安全型制动装置，制动力矩与设计最大静拉力差在闸轮上作用力矩之比应在 2～3 之间；制动装置应当具备手动和自动双重制动功能。

（三）采用钢丝绳牵引带式输送机运送人员时，应当遵守下列规定：

1. 输送带至巷道顶部的垂距，在上、下人员的 20 m 区段内不得小于 1.4 m，行驶区段内不得小于 1 m。下行带乘人时，上、下输送带间的垂距不得小于 1 m。

2. 输送带的宽度不得小于 0.8 m，运行速度不得超过 1.8 m/s，绳槽至输送带边的宽度不得小于 60 mm。

3. 人员乘坐间距不得小于 4 m。乘坐人员不得站立或者仰卧，应当面向行进方向。严禁携带笨重物品和超长物品，严禁触摸输送带侧帮。

4. 上、下人员的地点应当设有平台和照明。上行带平台的长度不得小于 5 m，宽度不得小于 0.8 m，并有栏杆。上、下人的区段内不得有支架或者悬挂装置。下人地点应当有标志或者声光信号，距离下人区段末端前方 2 m 处，必须设有能自动停车的安全装置。在机头机尾下人处，必须设有人员越位的防护设施或者保护装置，并装设机械式倾斜挡板。

5. 运送人员前，必须卸除输送带上的物料。

6. 应当装有在输送机全长任何地点可由乘坐人员或者其他人员操作的紧急停车装置。

二、煤矿安全生产标准化的相关要求

（一）主要提升（立斜井绞车）系统岗位安全生产标准化

（1）提升系统能力满足矿井安全生产需要。

（2）各种安全保护装置符合《煤矿安全规程》规定。

（3）立井提升装置的过卷过放、提升容器和载荷等符合《煤矿安全规程》规定。

（4）提升装置、连接装置及提升钢丝绳符合《煤矿安全规程》规定。

（5）制动装置可靠，副井及负力提升的系统使用可靠的电气制动。

（6）立井井口及各水平阻车器、安全门、摇台等与提升信号闭锁。

（7）提升速度大于 3 m/s 的立井提升系统内，安设有防撞梁和缓冲托罐装置；单绳缠绕式双滚筒绞车安设有地锁和离合器闭锁。

（8）斜井提升制动减速度达不到要求时应设二级制动装置。

（9）提升系统通信、信号装置完善，主副井绞车房与矿调度室有直通电话。

（10）上、下井口及各水平安设有摄像头，机房有视频监视器。

（11）地面机房安设有应急照明装置。

（12）使用低耗、先进、可靠的电控装置，有电动机及主要轴承温度和振动监测。

（13）主井提升宜采用集中远程监控，可不配司机值守，但应设图像监视并定时巡检。

（二）压风系统岗位安全生产标准化

（1）供风能力满足矿井安全生产需要。

（2）压缩机、储气罐及管路设置符合《煤矿安全规程》和《特种设备安全法》等规定。

（3）电动机保护齐全、可靠。

（4）压力表、安全阀、释压阀设置齐全有效，定期校准。

(5) 油质符合规定，有可靠的断油保护。

(6) 水冷压缩机水质符合要求，有可靠的断水保护。

(7) 风冷压缩机冷却系统及环境符合规定。

(8) 温度保护齐全、可靠，定值准确。

(9) 井下压缩机运转时有人监护。

(10) 机房安设有应急照明装置。

(11) 使用低耗、先进、可靠的电控装置，有电动机及主要轴承温度和振动监测。

(12) 地面压缩机宜采用集中远程监控。

(三) 主排水系统岗位安全生产标准化

(1) 排水能力满足矿井、采区安全生产需要。

(2) 泵房及出口，水泵、管路及配电、控制设备，水仓蓄水能力符合《煤矿安全规程》规定。

(3) 有可靠的引水装置。

(4) 设有水位观测及高、低水位声光报警装置。

(5) 电动机保护装置齐全、可靠。

(6) 排水设施、水泵联合排水试验、水仓清理等符合《煤矿安全规程》规定。

(7) 水泵房安设有与矿调度室直通的电话。

(8) 各种仪表齐全，及时校准。

(9) 使用低耗、先进、可靠的电控装置，有电动机及主要轴承温度和振动监测。

(10) 宜采用集中远程监控，实现无人值守。

其他排水地点如下：

(1) 排水设备及管路符合规定要求。

(2) 设备完好，保护齐全、可靠。

(3) 排水能力满足安全生产需要。

(4) 使用小型自动排水装置。

(四) 带式输送机系统岗位安全生产标准化

1. 钢丝绳牵引带式输送机

(1) 提升运输能力满足矿井、采区安全生产需要,人货不混乘,不超速运人。

(2) 各种保护装置符合《煤矿安全规程》规定。

(3) 在输送机全长任何地点装设便于搭乘人员或其他人员操作的紧急停车装置。

(4) 上、下人地点设声光信号语音提示和自动停车装置,卸煤口及终点下人处设有防止人员坠入及进入机尾的安全设施和保护。

(5) 上、下人和装、卸载处装设有摄像头;机房有视频监视器。

(6) 输送带、滚筒、托辊等材质符合规定;滚筒、托辊转动灵活,带面无损坏、漏钢丝等现象。

(7) 机房安设有与矿调度室直通的电话。

(8) 使用低耗、先进、可靠的电控装置,有电动机及主要轴承温度和振动监测。

(9) 宜采用集中远程监控,实现无人值守。

2. 滚筒驱动带式输送机

(1) 提升运输能力满足矿井、采区安全生产需要。

(2) 电动机保护齐全可靠。

(3) 装设有防滑、防跑偏、防堆煤、防撕裂和输送带张紧力下降保护装置,以及温度、烟雾监测和自动洒水装置。

(4) 上运运输机装设防逆转和制动装置;下运运输机装设有软制动装置且装设防超速装置。

(5) 减速器与电动机采用软连接或软启动控制,不应使用离心式联轴器;液力偶合器不使用可燃性传动介质(调速型液力偶合器不受此限)。

(6) 输送带、滚筒、托辊等材质符合规定,采用非金属聚合物制造的输送带、托辊和滚筒包胶材料的阻燃性能和抗静电性能符合有关标准的规定;滚筒、托辊转动灵活,带面无损坏、漏钢丝等现象。

(7) 倾斜井巷使用的钢丝绳芯输送机有钢丝绳芯及接头状态检测

装备。

(8) 钢丝绳芯输送机设有沿线紧急停车、闭锁装置，装、卸载处设有摄像头。

(9) 机头、机尾及搭接处设有照明，转动部位设有防护栏和警示牌，行人跨越处设有过桥。

(10) 在倾角大于16°的倾斜井巷中应当设置防护网，并采取防止物料下滑、滚落等安全措施。

(11) 连续运输系统安设有连锁、闭锁控制装置，沿线安设有通信和信号装置。

(12) 集中控制硐室安设有与矿调度室直通的电话。

(13) 使用低耗、先进、可靠的电控装置，有电动机及主要轴承温度和振动监测。

(14) 宜采用集中远程监控，实现无人值守。

模块二　机械维修作业安全操作技能

安全操作技能一　本岗位“双述”知识

学习目标

1. 了解提升机机械维修作业岗位“双述”内容。
2. 了解空压机机械维修作业岗位“双述”内容。
3. 了解主排水机械维修作业岗位“双述”内容。
4. 了解带式输送机机械维修作业岗位“双述”内容。

安全操作技能相关知识

一、提升机机械维修作业岗位“双述”

1. 岗位安全描述

我叫×××，是矿井维修钳工，本班我的工作内容是检修提升机。

(1) 设备与环境描述

我所负责检修的提升机为多绳摩擦式提升机，型号为×，钢丝绳直径×mm；其制动系统为盘型制动系统，液压站型号为×。作业现场环境良好。

(2) 岗位主要风险和安全确认

① 工作人员精神状态是否良好。

② 检修大件放置是否平稳。

③ 检修前，是否进行停电、泄压挂牌。

④ 转动部位有无挤伤、卷入隐患。

⑤ 工具是否齐全完好。

⑥ 高空作业有无坠落隐患。

经安全确认，无隐患(经安全确认有×隐患，正在处理)。

(3) 岗位主要操作程序

安全确认→停电→挂停电牌、检修牌→开始检修→摘牌、送电→清理现场→试运行。

(4) 避灾路线

① 避水灾路线：A 地→B 地→上井。

② 避火灾、瓦斯煤尘事故路线：A 地→B 地→上井。

2. 岗位手指口述

提升系统检修前安全确认(手指口述)：

(1) 确认作业人员身体状况、证件。(手指口述：身体健康状况良好，证件合格，可以工作)

(2) 确认劳动保护、工具、材料。(手指口述：劳动保护、工具、材料齐全完好)

(3) 确认工作环境。(手指口述：环境良好，可以工作)

(4) 确认停电、停风、停水挂牌。(手指口述：已停好，检修牌、停电牌已挂好)

3. 检修中手指口述(以液压站检修为例)

(1) 确认提升机已停止，液压站已停电。(手指口述：提升机停止运行，液压站电源已停，确认完毕)

(2) 确认劳动保护、工具、材料。(手指口述：劳动保护、工具、材料齐全完好，确认完毕)

(3) 开始清洗液压站电磁阀。(手指口述：电磁阀标记清楚，确认完毕)

(4) 安装电磁阀。(手指口述：电磁阀安装位置正确，螺栓紧固，确认完毕)

(5) 液压站检修完毕后进行试运转。(手指口述：液压站检修完毕，可以试运转，确认完毕)

4. 行为禁忌

(1) 严禁无证上岗。

(2) 严禁工作人员带病上岗作业。

(3) 严禁不停电、不挂停电牌检修作业。

(4) 严禁检修中使用不完好工具、设备等。

(5) 严禁登高作业不系安全带,登高工具不可靠,单人登高作业。

(6) 严禁不泄压检修压力设备。

(7) 严禁与运转设备安全距离不够进行作业。

二、空压机机械维修作业岗位“双述”

1. 岗位安全描述

报告,我叫×××,是矿井空气压缩机维修工。我的工作内容是对空气压缩机、风包、冷却泵、排风管路等进行检修。分为日检和周期性检修,保证矿井正常用风,同时负责所管辖部位的文明生产。

(1) 设备与环境描述

我所检修的空气压缩机型号是 MLG20/8-132G,额定排气量 20 m^3/min,额定排气压力 0.8 MPa,额定电压为 380/660 V ,电机功率 132 kW,电机转速 2 970 r/min。

所在工作区域主要在压风机房内,位置在×,作业区域均为新风,硐室内顶板状况良好。

(2) 岗位主要风险和安全确认

① 巷顶是否掉渣、片帮。

② 检修大件放置是否平稳。

③ 检修前是否进行停电挂牌。

④ 转动部位是否存在挤伤、卷入隐患。

⑤ 工具是否齐全完好。

⑥ 工作人员精神状态是否良好。

经安全确认,无隐患(经安全确认有×隐患,正在处理)。

(3) 岗位主要操作程序

安全确认→进行停电挂牌→关闭管路闸阀→正常检修→恢复送电→开启管路闸阀→试运转→清理现场。

(4) 避灾路线

① 避水灾路线:工作地点→大巷→上井。

② 避火灾、瓦斯煤尘事故路线:工作地点→大巷→上井。

2. 岗位手指口述

压风系统检修安全确认(手指口述):

(1) 确认作业人员身体状况、证件、工作环境。(手指口述:身体健康状况良好,证件合格,环境良好,可以工作)

(2) 确认劳动保护、工具、材料。(手指口述:劳动保护、工具、材料齐全完好)

(3) 确认停电、停风、停水挂牌。(手指口述:已停好,检修牌、停电牌已挂好)

手指口述:确认完毕,可以检修。

(4) 确认空压机体是否完好,各部位螺栓是否紧固可靠,有无异响。(手指口述:机体完好,螺栓紧固)

(5) 确认保护装置是否可靠。(手指口述:保护装置安全可靠)

(6) 确认各仪表指示是否正常。(手指口述:各仪表指示正常)

手指口述:检修完毕,可以试车。

3. 行为禁忌

(1) 严禁无证上岗。

(2) 严禁工作人员带病上岗作业。

(3) 严禁不停电、挂停电牌检修作业。

(4) 严禁检修中使用不完好工具、设备等。

(5) 严禁登高作业不系安全带,登高工具不可靠,单人登高作业。

(6) 严禁不泄压检修压力设备。

(7) 严禁与运转设备安全距离不够进行作业

三、主排水机械维修作业岗位“双述”

1. 岗位安全描述

报告,我叫×××,是矿井主排水泵的维修工。我的工作内容是对水泵、闸阀、止回阀、引流装置、排水管路等进行检修。

(1) 设备与环境描述

我所检修的主排水泵型号是 MD450-90×10，流量 450 m^3/h，扬程 900 m，功率 1 414 kW。

所在工作区域主要在中央排水泵房内，位置在×，作业区域均为新风，硐室内顶板状况良好。

(2) 岗位主要风险和安全确认

① 巷顶是否掉渣、片帮。

② 检修大件放置是否平稳。

③ 检修前是否进行停电挂牌。

④ 转动部位是否存在挤伤隐患。

⑤ 工具是否齐全完好。

⑥ 工作人员精神状态是否良好。

经安全确认，无隐患(经安全确认有×隐患，正在处理)。

(3) 岗位主要操作程序

安全确认→进行停电挂牌→正常检修→恢复送电→试运转→清理现场。

(4) 避灾路线

① 避水灾路线：工作地点→逃生通道→上井。

② 避火灾、瓦斯煤尘事故路线：工作地点→逃生通道→上井。

2. 岗位手指口述

排水系统检修安全确认(手指口述)：

(1) 确认人员身体状况、证件、工作环境。(手指口述：身体健康状况良好，证件合格，环境良好，可以工作)

(2) 确认劳动保护、工具、材料。(手指口述：劳动保护、工具、材料齐全完好)

(3) 确认停电、停水挂牌。(手指口述：已停好，检修牌、停电牌已挂好)

手指口述：确认完毕，可以检修。

(4) 确认水泵机体是否完好，各部位螺栓是否紧固可靠，有无异响。(手指口述：机体完好，螺栓紧固)

(5) 确认保护装置是否可靠。(手指口述：保护装置安全可靠)

(6) 确认各仪表指示是否正常。(手指口述:各仪表指示正常)

手指口述:检修完毕,可以试车。

3. 行为禁忌

(1) 严禁无证上岗。

(2) 严禁带病上岗作业。

(3) 严禁不停电、不挂停电牌检修作业。

(4) 严禁检修中使用不完好工具、设备等。

(5) 严禁登高作业不系安全带,登高工具不可靠,单人登高作业。

(6) 严禁不泄压检修压力设备。

(7) 严禁与运转设备安全距离不够进行作业。

四、带式输送机机械维修作业岗位"双述"

1. 岗位安全描述

我叫×××,是带式输送机区的一名矿井维修钳工。我的工作内容是检修带式输送机。

(1) 作业场景描述

我现在所在的小组主要负责-800 m上仓带式输送机设备的日常检修维护工作。该带式输送机是-800 m水平主提升系统的咽喉,全长291 m,带速为2.5 m/s。巷道顶板岩性为细砂岩,底板岩性为粉砂岩,结构较为稳定。

所在工作区域主要在中央排水泵房内,位置在×,作业区域均为新风,硐室内顶板状况良好。

(2) 岗位主要风险和安全确认

① 巷顶是否掉渣、片帮。

② 检修大件放置是否平稳。

③ 检修前是否进行停电挂牌。

④ 转动部位是否存在挤伤、卷入隐患。

⑤ 工具是否齐全完好。

⑥ 工作人员精神状态是否良好。

经安全确认,无隐患(经安全确认有×隐患,正在处理)。

(3) 岗位操作描述

我的岗位操作顺序：首先确认身体健康状况→开工→现场安全确认→停水→停电→按要求检修→供水→供电→试机→停工。

(4) 火灾避灾方法描述

发生火灾，瓦斯、煤尘爆炸后，应以最快的速度佩戴好自救器，然后迎着风流方向，迅速向井口撤离。若作业人员在事故点顺风流侧时，应就近进入新鲜风流侧，即上仓→井口→地面。

水灾避灾方法描述：当工作面发生水灾时，要由下向上撤出；其他地点人员就近向上撤出，即上仓→副井底→地面。

汇报完毕，请指示！

2. 岗位手指口述

带式输送机系统检修安全确认(手指口述)：

(1) 开工前确认参与工作人员、附近人员的身体健康状况是否良好，站位是否合理，以及工作区域顶板支护是否完好。(手指口述：身体健康状况良好，站位合理，支护良好，可以工作)

(2) 是否停电挂牌。(手指口述：电已停好，挂好停电牌)

(3) 检查输送带本体是否完好，是否挂有杂物，各部位螺栓是否紧固可靠。(手指口述：本体完好，螺栓紧固)

(4) 检查急停装置及传动装置是否灵活可靠，各处螺栓是否齐全。(手指口述：各部位装置灵活可靠，螺栓齐全)

(5) 检查各部位水管及电缆是否正常，接头是否完好，吊挂是否平直。(手指口述：电缆完好，接口可靠)

(6) 检查各部位减速器地脚螺栓是否松动，托辊连接是否可靠，减速器抱闸是否有效。(手指口述：螺栓紧固，连接可靠，抱闸完好有效)

3. 行为禁忌

(1) 严禁无证上岗。

(2) 严禁带病上岗作业。

(3) 严禁不停电、不挂停电牌检修作业。

(4) 严禁检修中使用不完好工具、设备等。

(5) 严禁登高作业不系安全带，登高工具不可靠，单人登高作业。

(6) 严禁不泄压检修压力设备。

（7）严禁与运转设备安全距离不够进行作业。

安全操作技能二　本岗位安全技术操作规程

学习目标

1. 掌握提升机、空压机机械维修作业岗位安全技术操作规程。
2. 掌握主排水机械维修作业岗位安全技术操作规程。
3. 掌握带式输送机机械维修作业岗位安全技术操作规程。

安全操作技能相关知识

一、提升机、空压机机械维修作业岗位安全技术操作规程

（一）适用范围

本规程适用于井上、下从事矿井提升机、压风设备机械维修工作的钳工。

作业人员上岗条件如下：

（1）必须经过专业培训、考试合格后，方可持证上岗。

（2）身体健康，能胜任本工种工作。

（3）必须熟悉所维修的矿井提升设备的结构、性能、工作原理，熟练掌握设备各种保护的使用以及正常检查、试验方法，掌握设备完好标准以及维修工艺，会按照完好标准进行日常的维护和保养，能正确、快速处理各种故障。

（4）本规程未规定的内容，按《煤矿安全规程》和产品说明书中关于维修保养内容以及各单位的有关管理规定执行。

（二）安全规定

（1）工作前必须穿戴好规定的劳动保护用品，仔细检查所用工具、材料、设备是否齐全完好。

（2）运转设备检修时，必须停止设备运转并停电，挂好停电牌。

（3）使用大锤作业时，不准戴手套；打大锤员工周围 2.5 m 内不得

有人站立。

（4）拆卸、安装机械时，要先了解机械的性能、作用以及部件安装顺序，熟悉装配图纸。

（5）检修压力机械时，检修前要卸压，试验压力时，要先检查连接部件是否紧固，不得超压。

（6）使用锉刀或刮刀作业时，锉下的粉末不得用嘴吹或用手直接清除。

（7）多人作业或起吊物件时，要密切合作、互相照应，由现场负责人统一指挥；起吊架下严禁有人，高空作业时人和物件都要有防掉落措施。

（8）在机械设备下部工作时，要检查上方与周围是否有掉落重物的可能性，并戴好安全帽。

（9）要认真执行本岗位安全责任制和交接班制度。

（三）操作准备

（1）接班人员必须向交班人员详细询问设备运转状况。

（2）准备好检修、查验所需工具、材料、备件。

（3）开工前做好环境、设备、工具的安全确认。

（四）正常操作

（1）认真执行设备巡视、检修查验制度，按规定的周期和部位对设备进行检查维护，发现问题及时处理。

（2）键、铆钉、螺母、螺栓、螺纹连接件等紧固件不松旷、歪斜，符合完好标准规定。

（3）减速器润滑良好，对减速器漏油、缺油现象及时处理，要求齿轮、齿面无裂纹，齿面点蚀不超限。

（4）润滑站、液压站油质未变质，每周倒试备用系统，油位低于油标时及时加油。

（5）天轮的各段衬垫、摩擦提升装置的绳槽衬垫磨损超过《煤矿安全规程》的规定时必须更换。

（6）轴以及轴承等转动部位转动灵活，按规定检查润滑情况和各处密封，有漏油或漏风现象及时更换密封。

(7) 对绞车制动系统每天测一次闸间隙,每周做一次贴闸试验,对摩擦提升装置每月做一次张力试验,闸间隙不合要求时进行调整,清擦闸盘。

(五) 收尾工作

(1) 每班工作结束后,认真填写检修、巡视记录本。

(2) 清理现场,按交接班制度进行交接班。

二、主排水机械维修作业岗位安全技术操作规程

(一) 适用范围

本规程适用于从事井下主排水泵房及其辅助系统检修、维护工作的矿井维修钳工。

(二) 上岗条件

(1) 必须经专业培训,理论与实践操作考试合格,取得操作资格证,持证上岗。认真遵守并执行本工种的各种规章制度。

(2) 身体健康,无影响从事本工种操作的健康问题。

(3) 必须熟悉所维修的泵房机械设备的结构、性能、工作原理、技术特征和正常、检修操作,了解各种传感器的安装位置、用途,掌握设备完好标准及维修工艺,会按照完好标准进行日常的维护和保养,能正确、快速处理各种机械故障,熟知所辖机械设备备件的存放位置及种类。

(4) 服从管理人员分配,认真完成其交代的任务,集体列队上、下岗,按规定规范乘罐、乘坐架空乘人装置和人车。

(5) 本规程未规定的内容,按《煤矿安全规程》和产品说明书中关于维修、保养内容以及其他有关管理规定执行。

(三) 安全规定

(1) 工作前,严格按照“危害辨识,危险预知”安全确认实施办法做好人、机、物、法、环等方面安全确认,必须穿戴好规定的劳动保护用品,仔细检查和正确使用工具、材料、设备。

(2) 检修时,必须先停止水泵、阀门等运转,并联系泵房电工停电,挂好停电牌后,再次进行联系确认。检修完毕,必须由挂牌者摘牌送电,严禁约时送电试运转。

(3) 检修前后，必须通知调度站及泵房其他人员检修情况及注意事项，与其他工种员工之间做好协作；检修完毕必须由挂牌者摘牌送电，严禁约时送电试运转。

(4) 涉及检修工作的各种机械设备在缺乏必要的安全装置或安全装置失灵时，不得开动。在设备运转中，任何人不得拆卸回转部件的安全防护装置。

(5) 禁止跨越正在运转的机械传递物品，传递工具、材料、工件等时不得抛掷。

(6) 两人以上搬运大件物品时，须有专人指挥，互喊互答，互相照应。

(7) 放置或堆积材料物品时必须稳固，并防止其倾倒、滚动。

(8) 使用大锤作业时，不准戴手套；打大锤员工周围 2.5 m 内不得有人站立。

(9) 使用锉刀或刮刀作业时，锉下的粉末不得用嘴吹或用手直接清除。

(10) 操作手持电动工具，必须有两人在现场。

(11) 拆卸、安装机械设备或部件时，要先了解其性能、作用以及部件安装顺序，熟悉装配关系。

(12) 各种设备必须有专人负责操作、查验，其他人不经同意不准私自开动。

(13) 多人作业或起吊物件时，要密切合作、互相照应，由现场负责人统一指挥；起吊架下或吊物上严禁有人。高空作业时，人和物件都要有防掉落措施。起重时不得超载吊运，并要找好物体重心，平稳升降。

(14) 在机械设备下部工作时，要检查上方与周围是否有掉落重物的可能性，并戴好安全帽。

(15) 检修压力机械时，检修前要卸压。试验压力时，要先检查连接部件是否紧固，不得超压。

(16) 更换出水阀门、逆止阀前，必须先关闭出水阀门两侧主管路上的阀门，并对两个主管路上阀门之间的管路进行放水泄压。更换水泵、逆止阀必须先确认出水阀门是否彻底关严。小井清理，必须在小井两侧水仓阀门关闭和停泵情况下进行。

(17) 要认真执行本岗位安全责任制和交接班制度。

(四) 操作准备

(1) 检修前,必须熟知设备维修、运转状况。

(2) 准备并详细查验所需工具、材料、备件,如发现其有危害安全时,禁止使用。

(3) 工作前,严格按照"危害辨识,危险预知"安全确认实施办法做好人、机、物、法、环等方面的安全确认,必须穿戴好规定的劳动保护用品,仔细检查和正确使用工具、材料、设备。

(五) 正常操作

(1) 认真执行设备巡视、检修查验制度,按规定周期和部位对设备进行检查维护,发现问题及时处理。

(2) 键、铆钉、螺母、螺栓、螺纹连接件等紧固件不松旷、不歪斜,符合完好标准规定。

(3) 液压站及液压系统油质未变质,油位低于油标时必须及时加油,各接头连接牢靠。

(4) 轴以及轴承等转动部位转动灵活,按规定检查润滑情况和各处密封,有漏油或漏风现象及时更换密封。

(5) 联轴器间隙应符合 5～12 mm 规定,弹性圈外径与联轴器销孔内径不应超过 3 mm,柱销螺母有弹簧垫圈。

(6) 定期调整水泵串量。平衡板、平衡盘磨损达到 3 mm 后必须更换。盘根不过热,漏水不成线,盘根套无明显沟痕。

(7) 泵与电机轴心线必须在同一平面内成直线。同时,当转动泵和电机轴时,泵与电机联轴器端间隙的均匀度,在上、下、左、右各方位上,最大和最小间隙不得超过 0.25 mm;两联轴器的外径方向尺寸,在上、下、左、右各方位的变化值不得超过 0.1 mm。

(8) 泵体、阀门、管路及连接法兰无跑冒滴漏,阀门、逆止阀、小井阀门齐全、完好,操纵灵活,动作可靠,截流有效。平衡水管、冷却水管畅通、无堵塞。

(9) 真空泵、射流泵完好,能在 5 min 内灌满水泵,真空泵水箱充满水。

(10) 压力表、真空表完好,指示正确。

(11) 吸水小井无杂物,笼头不淤埋和堵塞;小井积泥面距吸水管下端不得小于最小极限值 0.5 m。

(12) 水泵、阀门、管路防腐性能良好。

(13) 检验备品、备件。

(六) 收尾工作

(1) 检修后,工作负责人对检修工作进行检查验收,检查人员、工具、材料是否全部撤回,设备是否完好。

(2) 清理现场,做好文明生产,恢复保护、送电,对检修的设备进行试运转;发现异常,未排除故障前,严禁启车。

(3) 每班工作结束后,认真填写检修、巡视记录本,本人签字,责任明确。

三、带式输送机机械维修作业岗位安全技术操作规程

(一) 适用范围

本规程适用于从事井下主运带式输送机及其辅助系统检修、维护工作的矿井维修钳工(以下简称机工)。

(二) 上岗条件

(1) 必须经专业培训,理论与实践操作考试合格,取得操作资格证,持证上岗。

(2) 身体健康,无影响从事本工种操作的健康问题。

(3) 必须熟悉所维修的带式输送机及其组成装置的结构、性能、工作原理、技术特征,能熟练检修操作。了解各种保护的安装位置、用途和复位方法。掌握设备完好标准及维修工艺,会按照完好标准进行日常的维护和保养,能正确、快速处理各种机械故障。熟知所辖机械设备备件的存放位置及种类。

(4) 服从管理人员分配,认真完成其交代的任务,集体列队上、下岗,按规定规范乘罐、乘坐架空乘人装置和人车。

(5) 如果带式输送机巡视工缺岗,由带式输送机工临时替班或协助其他工种作业时,也必须认真执行其他工种相应的岗位安全责任

制度。

(6) 本规程未规定的内容,按《煤矿安全规程》和产品说明书中关于维修、保养内容以及其他有关管理规定执行。

(三) 安全规定

(1) 工作前,做好人、机、物、法、环、讯等方面的全面安全确认工作,必须穿戴好规定的劳动保护用品,仔细检查和正确使用工具、材料、设备。

(2) 检修时,必须先通知调度站和信控中心,说明检修的主要内容,停止带式输送机运转,并联系带式输送机区电工停电,本人挂好停电牌。现场拉下最近的一组急停开关,保持闭锁状态,并进行联系确认。检修完毕,必须由挂牌者摘牌送电,严禁约时送电试运转。

(3) 检修前后,必须通知当班输送带机头、机尾巡视工与其关联的检修情况及注意事项,并且与其他工种员工之间做好协作。

(4) 涉及检修工作的各种机电设备,在缺乏必要的安全装置或安全装置失灵时,不得开动。在设备运转中,任何人不得拆卸回转部件的安全防护装置。

(5) 禁止跨越正在运转的机械传递物品,传递工具、材料、工件等时不得抛掷。

(6) 禁止乘坐带式输送机,禁止用带式输送机拉运设备、材料、工具等。

(7) 两人以上搬运大件物品时,须有专人指挥,互喊互答,互相照应。

(8) 放置或堆积材料物品时必须稳固,并有防止其倾倒、滚动的具体措施。

(9) 使用大锤作业时,不准戴手套;打大锤员工周围 2.5 m 内不得有人站立。

(10) 使用锉刀或刮刀作业时,锉下的粉末不得用嘴吹或用手直接清除。

(11) 操作手持电动工具,必须有两人在现场。

(12) 拆卸、安装机械设备或部件时,要先了解其性能、作用以及部件安装顺序，熟悉装配关系。

(13) 各种设备必须有专人负责操作、查验，其他人员不经同意严禁私自开动。多人在一起同时安装或检修一台机械时，要由专人指挥进行作业。

(14) 多人作业或起吊物件时，要密切合作、互相照应，由现场负责人统一指挥；起吊架下方或吊物上方严禁有人。高空作业时，人和物件都要有防掉落措施。起重时不得超载吊运，并要找好物体重心，平稳升降。

(15) 在机械设备下部工作时，要检查上方与周围是否有掉落重物的可能性，并戴好安全帽。

(16) 检修压力机械时，检修前要泄压。试验压力时，要先检查连接部件是否紧固，不得超压。

(17) 要认真执行本岗位安全责任制和交接班制度。

(四) 操作准备

(1) 检修前，必须向上一班带式输送机电工和带式输送机巡视工详细询问设备维修、运转状况。

(2) 准备并详细查验所需工具、材料、备件，如发现其有危害安全的情况时，禁止使用。

(3) 开工前，做好人员、环境、设备、工具、工序的安全确认。

(五) 正常操作

(1) 认真执行设备巡视、检修查验制度，按规定周期对设备进行检查维护，发现问题及时处理。

(2) 确保键、铆钉、螺母、螺栓、螺纹连接件等紧固件不松旷、不歪斜，符合完好标准规定。

(3) 减速器润滑良好，对减速器漏油、缺油现象及时处理。要求齿轮、齿面无裂纹，齿面点蚀不超限，无挤压、变形现象，噪声、振动无异常。

(4) 润滑站、液压站及液压系统油质未变质；油位低于油标时必须及时加油，各接头连接牢靠。

(5) 衬垫等零件磨损超过《煤矿安全规程》的规定时必须更换。

(6) 轴以及轴承等转动部位转动灵活，按规定检查润滑情况和各处密封，有漏油或漏风现象及时更换密封。

(7) 输送带接头牢固平整，接缝平直、无裂口、无鼓泡、无翘边，接头总破损量和输送带面胶脱层符合规定。钢丝绳芯输送带不得有边部波浪和钢丝外漏现象，面胶脱层符合规定；硫化接头的强度不得低于原输送带强度的85%。

(8) 各滚筒金属表面无开焊、无裂纹、无明显凹陷。滚筒端盖螺栓齐全，弹簧垫圈压平紧固。滚筒胶层无脱层或裂口，无异常磨损。卸载滚筒清扫器和机尾清扫器，要求刮板与滚筒或输送带接触角度正确、间隙适当，并且要求设置保险链。滚筒无异响，温升不超过75 ℃。机头、机尾传动部件防护栏(罩)应可靠，防止人员与其相接触。

(9) 放煤嘴检修闸板能够完全打开和关闭，封口圈螺丝、焊口，放煤嘴与梁吊点无异常，护板螺丝无松动，护板无变形，不刮输送带，底板无开焊、砸漏现象。

(10) 机头架、机尾架和拉紧装置架，不得有开焊现象。托辊安装整齐，无掉辊和缺辊现象。各种托辊必须保持转动灵活，无卡阻和异响，托辊架必须安装齐全，无开焊、变形。

(11) 拉紧装置拉紧压力的数值必须每天对比，及时补充压力；液压油油位不足时及时补充；车架无损伤、无变形；车轨道无变形，车轮在轨道上运行自如、无异响；钢丝绳无断股、无严重锈蚀。

(12) 制动装置工作正常，各传动杆件灵活可靠。液压油充足，无漏油和渗油现象。闸皮磨损严重必须及时更换，制动衬垫磨损到2～3 mm厚度时必须更换，各销轴不松旷、不缺油，闸轮表面无油迹。各类制动器检修后，在正常制动和停电制动时，不得有爬行、卡阻等现象。

(13) 清扫器调节装置完整无损。清扫器橡胶刮板必须用阻燃、抗静电材料，其高度不得小于20 mm，并有足够的压力。与输送带接触部位应平直，接触长度不得小于85%。

(14) 给煤机的给煤板无开焊、磨损、变形、移位。橡胶弹簧无裂纹、无变形、无后仰。对轮皮子无撕裂，磨损不超过1/4。轴承运转情况良好、无异响，温升不超过70 ℃。

(15) 及时查验、补充备品、备件。

(六) 收尾工作

(1) 检修结束后,负责人对检修工作进行检查验收。检查人员是否全部撤回,工具、材料是否全部回收,设备是否完好。

(2) 清理现场,做好文明生产,恢复保护、送电,对检修的设备进行试运转;发现异常,未排除故障前,严禁启车。

(3) 负责人将检修结果汇报本单位。

(4) 每班工作结束后,认真填写检修、巡视记录本,必须由本人签字,责任明确。

(5) 按交接班制度进行交接班。

模块三　机械维修作业典型事故案例

学习目标

1. 了解机械维修作业典型事故案例。

2. 增强职工安全意识和提高安全操作技能，吸取事故教训，防止同类事故发生。

安全操作技能相关知识

案例一　绞车跑车事故

1. 事故经过

某日早班，某矿副井液压站电磁阀渗油严重，钳工张×和卢×前往处理。司机把大小罐提至井筒错罐位置，停止油泵。钳工开始处理漏油，当时没有关闭油路阀门，处理完毕后开始试车。司机启动油泵按钮，在没有给定电流、没有松开制动闸、没有开车信号的情况下绞车突然运行。司机及时踩了脚踏开关紧急停车，绞车已经运行了 8 m 左右。通知电工前来检查处理后，恢复正常。

2. 事故原因分析

(1) 直接原因。钳工在处理液压站漏油的过程中不细心，没有关闭油路阀门，是造成事故的直接原因。

(2) 间接原因。提升司机没有提醒钳工关闭油路阀门，没有起到互保作用，是造成事故的间接原因。

3. 事故防范措施

在处理副井液压站故障时，应首先关闭油路阀门，以防发生跑车现象；工作过程中应该细心，并且必须按照程序进行处理，避免误操作。

案例二　扭伤左脚事故

1. 事故经过

2017 年 3 月 22 日，某矿两点班班前会由副区长沈××按照程序组织召开。到现场后，组长吴××安排李×、赵××、贾××和吴×拆除坏托辊，安装新托辊。组织现场开工确认后开始工作。大约 17:20，在 5011-2 带式输送机 188# 架子处向里送下平托辊时，赵××脚下一滑致使左脚扭伤。

2. 事故原因

（1）直接原因。赵××现场对巷道倾斜角度确认不到位，工作胶靴磨损老化致使向里侧送托辊时脚下一滑，导致其左脚扭伤。

（2）间接原因。现场班组长管理人员对赵××在工作中的安全注意事项叮嘱落实不到位。

3. 防范措施

（1）重新修订完善搬运部分安全提示内容，打印下发员工。

（2）制定此项工作的作业安全防范措施，各包保负责人组织员工进行现场安全培训。

（3）加强现场对员工安全提示和危险预知及行为纠正培训。

（4）增强员工安全防范意识，加强自主保安及相互保安的能力。

（5）强化员工对现场工作环境进行确认，确保作业安全。

（6）加强对无安全把握人排查和帮教。

案例三　带式输送机带口撕裂事故

1. 事故经过

2017 年 9 月 18 日 12:19，某矿－950 m 二采带式输送机机尾司机李××（电工替班）汇报－950 m 二采带式输送机带口内侧撕裂了 150 mm左右的一个口子，现场无法开启带式输送机。带式输送机区调度立即通知盯岗人员王××和带班班长李××前往处理。经过临时处理，至 13:15，开启带式输送机。

2. 事故原因

(1) 人的因素。—950 m 二采带式输送机两点班检修人员检修查验不到位,未发现隐患,是事故发生的主要原因。

(2) 机械设备因素。带式输送机带扣使用时间过长,发生老化、松动,是事故发生的间接原因。

3. 防范措施

(1) 加强两点班检修人员责任意识培养,对检修内容进一步细化,对不按要求检修的人员严格考核。

(2) 对所有皮带带扣系统排查,发现老化、松动现象提前更换。

(3) 落实岗位司机班前确认制度,确认无隐患后,方可开启设备。

第四部分　泵类操作作业

泵类操作作业安全技术基础知识

泵类操作作业安全操作技能

泵类操作作业典型事故案例

模块一　泵类操作作业安全技术基础知识

安全技术基础知识一　专业技术基础知识

学习目标

1. 熟悉矿井排水基础知识。
2. 熟悉主排水泵基础知识及安全运行。
3. 熟悉临时排水泵基础知识。
4. 熟悉水源热泵基础知识。
5. 熟悉乳化液泵基础知识。

安全技术基础知识相关知识

一、矿井排水基础知识

（一）矿井排水的任务及特殊性

1. 矿井排水的任务

矿井排水的任务是将井下涌出的矿井水，通过排水系统不断地排至地面，以保证矿井安全生产和作业人员的生命安全。若不排水，就会影响矿井正常生产，甚至发生淹井事故，造成生命、财产的巨大损失。矿井排水系统是煤矿必不可少的主要生产系统之一。

2. 矿井排水的特殊性

由于矿井涌水的复杂性和危险性，对矿井排水泵房的要求比一般的机电硐室更加严格，对排水设备的可靠性要求更高，因此要求除安装工作水泵外，还必须保证有一定数量的备用、检修水泵。矿井排水设备的耗电量很大，一般会占到全矿井总耗电量的25%～35%，应执行“避峰填谷”的运行方式，以节约电费。因为矿井涌水在井下流动过程中，混入和溶解了许多矿物质，含有一定数量的煤炭颗粒、流沙等杂质，所以要求排水泵要具有较强的抗腐蚀性和耐磨性。

（二）矿井涌水

矿井涌水水源有地表水源和地下水源两大类。

1. 地表水源

地表水源主要指大气降水和地表水。

（1）大气降水。大气降水是地下水的主要补给水源。降水量对矿井涌水的影响较大，尤其是对分布于河谷洼地，且煤层上部有透水层、溶洞、裂隙或塌陷的浅井较为显著，其影响具有明显的季节性。雨季矿井涌水量增大，旱季则相反。

（2）地表水。河流、湖泊、水库和塌陷地积水等地表水，可以通过井筒、断层、裂隙、溶洞和钻孔等直接进入井下，也可以作为地下水的补给水源，使地下水经过与井巷连通的通道进入井巷，造成水灾。

2. 地下水源

地下水是矿井水最经常、最主要的水源。

根据地下水的赋存状态和赋存位置的不同，可将矿井水分为以下4种：

（1）含水层水。地层中的砂层、砂岩和灰岩层等，往往含有丰富的地下水。当掘进巷道揭露含水层或采煤工作面放顶后所形成的冒落裂隙与这些含水层相通时，含水层水就涌入矿井。含水层水一般都具有很高的压力，特别是当它与地面水源相通时，对矿井安全生产的影响较大。

（2）断层水。断层带及断层附近岩石破碎，裂隙发育，常形成构造赋水带。特别是当导水断层与强含水层或积水体相通时，如发生断层突水，就会形成水灾。

（3）老空积水。井下采空区或煤层露头附近的废弃井巷常有积水，如果开采时与之相通，就会发生突水事故。

（4）生产用水。生产用水是指水采、除尘、煤体注水、防火注浆、水砂充填等用水。

（三）矿井排水方式

矿井排水的方式很多，不同的矿井应根据矿井的具体条件，考虑排水的可靠性和经济性，合理选择排水方式。根据泵的吸水口与水面高度的关系可分为压入式、吸入式及压吸并存式排水方式；根据使用地点的不同可分为移动式和固定式排水方式。

1. 压入式、吸入式及压吸并存式排水方式

(1) 压入式排水方式

此种排水方式适用于被排的水面高度高于水泵的吸水口高度。因此，水泵启动时不需要真空泵、射流泵等启动设备。启动非常简便，启动前，只要打开吸水侧闸阀，水就会自动灌满泵体，然后启动电动机，逐渐打开排水侧的闸阀，就可以排水了。

由于压入式排水被排水面高度高于水泵吸水口高度，所以泵内部存在一定的压力，工作时一般不会产生气蚀现象，同时也可以提高排水系统效率。

压入式排水系统要求泵房和机电设备有很高的可靠性，水泵司机有很强的业务素质，水仓周围岩层没有裂隙。其缺点是一旦泵房、水仓隔墙及机电设备发生较大故障，或者操作人员操作失误，就容易发生水淹泵房和矿井的重大事故，因此要慎重采用。

(2) 吸入式排水方式

此种排水方式适用于被排水面高度低于水泵的吸水口的高度。因此，水泵需要可靠的引水装置。由于吸入式排水方式安全性能好，工作可靠，所以不会造成水淹泵房事故。此种排水方式的缺点是排水效率较压入式排水方式低。

(3) 压、吸并存式排水方式

此种排水方式是以泵房标高为准，设有上、下两个水仓。上部水仓的标高比水泵吸口高，下部水仓的标高比水泵吸口低；一部分水泵采用压入式排水，另一部分水泵采用吸入式排水。这种压吸并存的排水方式，既可以发挥压入式排水的优点，又可以保证泵房安全。一旦发生故障，上水仓的水可以排到下水仓去，全部采用吸入式排水，不会造成跑

水、淹泵房的事故。

2. 移动式和固定式排水方式

(1) 移动式排水方式

移动式排水方式是指水泵随着工作面的移动或水位的变化而移动的排水方式，如排出立井、斜井下山掘进工作面以及恢复淹没矿井的积水，一般情况下只为矿井的局部服务。

(2) 固定式排水方式

固定式排水方式是指水泵位置长期固定不变，矿井的涌水都由此泵房排出的排水方式。这种排水方式是矿井的主要排水方式，吸水井内的水经底阀、吸水管进入水泵，获得压力后，通过闸阀和逆止阀沿排水管排至地面或上一水平。目前，固定式排水设备中，多数矿井已不采用底阀。

矿井固定式排水方式又可分为集中式排水和分段式排水两种方式。

① 集中式排水方式。集中式排水就是将各水平水仓中的水直接排送到地面。对于多水平开采的矿井，集中式排水还分为串联排水和直接排水两种方式。如果上水平的涌水量大，可以将上水平的水放到下一水平，然后集中统一排送到地面。有时也可以将几个水平的水分别直接排送到地面。

集中式排水系统简单，投资少，开拓量小，管理费用低，管路敷设简单。所以一般煤矿多采用集中式排水方式。

② 分段式排水方式。分段式排水就是将主排水设备安装在矿井的上水平，辅助排水设备安装在矿井的下水平，把下部水平的水分一段或几段排到上部水仓中，再由上部主排水设备把水排到地面。

分段式排水系统的优点是矿井中的管路相对较少，当掘进水平发生变化时，辅助水泵移动方便，机动性好；但投资大，上下水平的排水相互依靠，维护和管理较复杂。

(四) 矿井排水设备

1. 矿用水泵的分类及构造

(1) 矿用水泵的分类

矿用水泵可以用来输送清水、污水、水煤浆和泥浆等，其扬程一般在 1 000 m 以下，也有一些扬程在 1 000 m 以上的。矿用水泵的类型较多，分类方式也多，一般有以下几种分类方式：

① 按水泵叶轮数目分类

按水泵叶轮的数目分类，有单级泵和多级泵。

a. 单级泵。它只有一个叶轮，扬程较低，一般在 8～100 m 之间。

b. 多级泵。它由多个叶轮组成。液体依次流过各个叶轮，一个叶轮便是一级，级数越多，扬程越高。多级离心泵的级数一般在 2～13 级，泵的总扬程为所有叶轮产生的扬程之和，一般在 70～1 000 m，最高扬程可达到 1 800 m。

② 按水泵轴的安装位置分类

按水泵轴的安装位置分类，可分为卧式水泵和立式水泵。

卧式水泵的轴为水平安装；立式水泵的轴为垂直安装，立式水泵又分为吊泵、深井泵和潜水泵。吊泵多为多级立式离心式水泵，常用于立井（竖井）井筒掘进时的排水。潜水泵有可靠的密封结构，可以防止水进入电动机。

③ 按叶轮的进水方式分类

按叶轮进水方式分类，可分为单侧进水式水泵和双侧进水式水泵。

a. 单侧进水式水泵，简称单吸泵。单吸泵的叶轮上只有一侧进水口，因此叶轮两侧产生压力差，进而产生轴向力，需要采取平衡装置进行调节。由于它的过流部分结构简单，因此可用于泥浆泵、砂泵、立式轴流泵和小型标准泵。

b. 双侧进水式水泵，简称双吸泵。双吸泵的首级叶轮两侧都有进水口，不产生轴向力，不需要平衡装置，且流量比单吸泵大一倍，一般大口径泵采用双吸泵。

④ 按排水的介质分类

按排水的介质情况分类，可分为清水泵、渣浆泵（砂泵）和泥浆泵。

⑤ 按所产生的扬程分类

a. 低压泵：扬程低于 20 m。

b. 中压泵：单级扬程为 20～102 m。

c. 高压泵:单级扬程高于 102 m。

⑥ 按水在水泵叶轮内部流动的方向分类

按水在水泵叶轮内部流动的方向不同进行分类,可分为离心式水泵、轴流式水泵和混流式水泵。

a. 离心式水泵:水沿轴向进入叶轮,在叶轮内转为径向流出。

b. 轴流式水泵:水沿轴向进入叶轮,经叶轮后仍沿轴向流出。

c. 混流式水泵:水沿轴向进入叶轮,在叶轮中斜向流出。

(2) 矿用水泵的构造

矿用水泵种类繁多,结构各异,但不论何种泵,都由泵体、泵轴、叶轮、轴承、泵盖及密封装置等几大部分组成。典型的有单级离心泵和多级离心泵。

① 单级离心泵

单级离心泵结构简单,使用维护方便,流量为 4.5～600 m^3/h,扬程5～132 m,吸水口直径 40～300 mm。在煤矿应用广泛,掘进工作面排水,空气压缩机冷却水的供水以及其他辅助用水,大都用此种水泵。其型号主要有 BA 型、IH 型、IS 型等。

② 多级离心泵

多级离心泵特点是扬程高,在煤矿主排水系统中得到广泛应用。其流量一般为 25～580 m^3/h,扬程一般在几十米到上千米,排水口径为 50～250 mm。该泵种类很多,常见的有 D 型、MD 型等。

2. 排水管路及附件

(1) 排水管路

排水管路是由多节钢管或铸铁管材,采用各种方式连接起来的水流通道,一般由直管、弯头、三通、四通、异径管等组成。其常用的连接方式有法兰盘连接、焊接、快速接头连接等。

(2) 附件

常用的管路附件有闸阀、逆止阀、多功能水泵控制阀等。

① 闸阀

闸阀有手动操作的,也有电动和液动的。闸阀的作用是将其两侧的设备或管路接通或断开。在水泵的出水口侧与排水管之间必须安设闸阀。当水泵启动时，须关闭闸阀，这样可以降低启动功率；当水泵正常排水工作后，再打开闸阀；水泵停止运转时，要关闭闸阀。有时可以通过调节闸阀的开启高度来调节负荷，防止电动机的负荷过重，并控制流量的大小。

在多条管路、多台水泵的排水系统中，可以通过闸阀来控制或选择任何几条管路或任何几台水泵的运行；在有几个水仓或多个吸水井的配水巷中，也需要用闸阀来选择工作的水仓或水井。

② 逆止阀

其作用是防止排水管路中的水逆流，一般安装在离水泵很近的闸阀上方。阀门的一端有活轴，另一端可以绕活轴旋转开启或关闭。当水泵停止工作时，逆止阀阀门靠自重和水压而自动关闭，阻止水流通过，避免水流冲击损坏水泵叶轮和底阀。当水泵正常工作时，阀门打开，水流正常通行。

③ 多功能水泵控制阀

多功能水泵控制阀由主阀和调节阀及接管系统组成。阀体采用直流式阀体，主阀控制室为膜片式或活塞式的双控制室结构，控制室比一般水力控制阀增加了一个，增加了对主阀的控制功能，实现了对水泵出口的缓慢开启、全开、缓闭、截止等多功能控制，实现了一个阀门、一次调节对水泵出口的多功能控制。多功能控制阀用于水泵出口管路上，防止和减弱水泵启闭时管线的水锤水击，防止水倒流，保护水泵，维护管路安全。为了实现水泵运行的自动化，简化管理，减轻劳动，提高可靠性，人们用水力阀门和电动阀门取代手动阀门，对单体阀门进行多项技术改进，出现了缓开缓闭逆止阀、缓动启闭水力阀门、自动缓闭闸阀、双速自闭阀等新型阀门。其工作原理如下：

a. 停泵状态，阀板在出口端及隔膜上腔静压作用下全部关闭。

b. 水泵启动时，水压从旁通管传入下腔，主阀板及缓闭阀板在进口端及下腔水压作用下缓慢开启。

c. 在进水端压力作用下，阀板上升到最大开口状态，开口高度由流量决定。

d. 停泵瞬间，流量及压力突然降低，主阀板在重力作用下开始向下滑落。

e. 当流量接近于零时，主阀被关闭，主阀板上留有泄流孔以减弱水锤冲击力；主阀板上、下形成压力差，阀门出口水压从旁通管进入上腔推动膜片压板，使下腔水排入阀门进口，缓闭阀板开始缓闭。

f. 缓闭阀板完全关闭泄流孔，阀门回到停泵初始状态。

其基本构造如下：

阀门的总体尺寸与普通逆止阀相当，由主阀和外装附件组成。其中，主阀包括阀体、压板及膜片、大阀板、缓闭阀板、阀座、阀杆组件等部件。缓闭阀板用阀杆组件与压板及膜片连接，膜片压紧在阀盖与膜片座之间，膜片的上下运动带动缓闭阀板上下升降。阀杆穿过大阀板的中心孔，因此大阀板可以在一定的范围内沿阀杆滑动。大阀板因自重压紧在阀座上，阀门处于关闭状态。多功能水泵控制阀的外装附件安装在阀门膜片两侧与阀门进、出水管上；而膜片的下腔与阀门进水侧的连接管上装设控制阀、过滤器和一只特制的逆止阀。

膜片的上腔与阀门出水侧的连接管上只设过滤器和一只控制阀。主阀内大阀板和缓闭阀板的运动和所处的位置决定了阀门工作状态的变化和启闭。阀门的外装附件和管路随时把阀门前后的压力变化传递到阀门内，由膜片分成的上腔和下腔，控制大阀板和缓闭阀板的运动，并可以通过调整附件改变大阀板与缓闭阀板的运行速度，使阀门的开启与缓闭时间处于规定的范围内。

二、主排水泵基础知识及安全运行

（一）主排水泵的工作原理

当水泵的吸水管路和泵体内被灌满水启动后，水在水泵叶轮旋转中所产生的惯性离心力的作用下被甩出去。这时，叶轮中部由于无水而形成真空，水池（或水井）中的水在大气压的压力下顺着吸水管被压入水泵。水又在叶轮高速旋转产生的惯性离心力的作用下被甩出去，被甩出去的水经泵壳汇集到水泵的出口处，其速度和压力逐渐增加，这时泵壳内产生的高压水便会顺着排水管被压送到指定地点。水池中的水源源不断地被大气压力压入水泵，又被水泵中高速旋转的叶轮连续甩出，从一个较低的位置输送到另一较高的位置。

离心水泵所产生压力的高低与叶轮直径和转速有关系。叶轮直径大,所产生的压力就大;反之,压力就小。叶轮转速高,所产生的压力就大;反之,压力就小。对于多段式离心式水泵来说,段数多(即叶轮级数多),所产生的压力就大;反之,压力就小。

目前,大多数水泵都采用真空泵启动排水或射流泵启动排水,下面对其工作原理做简要介绍。

真空泵引水原理为水泵启动前,开动真空泵抽出水泵内的空气。由于泵体上、下口均已经被水密封,因此水泵内的空气越来越稀薄,即气压越来越低,形成负压。吸水池中的水在大气压的作用下,随着负压的升高逐渐进入吸水管和泵体内,直到充满泵体。这时,关闭真空泵,开动水泵就可以排水了。

射流泵主要由喷嘴、吸水管和混合室组成。当从排水管引来的高压水由喷嘴高速喷射时,高速的喷射水流连续不断带走了吸水室中的空气,使得与吸水室相连接的泵体内部形成一定的真空度,产生负压。大气压使泵体内部逐渐充满水,这时便可以启动电动机带动水泵进行排水(图 4-1)。首先,打开阀门 10 和阀门 9,来自排水管路中的高压水通过喷射泵 5,将泵体内的空气带走,高压水和空气通过连接管路流入水池中,这样经过很短的时间,水泵体中就形成了真空。在大气压的压力下,水池(水仓)中的水被压入泵体,当连接管路中排出的全部是水时,关闭阀门 9 和阀门 10,启动水泵进行排水。

(二) 主排水泵的性能参数

(1) 流量

流量是指水泵在单位时间内排出的水的数量,即水泵的排水量。流量可以用体积流量和质量流量来表示。体积流量用 Q 表示,单位有 m^3/h、m^3/s 等;质量流量用符号 G 表示,单位为 t/h。

(2) 扬程

扬程又称为总扬程、全扬程或总水头。其所指的就是单位质量的水通过水泵后获得能量的增加值。扬程用 H 表示,扬程的单位是 m(水柱),习惯称为米。需要指明的是,水泵铭牌上所标注的水泵的扬程数值通常指的是该水泵在最高效率点运转时所产生的扬程。扬程有如

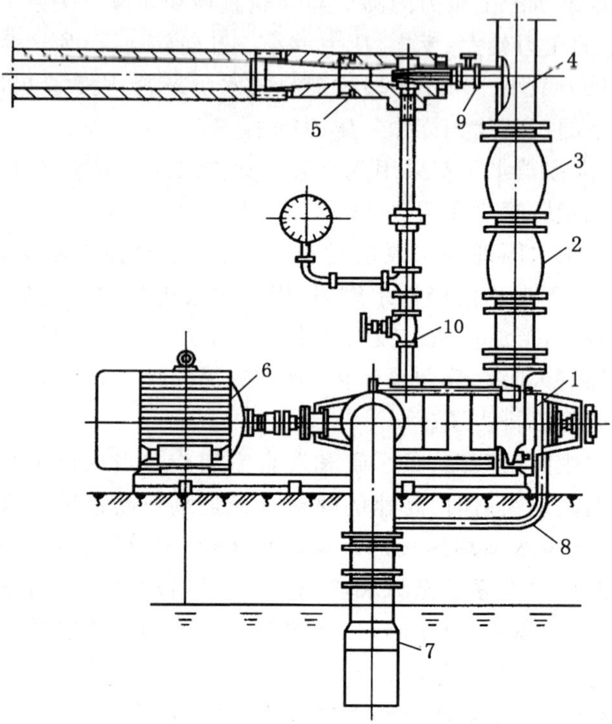

1—水泵;2—闸阀;3—逆止阀;4—排水管;5—喷射泵;
6—电动机;7—水龙头;8—放水管;9—高压阀;10—低压阀。

图 4-1　射流泵排水系统图

下几种(图 4-2):

① 实际吸水扬程,用符号 H_x表示,指的是从水泵轴心线到吸水池水面之间的垂直高度,单位为 m。

② 实际排水扬程,用符号 H_p表示,指的是从水泵轴心线到排水管出口之间的垂直高度,单位为 m。

③ 实际扬程,用符号 H_a表示,指的是从吸水池水面到排水管口之间的垂直高度,单位为 m。也就是说,实际扬程是实际吸水扬程和实际排水扬程的数量之和。用公式表示如下:

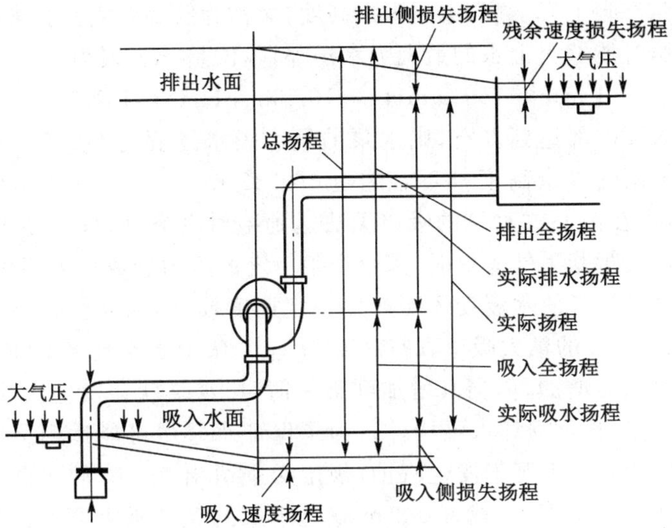

图 4-2　扬程示意图

$$H_a = H_x + H_p$$

④ 损失扬程，用符号 H_L 表示，指的是水流过管路和管路附件时损失掉的扬程，单位为 m。

⑤ 总扬程，用符号 H 表示，指的是实际扬程 H_a 和损失扬程 H_L 之和，单位为 m。用公式表示如下：

$$H = H_a + H_L$$

或

$$H = H_x + H_p + H_L$$

(3) 转速

转速是指水泵叶轮每分钟的转数，用符号 n 表示，单位是 r/min。矿用离心式水泵一般都与电动机直接相连，因此，离心式水泵的转速就是电动机的转速。矿用离心式水泵使用电动机的级数多为二级或四级，其对应的同步转速为 1 500 r/min 或 3 000 r/min。

(4) 允许吸上真空度与必需汽蚀余量

允许吸上真空度，也叫吸水高度，简称为吸高。它是指离心式水泵在工作时能够吸上水的最大吸水扬程，单位是 m。因为

$$1\ \mathrm{atm}=760\ \mathrm{mmHg}=10.332\ \mathrm{mH_2O}=101.3\ \mathrm{kPa}$$

如果水泵内部达到真空，则水泵的最大吸水扬程为 10.332 m。所以，任何水泵的吸水高度都不会超过 10.332 m，实际上也达不到这个数值，因为在离心式水泵的吸口无法达到绝对真空，而且水在流经底阀、吸水管及管路附件等处时，都会产生一定的阻力造成压力损失。此外，在吸水口为了使水流动还要产生一定速度损失，因此就存在着一个小于 10.332 m 的最大吸上真空高度 H_{smax}。吸上真空高度值随着吸水高度的增加而增加，但当其增加到某一值时，水泵就会发生汽蚀，而不能正常工作，甚至损坏水泵构件。为了保证水泵尽可能达到最大的吸上真空高度而又不至于发生汽蚀，规定必须留出 0.3 m 的安全量。最大吸上真空高度 H_{smax}减去 0.3 m 就是水泵的允许吸上真空高度(H_s)，用公式表示为：

$$H_s=H_{smax}-0.3$$

最大吸上真空高度是依靠试验的方法求出来的。可以从水泵样本上查到允许吸上真空高度 H_s的数值。水泵制造厂家提供的允许吸上真空高度值，是指水温在摄氏 20 ℃，大气压为 $9.806\ 65\times10^4$ Pa(即 1 $\mathrm{kg/cm^2}$)时测得的清水数值。在实际的水泵安装中，一般离心式水泵安装的吸水高度不会超过 6 m；如条件允许的话，水泵安装的吸水高度越小越好。

对于给定泵，在给定转速和流量下必需具有的汽蚀余量，称为泵的必需汽蚀余量，常用 NPSH 表示，又称为泵的汽蚀余量。这是规定泵要达到的汽蚀性能参数。NPSH 和离心泵的内部流动有关，是由泵本身确定的。其物理意义是液体在泵进口部分压力下降的程度，也就是为了保证泵不发生汽蚀，要求在泵进口处单位质量液体具有超过汽化压力水头的富余能量。必需汽蚀余量与装置参数无关，只与泵进口部分的运动参数(u_o、w_o、w_k等)有关，这些运动参数在一定转速和流量下是由几何参数决定的。对于既定的泵，不论何种介质(黏性大介质因影响速度分布除外)，在一定转速和流量下流经泵进口，因速度大小相

同故有相同的压力降，即其 NPSH 相同。所以 NPSH 与液体的性质无关（不考虑热力学因素）。NPSH 越小，表示压力降小，因而泵的抗汽蚀性能越好。

（5）功率

对于一台整套水泵（包括与之配套的电动机）的功率而言，功率可分为水泵的轴功率、有功功率和选用功率。

① 轴功率。轴功率是指电动机直接传递给水泵轴的功率（N_z）。

② 有功功率。有功功率是指水泵在单位时间内对流过水泵内的水所做的有效功的大小（N_x）。

③ 选用功率。选用功率是指所选配的电动机的功率。为了保证水泵的可靠运转，所选配的电动机功率要略大于水泵的轴功率，一般为轴功率的 1.25 倍。

（6）水泵效率

水泵的效率是指水泵的有功功率与水泵的轴功率之比的百分数，用符号 η 表示，其公式为：

$$\eta = N_x / N_z \times 100\%$$

水泵的效率永远小于 1，它反映出水泵性能的好坏和电能利用的情况。矿用离心式水泵的效率一般在 60%～80%之间。现在新型离心式水泵的效率有超过 80%的，在选用水泵时，尽可能选用高效泵。

（7）管路效率

管路效率是指水泵实际扬程（H_a）与总扬程（H）之比，用符号 η_g 表示。

$$\eta_g = H_a / H \times 100\%$$

（8）排水系统效率

排水系统效率是指排水设备的总效率，它等于水泵效率、管路效率和电动机效率（η_d）的乘积，用符号 η_c 表示。

$$\eta_c = \eta \eta_g \eta_d$$

（三）主排水泵的特性

主排水泵的主要性能与水泵的流量 Q、扬程 H、轴功率 N_z 等有关，通过试验可求得每台水泵的流量 Q 与扬程 H、轴功率 N_z、效率 η

和允许吸上真空高度H_s的关系曲线图(图4-3)。不同型号的水泵有不同的性能曲线,根据水泵的性能曲线,可以从一个参数找到其他参数,这对于正确选择和经济合理地使用水泵起到了重要作用。

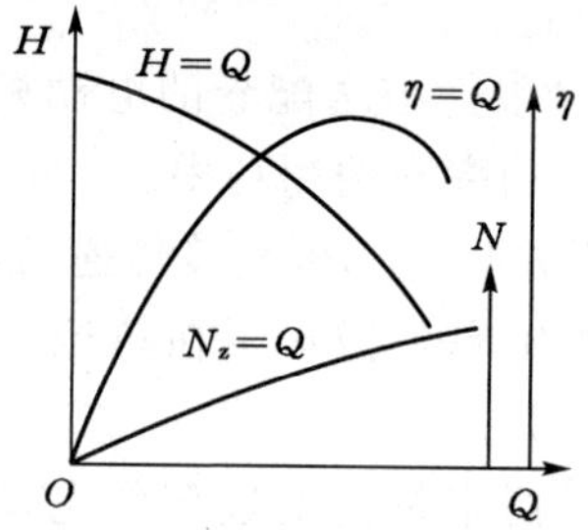

图4-3 水泵特性曲线图

需要说明的是,水泵的主要性能参数是在其效率最高点测定的。水泵流量是变化的,随着流量的变化,其他参数也随之变化,每一种型号的水泵都按照本身的特定变化而变化。

通过分析可知,水泵流量小时,其扬程高;水泵流量增大时,其扬程慢慢地下降。轴功率随水泵流量的增大而增大,随流量的减小而减小,电动机电流也随之增大或减小。因此,在关闭闸板阀、启动离心式水泵时,因没有电流或流量很小,就可以大大减小水泵电动机的启动电流。流量为零时,效率也为零,随着水泵流量增加,水泵效率也逐渐增加,但增加到最大值后,效率反而下降。

水泵的扬程、流量、轴功率和效率一般是指水泵在最高效率点上工作时的一组参数。但是,水泵很难正好工作在最高效率点上,因为流量、扬程、轴功率一直在变化,水泵工作点取决于与水泵相连的管网系统。因此,为使排水系统达到最佳、最经济合理的效果,必须考虑管网系统。水泵的性能曲线和管网特性曲线的相交点就是水泵的工作状况点,简称工况点(有时也叫工作点)。

(四)主排水泵安全运行

1. 主排水泵的运行方式

(1) 主排水泵的并联运行

两台或两台以上的水泵通过一条或几条管路进行排水就叫水泵的并联运行。并联运行中最简单的是两台水泵通过一条管路排水。在矿井实际排水时常用并联排水。在正常涌水季节,在同一泵房中往往只需要一台或一组水泵运行即可;但在最大涌水季节,就需要并联排水以增加排水能力。水泵并联运行时水泵扬程应基本相符,否则扬程低的水泵不能发挥作用,甚至会发生水从扬程高的泵向扬程低的泵倒流现象。两台特性相同的泵并联排水后,可以看出:

① 并联后的排水量大于任何一台水泵单独工作时的排水量。

② 并联后每台泵排水量要比单独工作时的排水量小;因而,并联后的总排水量比各台泵单独排水量加起来总和小。这是由于并联后管路中流量加大,造成阻力损失增大的缘故。因此,一般情况下,并联后每台泵消耗的功率要比泵单独运行时小。

(2) 主排水泵的串联运行

当一台水泵的扬程不够时,可以用两台或两台以上多台水泵串联运行,以增加排水扬程。串联运行可以分为以下几种情况:

① 直接串联。同一泵房内的两台泵直接串联进行排水,第一台泵的排水口与第二台泵的吸水口相连。其排水要求:两台泵流量基本相等,后一台泵的强度能承受两台水泵的压力总和。

串联运行时,总的扬程为两台水泵扬程之和,流量等于一台泵的流量。若两台流量不相等的泵串联运行时,总流量为流量小的那台泵的流量,流量大的泵能力发挥不出来,这时,应把流量大的那台泵放在前面,但应注意,两台泵的额定流量不能相差太大。若有两台扬程不相等的泵串联运行时,应将扬程低的那台泵放在前面。

② 间接串联。不同标高的两台泵串联排水称为间接串联。其要求两台泵的流量基本相等,第一台泵的扬程必须能排到另一台泵需要的高水位,第二台泵的扬程必须保证把水排到目的地。

③ 辅助升压泵排水。当水泵的最大吸上真空高度不能满足吸水要求时,可以加装辅助升压泵,并与主泵串联起来进行排水。升压泵装在吸水管上,它的第一级叶轮沉于水面下,因而不需要充水。升压高度取决于升压泵的性能。

2. 主排水泵的经济运行

煤矿排水设备用电量在矿井各项电耗之中占有很大比例，一般达30%左右。为了降低电耗，开展排水设备的经济运行十分必要。

提高排水设备运行的经济性，可以从以下几个方面入手：

(1) 提高水泵效率

① 定期检查水泵，更换磨损过多的叶轮及密封环，减少回流泄漏损失；及时更换磨损过限的平衡盘和平衡环，减少叶轮侧板与泵体碰撞摩擦，防止轴承冲击端盖，造成水泵运行失效。

② 保持轴承清洁，定期更换润滑脂。

③ 长期固定安装的供、排水泵，应装真空泵或射流阀，同时加大进水滤水面积，出水口安装高效节能止回阀。

④ 使用新型高效泵替换老、旧、杂的低效泵，使水泵各工况点效率全面提高。

(2) 提高管道效率

① 改进流道形状，减少水力损失。

② 及时清除管内污垢，去掉不必要的局部装置，以减小管路阻力，提高管道效率。

③ 排水管路并联运行，减少阻力、增加流量。

(3) 其他措施

① 消除系统跑冒滴漏现象，减少系统损失。

② 及时清理吸水小井和水仓，保证排水水质清洁；减少水泵过流部件的磨损，降低内循环。

③ 落实避峰填谷排水制度，尽可能在用电“谷段”排水。

三、临时排水泵基础知识

煤矿井下有些特定地点需要根据水量的变化临时安装排水泵。临时排水泵安装方便，不需要建造专门的泵房，对井管和扬水管没有特殊的要求，使用以及维护简单，同时具有流量小、扬程低的特点。临时排水泵主要有小水泵和潜水泵两种类型。

(一) 小水泵

煤矿井下的临时性排水泵，大多是用功率较小的多级泵。

（二）潜水泵

潜水泵是深井提水的重要设备。使用时整个机组潜入水中工作，把地下水排至地表。一般流量可达 5～650 m^3/h，扬程可达 10～550 m。开泵前，吸入管和泵内必须充满液体。开泵后，叶轮高速旋转，其中的液体随着叶片一起旋转。在离心力的作用下，液体飞离叶轮向外射出，射出的液体在泵壳扩散室内速度逐渐变慢，压力逐渐增加，然后从泵出口排出管流出。此时，叶片中心由于液体被甩向周围而形成既没有空气又没有液体的真空低压区，液池中的液体在池面大气压的作用下，经吸入管流入泵内，液体就是这样连续不断地从液池中被抽吸上来又连续不断地从排出管流出。就使用介质来说，潜水泵大体上可以分为清水潜水泵、污水潜水泵、海水潜水泵（有腐蚀性）3 类。

潜水泵机组由水泵、潜水电动机（包括电缆）、输水管和控制开关 4 个部分组成。水泵为单吸多级立式离心泵；潜水电动机为密闭充水湿式、立式三相鼠笼异步电动机，电动机与水泵通过爪式或单键筒式联轴器直接，配备有不同规格的三芯电缆；启动设备由不同容量等级的空气开关和自耦减压启动器组成；输水管由不同直径的钢管制成，采用法兰连接，高扬程电泵采用闸阀控制。

潜水电动机轴上部装有迷宫式防砂器和两个返向装配的骨架油封，防止流沙进入电动机。潜水电动机采用水润滑轴承，下部装有橡胶调压膜、调压弹簧，组成调压室，调节由于温度引起的压力变化。电动机绕组采用聚乙烯绝缘，尼龙护套耐水电磁线；电缆连接按电缆接头工艺，把接头绝缘脱去刮净漆层，分别接好，焊接牢固，用生橡胶绕一层，再用防水胶带缠 2～3 层，外面再包上 2～3 层防水胶带或用水胶黏结包一层橡胶（自行车里胎）以防渗水。

四、水源热泵基础知识

水源热泵是利用地球表面浅层的水源，如地下水、河流和湖泊中吸收的太阳能和地热能作为冷、热源，进行转换的空调技术。通过输入少量高品位能源（如电能），实现低温位热能向高温位转移。1 kW・h 的电量可以产生 4～5 kW・h 的热量或冷量，达到节约能源的目的。具体的工作原理是制冷剂汽化在蒸发器内吸收低温热源的热量，然后通过压缩机将高温高压的气体压缩到冷凝器，把热量传给供暖循环水达到制热的目的。

水体分别作为冬季热泵供暖的热源和夏季空调的冷源，即夏季将建筑物中的热量“取”出来，释放到水体中去（由于水源温度低，所以可以高效地带走热量，以达到夏季给建筑物室内制冷的目的）；而冬季，则是通过水源热泵机组，从水源中“提取”热能，送到建筑物中采暖。

水源热泵主要包括三个系统：

第一个系统是由 3 台功率为 535 kW 的离心热泵机组组成的井口防冻子系统。机组制热完毕后，循环泵将热量送到主、副井暖风机房。暖风机对主、副井进行加热。

第二个系统是由 5 台功率为 720 kW 的高温螺杆热泵机组组成的工厂供暖子系统。循环泵将机组加热的高温水送到末端，对各个房间和车间进行供暖。

第三个系统是由 2 台功率为 832 kW 的螺杆热泵机组组成的空调洗浴子系统。洗浴水是梯级加热而成的，先由矿井压风机的冷却水余热对洗浴水进行预热，再由机组将水温提升到适宜温度。夏季还可利用中央空调从室内“取来”热源作为洗浴水热源，达到一机两用的目的，节能效果非常显著。

五、乳化液泵基础知识

乳化液泵站，适用于含有瓦斯和煤尘的环境中，为煤矿综合机械化采煤液压支架提供动力源以及为其他注水泵站、喷雾泵站提供动力源。乳化液泵站由 1 台 RYX 自动配液箱，1 台 YX 自动补油箱，1 台 ZJT1 矿用隔爆兼本质安全型交流变频调速控制装置，2 台（3 台）BRW 乳化液泵，移动式供油泵和内部连接管路等组成。乳化液泵变频启动可减小启动电流，启动速度平稳，启动性能可靠，对电网冲击小，减少对设备机械冲击。乳化液泵组能够在系统闭环工作状态下实现恒压变量自动控制，提高了乳化液泵组的做功效率，实现节能降耗。对液压支架等系统所用乳化液的浓度精确监控，在规定的浓度值范围内自动校正浓度，并实行自动配液。自动配液供液系统运行的相关数据可用 RS485 通信接口上传，实现远程控制和全工作面自动化。电气控制系统对泵站的运行进行监控，并对系统故障自诊断，保证设备的正常运行和维护。

乳化液泵组主要由以下几个部分组成：

1. 乳化液泵

这是泵站的主要组成部分，是使乳化液产生压力的装置。乳化液泵工作，使常压的乳化液获得能量，向液压系统输出压力乳化液。

乳化液泵的结构为卧式五柱塞往复式柱塞泵，主要由曲轴箱、高压缸套、泵头等组件组成。在泵的靠电动机侧装有安全阀，在另一侧装有卸载阀。乳化液泵由电动机驱动后，液力端（泵头）中的工作液经吸排液阀吸入和排出，从而输出高压液供液压支架工作使用。

2. 曲轴箱组件

（1）曲轴下方设有磁性过滤器，以吸附润滑油中的铁磁性杂质。

（2）在进液腔盖上方设有放气孔和密封螺栓，泵启动时可打开密封螺栓放尽泵腔内空气，以防吸空。

（3）在进液腔盖下方设有防冻放液孔和密封螺栓，当环境温度低于 0 ℃而不用泵时，必须打开密封螺栓，放尽泵腔内遗留乳化液以防冻裂液压元件。

3. 安全阀

安全阀是泵的过载保护元件，采用锥阀结构的直动式安全阀。它的调定工作压力为泵调定压力的 110％～115％，出厂时为泵公称压力的 110％～115％。

4. 卸载阀

卸载阀主要由单向阀、主阀及先导阀组成。阻尼缓冲装置可防止卸载阀管线卸载时产生振动。

调节卸载阀的工作压力时，需调节先导阀调整螺套，即调节先导阀碟形弹簧作用力。其调定压力为出厂时泵的公称压力。

5. 蓄能器

泵组采用皮囊式蓄能器，公称容积为 30 L。其主要作用是补充高压系统中的漏损，从而可减少卸载阀的动作次数，延长液压系统中的液压元件的使用寿命，同时还能吸收高压系统中的压力脉动。

安装前必须预先在蓄能器胶囊内充足氮气。注意蓄能器内绝对禁止充氧气和压缩空气，以免引起爆炸和胶囊老化。

充气时必须遵守下列程序：

(1) 取下充气阀的保护罩。

(2) 装上带压力表的充气工具，并与充气管连通。

(3) 操作人员在启闭氮气瓶气阀时，应站在充气阀的侧面，徐徐开启氮气瓶气阀。

(4) 通过充气工具的手柄，徐徐压下气门芯，缓慢地充入氮气；待胶囊膨胀至菌形阀关闭，方可加快充气速度并达到所需的充气压力。

(5) 关闭充气阀，卸下充气工具，检查无漏气后，再牢固地旋紧保护罩(帽)。保护罩可起密封作用。

6. 泵组接线箱

泵组接线箱内装有传输泵油温信号、电动机轴承温度信号、电动机绕组温度信号的温度变送器和感测泵组倾斜角度的倾角传感器。

7. 泵组传感器

(1) 油温传感器安装在泵的放油口，连接线接至泵组接线箱。

(2) 油位传感器安装在泵的油标处，连接线接至泵组接线箱。

(3) 油压传感器安装在润滑齿轮泵的出油管处，连接线接至泵组接线箱。

(4) 压力传感器安装在泵组蓄能器充气阀的接头处，连接线接至泵组接线箱。

泵组传感器将检测信号传输至接线箱；接线箱内配置的连接线将信号传送至控制装置进行实时检测。

安全技术基础知识二　本岗位安全责任制

学习目标

1. 掌握主排水泵司机岗位安全责任制。

2. 掌握小水泵司机岗位安全责任制。

3. 掌握潜水泵司机岗位安全责任制。

4. 掌握水源热泵司机岗位安全责任制。

5. 掌握乳化液泵司机岗位安全责任制。

安全技术基础知识相关知识

一、主排水泵司机岗位安全责任制

（1）必须经过专业培训、考试合格后，方可持证上岗。

（2）认真坚持安全确认制度和本工种操作规程。

（3）熟知和掌握排水泵的工作原理、结构、性能和操作方法。

（4）开泵前，认真检查设备是否处在完好状态，是否存在事故隐患；发现问题立即汇报，处理好后再开泵。

（5）在水泵运转过程中，随时观察水位、电动机温度是否正常；发现问题立即汇报处理，严禁设备带病运转。

（6）认真做好排水泵运行记录和人员入房登记记录。

（7）严格按操作规程和《煤矿安全规程》操作；水泵运转期间不能擅自离岗，要坚守岗位，保持良好的精神状态，遵守劳动纪律。

二、小水泵司机岗位安全责任制

（1）必须经过专业培训、考试合格后，方可持证上岗。

（2）坚持安全确认制度。

（3）负责所管水泵及附属设备保养，协助检修人员做好水泵维修工作。

（4）开泵前，先检查水泵各部件是否正常，密封是否良好，油箱油量是否充足，并进行试运转。

（5）开泵后要做到勤查、勤看、勤验；发现异常情况，立即停泵处理。

（6）经常检查电动机温度、填料及润滑油量，确保设备完好，运转正常。

（7）根据现场情况，及时调节水泵排水量；无水及时关泵。

（8）严格按操作规程和《煤矿安全规程》操作；水泵运转期间不能

擅自离岗，要坚守岗位，保持良好的精神状态，遵守劳动纪律。

三、潜水泵司机岗位安全责任制

(1) 必须经过专业培训、考试合格后，方可持证上岗。

(2) 熟练掌握潜水泵的结构、性能、基本原理，做到会使用、会维护、会保养、会处理一般性故障。

(3) 上岗前，必须佩戴好劳动防护用品，做好个人防护。

(4) 了解工作面的正常及最大涌水量，熟悉现场作业环境，完成本班排水任务。

(5) 认真执行《煤矿安全规程》、操作规程和作业规程，坚守工作岗位、爱护设备、集中精力、谨慎操作。

(6) 对操作的潜水泵及其周围安全工作负责，做到不违章指挥，不违章作业，不违反劳动纪律。

(7) 检查巡视潜水泵完好及涌水量的变化情况，查看作业现场安全状况；发现隐患及时处理，保证正常排水。

(8) 负责本班潜水泵的维护和管理，及时对水泵进行维护，配合检修人员做好设备的检修和验收。

(9) 负责本班水泵及周围环境的文明卫生，保持潜水泵整体设备及责任区域干净整洁，做到无淤煤、无积水。

(10) 严格执行交接班制度，认真填写交接班记录。

四、水源热泵司机岗位安全责任制

(1) 严格执行操作规程，杜绝违章作业，确保设备安全、经济运行。

(2) 熟悉热泵站及热交换站系统的结构和性能，认真监视各设备的运行情况，根据情况对设备进行必要的调整。

(3) 负责巡检设备、电器、电缆，发现异常及时与值班电工联系，配合电工及时处理。

(4) 负责设备定期检验工作。

(5) 负责运行期间的各种记录的填写。

(6) 负责站内所配备的工器具和消防设施保管及整齐摆放。

(7) 负责控制室及设备、仪器、仪表、控制盘清洁。

(8) 负责所管理机房内的环境卫生。

(9) 严格执行交接班制度。

五、乳化液泵司机岗位安全责任制

(1) 必须经过专业培训、考试合格后,方可持证上岗。

(2) 开工前,对乳化液泵系统及周围环境进行安全确认,无问题后再开泵。

(3) 熟知泵站结构、原理,配齐检验工具,按规定压力供液。

(4) 过滤器保证完好有效,管路吊挂不埋压,无跑冒滴漏现象。

(5) 合理使用,精心保养,备件齐全,确保安全运转,并认真填写运行日志。

(6) 工作期间司机要精神集中,检查巡视到位,不得擅自离岗。

(7) 水和乳化液的浓度配比要达到规定要求。

(8) 发现泵体有异响或其他问题时,必须找机电维护工进行修理,防止设备带病运转。

(9) 负责泵站的卫生工作,设备 5 m 范围内不准有易燃物和其他杂物堆放。

安全技术基础知识三　本岗位风险及控制

学习目标

1. 掌握主排水泵司机风险及控制。
2. 掌握小水泵司机风险及控制。
3. 掌握潜水泵司机风险及控制。
4. 掌握水源热泵司机风险及控制。
5. 掌握乳化液泵司机风险及控制。

安全技术基础知识相关知识

一、主排水泵司机风险及控制

1. 存在风险

(1) 高压触电风险。

(2) 设备转动部位裸露，存在人身伤害风险。

(3) 水泵运转中，调整盘根松紧程度时存在伤人风险。

(4) 电动机和电气控制箱或按钮存在触电风险。

(5) 起吊设备时，造成砸伤风险。

(6) 管路吊环锈蚀、松动砸伤的风险。

(7) 排水管路及其连接部位喷水存在伤害风险。

(8) 未关闭出水阀门停止水泵电动机，存在排水管中的水快速通过水泵流回吸水井，造成设备损坏的风险。

(9) 出口闸阀未关闭的情况下启动主排水泵，造成电机过载。

(10) 对轮间隙不符合规定，存在烧毁电动机风险。

(11) 水泵长时间不运转，电动机绝缘电阻值低，存在烧毁电动机风险。

(12) 司机巡查不到位，水泵不上水，存在烧毁水泵风险。

2. 控制措施

(1) 加强用电管理，保护装置齐全、可靠。

(2) 转动部位加保护罩，严禁靠近转动部位。

(3) 工作时精神集中，必须使用固定扳手。

(4) 禁止用水冲洗或用湿布擦洗电气设备。

(5) 严禁起吊设备下方站人

(6) 按时检查，及时发现、及时处理。

(7) 严格执行检修制度，保证设备完好。

(8) 操作时先关闭出水阀门，再停止水泵电动机。

(9) 严禁在出口闸阀未关闭的情况下启动主排水泵。

(10) 开车前检查对轮间隙，确认对轮间隙符合要求。

(11) 对于不经常运行的水泵的电动机，应每隔 10 天空转 2～3 h，以防潮湿。

(12) 加强司机管理，保证巡查到位。

二、小水泵司机风险及控制

1. 存在风险

(1) 小水泵排水不及时，存在淹设备风险。

(2) 小水泵司机作业时存在手、脚部位的卷入等机械伤害风险。
(3) 电气设备漏电,存在触电风险。
(4) 小水泵工作环境恶劣,存在伤人风险。
(5) 杂物堵塞笼头,存在烧毁水泵风险。
(6) 操作时未按顺序操作,存在烧毁电动机风险。

2. 控制措施

(1) 加强排水设备的维护检修,在用设备应达到标准要求。
(2) 按照相关要求配齐防护设施。
(3) 保证漏电保护装置和接地保护装置齐全、可靠。
(4) 加强现场管理,保证工作面环境可靠。
(5) 认真巡视,加强检修。
(6) 操作时,严格按照操作规程操作。

三、潜水泵司机风险及控制

1. 存在风险

(1) 水窝深,存在溺水风险。
(2) 潮湿存在潜水泵漏电风险,电气设备漏电存在触电风险。
(3) 杂物堵塞吸水口,存在烧毁水泵风险。

2. 控制措施

(1) 加强司机安全教育,按照相关要求配齐防护设施。
(2) 保证漏电保护装置和接地保护装置齐全、可靠。
(3) 认真巡视,加强检修。

四、水源热泵司机风险及控制

1. 存在风险

(1) 水源热泵安全设施检查不到位,存在伤害风险。
(2) 未按开停泵顺序操作,存在设备损害风险。
(3) 电气设备漏电,存在触电风险。

2. 控制措施

(1) 加强排水设备的检修,设备应达到完好标准。
(2) 严格按照规程操作。
(3) 加强用电管理。

五、乳化液泵司机风险及控制

1. 存在风险

(1) 顶板垮落存在伤人风险。

(2) 液压泵、泵箱不完好存在损毁风险。

(3) 电气设备存在触电风险。

(4) 管路设施损坏，高压液体喷出伤人风险。

2. 控制措施

(1) 加强支护。

(2) 设备的维护检修到位，设备应达到标准要求。

(3) 加强用电管理，保证保护装置齐全、可靠。

(4) 管路检修到位，确保达到标准要求。

安全技术基础知识四
本岗位事故隐患排查治理方法

学习目标

1. 掌握主排水泵司机岗位事故隐患排查及治理。
2. 掌握小水泵司机岗位事故隐患排查及治理。
3. 掌握潜水泵司机岗位事故隐患排查及治理。
4. 掌握水源热泵司机岗位事故隐患排查及治理。
5. 掌握乳化液泵司机岗位事故隐患排查及治理。

安全技术基础知识相关知识

一、主排水泵司机岗位事故隐患排查及治理

1. 隐患内容

(1) 水泵运转中调整盘根松紧程度。

(2) 管路吊环锈蚀、松动。

(3) 未关闭出水阀门而停止水泵电动机。

(4) 对轮间隙不符合规定。
(5) 电动机绝缘电阻值低。
(6) 水泵不上水。

2. 隐患治理

(1) 水泵运转中严禁调整盘根松紧程度。
(2) 管路吊环严禁锈蚀、松动。
(3) 停止水泵电动机必须关闭出水阀门。
(4) 对轮间隙必须符合规定。
(5) 电动机绝缘电阻值必须在正常范围内。
(6) 水泵不上水必须及时查找原因,进行处理。

二、小水泵司机岗位事故隐患排查及治理

1. 隐患内容

(1) 小水泵排水不及时。
(2) 小水泵工作时用手或脚等触摸运转部位。
(3) 小水泵工作环境恶劣。
(4) 笼头内存在杂物。
(5) 未按顺序操作小水泵。

2. 隐患治理

(1) 小水泵排水必须及时。
(2) 小水泵工作时严禁用手或脚等触摸运转部位。
(3) 小水泵工作环境恶劣严禁开启水泵。
(4) 及时处理笼头内存在的杂物。
(5) 必须按顺序操作小水泵。

三、潜水泵司机岗位事故隐患排查及治理

1. 隐患内容

(1) 在水窝深的地点操作潜水泵。
(2) 工作衣潮湿操作潜水泵。
(3) 杂物堵塞吸水口。

2. 隐患治理

(1) 严禁在水窝深的地点操作潜水泵。

(2) 工作衣潮湿严禁操作潜水泵。

(3) 及时处理吸水口存在的杂物。

四、水源热泵司机岗位事故隐患排查及治理

1. 隐患内容

(1) 水源热泵安全设施不齐全。

(2) 未按开停泵顺序操作水源热泵。

(3) 电气设备漏电。

2. 隐患治理

(1) 水源热泵安全设施必须齐全。

(2) 必须按开停泵顺序操作水源热泵。

(3) 查找漏电原因,及时处理。

五、乳化液泵司机岗位事故隐患排查及治理

1. 隐患排查

(1) 泵站压力达不到规定值(炮采、普采 18 MPa,综采 30 MPa 或压力指示器失效的)。

(2) 乳化液配比浓度不够。

(3) 泵站调定压力不符合规定或压力指示器失效。

(4) 曲轴箱油量不符合规定运行。

2. 隐患治理

(1) 查明原因,进行检修。

(2) 按要求配比乳化液。

(3) 汇报处理,进行更换。

(4) 按要求使曲轴箱油量符合规定。

安全技术基础知识五 《煤矿安全规程》及安全生产标准化的相关规定

学习目标

1. 熟悉《煤矿安全规程》的相关规定。

2. 熟悉煤矿安全生产标准化的相关要求。

安全技术基础知识相关知识

一、《煤矿安全规程》的相关规定

(一)《煤矿安全规程》对井下排水和排水设施的规定

第三百一十一条 矿井应配备与矿井涌水量相匹配的水泵、排水管路、配电设备和水仓等,并满足矿井排水的需要。除正在检修的水泵外,应当有工作水泵和备用水泵。工作水泵的能力,应当能在 20 h 内排出矿井 24 h 的正常涌水量(包括充填水及其他用水)。备用水泵的能力,应当不小于工作水泵能力的 70%。检修水泵的能力,应不小于工作水泵能力的 25%。工作和备用水泵的总能力,应能在 20 h 内排出矿井 24 h 的最大涌水量。

排水管路应当有工作和备用水管。工作排水管路的能力,应当能配合工作水泵在 20 h 内排出矿井 24 h 的正常涌水量。工作和备用排水管路的总能力,应当能配合工作和备用水泵在 20 h 内排出矿井 24 h 的最大涌水量。

配电设备的能力应当与工作、备用和检修水泵的能力相匹配,能够保证全部水泵同时运转。

第三百一十二条 主要泵房至少有 2 个出口,一个出口用斜巷通到井筒,并高出泵房底板 7 m 以上;另一个出口通到井底车场,在此出口通路内,应当设置易于关闭的既能防水又能防火的密闭门。泵房和水仓的连接通道,应当设置控制闸门。

排水系统集中控制的主要泵房可不设专人值守,但必须实现图像监视和专人巡检。

第三百一十三条 矿井主要水仓应当有主仓和副仓,当一个水仓清理时,另一个水仓能够正常使用。

新建、改扩建矿井或者生产矿井的新水平,正常涌水量在 1 000 m^3/h以下时,主要水仓的有效容量应当能容纳 8 h 的正常涌水量。

正常涌水量大于1 000 m^3/h的矿井，主要水仓有效容量可以按照下式计算：

$$V=2(Q+3\ 000)$$

式中 V——主要水仓的有效容量，m^3；

Q——矿井每小时的正常涌水量，m^3。

采区水仓的有效容量应当能容纳4 h的采区正常涌水量。

水仓进口处应当设置箅子。对水砂充填和其他涌水中带有大量杂质的矿井，还应当设置沉淀池。水仓的空仓容量应当经常保持在总容量的50%以上。

第三百一十四条 水泵、水管、闸阀、配电设备和线路，必须经常检查和维护。在每年雨季之前，必须全面检修1次，并对全部工作水泵和备用水泵进行1次联合排水试验，提交联合排水试验报告。

水仓、沉淀池和水沟中的淤泥，应及时清理，每年雨季前必须清理1次。

（二）《煤矿安全规程》对乳化液泵的规定

第一百一十四条 采用综合机械化采煤时，必须遵守下列规定：

（十二）乳化液的配制、水质、配比等，必须符合有关要求。泵箱应当设自动给液装置，防止吸空。

二、安全生产标准化的相关要求

（一）主排水系统安全生产标准化

1. 主排水地点

(1) 排水能力满足矿井、采区安全生产需要。

(2) 泵房及出口，水泵、管路及配电、控制设备，水仓蓄水能力符合《煤矿安全规程》规定。

(3) 有可靠的引水装置。

(4) 设有水位观测及高、低水位声光报警装置。

(5) 电动机保护装置齐全、可靠。

(6) 排水设施、水泵联合排水试验、水仓清理等符合《煤矿安全规程》规定。

(7) 水泵房安设有与矿调度室直通的电话。

(8) 各种仪表齐全,及时校准。

(9) 使用低耗、先进、可靠的电控装置,有电动机及主要轴承温度和振动监测。

(10) 宜采用集中远程监控,实现无人值守。

2. 其他排水地点

(1) 排水设备及管路符合规定要求。

(2) 设备完好,保护齐全、可靠。

(3) 排水能力满足安全生产需要。

(4) 使用小型自动排水装置。

(二) 地面降温系统(水源热泵)安全生产标准化

(1) 设备完好。

(2) 各类保护齐全可靠。

(3) 各种阀门、安全阀灵活可靠。

(4) 仪表正常,有检验报告。

(5) 水质合格,有化验记录。

(三) 乳化液泵安全生产标准化

(1) 乳化液泵站完好,综采(放)工作面的乳化液泵站压力不小于30 MPa,炮采、高档普采工作面的不小于18 MPa,乳化液(浓缩液)浓度符合产品技术标准要求,并在作业规程中明确规定。

(2) 液压系统无漏、窜液,部件无缺损,管路无挤压,连接销使用规范;注液枪完好,控制阀有效。

(3) 采用电液阀控制时,净化水装置运行正常,水质、水量满足要求。

(4) 各种液压设备及辅件合格、齐全、完好,控制阀有效,耐压等级符合要求,操纵阀手把有限位装置。

模块二　泵类操作作业安全操作技能

安全操作技能一　本岗位“双述”知识

学习目标

1. 了解主排水泵司机岗位“双述”相关内容。
2. 了解小水泵司机岗位“双述”相关内容。
3. 了解潜水泵司机岗位“双述”相关内容。
4. 了解水源热泵司机岗位“双述”相关内容。
5. 了解乳化液泵司机岗位“双述”相关内容。

安全操作技能相关知识

一、主排水泵司机岗位“双述”

1. 主排水泵司机岗位描述

(1) 自我描述

我是×水泵操作工×××。我的岗位职责是操作和维护水泵，负责当班水泵正常运转。

(2) 基本情况描述

我所在水泵房配备×型多级离心泵×台，额定功率为×kW，水泵扬程为×m，水泵流量为×m^3/h，工作电压为×kV，水仓容积为×m^3，将本水平涌水排至×水平。

(3) 岗位作业标准描述

① 经常注意电压、电流的变化，当电压、电流超过正常值的±5%

时，应停车检查原因，进行处理。

② 检查各部轴承温度，滑动轴承不得超过 65 ℃，滚动轴承不得超过 75 ℃，电动机温度不得超过铭牌规定值。检查轴承润滑情况，油量是否适合，油环转动是否灵活。

③ 检查各部螺栓及防松装置是否完整齐全，是否松动。

④ 注意各部音响及振动情况，有无由于汽蚀现象而产生的噪声。

⑤ 检查盘根箱密封以及盘根箱温度是否正常。

⑥ 经常观察压力表、真空表的指示变化情况及吸水井水位变化情况，检查吸水笼头埋入水面的深度。水泵不得在泵内无水情况下运行，不得在汽蚀情况下运行，不得在闸阀闭死情况下长期运行。

2. 主排水泵司机手指口述

主排水泵司机手指口述见表 4-1。

表 4-1 主排水泵司机手指口述

项目	手指	眼看	口述
开机前检查	电气设备	电气设备	电气设备完好，保护装置齐全
	水泵	水泵	各部分螺栓紧固，无松动；联轴器的间隙符合规定，防护罩齐全完整
	管路、闸阀	管路、闸阀	管路、闸阀、逆止阀正常完好；出口闸阀已关闭
	吸水井	吸水井	吸水井水位正常、无淤积现象。确认完毕
开机作业	开关	开关	合上开关
	真空泵或射流泵	真空泵或射流泵	打开水泵的放气阀，启动真空泵或射流泵，排出泵内空气
	按钮	按钮	按下启动按钮，启动水泵电动机
	真空泵或射流泵	真空泵或射流泵	关闭真空泵或射流泵
	闸阀	闸阀	待电动机声音正常后，缓慢打开出水闸阀。确认完毕

表 4-1(续)

项目	手指	眼看	口述
停机	闸阀	闸阀	关闭出水闸阀
	按钮	按钮	按下停止按钮
	开关	开关	开关打到零位、闭锁。确认完毕

二、小水泵司机岗位“双述”

1. 小水泵司机岗位描述

(1) 自我描述

我是×水泵操作工×××。我的岗位职责是操作和维护水泵，负责当班水泵正常运转。

(2) 基本情况描述

排水点为×工作面×号排水点；水泵型号为×，排量为×m^3/h，扬程为×m，电动机功率为×kW；水窝容积为×m^3，主要为×工作面排水服务。

2. 小水泵司机手指口述

小水泵司机手指口述见表 4-2。

表 4-2 小水泵司机手指口述

项目	手指	眼看	口述
开机前检查	顶板、两帮	顶板、两帮	工作面两帮及顶板支护完好
	水泵	水泵	各部位螺栓紧固，无松动；联轴器的间隙符合规定；防护罩齐全完整
	管路、闸阀	管路、闸阀	管路、闸阀、逆止阀正常完好
	水窝	水窝	水窝水位正常、无淤积现象。确认完毕

表 4-2(续)

项目	手指	眼看	口述
开机作业	开关	开关	合上开关
	闸阀	闸阀	打开灌水阀和放气阀,向泵体内灌水
	按钮	按钮	按下启动按钮
	闸阀	闸阀	待电动机声音正常后,缓慢打开出水闸阀。确认完毕
停机	闸阀	闸阀	关闭出水闸阀
	按钮	按钮	按下停止按钮
	开关	开关	开关打到零位、闭锁。确认完毕

三、潜水泵司机岗位“双述”

1. 潜水泵司机岗位描述

(1) 自我描述

我是×队水泵操作工×××。我的岗位职责是操作和维护水泵,负责当班水泵正常运转。

(2) 基本情况描述

排水点为×工作面×排水点;水泵型号为×,排量为×m^3/h,扬程为×m,电动机功率为×kW;水窝容积为×m^3,主要为×工作面排水服务。

2. 潜水泵司机手指口述

潜水泵司机手指口述见表 4-3。

表 4-3 潜水泵司机手指口述

项目	手指	眼看	口述
开机前检查	潜水泵	潜水泵	设备完好
	水位	水位	水位正常。确认完毕
开机作业	开关	开关	合上开关
	按钮	按钮	按下启动按钮

表 4-3(续)

项目	手指	眼看	口述
停机作业	按钮	按钮	按下停止按钮
	开关	开关	开关打到零位、闭锁。确认完毕

四、水源热泵司机岗位“双述”

1. 水源热泵司机岗位描述

(1) 自我描述

我是×队水源热泵操作工×××。我的岗位职责是操作和维护水源热泵,负责当班水源热泵正常运转。

(2) 基本情况描述

水源热泵型号为×,排量为×m^3/h,扬程为×m,电动机功率为×kW;主要为×服务。

2. 水源热泵司机手指口述

水源热泵司机手指口述见表 4-4。

表 4-4 水源热泵司机手指口述

项目	手指	眼看	口述
开机前检查	设备、管路	设备、管路	设备及管路完好
	水源热泵	水源热泵	各部位螺栓紧固、无松动;防护罩齐全完整
	闸阀	闸阀	闸阀、逆止阀正常完好
	水位	水位	水位正常。确认完毕
开机作业	开关	开关	合上开关手把
	按钮	按钮	按下启动按钮
停机作业	按钮	按钮	按下停止按钮
	开关	开关	开关打到零位、闭锁。确认完毕

五、乳化液泵司机岗位“双述”

1. 乳化液泵司机岗位描述

(1) 自我描述

我是×队当班乳化液泵司机×××,我的岗位职责是操作和维护乳化液泵,负责本班乳化液泵正常运转。

(2) 基本情况描述

×综采工作面,走向长度×m,开切眼长度×m,开采煤层为×煤层,煤层平均厚度×m,工作面共安装支架×架。乳化液泵型号为×型,电动机功率为×kW,单台泵流量×L/min,供液压力×MPa,泵站布置方式为两泵一箱,主要用于向工作面液压支架和单体支柱供液。

2. 乳化液泵司机手指口述

乳化液泵司机手指口述见表 4-5。

表 4-5　乳化液泵司机手指口述

项目	手指	眼看	口述
开泵前的检查	巷道顶帮、截止阀、液压管路、曲柄箱、齿轮箱、卸载阀、乳化液、压力表、设备操作按钮、泵箱	巷道顶帮、截止阀、液压管路、曲柄箱、齿轮箱、卸载阀、乳化液、压力表、设备操作按钮、泵箱	经检查: (1) 泵站及附近巷道的顶板完整,支护情况良好。 (2) 截止阀手柄灵活可靠。 (3) 液压管路连接可靠、无漏液,管路吊挂整齐。 (4) 曲柄箱和齿轮箱油位满足要求,螺丝无松动现象。 (5) 泵箱内无杂物,乳化液浓度满足要求。 (6) 设备操作按钮灵敏可靠。 (7) 泵及泵箱连接螺栓紧固可靠。 (8) 压力表显示正常。确认完毕

表 4-5(续)

项目	手指	眼看	口述
乳化液泵的启动	启动按钮、放气丝堵、供液阀、电动机、乳化液泵，管路、压力表、泵箱	启动按钮、放气丝堵、供液阀、电动机、乳化液泵，管路、压力表、泵箱	(1) 收到开泵信号后，点动电动机；确认电动机转向与泵体上箭头方向相符。 (2) 打开放气丝堵，并在放完气后拧紧丝堵。 (3) 按下启动按钮启动电动机，压力表达到规定值。 (4) 打开供液阀向工作面供液。 (5) 开机后电动机和泵体温度正常，运行平稳，声音正常。 (6) 管路不漏液，压力表指示正常。确认完毕
运行中	压力表、油标、管路、乳化液浓度、设备运转部位	压力表、油标、管路、乳化液浓度、设备运转部位	压力表指示正常；乳化液浓度符合配比要求；液位合适、无渗漏；各运转部位温度正常，无异常声音和振动。确认完毕
停泵	停止按钮、供液阀	停止按钮、供液阀	(1) 工作面不需要供液时，停止乳化液泵；按下停止按钮，将开关停电闭锁。 (2) 关上供液阀，清除泵站周围杂物。确认完毕

安全操作技能二　本岗位安全技术操作规程

学习目标

1. 掌握主排水泵司机安全技术操作规程。

2. 掌握小水泵司机安全技术操作规程。

3. 掌握潜水泵司机安全技术操作规程。

4. 掌握水源热泵司机安全技术操作规程。

5. 掌握乳化液泵司机安全技术操作规程。

相关知识

一、主排水泵司机安全技术操作规程

（一）一般规定

（1）必须经过培训，考试合格，取得合格证后，方可持证上岗。

（2）必须熟悉排水设备的构造、性能、技术特点、动作原理，并要做到会应用、会保养、会排除一般性故障。

（3）严格遵守有关规章制度和劳动纪律，不得做与本职工作无关的事。

（二）操作前的准备工作

（1）各部位紧固螺栓不得松动；检查是否齐全。

（2）联轴器间隙应符合规定，防护罩应可靠。

（3）轴承润滑油油质合格，油量适当，油环转动平稳、灵活；需要强迫润滑系统的油泵、管路应完好可靠。

（4）检查吸水管路是否正常，吸水笼头没入深度、吸水高度是否符合规定。

（5）接地系统应符合规定。

（6）电控设备各开关手把应在停车位置。

（7）对于滑环电动机应检查滑环与碳刷是否接触良好。

（8）电源电压应在额定电压的±5%范围内。

（9）启动阀门。按照待开水泵在管道上的连接位置，选择阻力最小的水流方向，开（关）管道上有关分水阀门（水泵出口阀门关闭不动）。

（10）盘根松紧是否适当。盘车 2～3 转，检查水泵转动部分有无卡阻现象。但停止运转时间不超过 8 h 不受此限。

（11）启动润滑油泵。需要强迫润滑的泵组应先启动润滑油泵，保证电动机、水泵各轴承润滑正常。

（12）对检查发现的问题，必须及时处理或汇报当班负责人；待处

理完毕符合要求后，方可启动该水泵。

（三）安全操作

1. 灌水

(1) 排水泵有底阀时，应先打开灌水阀和放气阀，向泵体内灌水，直到泵体内空气全部排出（放气阀的排气孔见水），然后关闭以上各阀。

(2) 若采用无底阀排水泵，应先开真空泵或射流泵，将泵体、吸水管抽到一定真空度，再停真空泵或射流泵。

(3) 若采用正压排水，应先打开进水管的阀门；然后，打开放气阀，直到放气阀的排气孔见水；最后，关闭放气阀。

2. 启动水泵电动机

(1) 启动高压电气设备前，必须戴好绝缘手套，穿好绝缘靴。

(2) 鼠笼型电动机直接启动时，先合上电源开关；待电流达到正常值时，再打开水泵出水口阀门。

(3) 绕线式电动机启动时，应先将电动机滑环手柄打到“启动位置”上；启动器手把在“停止”位置时合上电源开关，待启动电流逐渐回落时，逐级切除启动电阻，使转子短路，并将电动机滑环手把打到“运行”位置，电动机打到正常转速；最后，将启动器手把扳回“停止”位置。

(4) 鼠笼电动机用补偿器启动时，先将手把推到“启动位置”，待电动机达到一定速度，电流返还时，由启动柜自动（或手动）切除全部电抗，电动机进入正常运行。

3. 操作阀门

待电动机转速达到正常状态时，慢慢将水泵排水管上的闸阀全部打开，同时注意观察真空表、压力表、电压表、电流表的指示是否正常。若一切正常，表明启动完毕；若根据声音及仪表指示判断，水泵没上水应停止电动机运行，从灌水开始重新操作。为了避免水泵发热，在关闭闸阀时运转不能超过 3 min。

4. 水泵的正常停机

(1) 慢慢关闭闸阀，使水泵进入空运转状态。

(2) 关闭压力表和真空表止压阀。

(3) 切断电动机的电源，电动机停止运行。

5. 水泵运行中的故障停机

(1) 水泵运行中出现下列情况之一时，应立即停机(立即停机与正常停机操作顺序相同)：

① 水泵和电动机发生异常振动时或有故障性异响。

② 水泵不上水。

③ 启动时间过长，电流不返回。

④ 电流值明显超限。

(2) 水泵运行中出现下列情况之一时，应紧急停机：

① 泵体漏水或闸阀、法兰喷水。

② 电动机冒烟、冒火。

③ 电源断电。

④ 其他紧急事故。

(3) 紧急停机按以下程序进行：首先停止水泵电动机运行，然后关闭水泵出水阀门并上报主管部门，做好记录。

6. 水泵应经常检修

工作泵和备用泵应交替运行，对于不经常运行的水泵(或水泵升井大修)的电动机，应每隔 10 d 空转 2～3 h，以防潮湿。长期停泵应将水泵内的水放掉，以防锈蚀或冻裂。

(四) 巡回检查

1. 巡回检查周期

主排水泵司机班中应进行巡回检查，一般每小时巡回检查一次。

2. 巡回检查内容

(1) 各部位紧固件及防松装置应齐全，无松动。

(2) 各发热部位的温度不超限(滑动轴承不大于 65 ℃、滚动轴承不大于 75 ℃，电动机温度不大于规定温度)，强迫润滑油泵站系统工作应正常。

(3) 盘根松紧应适度(不进气、滴水不成线，每分钟 20～40 滴)。

(4) 电动机、水泵无异状、异响或异振。

(5) 电流、电压波动在规定范围内。

(6) 压力表、真空表指示正常。

(7) 吸水井无杂物。

3. 巡回检查记录

巡回检查中发现的问题及处理经过,应填入运行日志,包括水泵开、停的时间,运行时间等。

(五) 操作纪律

主排水泵司机应严格遵守以下操作纪律:

(1) 司机接班后不得脱岗、睡觉,不得进行与操作无关的事情。

(2) 司机不得变更保护装置的整定值。

(3) 操作高压电气设备主回路时必须一人操作,一人监护;操作者应戴绝缘手套、穿绝缘靴或站在绝缘台上。

(4) 在电压表、电流表失灵的情况下,高压电器、电动机不得投入运行。

(5) 对强迫润滑的水泵,在水泵电动机未停止前,严禁润滑油泵停机。

二、小水泵司机安全技术操作规程

(一) 一般规定

(1) 本内容适用于煤矿井上、井下没有正式固定泵房的临时性排水泵,一般是功率较小的离心电泵、潜水电泵。

(2) 必须经过专业培训,考试合格,取得合格证后,方可持证上岗。

(3) 必须了解有关规定和排水设备的构造、性能,并要做到会使用、会保养、会排除一般性故障,能独立操作;具备一定的供配电知识,懂得《煤矿安全规程》《煤矿矿井机电设备完好标准》的相关规定。

(4) 遵守有关规章制度,上班前不喝酒,上班时不睡觉,不做与工作无关的事情。

(5) 注意检查工作地点的顶板及支护情况,发现问题要及时汇报处理;严禁在不安全的情况下开泵。

(6) 小水泵出水口必须安设闸门,安装必须达到完好标准才能使用。

出现以下情况,水泵不得投入运行:

(1) 电动机、水泵故障没有排除或不能正常工作。

（2）电压降太大或不正常，电动机不能正常启动。

（3）吸水管来水口或潜水泵被淤埋。

（4）管路漏水，吸、排水管路不能正常工作；水泵、电动机等转动部位无护罩，护罩失效或不可靠。

（5）水泵开关和控制设备损坏、失爆、漏电或不能保证安全使用。

（二）操作前的准备工作

（1）检查水泵的对轮销子及防护罩是否齐全，各部位紧固螺栓是否牢固。

（2）检查电气设备是否完好，防爆性能是否符合规定。

（3）检查水泵安装是否牢固、平稳，电动机、泵体和底盘是否紧固，对轮间隙是否符合标准；检查潜水泵是否浸入水中；检查排水管路固定是否可靠。

（4）检查水龙头是否漏水或堵塞，检查吸水井的水位，查看吸水管路是否漏气。

（5）检查盘根密封和压盖松紧程度，轴承油量油质是否合格，出水闸阀是否关严。

（三）安全操作

（1）小水泵在正常情况下按以下操作顺序进行：

① 离心式电水泵操作顺序：

启动：水泵充水→操作启动开关→启动水泵电动机→逐渐打开水泵排水闸门→完成水泵启动→正常排水。

停机：关闭水泵出水阀门→断电停机→开关闭锁。

② 潜水电泵操作顺序：

启动：操作启动开关→启动潜水泵→逐渐打开出水闸门→完成水泵启动→正常排水。

停机：关闭水泵出水阀门→断电停机→开关闭锁。

（2）水泵的启动操作按以下要求进行：

① 离心式电水泵。打开水泵灌水阀及放气孔，将泵体内灌满引水。开关合闸，启动水泵，观察水泵的转动方向，观察压力表指示。逐渐打开出水闸阀，检查水泵是否上水，直至水泵正常运转。

② 潜水电泵。稍微打开出水阀门。开关合闸，启动水泵，认真听水泵声音是否正常。逐渐开大出水闸阀，观察水仓内水位或出水管出水情况，确定水泵转向正确。直至水泵正常运转。

(3) 水泵停止操作按以下要求进行：

① 对于电泵，先关闭出水闸阀，然后切断电源停泵；对于风泵，要先关闭进风阀门，然后关闭出水闸阀。

② 将启动开关手把打到“零”位，将开关闭锁、上锁。

③ 低温有可能产生冻害，因此管路、水泵适时放水，防止冻结。

(4) 水泵运转中发现下列情况时，应立即停泵：

① 泵体异常振动、泵体部件螺钉或基础螺钉松动时。

② 电动机或轴承温度超过规定时。

③ 吸水笼头露出水面或潜水泵露出水面 1/3 以上时。

④ 出水量突然减小或不上水时。

⑤ 泵内有异响或电动机发生故障时。

⑥ 排水管路严重漏水、风路断开或跑风时。

⑦ 泵房来压，有冒顶、片帮或底鼓危险时。在时间允许的情况下，应尽快关闭水泵的出水阀门，再停水泵电动机。

(四) 收尾检查

(1) 检查设备，清理和擦净水泵上的油水和污物，保持设备清洁完好。

(2) 认真记录工作情况、存在的问题，并向接班司机交代清楚。

三、潜水泵司机安全技术操作规程

(一) 一般规定

(1) 必须经过培训、考试合格，取得合格证后，方可持证上岗。

(2) 必须熟悉排水设备的构造、性能、技术特点、工作原理，并要做到会使用、会保养、会排除一般性故障；了解泵房水源、水仓特点；熟悉《煤矿安全规程》的相关规定。

(3) 严格遵守有关规章制度和劳动纪律，不做与工作无关的事情；整理记录，将存在的问题向接班司机交代清楚。

(4) 排水系统集中控制的主要泵房可不设专人值守，但必须实现图像监视和专人巡检；巡检应留有巡检和设备运行记录。

(5) 运行过程中发生设备故障及危及人身安全时要立即停泵，并向区队值班人员汇报。

(二) 操作前的准备工作

(1) 潜水泵启动前的准备和检查，要求做到：

① 吸入井水量是否足够，水质是否清洁；远控作业时检查水位显示是否符合要求。

② 检查设备是否完好，出水阀门应略微打开。

③ 检查电源电压是否在规定范围，各项保护仪表指示是否正常。

④ 检查电控设备开关是否在停电位置。

(2) 对检查发现的问题必须及时处理或向值班领导汇报；待处理好符合要求后，方可启动该水泵。

(三) 安全操作

(1) 启动潜水泵电动机操作如下：

① 电动机直接启动时，合上电源开关、按下启动按钮，电动机启动。

② 待潜水泵电动机运行电流稳定后，缓慢打开出水阀门，排水泵投入运行。

(2) 潜水泵运行中注意事项：

① 潜水泵启动时闸阀不宜关死，可稍打开一些，等启动后再打开。

② 如果需要重新启动，须在停泵 10 min 后进行，以防电动机内温升过高。如再次启动，需间隔 1～2 h(水泵应尽量避免频繁启动)。

(3) 潜水泵运行期间，应检查以下事项：

① 排水压力是否正常。

② 运行时电压、电流、绝缘电阻、温度显示是否正常。

③ 水位是否合乎要求。

④ 各部位是否发热，有无异常声响(就地控制时)。

(4) 正常停泵操作程序：

① 关闭出水闸阀。

② 按下“停止”按钮，把启动转换开关置于“停泵”位置。

③ 关闭潜水泵电源开关,停电。

④ 低温有可能产生冻害,因此管路、泵组适时放水,防止冻结。

(5) 紧急停泵操作,潜水泵运行中出现下列情况之一时,应立即停泵:

① 泵组异常振动或有故障性异响。

② 潜水泵排水压力过低或过高。

③ 泵体闸阀、法兰漏水严重。

④ 启动时间过长,电流不返回。

⑤ 绝缘电阻过低,电动机温度、水位显示不正常。

⑥ 电流值明显超限。

⑦ 其他紧急事故。

(6) 紧急停泵操作程序:

① 切断电动机电源,停止电动机运行。

② 关闭潜水泵出水闸阀。

③ 上报主管部门,并做好记录。

(四) 巡回检查

1. 巡回检查周期

潜水泵司机班中应进行巡回检查,一般每小时巡回检查一次。

2. 巡回检查内容

(1) 各部位紧固件及防松装置应齐全,无松动。

(2) 绝缘监测、水位监测、温度监测指示正常,压力表指示正常。

(3) 排水系统无异响或异振。

(4) 电流、电压波动在规定范围内。

(5) 笼头罩清刷整洁,吸水井无杂物。

(6) 排水闸阀及管路完好。

3. 巡回检查记录

巡回检查中发现的问题及处理经过,应填入运行日志;认真填写水泵开、停的时间、日期及累计运行时间。

四、水源热泵司机安全技术操作规程

（一）一般规定

（1）本规程适用于煤矿地面以风、水、空气及其他设备余热为能源，利用热泵系统进行制冷、供暖的各类热泵机组司机。

① 必须经技术培训，考试合格，取得合格证后，方可持证上岗。

② 必须了解有关规定和热泵机组及管网的构造、性能，并要做到会使用、会保养、会排除一般性故障，能独立操作。

（2）熟知《煤矿安全规程》《煤矿矿井机电设备完好标准》及有关规定和要求，并了解周围环境及相关设备。

（3）遵守有关规章制度，上班前不喝酒，上班时不睡觉，不做与工作无关的事情。

（4）认真做好巡回检查，发现问题要及时汇报处理；严禁在不安全的情况下开泵。

（二）操作前的准备工作

根据冬（夏）季要求将各机组进出口前的阀门切换为对应模式：

（1）夏季开、冬季关。

（2）夏季需检查冷却塔是否正常运行。

（3）冬季需检查热源（矿井水、空气、余热水等）是否已接通，能否满足设计要求。

（三）安全操作

1. 冬季机组开机运行

（1）首次开机时，应提前 24 h 接通主机电源；预热机组润滑油温度到35 ℃以上。

（2）打开热源侧管路阀门，通知相关部门供应热源，并观察进口、出口处压力表有无异常情况。

（3）启动负载侧水泵，缓慢打开出口阀门，并观察水泵进水口、出水口处压力表有无异常情况。

（4）启动热源水侧水泵，缓慢打开出口阀门，并观察水泵进水口、出水口处压力表有无异常情况。

（5）按下启动键使主机开机，注意压缩机高低压力变化以及油面状况，监听压缩机的运转声音是否正常。

(6) 间隔 2 h 记录一次运行情况。

2. 冬季机组停机

(1) 按下停止键使主机停机。注意观察压缩机卸载情况，待全部卸载完毕视为主机停机，但不能关闭机组的总电源，以保证压缩机润滑油加热器运行。

(2) 主机停机 10 min 后，停止热源侧水泵运行。

(3) 主机停机 20 min 后，停止负载侧水泵运行。

3. 夏季机组开机运行

(1) 首次开机时，必须提前 24 h 接通主机电源，将机组润滑油预热到 35 ℃以上。

(2) 相关阀门按夏季运行工况开启和关闭。

(3) 启动负载侧水泵，缓慢打开出口阀门，并观察水泵进水口、出水口处压力表有无异常情况。

(4) 启动热源侧水泵，缓慢打开出口阀门，并观察水泵进水口、出水口处压力表有无异常情况。

(5) 按下启动键使主机开机，注意压缩机高低压力变化以及油面状况，监听压缩机的运转声音是否正常。

(6) 间隔 2 h 记录一次运行情况。

4. 夏季机组停机

(1) 按下停止键使主机停机。注意观察压缩机卸载情况，待全部卸载完毕视为主机停机，但不能关闭机组的总电源，以保证压缩机润滑油加热器运行。

(2) 主机停机 10 min 后，停止水源侧水泵运行。

(3) 主机停机 20 min 后，停止负载侧水泵运行。

(4) 夏季运行结束后，相关阀门按所需运行工况开启和关闭

(四) 巡回检查

机组运行期间，应按巡回检查制度检查，主要检查内容如下：

(1) 检查热泵机组的控制屏，查看控制屏显示运行主要参数：工作压力、润滑油压应正常，各指示灯指示应正常，安全保护装置应正常。

(2) 各仪表显示应正常。

(3) 观察机组运行应良好。

(4) 各转动部位应无异响,运行温度应正常。

(5) 机组油位应在规定位置。

(6) 检查热泵机组的热源和负载侧进出水的温度和压力应符合要求。

(7) 水泵应运行正常,压力应符合要求。

(8) 自动软化器、空气净化装置应完好,运行正常。

(9) 各处无跑冒滴漏现象。

(五) 收尾检查

(1) 检查设备,清理和擦净机组上的油水和污物,保持设备清洁完好。

(2) 将工作情况、存在的问题认真记录,并向接班司机交代清楚。

五、乳化液泵司机安全技术操作规程

(一) 一般规定

(1) 乳化液泵站司机必须熟悉乳化液泵的性能及其构造原理,熟悉本操作规程并懂得一般性维护保养知识。

(2) 必须经专业技术培训、考试合格,取得合格证后,方可持证上岗。

(3) 乳化液泵站至少应配备两泵一箱,乳化液泵和乳化液箱均应水平安装,乳化液箱位置应高于泵体 100 mm 以上;在正常情况下,一台工作,一台备用。

(4) 电气设备应安装在无淋水、干燥安全地点,如果不能避开淋水时,要妥善遮盖。

(5) 必须使用自动配液装置,严禁乳化液泵站带病运转;保持泵站工作压力达到标准,乳化液浓度配比达到规定要求,并有现场检查手段。

(6) 供液管路要吊挂整齐,保证送液回液畅通。

(7) 乳化液泵站司机必须负责泵站的安全运转工作,不得兼任其他工作。

(8) 如乳化液泵站安设在运料巷,必须制定专项措施;司机要注意开罐、回罐及钢丝绳,防止撞伤、挤伤和钢丝绳打人事故。

(9) 乳化液泵站司机要保证泵站设备和泵站周围的清洁卫生。泵站水箱进液口上方,必须有防止(矸)煤掉入的遮盖设施。注入水和乳化液时必须通过网罩过滤;网罩损坏时必须及时更换或修补,保证供液质量,防止机器损坏。

(二) 操作前的准备工作

1. 准备

(1) 常用工具:扳手、钳子、有关监测仪器等。

(2) 必要的备用品备用件:铁丝、抹布、油桶、管接头、密封圈、U 形管、高低压胶管、注液枪等。

(3) 油脂:润滑油、机械油、乳化油等。

泵在初次使用前,润滑油的油位要按照厂家说明书规定进行加注,并定期更换。检查各机件有无损坏,各连接管道有无渗漏现象;吸、排液软管是否折叠、挤卡;各紧固螺栓有无松动,特别是滑块锁紧螺套,不应松动。

在确认无故障后,将吸液腔的放气螺堵拧松,把吸液腔的空气放尽,待观察到有液体流出后再拧紧放气螺堵。启动电动机,观察电动机转向与所示箭头方向是否相同;如方向不符,应纠正电动机接线后,重新启动电动机。

2. 交班

进入工作地点,应首先和上一班司机共同检查泵站周围的顶板、两帮、支架等情况;确认无问题后,再进行交接班。交接班,以下内容必须交接清楚:

(1) 设备运转情况。

(2) 当班发生的故障和运转中应注意的事项。

(3) 开车检查各部位运转是否正常;出口压力是否符合要求。

(4) 乳化液配比是否符合规定,并用监测手段检查,做好记录。

(5) 填写好交接班记录。

3. 检查

接班后，把控制开关把手扳到断电位置并锁好。同时，检查以下内容：

（1）泵站及其附近巷道安全状况及有无淋水；如有淋水必须采取遮盖措施。

（2）泵站的各种设备清洁卫生情况。

（3）各部件的连接螺栓是否齐全、牢固。

（4）减速器的油位和密封是否符合规定。

（5）泵站至工作面的管路接头连接是否牢靠，有无漏液。

（6）各截止阀的手柄是否灵活可靠；吸液阀、手动卸载阀及工作面回液阀是否在开启位置；向工作面供液的截止阀是否在关闭的位置；各种压力表是否齐全完好。

（7）乳化液有无析皂、沉淀、变色、变味等现象；用折射仪检查乳化液配比浓度是否符合规定。

（8）乳化液箱和减速器上的透气是否畅通。

（9）检查箱中注水清洁度，注水必须通过过滤网；过滤网不能低于200目。

4. 定期检查、检修内容

司机要定期按以下要求进行检查、检修：

（1）坚持每班擦洗一次油污、脏物。

（2）保持过滤器清洁；损坏的，要及时更换。

（3）坚持定期清洗过滤器。

（4）乳化液箱每月至少清洗一次。

（5）各种保护装置由专管人员定期检查一次。

（6）水质应符合规定的要求。

用扳手经常检查吸、排液阀的压紧螺栓是否松动，并用力拧紧至拧不动为止；此项检查每周不得少于一次。

检查吸、排液阀的性能，平时应观察阀组动作的节奏声和压力表指针的跳动情况；如发现不正常，应及时处理。

检查曲轴箱的油位和润滑油池的油量，必要时加以补充。

（三）安全操作

（1）司机工作前，衣帽要整齐，按规定佩戴好劳保用品。按规定检查没有问题后方可开机运转。

（2）开启乳化液泵必须严格按照正确的操作顺序进行操作。具体的操作顺序如下：

① 将乳化液泵吸液腔放气、螺帽拧松，放尽空气后拧紧。

② 打开搬运卸载阀。

③ 点动电源开关，观察电动机转向与旋转标志牌方向是否相同。

④ 乳化液泵启动后拧松高压腔压盖上的螺钉，放尽空气后拧紧；空载运行 5～10 min，看有无异常情况。

⑤ 关闭手动卸载阀。

⑥ 打开供液阀门正常供液。

（3）乳化液泵启动后应密切注意运转情况，并空转 5～10 min。泵应没有异常噪声、抖动，各连接处应无渗漏等现象。

（4）乳化液泵在运转期间，司机要密切注意泵运转情况，不得擅自离开工作岗位。

（5）司机在乳化液泵运转中应注意以下事项：

① 注意察听运转声音。

② 经常观察压力表指示范围，判断液压管路有无破损、漏液。

③ 检查卸载阀的工作情况。

④ 检查润滑油油位和温度是否符合规定。

⑤ 检查乳化液箱温度及水位是否正常，乳化液配比是否适当。

⑥ 检查泵柱塞腔下的漏液情况。

⑦ 在正常运转中不允许用安全阀代替卸载阀。

⑧ 乳化液箱内乳化油液面是否有污染物。

发现问题应停泵处理，及时与工作面联系。

（四）停止操作

乳化液泵站司机需要停止乳化液泵运转时，必须按照正确的停泵操作顺序进行：

(1) 打开手动卸载阀。

(2) 关闭供液阀门。

(3) 停泵。

(4) 人员离开工作地点必须停电,并进行闭锁。

模块三　泵类操作作业典型事故案例

学习目标

1. 了解泵类操作作业典型事故案例。

2. 增强职工安全意识和提高安全操作技能，吸取事故教训，防止同类事故发生。

安全操作技能相关知识

案例一　水泵掉落砸伤检修工事故

1. 事故经过

2012 年 9 月 21 日 8 点班，某机电队检修工在×工作面更换45 kW水泵。由于吊挂固定不牢固，致使水泵掉落砸伤检修工徐某的右脚。检修队及时将徐某送往医院救治。

2. 事故原因

经调查核实，这是一起责任事故。检修班徐某的施工工序错误，吊挂水泵时没有认真排查安全隐患，安全意识薄弱，没有把顶板吊环吊挂牢固，是造成该起事故的直接原因。机电队管理人员检查不详细，未能及时发现施工中存在的隐患，是造成该起事故的主要原因。

3. 防范措施

(1) 要加强员工危险源的辨识工作，特别是本岗位的危险源一定要牢记在心，并能熟练辨识。

(2) 吊挂水泵时，一定要牢固，并经常检查，发现隐患及时处理。

(3) 加强职工安全知识、操作技能的培训。班前会上，要有针对性地对职工进行安全教育，必须让职工对井下作业环境做到心中有数。不做违章事，不干违章活。

(4) 对本队的所有工作任务再次进行危险源辨识和评估，并制定相应的管理标准和管理措施。

案例二　水泵运行伤人事故

1. 事故经过

×年×月×日，某矿主排水泵司机王某在水泵运行期间检查水泵。检查至泵轴旋转部位时，衣袖被卷入，造成其手臂严重伤害，送医院后截肢。

2. 事故原因

(1) 王某安全意识淡薄，工作前未进行安全风险分析。在检查水泵泵轴运转情况时，未检查确认衣袖是否扣紧，在衣袖敞开的情况下作业，导致此次事故的发生，是此次事故的直接原因。

(2) 同组值班员在工作中未能有效地进行安全监督、提醒，未及时制止王某的违章行为，是此次事故的原因之一。

(3) 王某在工作中未执行规章制度，疏忽大意，违章作业。

(4) 员工“安全第一，预防为主”的思想不牢。

3. 防范措施

(1) 加强现场监督，落实安全责任，增强员工的自主保安和互助保安意识。

(2) 所有工作必须执行安全风险分析制度，认真填写安全分析卡。

(3) 完善设备检查检修制度，制定设备巡检注意事项。

(4) 加强职工的技术培训和安全知识培训，提高职工的业务素质和安全意识。

(5) 各级管理人员要以身作则，靠前指挥，确保安全生产。

案例三　水泵故障导致水淹巷道事故

1. 事故经过

该事故发生在某矿六二运输巷拔门后 465 m 处，巷道标高为

—308 m，迎头岩性为细～中粒砂岩，岩层厚度为 12 m，岩层富水性中等，单位涌水量 q 为 0.3 L/(s · m)。巷道排水分两步进行，首先用 BQF-Ⅱ型风泵抽排迎头积水进入扒矸机后临时水仓，再用 7.5 kW 的电泵排出巷道。

20××年 10 月 5 日，早班巷道迎头出现淋水，当时涌水量仅为 1.5 m^3/h；随着巷道不断向前掘进，涌水量逐渐增大，到 10 月 9 日夜班涌水量突然增加，达 12 m^3/h。由于迎头排水风泵故障，积水逐渐增多，作业人员被迫撤离，停止生产。估计这次涌水量 2 100 m^3。矿调度室接到汇报后，调来大功率潜水泵，于 10 月 12 日早班进行强排，但由于作业人员对水泵性能了解不够，多次停泵检修，直到 10 月 17 日早班才将迎头积水排干，恢复生产。

2. 事故原因

(1) 井下作业人员不能正确使用排水设备，是这次水害的直接原因。

(2) 对“安全第一，预防为主”的思想重视不够。没摆正安全与生产、安全与时间的关系，只顾生产，忽视对排水设备的保护，造成水泵故障，无法排水，以致小水成大灾，这是事故的主要原因。

(3) 该矿过去砂岩含水层的涌水量较小，没发生过水灾，没有配置大功率排水泵，重视程度不够。

(4) 防治水经验不足，未将水截流、分级排水，没能将水与回弹料、岩粉分开，导致迎头积水。

3. 防范措施

(1) 加强专业知识的学习和技能训练，严格落实交接班制度。

(2) 按“探、防、堵、排、截、监”的防治水原则，设置多级水仓进行截水，分段将水引入水仓，防止水流进入迎头。

(3) 喷浆回弹料要与迎头矸石、积水分开，防止因其混合影响水泵排水效果。

(4) 风泵吸水头应采用过滤网包扎，防止砂石进入。

附　录

附件1　地质测量作业实操考试考核表

考试时间:30分钟

单位:＿＿＿＿＿＿　姓名:＿＿＿　得分:＿＿＿

序号	考试项目	操作内容与步骤	考试方式	分值	评分标准	扣分原因	扣分数
1	岗位“双述”	手指口述或岗位描述本职工作岗位的职责内容	手指口述或岗位描述	20分	考核内容只需随机选取1项即可。缺少或回答错误按2分/条进行扣分,扣完为止		
2	仪器操作和资料收集	(1) 测量作业 ① 全站仪一个测回的操作顺序。(20分) ② 水准仪一测站的观测顺序。(20分) ③ 数据记录。(10分) ④ 数据计算。(10分)	任选一种作业内容进行实操	60分	按小项分值扣分,扣完为止		
		(2) 地质作业 ① 地质资料收集。(20分) ② 地质构造判断。(20分) ③ 原始记录。(10分) ④ 绘制地质素描图。(10分)					

续表

序号	考试项目	操作内容与步骤	考试方式	分值	评分标准	扣分原因	扣分数
2	仪器操作和资料收集	(3) 水文作业 ① 工具仪表准备齐全。(20 分) ② 观测点涌水量观测。(20 分) ③ 计算涌水量。(20 分)	任选一种作业内容进行实操	60 分	按小项分值扣分,扣完为止		
		(4) 储量作业 ① 工作面地质资料收集。(20 分) ② 储量计算。(20 分) ③ 原始记录。(10 分) ④ 绘制煤壁地质素描图。(10 分)					
3	自救器的使用与创伤急救训练	(1) 自救器的使用 ① 化学氧自救器的使用。 ② 压缩氧自救器的使用	实物操作 + 手指口述	10 分	考核内容只需随机选取 1 项即可。操作或手指口述每缺 1 处或 1 处不正确扣 2 分		
		(2) 创伤急救 ① 心肺复苏。 ② 止血。 ③ 创伤包扎。 ④ 骨折临时固定和伤员搬运。 ⑤ 对不同伤员的现场急救		10 分	考核内容只需随机选取 2 项即可。操作或手指口述每缺 1 处或 1 处不正确扣 2 分		
合计得分				100 分			

考核人：______________　　考核时间：____年__月__日

附件 2　机械维修作业实操考试考核表

考试时间:30 分钟

单位:__________　姓名:______　得分:______

序号	考试项目	操作内容与步骤	考试方式	分值	评分标准	扣分原因	扣分数
1	岗位“双述”	手指口述或岗位描述本职工作岗位的职责内容	手指口述或岗位描述	30 分	考核内容只需随机选取 1 项即可。缺少或回答错误按 4 分/条进行扣分		
2	安全技术操作	(1) 检修提升机、空压机机械维修作业岗位安全技术操作程序 : ① 现场模拟检修前的准备工作。 ② 现场模拟检修程序有哪些。 ③ 现场模拟检修完毕后试车。 ④ 现场出现紧急情况时的应对措施 (2) 水泵、带式输送机维修作业操作程序: ① 现场模拟检修前的准备工作。 ② 现场模拟检修程序有哪些。 ③ 现场模拟检修完毕后试车。 ④ 现场出现紧急情况时的应对措施	手指口述	40 分	考核内容只需随机选取 1 项即可。手指口述每缺 1 处或 1 处不正确扣 2 分		

续表

序号	考试项目	操作内容与步骤	考试方式	分值	评分标准	扣分原因	扣分数
3	自救器的使用与创伤急救训练	(1) 自救器的使用 ① 化学氧自救器的使用。 ② 压缩氧自救器的使用	实物操作 + 手指口述	10分	考核内容只需随机选取1项即可。操作或手指口述每缺1处或1处不正确扣2分		
		(2) 创伤急救 ① 心肺复苏。 ② 止血。 ③ 创伤包扎。 ④ 骨折临时固定和伤员搬运。 ⑤ 对不同伤员的现场急救		20分	考核内容只需随机选取2项即可。操作或手指口述每缺1处或1处不正确扣2分		
合计得分				100分			

考核人：________________　　考核时间：____年__月__日

附件3　泵类操作作业实操考试考核表

考试时间:30分钟

单位:__________　姓名:______　得分:______

序号	考试项目	操作内容与步骤	考试方式	分值	评分标准	扣分原因	扣分数
1	岗位“双述”	手指口述或岗位描述本职工作岗位的职责内容	手指口述或岗位描述	30分	考核内容只需随机选取1项即可。缺少或回答错误按4分/条进行扣分。		
2	安全技术操作	(1) 主排水泵司机 ① 操作前的准备工作。 ② 安全操作启动水泵电动机。 ③ 操作阀门。 ④ 水泵的正常停机。 ⑤ 水泵运行中的故障停机。 ⑥ 巡回检查 (2) 小水泵司机 ① 操作前的准备工作。 ② 正常操作程序	手指口述	30分	考核内容只需随机选取1项即可。手指口述每缺1处或1处不正确扣2分		

续表

序号	考试项目	操作内容与步骤	考试方式	分值	评分标准	扣分原因	扣分数
2	安全技术操作	(3) 乳化液泵司机 ① 操作前的准备工作。 ② 按照正确的操作方法进行操作。 ③ 乳化液泵司机在乳化液泵运转中应注意的事项。 ④ 按照正确的停泵操作顺序操作	手指口述	30分	考核内容只需随机选取1项即可。手指口述每缺1处或1处不正确扣2分		
3	自救器的使用与创伤急救训练	(1) 自救器的使用 ① 化学氧自救器的使用。 ② 压缩氧自救器的使用	实物操作 + 手指口述	10分	考核内容只需随机选取1项即可。操作或手指口述每缺1处或1处不正确扣2分		
		(2) 创伤急救 ① 心肺复苏。 ② 止血。 ③ 创伤包扎。 ④ 骨折临时固定和伤员搬运。 ⑤ 对不同伤员的现场急救		30分	考核内容只需随机选取两项即可。操作或手指口述每缺1处或1处不正确扣2分		
合计得分				100分			

考核人：____________　　考核时间：____年__月__日

附件 4　井下常用标志及设置地点

附表 1　井下常用禁止标志及设置地点

名称	符号	设置地点	名称	符号	设置地点
禁带烟火		煤矿井口或井下	禁止入内		井下封闭区、瓦斯区、盲巷、废弃巷道及禁止人员入内的地点
禁止酒后入井		人员出入的井口	禁止停车		井下禁止停放车辆的地段
禁止明火作业		禁止明火作业地点	禁止驶入		线路终点和禁止机车驶入地段
禁止启动		不允许启动的机电设备	禁止通行		井下危险区、爆破警戒处、不兼作行人的绞车道、材料道及禁止行人的通道口等
禁止送电		变电室、移动电源开关停电检修等	禁止穿化纤服装入井		人员出入的井口
禁止扒乘矿车		井下运输大巷交叉口、乘车场、扒车事故多发地段	禁止放明炮、糊炮		井下采掘爆破工作面
禁止扒、登、跳人车		井下巷道，每隔 50 m 设一个	禁止井下睡觉		井下各工序岗位和作业区

附表 1(续)

名称	符号	设置地点	名称	符号	设置地点
禁止登钩		串车提升斜井上下口	禁止同时打开两道风门		井下巷道风门处
禁止跨、乘输送带		链板、带式输送机、钢丝绳牵引运输不许跨越的地方，间隔30 m设置	禁止井下随意拆卸矿灯		入井口、井下工作面
禁止井下攀牵线缆		井下敷有电缆、信号线等巷道内			

附表 2　井下常用警告标志及设置地点

名称	符号	设置地点	名称	符号	设置地点
注意安全		提醒人们注意安全的场所及设备安置的地方	当心坠入溜井		井下溜煤眼、溜矿井、溜矿仓
当心瓦斯		井下瓦斯积聚地段、盲巷口、瓦斯抽放地点、巷道冒高处	当心发生冲击地压		井下有冲击地压的作业区域

附表 2(续)

名称	符号	设置地点	名称	符号	设置地点
当心冒顶		井下冒顶危险区、巷道维修地段	当心片帮滑坡		井下有片帮、滑坡危险地段
当心火灾		井下仓库、爆炸材料库、油库、带式输送机、充电室和有发火预兆的地点	当心矿车行驶		井下行人巷道与运输巷道交叉处、井下兼行人的倾斜运输巷道内
当心水灾		井下有透水或水患地点	当心绊倒		井下地面有障碍物，绊倒易造成伤害的地方
当心煤(岩)与瓦斯突出		井下煤(岩)与瓦斯突出危险作业区	当心滑跌		井下巷道有易造成伤害的滑跌地点
当心有害气体中毒		井下 CH_4、CO、H_2S、NO_x 等有害气体危险地点	当心交叉道口		井下巷道交叉口处
当心爆炸		爆炸材料库，运送炸药、雷管的容器和设备上	当心弯道		井下巷道拐弯处

附表 2(续)

名称	符号	设置地点	名称	符号	设置地点
当心触电		有触电危险部位	当心道路变窄(左、右、正向)		井下巷道前方变窄的地段
当心坠落		建井施工、井筒维修及井内高空作业处			

附表 3　井下常用指令标志及设置地点

名称	符号	设置地点	名称	符号	设置地点
必须戴安全帽		人员出入井口、更衣房、矿灯房等醒目地方	必须桥上通过		井下设有人行桥的地方
必须携带自救器		入井口处、更衣室、领自救器房等醒目地方	必须走人行道		井下人行道两端
必须携带矿灯		入井口处、更衣室、矿灯房等醒目地方	鸣笛		井下机车通过巷道交叉口、道岔口和弯道前20～30 m鸣笛处

附表 3(续)

名称	符号	设置地点	名称	符号	设置地点
必须穿戴绝缘保护用品		井下变配电所(硐室)	必须加锁		剧毒品、危险品库房等地点
必须系安全带		建井施工处、井筒检修地点	必须持证上岗		井口、配电室、炸药库等必须出示上岗证的地点
必须戴防尘口罩		井下打眼施工、炮烟区			

附表 4　井下常用路标、名牌、提示标志及设置地点

名称	符号	设置地点	名称	符号	设置地点
紧急出口(左、右向)		设在井下采区安全出口路线上(间隔 100 m)和改变方向处	运输巷道		井下运输巷道
电话		井下通往电话的通道上	指示牌		根据需要自行设置
躲避硐		井下通往躲避硐室的通道及躲避硐室入口处	路标	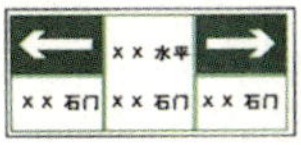	自行设置

附表 4(续)

名称	符号	设置地点	名称	符号	设置地点
急救站		井下通往急救站通道上	避火灾、瓦斯爆炸路线		井下躲避火灾、瓦斯、煤尘爆炸的通道上
爆破警戒线		井下爆破警戒线处	避水灾路线		井下躲避水灾的通道上
危险区		井下火灾、瓦斯、水患等危险区附近	避有毒有害气体路线		井下躲避有毒有害气体路线的通道上
沉陷区		井下地表沉陷滑落区	永久密闭	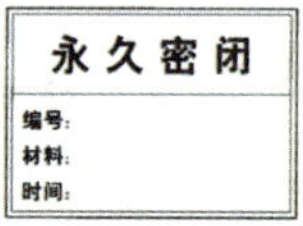	井下废巷、盲巷入口处
前方慢行		井下风门、交叉道口、弯道、车场、翻罐等须减速慢行地点	测风牌	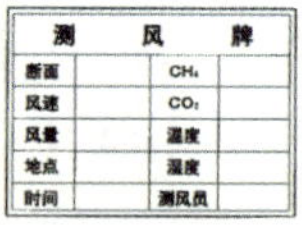	井下掘进、采煤工作面等处
进风巷道		井下进风巷道	炮检牌	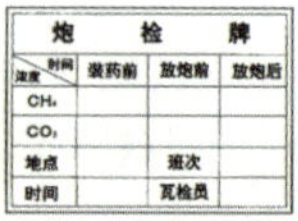	井下采、掘工作面等要求设置的地点
回风巷道		井下回风巷道	瓦斯巡检牌	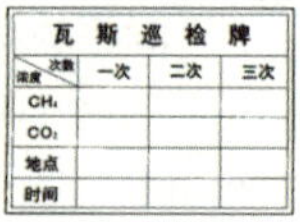	采、掘工作面等要求设置的地点

参考文献

[1] 国家煤矿安全监察局.煤矿安全生产标准化管理体系基本要求及评分方法(试行)[M].北京:应急管理出版社,2020.

[2] 国家煤矿安全监察局.煤矿防治水细则[M].北京:煤炭工业出版社,2018.

[3] 河南省煤炭工业管理办公室.河南省煤矿其他从业人员培训大纲和考核标准(试行)[M].徐州:中国矿业大学出版社,2018.

[4] 王国标,黄小广,高新春.矿井水灾防治[M].徐州:中国矿业大学出版社,2008.

[5] 王启广,李炳文,黄嘉兴.采掘机械与支护设备[M].徐州:中国矿业大学出版社,2006.

[6] 中国煤炭工业劳动保护科学技术学会.矿井水害防治技术[M].北京:煤炭工业出版社,2008.

[7] 中国煤炭行业劳动保护科学技术学会.煤矿工人安全技术操作规程指南:采煤[M].北京:煤炭工业出版社,2006.

[8] 中华人民共和国应急管理部,国家矿山安全监察局.煤矿安全规程:2022[M].北京:应急管理出版社,2022.

煤矿全员安全素质提升系列丛书

煤矿"一规程四细则"学习问答

全国煤矿安全培训教材建设专家委员会 组织编写

胡宝伟 张元宝 张俊培 王洪斌 主编

中国矿业大学出版社

·徐州·

内 容 提 要

为了全面满足煤矿企业组织“一规程四细则”全员安全大培训、大考试和实操测试的需求，我们组织了众多煤矿企业一线安全生产管理、技术和培训专家，编写了本书。全书共分为七篇，主要内容包括：“一规程四细则”的相关条文“应知应会”知识点和煤矿从业人员“必知必会”关切点，实操测试及以案学法等。本书同时配有考试题库（软件）、PPT课件，方便企业组织培训和考试。

本书适用于煤矿企业全员开展煤矿“一规程四细则”大培训、大考试和实操测试。

图书在版编目(CIP)数据

煤矿“一规程四细则”学习问答 / 胡宝伟等主编
.—徐州：中国矿业大学出版社，2023.5(2023.5重印)
ISBN 978-7-5646-5790-1

Ⅰ.①煤… Ⅱ.①胡… Ⅲ.①煤矿—矿山安全—问题解答 Ⅳ.①TD7-44

中国国家版本馆CIP数据核字(2023)第066818号

书　　名　煤矿“一规程四细则”学习问答
MEIKUANG “YI GUICHENG SI XIZE” XUEXI WENDA
主　　编　胡宝伟　张元宝　张俊培　王洪斌
责任编辑　吴学兵　陈　慧　李　敬
出版发行　中国矿业大学出版社有限责任公司
（江苏省徐州市解放南路　邮编 221008）
营销热线　(0516)83884103　83885105
出版服务　(0516)83885312　83884920
网　　址　http://www.cumtp.com　**E-mail**:cumtpvip@cumtp.com
印　　刷　苏州市古得堡数码印刷有限公司
开　　本　880 mm×1240 mm　1/32　**印张** 9.5　**字数** 283 千字
版次印次　2023年5月第1版　2023年5月第2次印刷
定　　价　29.00元

数字资源使用方法

一、书中二维码视频观看方法

用手机微信“扫一扫”识别书中二维码即可观看实操视频。

二、考试题库软件使用方法

微信扫码关注“中国矿业大学出版社煤炭知识服务”微信公众号，点击右下角“在线学习”—“在线考试”，微信授权进入“煤矿安培考试”小程序。“自测练习”模块可顺序练习，“模拟考试”模块可进行模拟考试，“我的错题”模块可查看错题。进入相应模块后，点击“请选择题库”，左侧一栏选择“法律法规与专项培训”，再选择“一规程四细则”，点击“确定”开始答题。公众号中回复“考试题库”，弹出的文章中第一篇有题库软件使用方法，可供参考。

中国矿业大学出版社煤炭知识服务

《煤矿“一规程四细则”学习问答》编写委员会

前　言

为认真贯彻落实习近平总书记关于矿山安全生产重要指示精神，深刻吸取事故教训，有效遏制矿山重特大事故发生，《国家矿山安全监察局关于开展矿山安全生产综合整治的通知》（矿安〔2023〕17 号）部署，2023 年 3—12 月，在全国矿山开展安全生产综合整治。其中要求：各煤矿企业要围绕提升法规标准执行力，开展一次以学习煤矿"一规程四细则"等法规标准为主要内容的全员安全大培训，做到不漏一岗、不漏一人。培训结束后要组织开展一次全员大考试和实操测试，严肃考试纪律，做到真考真测。考试结果要与岗位聘任、薪酬等级、年度考核等挂钩，主动清理一批不具备安全生产管理能力的"五职矿长"，清退一批不合格的安全管理和专业技术人员，倒逼提升从业人员安全素质和安全技能，并形成企业内部培训考核奖惩机制。

当前，组织"一规程四细则"全员大培训、大考核和实操测试还存在以下一些问题：

(1) "一规程四细则"条文四五十万字，怎么组织学习，哪些是学习重点？

(2) 条文原文形式枯燥，不容易记忆，职工学习兴趣不高，怎么办？

(3) 没有系统的培训 PPT 课件，老师怎么备课、怎么讲课？

(4) 如何组织试卷考试？网上的题库五花八门，新旧内容混杂，怎么区分？

(5) 职工学习中如何便捷地实现手机在线学习、模拟考试？

(6) 实操测试怎么考，考什么内容，怎么评分？

为了全面满足煤矿企业培训、职工学习"一规程四细则"的需要，针对上述培训中存在的问题，我们组织编写出版了《煤矿"一规程四细则"

学习问答》。本书由众多煤矿企业一线安全生产管理、技术和培训专家共同编写，他们提炼出职工最关心的问题和法规宣传贯彻实践中的重点和难点知识，以问答的形式组织内容，让职工带着问题去学习，通过解决问题学习相关规定，告别枯燥的法规条文，快速掌握“一规程四细则”的核心要点。此外，为满足实操测试的需要，我们结合“一规程四细则”中有关实操技能的规定，编写了实操测试的要求、内容和方式，并编制了“五职矿长”、安全生产管理人员、专业技术人员、班组长、特种作业人员、其他从业人员等六类人员的实操测试考核表示例，以供企业参考。

本书共分为七篇，主要内容包括“一规程四细则”的相关条文“应知应会”知识点和煤矿从业人员“必知必会”关切点、实操测试及以案学法等。实操测试部分紧密结合煤矿现场实际，围绕发生紧急情况及事故应急处置、安全避灾、自救互救等实用性知识展开，并配置实操演示视频，讲解自救器使用、现场急救、避灾逃生等实用知识。全书配置大量的安全漫画，通过幽默、诙谐却震撼的漫画场景，警示和教育职工要遵守“一规程四细则”。

本书适用于煤矿企业全员开展煤矿“一规程四细则”大培训、大考试和实操测试。

本书配套有 PPT 课件、考试题库软件、模拟考试试题、实操测试考核表等，方便各煤矿企业开展“一规程四细则”培训学习和考核，请加微信 xuebwu 或 QQ 群 708756397 联系(只限培训机构教师)。读者请关注“中国矿业大学出版社煤炭知识服务”微信公众号进行题库练习。

由于编者水平所限，书中难免有疏漏和不妥之处，敬请广大读者批评指正。

全国煤矿安全培训教材建设专家委员会

2023 年 4 月

目　录

第一篇　煤矿安全规程

第二篇 防治煤与瓦斯突出细则

第三篇　煤矿防灭火细则

第四篇　煤矿防治水细则

第五篇 防治煤矿冲击地压细则

第六篇　煤矿"一规程四细则"实操测试

第七篇　以案学法

第一篇　煤矿安全规程

第一章　总　　则

1. 为什么要学习《煤矿安全规程》?

答:煤矿井下工作环境较差,存在各种事故隐患,极易导致事故发生,严重威胁职工的健康与安全。《煤矿安全规程》中的条款都是一起起事故教训的总结。条条规程血染成,不要用血再验证,不能让事故一而再、再而三地重演。因此,通过加深对新版《煤矿安全规程》的学习和理解,增强关注安全、关爱生命的责任感,提高遵章指挥、遵章作业、遵守劳动纪律的自觉性,实现矿井本质安全。

2.《煤矿安全规程》主要内容有哪些?

答:《煤矿安全规程》主要内容分总则、地质保障、井工煤矿、露天煤矿、职业病危害防治、应急救援等 6 篇及附则、附录等,总计 721 条。

3. 制定《煤矿安全规程》的目的是什么?

答:《煤矿安全规程》是煤矿企业必须遵守的法定规程,制定目的是保障煤矿安全生产和从业人员的人身安全与健康,防止煤矿事故与职业病危害。

4. 煤矿企业必须建立健全哪些责任制?

答:煤矿企业必须加强安全生产管理,建立健全各级负责人、各部门、各岗位安全生产与职业病危害防治责任制。

5. 煤矿企业必须建立健全哪些管理制度?

答:煤矿企业必须建立健全安全生产与职业病危害防治目标管理、投入、奖惩、技术措施审批、培训、办公会议制度,安全检查制度,安全风险分级管控工作制度，事故隐患排查、治理、报告制度，事故报告与责任追究制度等。

6. 煤矿企业对重要设备材料管理有哪些规定？

答：煤矿企业必须制定重要设备材料的查验制度，做好检查验收和记录，防爆、阻燃抗静电、保护等安全性能不合格的不得入井使用。

7. 煤矿企业对各种设备、设施检查维修管理有哪些规定？

答：煤矿企业必须建立各种设备、设施检查维修制度，定期进行检查维修，并做好记录。

8. 煤矿企业对安全生产与职业病危害防治管理有哪些规定？

答：煤矿企业必须设置专门机构负责煤矿安全生产与职业病危害防治管理工作，配备满足工作需要的人员及装备。

9. 煤矿建设项目的安全设施和职业病危害防护设施要达到哪“三同时”？

答：煤矿建设项目的安全设施和职业病危害防护设施，必须与主体工程同时设计、同时施工、同时投入使用。

10. 对作业场所和工作岗位存在的危险有害因素等，煤矿企业应当履行哪些义务？

答：对作业场所和工作岗位存在的危险有害因素及防范措施、事故应急措施、职业病危害及其后果、职业病危害防护措施等，煤矿企业应当履行告知义务，从业人员有权了解并提出建议。

11. 对违章指挥、违章作业有哪些规定？

答：从业人员有权制止违章作业，拒绝违章指挥；当工作地点出现险情时，有权立即停止作业，撤到安全地点；当险情没有得到处理不能保证人身安全时，有权拒绝作业。从业人员必须遵守煤矿安全生产规章制度、作业规程和操作规程，严禁违章指挥、违章

作业。

12. 煤矿企业对从业人员安全教育和培训有哪些规定?

答:煤矿企业必须对从业人员进行安全教育和培训。培训不合格的,不得上岗作业。

13. 煤矿对使用矿用产品安全标志有哪些规定?

答:煤矿使用的纳入安全标志管理的产品,必须取得煤矿矿用产品安全标志。未取得煤矿矿用产品安全标志的,不得使用。

14. 对国家明令禁止使用或者淘汰的技术、工艺、材料和设备有什么规定?

答:严禁使用国家明令禁止使用或者淘汰的危及生产安全和可能产生职业病危害的技术、工艺、材料和设备。

15. 对入井(场)人员有哪些规定?

答:入井(场)人员必须戴安全帽等个体防护用品,穿带有反光标识的工作服。入井(场)前严禁饮酒。煤矿必须建立入井检身制度和出入井人员清点制度;必须掌握井下人员数量、位置等实时信息。入井人员必须随身携带自救器、标识卡和矿灯,严禁携带烟草和点火物品,严禁穿化纤衣服。

16. 对井工煤矿停工停产期间有哪些规定?

答:井工煤矿必须制定停工停产期间的安全技术措施,保证矿井供电、通风、排水和安全监控系统正常运行,落实24 h值班制度。复工复产前必须进行全面安全检查。

17. 对煤矿企业应急救援有哪些规定?

答:煤矿企业必须建立应急救援组织,健全规章制度,编制应急救援预案,储备应急救援物资、装备并定期检查补充。

第二章 地质保障

1. 煤矿建设、生产阶段,对发现的各类不良地质因素应采取哪些安全技术措施?

答:煤矿建设、生产阶段,必须对揭露的煤层、断层、褶皱、岩浆岩体、陷落柱、含水岩层,矿井涌水量及主要出水点等进行观测及描述,综合分析,实施地质预测、预报。

2. 井巷揭煤前,应采取哪些安全技术措施?

答:井巷揭煤前,应当探明煤层厚度、地质构造、瓦斯地质、水文地质及顶底板等地质条件,编制揭煤地质说明书。

3. 掘进和回采前,应采取哪些安全技术措施?

答:掘进和回采前,应当编制地质说明书,掌握地质构造、岩浆岩体、陷落柱、煤层及其顶底板岩性、煤(岩)与瓦斯(二氧化碳)突出危险区、受水威胁区、技术边界、采空区、地质钻孔等情况。

4. 生产矿井地质报告修编周期有什么规定?

答:生产矿井应当每5年修编矿井地质报告。地质条件变化影响地质类型划分时,应当在1年内重新进行地质类型划分。

第三章　井工煤矿

第一节　矿井建设

1. 单项工程、单位工程开工前，必须编制哪些技术文件？

答：单项工程、单位工程开工前，必须编制施工组织设计和作业规程，并组织相关人员学习。

2. 矿井建设期间必须填绘哪些图纸？

答：矿井建设期间必须按规定填绘反映实际情况的井巷工程进度交换图、井巷工程地质实测素描图及通风、供电、运输、通信、监测、管路等系统图。

3. 矿井建设期间的安全出口应当符合哪些要求？

答：① 开凿或者延深立井时，井筒内必须设有在提升设备发生故障时专供人员出井的安全设施和出口；井筒到底后，应当先短路贯通，形成至少 2 个通达地面的安全出口。② 相邻的两条斜井或者平硐施工时，应当及时按设计要求贯通联络巷。

4. 开凿平硐、斜井和立井时，井口与坚硬岩层之间的井巷应符合哪些要求？

答：开凿平硐、斜井和立井时，井口与坚硬岩层之间的井巷必须砌碹或者用混凝土砌（浇）筑，并向坚硬岩层内至少延深 5 m。

5. 立井锁口施工时，应当遵守哪些规定？

答：① 采用冻结法施工井筒时，应当在井筒具备试挖条件后施工。② 风硐口、安全出口与井筒连接处应当整体浇筑，并采取安全防护措施。③ 拆除临时锁口进行永久锁口施工前，在永久锁口下方应当设置保护盘，并满足通风、防坠和承载要求。

6. 作业规程中立井永久或者临时支护到井筒工作面的距离及防止片帮的措施必须根据哪些因素来明确？

答：立井永久或者临时支护到井筒工作面的距离及防止片帮的措施必须根据岩性、水文地质条件和施工工艺在作业规程中明确。

7. 采用井圈或者其他临时支护时，临时支护必须符合哪些要求？

答：采用井圈或者其他临时支护时，临时支护必须安全可靠、紧靠工作面，并及时进行永久支护。建立永久支护前，每班应当派专人观测地面沉降和井帮变化情况；发现危险预兆时，必须立即停止作业，撤出人员，进行处理。

8. 开凿或者延深立井、安装井筒装备的施工组织设计中，必须有什么措施？

答：开凿或者延深立井、安装井筒装备的施工组织设计中，必须有天轮平台、翻矸平台、封口盘、保护盘、吊盘以及凿岩、抓岩、出矸等设备的设置、运行、维修的安全技术措施。

9. 施工岩（煤）平巷（硐）时，应当遵守哪些规定？

答：① 掘进工作面严禁空顶作业。临时和永久支护距掘进工作面的距离，必须根据地质、水文地质条件和施工工艺在作业规程中明确，并制定防止冒顶、片帮的安全措施。② 距掘进工作面 10 m 内的架棚支护，在爆破前必须加固。对爆破崩倒、崩坏的支架必须先行修复，之后方可进入工作面作业。修复支架时必须先检查顶、帮，并由外向里逐架进行。③ 在松软的煤（岩）层、流砂性地层或者破碎带中掘进巷道时，必须采取超前支护或者其他措施。

10．使用抓岩机时，应当遵守哪些规定？

答：① 抓岩机应当与吊盘可靠连接，并设置专用保险绳。② 抓岩机连接件及钢丝绳，在使用期间必须由专人每班检查 1 次。③ 抓研完毕必须将抓斗收拢并锁挂于机身。

11．使用耙装机时，应当遵守哪些规定？

答：① 耙装机作业时必须有照明。② 耙装机绞车的刹车装置必须完好、可靠。③ 耙装机必须装有封闭式金属挡绳栏和防耙斗出槽的护栏；在巷道拐弯段装岩（煤）时，必须使用可靠的双向辅助导向轮，清理好机道，并有专人指挥和信号联系。④ 固定钢丝绳滑轮的锚桩及其孔深和牢固程度，必须根据岩性条件在作业规程中明确。⑤ 耙装机在装岩（煤）前，必须将机身和尾轮固定牢靠。耙装机运行时，严禁在耙斗运行范围内进行其他工作和行人。在倾斜井巷移动耙装机时，下方不得有人。上山施工倾角大于 20°时，在司机前方必须设护身柱或者挡板，并在耙装机前方增设固定装置。倾斜井巷使用耙装机时，必须有防止机身下滑的措施。⑥ 耙装机作业时，其与掘进工作面的最大和最小允许距离必须在作业规程中明确。⑦ 高瓦斯、煤与瓦斯突出和有煤尘爆炸危险矿井的煤巷、半煤岩巷掘进工作面和石门揭煤工作面，严禁使用钢丝绳牵引的耙装机。

12．使用挖掘机时，应当遵守哪些规定？

答：① 严禁在作业范围内进行其他工作和行人。② 2 台以上挖掘机同时作业或者与抓岩机同时作业时应当明确各自的作业范围，并设专人指挥。③ 下坡运行时必须使用低速挡，严禁脱挡滑行，跨越轨道时必须有防滑措施。④ 作业范围内必须有充足的照明。

13. 井塔施工时，必须采取什么措施？

答：井塔施工时，井塔出入口必须搭设双层防护安全通道，非出入口和通道两侧必须密闭，并设置醒目的行走路线标识。采用冻结法施工的井筒，严禁在未完全融化的人工冻土地基中施工井塔桩基。

14. 井下安装应当遵守哪些规定？

答：① 作业现场必须有充足的照明。② 大型设备、构件下井前必须校验提升设备的能力，并制定专项措施。③ 巷道内固定吊点必须符合吊装要求。吊装时应当有专人观察吊点附近顶板情况，严禁超载吊装。④ 在倾斜井巷提升运输时不得进行安装作业。

15. 矿井进入主要大巷施工前，必须安装哪些系统？

答：矿井进入主要大巷施工前，必须安装安全监控、人员位置监测、通信联络系统。

16. 建井期间对供电有哪些要求？

答：建井期间应当形成两回路供电。当任一回路停止供电时，另一回路应当能担负矿井全部用电负荷。暂不能形成两回路供电的，必须有备用电源，备用电源的容量应当满足通风、排水和撤出人员的需要。高瓦斯、煤与瓦斯突出、水文地质类型复杂和极复杂的矿井进入巷道和硐室施工前，其他矿井进入采区巷道施工前，必须形成两回路供电。

17. 开凿或者延深斜井、下山时，对防止跑车有什么规定？

答：开凿或者延深斜井、下山时，必须在斜井、下山的上口设置防止跑车装置，在掘进工作面的上方设置跑车防护装置，跑车防护装置与掘进工作面的距离必须在施工组织设计或者作业规程中明确。

18. 井下临时排水系统工作和备用水泵的排水能力有哪些要求？

答：井下工作水泵的排水能力应当能在 20 h 内排出 24 h 正常涌水量，井下备用水泵排水能力不小于工作水泵排水能力的 70%。

19. 建井期间有哪种情况时必须建立瓦斯抽采系统？

答：① 突出矿井在揭露突出煤层前。② 任一掘进工作面瓦斯涌出量大于 3 m^3/min，用通风方法解决瓦斯问题不合理的。

第二节　开　　采

1. 非突出矿井开采深度是如何规定的？

答：新建非突出大中型矿井开采深度（第一水平）不应超过 1 000 m，改扩建大中型矿井开采深度不应超过 1 200 m，新建、改扩建小型矿井开采深度不应超过 600 m。

2. 每个生产矿井必须至少有几个能行人的通达地面的安全出口？各出口间距不得小于多少米？

答：每个生产矿井必须至少有 2 个能行人的通达地面的安全出口，各出口间距不得小于 30 m。

3. 井下每一个水平到上一个水平和各个采（盘）区的安全出口是怎样规定的？

答：井下每一个水平到上一个水平和各个采（盘）区都必须至少有 2 个便于行人的安全出口，并与通达地面的安全出口相连。未建成 2 个安全出口的水平或者采（盘）区严禁回采。

4. 对井巷交岔点安全标志的设置有什么要求？

答：井巷交岔点，必须设置路标，标明所在地点，指明通往安全出口的方向。

5. 巷道净断面必须满足哪些要求?

答:巷道净断面必须满足行人、运输、通风和安全设施及设备安装、检修、施工的需要。

6. 对采煤工作面所有安全出口与巷道连接处有哪些规定?

答:采煤工作面所有安全出口与巷道连接处超前压力影响范围内必须加强支护,且加强支护的巷道长度不得小于 20 m;综合机械化采煤工作面,此范围内的巷道高度不得低于 1.8 m,其他采煤工作面,此范围内的巷道高度不得低于 1.6 m。

7. 输送机运输巷道,输送机机头和机尾处与巷帮支护的最小间距是多少?

答:输送机运输巷道,输送机机头和机尾处与巷帮支护的距离应当满足设备检查和维修的需要,并不得小于 0.7 m。

8. 躲避硐规格有哪些要求?

答:躲避硐宽度不得小于 1.2 m,深度不得小于 0.7 m,高度不得小于 1.8 m。躲避硐内严禁堆积物料。

9. 在人车停车地点的巷道上下人侧,巷道高度、人行道宽度及管道吊挂高度是怎样规定的?

答:在人车停车地点的巷道上下人侧,从巷道道碴面起 1.6 m 的高度内,必须留有宽 1 m 以上的人行道,管道吊挂高度不得低于 1.8 m。

10. 采用轨道运输的巷道两车最突出部分之间的距离是怎样规

定的?

答:采用轨道运输的巷道:对开时两车最突出部分之间的距离不得小于 0.2 m,采区装载点两车最突出部分之间的距离不得小于 0.7 m,矿车摘挂钩地点两车最突出部分之间的距离不得小于 1 m。

11. 掘进巷道在揭露老空区前,应制定什么措施?

答:掘进巷道在揭露老空区前,必须制定探查老空区的安全措施,包括接近老空区时必须预留的煤(岩)柱厚度和探明水、火、瓦斯等内容。必须根据探明的情况采取措施,进行处理。

12. 在揭露老空区时有哪些安全注意事项?

答:在揭露老空区时,必须将人员撤至安全地点。只有经过检查,证明老空区内的水、瓦斯和其他有害气体等无危险后,方可恢复工作。

13. 一个矿井同时回采的采煤工作面个数不得超过几个? 煤(半煤岩)巷掘进工作面个数不得超过几个?

答:一个矿井同时回采的采煤工作面个数不得超过 3 个,煤(半煤岩)巷掘进工作面个数不得超过 9 个。

14. 在采动影响范围内不得布置几个采煤工作面同时回采?

答:在采动影响范围内不得布置 2 个采煤工作面同时回采。

15. 下山采区掘进回采巷道前应满足什么要求?

答:下山采区未形成完整的通风、排水等生产系统前,严禁掘进回采巷道。

16. 非垮落法管理顶板留设的支承采空区顶板和上覆岩层的煤柱,以及采空区安全隔离煤柱是否可以开采?

答:严禁任意开采非垮落法管理顶板留设的支承采空区顶板和上覆岩层的煤柱,以及采空区安全隔离煤柱。

17. 采掘过程中对安全煤柱有哪些规定?

答:采掘过程中严禁任意扩大和缩小设计确定的煤柱。采空区内不得遗留未经设计确定的煤柱。严禁任意变更设计确定的工业场地、矿界、防水和井巷等的安全煤柱。严禁开采和毁坏高速铁路的安全煤柱。

18. 采煤工作面回采前必须编制哪些技术文件?

答:采煤工作面回采前必须编制作业规程。情况发生变化时,必须及时修改作业规程或者补充安全措施。

19. 采煤工作面的安全出口是如何规定的?

答:采煤工作面必须保持至少 2 个畅通的安全出口,一个通到进风巷道,另一个通到回风巷道。

20. 对采煤工作面所有安全出口与巷道连接处超前压力影响范围内有哪些规定?

答:采煤工作面所有安全出口与巷道连接处超前压力影响范围内必须加强支护,且加强支护的巷道长度不得小于 20 m;综合机械化采煤工作面,此范围内的巷道高度不得低于 1.8 m,其他采煤工作面,此范围内的巷道高度不得低于 1.6 m。安全出口和与之相连接的巷道必须设专人维护,发生支架断梁折柱、巷道底鼓变形时,必须及时更换、清挖。

21. 哪些矿井不得采用前进式采煤方法?

答:高瓦斯、突出、有容易自燃或者自燃煤层的矿井,不得采用前进式采煤方法。

22. 对采煤工作面的顶煤、底煤、伞檐和浮煤有哪些规定?

答:采煤工作面不得任意留顶煤和底煤,伞檐不得超过作业规程的规定。采煤工作面的浮煤应当清理干净。

23. 采煤工作面对备用支护材料有哪些要求?

答:采煤工作面必须存有一定数量的备用支护材料。严禁使用折损的坑木、损坏的金属顶梁、失效的单体液压支柱。

24. 在同一采煤工作面中，能否使用不同类型和不同性能的支柱？

答：在同一采煤工作面中，不得使用不同类型和不同性能的支柱。

25. 采煤工作面单体液压支柱入井前如何检验？

答：单体液压支柱入井前必须逐根进行压力试验。

26. 单体液压支柱检修周期有哪些规定？

答：采煤工作面回采结束后或者使用时间超过 8 个月后，单体液压支柱必须进行检修。

27. 采煤工作面严禁使用什么类型的支柱？

答：采煤工作面严禁使用木支柱（极薄煤层除外）和金属摩擦支柱支护。

28. 采煤工作面单体液压支柱的初撑力与柱径有哪些规定？

答：单体液压支柱的初撑力，柱径为 100 mm 的不得小于 90 kN，柱径为 80 mm 的不得小于 60 kN。

29. 采煤工作面遇到哪些情况时，必须制定安全措施？

答：采煤工作面遇顶底板松软或者破碎、过断层、过老空区、过煤柱或者冒顶区，以及托伪顶开采时，必须制定安全措施。

30. 巷道遇什么情况时应加强支护？

答：巷道遇顶板破碎、淋水，过断层、老空区、高应力区等情况时，应加强支护。

31. 巷道架棚时，应当符合哪些规定？

答：巷道架棚时，支架腿应当落在实底上；支架与顶、帮之间的空隙必须塞紧、背实。支架间应当设牢固的撑杆或者拉杆，可缩性金属支架应当采用金属支拉杆，并用机械或者力矩扳手拧紧卡缆。倾斜井巷支架应当设迎山角。

32. 开工前，班组长对顶板等的安全检查有什么要求？

答：开工前，班组长必须对工作面顶板等安全情况进行全面检查，确认无危险后，方准人员进入工作面。

33. 采煤工作面对放顶人员的站位是怎样规定的？

答：放顶人员必须站在支架完整，无崩绳、崩柱、甩钩、断绳抽人等危险的安全地点工作。

34. 回柱放顶有哪些规定?

答:回柱放顶前,必须对放顶的安全工作进行全面检查,清理好退路。回柱放顶时,必须指定有经验的人员观察顶板。

35. 采煤工作面采用密集支柱切顶时有哪些规定?

答:采煤工作面采用密集支柱切顶时,两段密集支柱之间必须留有宽 0.5 m 以上的出口,出口间的距离和新密集支柱超前的距离必须在作业规程中明确规定。采煤工作面无密集支柱切顶时,必须有防止工作面冒顶和矸石窜入工作面的措施。

36. 严禁采用水力采煤的情形有哪些?

答:① 突出矿井,以及掘进工作面瓦斯涌出量大于 3 m^3/min 的高瓦斯矿井。② 顶板不稳定的煤层。③ 顶底板容易泥化或者底鼓的煤层。④ 容易自燃煤层。

37. 采用综合机械化采煤时,必须根据矿井哪些因素编制工作面设计?

答:必须根据矿井各个生产环节,煤层地质条件、厚度、倾角,瓦斯涌出量,自然发火倾向和矿山压力等因素,编制工作面设计。

38. 水力采煤时,相邻回采巷道及工作面回风巷之间开凿联络巷的作用是什么?

答:相邻回采巷道及工作面回风巷之间必须开凿联络巷,用以通风、运料和行人。

39. 综合机械化工作面运送、安装和拆除综采设备时,编制的安全措施内容有哪些?

答:综合机械化工作面运送、安装和拆除综采设备时,必须有安全措施,明确规定运送方式、安装质量、拆装工艺和控制顶板的措施。

40. 综采工作面倾角大于 15°时,液压支架必须采取什么措施?

答:倾角大于 15°时,液压支架必须采取防倒、防滑措施。

41. 综采工作面采高与防片帮是如何规定的?

答:当采高超过 3 m 或者煤壁片帮严重时,液压支架必须设护帮板。当采高超过 4.5 m 时,必须采取防片帮伤人措施。

42. 启动采煤机前,必须先做哪些准备工作?

答:启动采煤机前,必须先巡视采煤机四周,发出预警信号,确认人员无危险后,方可接通电源。

43. 采煤机停止工作或者检修时,应做好哪些安全措施?

答:采煤机停止工作或者检修时,必须切断采煤机前级供电开关电源并断开其隔离开关,断开采煤机隔离开关,打开截割部离合器。

44. 工作面遇有坚硬夹矸或者黄铁矿结核时,应当采取什么措施?

答:工作面遇有坚硬夹矸或者黄铁矿结核时,应当采取松动爆破处理措施,严禁用采煤机强行截割。

45. 采煤机更换截齿和滚筒有哪些规定?

答:采煤机更换截齿和滚筒时,采煤机上下 3 m 范围内,必须护帮护顶,禁止操作液压支架。必须切断采煤机前级供电开关电源并断开其隔离开关,断开采煤机隔离开关,打开截割部离合器,并对工作面输送机施行闭锁。

46. 采煤工作面刮板输送机信号和通信的装置有哪些规定?

答:采煤工作面刮板输送机必须安设能发出停止、启动信号和通信的装置,发出信号点的间距不得超过 15 m。

47. 刮板输送机使用的液力偶合器有哪些要求?

答:刮板输送机使用的液力偶合器,必须按所传递的功率大小,注入规定量的难燃液,并经常检查有无漏失。易熔合金塞必须符合标准,并设专人检查、清除塞内污物；严禁使用不符合标准的物品代替。

48. 移动刮板输送机时，需有哪些安全措施？

答：移动刮板输送机时，必须有防止冒顶、顶伤人员和损坏设备的安全措施。

49. 维修井巷支护时，为什么必须要有安全措施？

答：维修井巷支护时，必须有安全措施。严防顶板冒落伤人、堵人和支架歪倒。

50. 维修独头巷道支架时，有哪些规定？

答：在独头巷道维修支架时，必须保证通风安全并由外向里逐架进行，严禁人员进入维修地点以里。

51. 维修井巷支护时，撤换支架有哪些规定？

答：撤掉支架前，应当先加固作业地点的支架。架设和拆除支架时，在一架未完工之前，不得中止作业。撤换支架的工作应当连续进行，不连续施工时，每次工作结束前，必须接顶封帮。

52. 维修倾斜井巷时有哪些规定？

答：维修倾斜井巷时，应当停止行车；需要通车作业时，必须制定行车安全措施。严禁上、下段同时作业。

53. 修复旧井巷时，对于有毒有害气体有哪些规定？

答：修复旧井巷时，必须首先检查瓦斯。当瓦斯积聚时，必须按规定排放，只有在回风流中甲烷浓度不超过1.0%、二氧化碳浓度不超过

1.5%、空气成分符合要求时,才能作业。

第三节 通风、瓦斯和煤尘爆炸防治

1. 采掘工作面的进风流中,对氧气和二氧化碳浓度是怎样规定的?

答:采掘工作面的进风流中,氧气浓度不低于20%,二氧化碳浓度不超过0.5%。

2. 矿井有害气体最高允许浓度是如何规定的?

答:矿井有害气体中,一氧化碳(CO)最高允许浓度为0.002 4%,氧化氮(换算成NO_2)为0.000 25%,二氧化硫(SO_2)为0.000 5%,硫化氢(H_2S)为0.000 66%,氨(NH_3)为0.004%。

3. 矿井的允许风速是怎样规定的?

答:(1) 主要进、回风巷最高允许风速为8 m/s。

(2) 输送机巷,采区进、回风巷最低允许风速为0.25 m/s,最高允许风速为6 m/s。

(3) 采煤工作面、掘进中的煤巷和半煤岩巷最低允许风速为0.25 m/s,最高允许风速为4 m/s。

(4) 掘进中的岩巷最低允许风速为0.15 m/s,最高允许风速为4 m/s。

4. 进风井口以下的空气温度必须在多少摄氏度以上?

答:进风井口以下的空气温度(干球温度)必须在2 ℃以上。

5. 井下每人每分钟供给风量有什么要求?

答:按井下同时工作的最多人数计算,每人每分钟供给风量不得少于4 m^3。

6. 能否超通风能力制定采掘作业计划?

答:矿井每年安排采掘作业计划时必须核定矿井生产和通风能力,必须按实际供风量核定矿井产量,严禁超通风能力生产。

7. 矿井测风是如何规定的?

答:矿井必须建立测风制度,每10天至少进行1次全面测风。对采掘工作面和其他用风地点,应当根据实际需要随时测风,每次测风结果应当记录并写在测风地点的记录牌上。应当根据测风结果采取措施,进行风量调节。

8. 巷道贯通前应当采取哪些措施?

答:巷道贯通前应当制定贯通专项措施。综合机械化掘进巷道在相距50 m前、其他巷道在相距20 m前,必须停止一个工作面作业,做好调整通风系统的准备工作。

9. 巷道贯通后应当做好哪些工作?

答:巷道贯通后,必须停止采区内的一切工作,立即调整通风系统,风流稳定后,方可恢复工作。

10. 装有带式输送机的井筒兼作风井使用时对消防设施有哪些要求?

答:装有带式输送机的井筒中必须装设自动报警灭火装置、敷设消防管路。

11. 进风井口布置地点有哪些规定?

答:进风井口必须布置在粉尘、有害和高温气体不能侵入的地方。

12. 初期采用中央并列式通风的只能布置几个采区生产?

答:初期采用中央并列式通风的只能布置一个采区生产。

13. 矿井开拓新水平和准备新采区的回风必须引入什么巷道？

答：矿井开拓新水平和准备新采区的回风，必须引入总回风巷或者主要回风巷中。

14. 专用回风巷的设置有哪些规定？

答：高瓦斯、突出矿井的每个采（盘）区和开采容易自燃煤层的采（盘）区，必须设置至少 1 条专用回风巷；低瓦斯矿井开采煤层群和分层开采采用联合布置的采（盘）区，必须设置 1 条专用回风巷。

15. 什么情况下，采煤工作面可以串联通风？

答：同一采区内 1 个采煤工作面与其相连接的 1 个掘进工作面、相邻的 2 个掘进工作面，布置独立通风有困难时，在制定措施后，可采用串联通风，但串联通风的次数不得超过 1 次。

16. 什么情况下，严禁任何 2 个工作面之间串联通风？

答：开采有瓦斯喷出、有突出危险的煤层或者在距离突出煤层垂距小于 10 m 的区域掘进施工时，严禁任何 2 个工作面之间串联通风。

17. 煤层倾角大于 12°的采煤工作面采用下行通风时，应当遵守哪些规定？

答：① 采煤工作面风速不得低于 1 m/s。② 在进、回风巷中必须设置消防供水管路。③ 有突出危险的采煤工作面严禁采用下行通风。

18. 采掘工作面的进风和回风不得经过哪些地点？

答：采掘工作面的进风和回风不得经过采空区或者冒顶区。

19. 采区开采结束后多少天内，必须在所有与已采区相连通的巷道中设置密闭墙，全部封闭采区？

答：采区开采结束后 45 天内，必须在所有与已采区相连通的巷道中设置密闭墙，全部封闭采区。

20. 倾斜运输巷中设置风门有哪些要求？

答：不应在倾斜运输巷中设置风门；如果必须设置风门，应当安设自动风门或者设专人管理，并有防止矿车或者风门碰撞人员以及矿车碰坏风门的安全措施。

21. 矿井通风系统图必须标明哪些事项?

答:矿井通风系统图必须标明风流方向、风量和通风设施的安装地点。

22. 主要通风机的漏风率有哪些规定?

答:装有通风机的井口必须封闭严密,其外部漏风率在无提升设备时不得超过5%,有提升设备时不得超过15%。

23. 对主要通风机装置安装与使用有哪些要求?

答:必须安装2套同等能力的主要通风机装置,其中1套作备用,备用通风机必须能在10 min内开动。

24. 主要通风机在什么情况下,必须进行性能测试?

答:新安装的主要通风机投入使用前,必须进行试运转和通风机性能测定,以后每5年至少进行1次性能测定。主要通风机技术改造及更换叶片后必须进行性能测试。

25. 矿井对反风设施装设有哪些要求?

答:生产矿井主要通风机必须装有反风设施,并能在10 min内改变巷道中的风流方向;当风流方向改变后,主要通风机的供给风量不应小于正常供风量的40%。

26. 矿井反风演习周期有何规定?

答:矿井每年应当进行1次反风演习;矿井通风系统有较大变化时,应当进行1次反风演习。

27. 主要通风机停止运转时,作业人员应如何处置险情?

答:主要通风机停止运转时,必须立即停止工作、切断电源,工作人员先撤到进风巷道中,由值班矿领导组织全矿井工作人员全部撤出。

28. 掘进巷道必须采用什么样的通风方式进行通风?

答:掘进巷道必须采用矿井全风压通风或者局部通风机通风。

29. 瓦斯喷出区域和突出煤层必须采用什么方式的局部通风机通风?

答:瓦斯喷出区域和突出煤层采用局部通风机通风时,必须采用压入式。

30. 压入式局部通风机和启动装置安装位置是怎样规定的?

答:压入式局部通风机和启动装置安装在进风巷道中,距掘进巷道回风口不得小于 10 m。

31. "三专两闭锁"的内容是什么?

答:三专:专用开关、专用电缆、专用变压器。两闭锁:风电闭锁、甲烷电闭锁。

32. 专用变压器最多可向几个不同掘进工作面的局部通风机供电?

答:专用变压器最多可向 4 个不同掘进工作面的局部通风机供电。

33. 正常工作的局部通风机和备用局部通风机的电源是怎样选取的?

答:正常工作的局部通风机和备用局部通风机的电源必须取自同时带电的另一电源,当正常工作的局部通风机故障时,备用局部通风机能自动启动。

34. 风筒选用有哪些要求?

答:必须采用抗静电、阻燃的风筒。

35. 什么情况下必须人工开启局部通风机?

答:正常工作和备用局部通风机均失电停止运转后,当电源恢复时,正常工作的局部通风机和备用局部通风机均不得自行启动,必须人工开启局部通风机。

36. 风电闭锁和甲烷电闭锁的作用是什么?

答:保证当正常工作的局部通风机停止运转或者停风后能切断停风区内全部非本质安全型电气设备的电源。

37. 风电闭锁和甲烷电闭锁试验是怎样规定的?

答:每 15 天至少进行一次风电闭锁和甲烷电闭锁试验,每天应当进行一次正常工作的局部通风机与备用局部通风机自动切换试验,试验期间不得影响局部通风,试验记录要存档备查。

38. 局部通风机向掘进工作面供风有何规定?

答:严禁使用 3 台及以上局部通风机同时向 1 个掘进工作面供风。不得使用 1 台局部通风机同时向 2 个及以上作业的掘进工作面供风。

39. 使用局部通风机通风的掘进工作面因检修、停电、故障等原因停风时，作业人员如何处置？

答：必须将人员全部撤至全风压进风流处，切断电源，设置栅栏、警示标志，禁止人员入内。

40. 井下爆炸物品库通风系统有哪些规定？

答：井下爆炸物品库必须有独立的通风系统，回风风流必须直接引入矿井的总回风巷或者主要回风巷中。

41. 井下机电设备硐室设置地点有何规定？

答：井下机电设备硐室必须设在进风风流中；采用扩散通风的硐室，其深度不得超过 6 m、入口宽度不得小于 1.5 m，并且无瓦斯涌出。井下个别机电设备设在回风流中的，必须安装甲烷传感器并实现甲烷电闭锁。

42. 什么是瓦斯矿井？

答：一个矿井中只要有一个煤(岩)层发现瓦斯，该矿井即为瓦斯矿井。

43. 什么是低瓦斯矿井？

答：同时满足以下条件的为低瓦斯矿井：① 矿井相对瓦斯涌出量不大于 10 m^3/t；② 矿井绝对瓦斯涌出量不大于 40 m^3/min；③ 矿井任一掘进工作面绝对瓦斯涌出量不大于 3 m^3/min；④ 矿井任一采煤工作面绝对瓦斯涌出量不大于 5 m^3/min。

44. 什么是高瓦斯矿井？

答：具备下列条件之一的为高瓦斯矿井：① 矿井相对瓦斯涌出量大于 10 m^3/t；② 矿井绝对瓦斯涌出量大于 40 m^3/min；③ 矿井任一掘进工作面绝对瓦斯涌出量大于 3 m^3/min；④ 矿井任一采煤工作面绝对瓦斯涌出量大于 5 m^3/min。

45. 低瓦斯矿井多久进行一次瓦斯等级和二氧化碳涌出量鉴定工作？

答：每 2 年必须对低瓦斯矿井进行瓦斯等级和二氧化碳涌出量的鉴定工作，鉴定结果报省级煤炭行业管理部门和省级煤矿安全监察机构。

46. 矿井总回风巷或者一翼回风巷中甲烷或者二氧化碳浓度超过多少时，必须立即进行处理？

答：矿井总回风巷或者一翼回风巷中甲烷或者二氧化碳浓度超过 0.75％时，必须立即查明原因，进行处理。

47. 采区回风巷、采掘工作面回风巷风流中甲烷浓度或者二氧化碳浓度超过多少时，应立即采取措施？

答：采区回风巷、采掘工作面回风巷风流中甲烷浓度超过 1.0％或者二氧化碳浓度超过 1.5％时，必须停止工作，撤出人员，采取措施，进行处理。

48. 采掘工作面及其他作业地点风流中甲烷浓度达到多少时，必须停止用电钻打眼？

答：采掘工作面及其他作业地点风流中甲烷浓度达到 1.0％时，必须停止用电钻打眼。

49. 爆破地点附近 20 m 以内风流中甲烷浓度达到多少时，严禁爆破？

答：爆破地点附近 20 m 以内风流中甲烷浓度达到 1.0％时，严禁爆破。

50. 采掘工作面及其他作业地点风流中、电动机或者其开关安设地点附近 20 m 以内风流中的甲烷浓度达到 1.5％时，应该采取什么措施？

答：必须停止工作，切断电源，撤出人员，进行处理。

51. 采掘工作面及其他巷道内,体积大于 0.5 m^3 的空间内积聚的甲烷浓度达到 2.0%时,应该怎样处置?

答:附近 20 m 内必须停止工作,撤出人员,切断电源,进行处理。

52. 对因甲烷浓度超过规定被切断电源的电气设备,在什么情况下方可通电开动?

答:对因甲烷浓度超过规定被切断电源的电气设备,必须在甲烷浓度降到 1.0%以下时,方可通电开动。

53. 采掘工作面风流中二氧化碳浓度达到 1.5%时,应该怎样处置?

答:必须停止工作,撤出人员,查明原因,制定措施,进行处理。

54. 当瓦斯超限达到断电浓度时,哪些人员有权责令现场作业人员停止作业,停电撤人?

答:班组长、瓦斯检查工、矿调度员有权责令现场作业人员停止作业,停电撤人。

55. 局部通风机因故停止运转,在恢复通风前,必须做好哪些工作?

答:局部通风机因故停止运转,在恢复通风前,必须首先检查瓦斯,只有停风区中最高甲烷浓度不超过 1.0%和最高二氧化碳浓度不超过 1.5%,且局部通风机及其开关附近 10 m 以内风流中的甲烷浓度都不超过 0.5%时,方可人工开启局部通风机,恢复正常通风。

56. 停风区中甲烷浓度或者二氧化碳浓度超过多少时,必须制定安全排放瓦斯措施?

答:停风区中甲烷浓度或者二氧化碳浓度超过 3.0%时,必须制定安全排放瓦斯措施,报矿总工程师批准。

57. 有瓦斯或者二氧化碳喷出的煤(岩)层,开采前必须采取哪些措施?

答:① 打前探钻孔或者抽排钻孔。② 加大喷出危险区域的风量。③ 将喷出的瓦斯或者二氧化碳直接引入回风巷或者抽采瓦斯管路。

58. 矿井哪些人员必须携带便携式甲烷检测报警仪?

答:矿长、矿总工程师、爆破工、采掘区队长、通风区队长、工程技术人员、班长、流动电钳工等下井时，必须携带便携式甲烷检测报警仪。瓦斯检查工必须携带便携式光学甲烷检测仪和便携式甲烷检测报警仪。安全监测工必须携带便携式甲烷检测报警仪。

59. 低瓦斯矿井、高瓦斯矿井采掘工作面的甲烷浓度检查次数是如何规定的？

答：低瓦斯矿井，每班至少2次；高瓦斯矿井，每班至少3次；突出煤层、有瓦斯喷出危险或者瓦斯涌出较大、变化异常的采掘工作面，必须有专人经常检查。

60. 对于未进行作业的采掘工作面，可能涌出或者积聚甲烷、二氧化碳的硐室和巷道多久检查一次有害气体？

答：应当每班至少检查1次甲烷、二氧化碳浓度。

61. 瓦斯检查工必须执行哪些制度？

答：瓦斯检查工必须执行瓦斯巡回检查制度和请示报告制度，并认真填写瓦斯检查班报。

62. 在有自然发火危险的矿井，必须定期检查哪些因素的变化？

答：必须定期检查一氧化碳浓度、气体温度等变化情况。

63. 通风值班人员瓦斯防治的职责是什么？

答：通风值班人员必须审阅瓦斯班报，掌握瓦斯变化情况，发现问题，及时处理，并向矿调度室汇报。

64. 通风瓦斯日报必须送哪些人员审阅？

答：通风瓦斯日报必须送矿长、矿总工程师审阅，一矿多井的矿必须同时送井长、井技术负责人审阅。对重大的通风、瓦斯问题，应当制定措施，进行处理。

65. 哪类矿井必须建立地面永久抽采瓦斯系统或者井下临时抽采瓦斯系统？

答：有下列情况之一的矿井，必须建立地面永久抽采瓦斯系统或者井下临时抽采瓦斯系统：

（1）任一采煤工作面的瓦斯涌出量大于 5 m^3/min 或者任一掘进工作面瓦斯涌出量大于 3 m^3/min，用通风方法解决瓦斯问题不合理的。

（2）矿井绝对瓦斯涌出量达到下列条件的：① 大于或者等于 40 m^3/min；② 年产量 1.0～1.5 Mt 的矿井，大于 30 m^3/min；③ 年产量 0.6～1.0 Mt 的矿井，大于 25 m^3/min；④ 年产量 0.4～0.6 Mt 的矿井，大于 20 m^3/min；⑤ 年产量小于或者等于 0.4 Mt 的矿井，大于 15 m^3/min。

66. 地面瓦斯抽采泵房必须符合哪些要求？

答：地面泵房必须用不燃性材料建筑，并必须有防雷电装置，其距进风井口和主要建筑物不得小于 50 m，并用栅栏或者围墙保护。地面泵房和泵房周围 20 m 范围内，禁止堆积易燃物和有明火。

67. 备用的抽采瓦斯泵及其附属设备有哪些要求？

答：抽采瓦斯泵及其附属设备，至少应当有 1 套备用，备用泵能力不得小于运行泵中最大一台单泵的能力。

68. 干式抽采瓦斯泵吸气侧管路系统中，必须装设哪些安全装置？

答：干式抽采瓦斯泵吸气侧管路系统中，必须装设有防回火、防回流和防爆炸作用的安全装置，并定期检查。

69. 矿井抽出的瓦斯可引排到哪些地点？

答：抽出的瓦斯可引排到地面、总回风巷、一翼回风巷或者分区回风巷，但必须保证稀释后风流中的瓦斯浓度不超限。

70. 抽采瓦斯必须遵守哪些规定？

答：① 抽采容易自燃和自燃煤层的采空区瓦斯时，抽采管路应当安设一氧化碳、甲烷、温度传感器，实现实时监测监控。发现有自然发火征兆时，应当立即采取措施。② 井上下敷设的瓦斯管路，不得与带电物体接触并应当有防止砸坏管路的措施。③ 采用干式抽采瓦斯设备时，抽采瓦斯浓度不得低于25%。④ 利用瓦斯时，在利用瓦斯的系统中必须装设有防回火、防回流和防爆炸作用的安全装置。⑤ 抽采的瓦斯浓度低于30%时，不得作为燃气直接燃烧。进行管道输送、瓦斯利用或者排空时，必须按有关标准的规定执行，并制定安全技术措施。

71. 新建矿井或者生产矿井每延深一个新水平，对煤尘爆炸性鉴定工作有哪些规定？

答：新建矿井或者生产矿井每延深一个新水平，应当进行1次煤尘爆炸性鉴定工作，鉴定结果必须报省级煤炭行业管理部门和煤矿安全监察机构。

72. 开采有煤尘爆炸危险煤层的矿井，必须有哪些措施？

答：必须有预防和隔绝煤尘爆炸的措施。

73. 开采有煤尘爆炸危险煤层的矿井，哪些地点必须用水棚或者岩粉棚隔开？

答：矿井的两翼、相邻的采区、相邻的煤层、相邻的采煤工作面间，掘进煤巷同与其相连的巷道间，煤仓同与其相连的巷道间，采用独立通风并有煤尘爆炸危险的其他地点同与其相连的巷道间，必须用水棚或者岩粉棚隔开。

74. 隔爆设施检查的内容有哪些？

答：矿井应当每周至少检查1次隔爆设施的安装地点、数量、水量或者岩粉量及安装质量是否符合要求。

75. 哪类工作面应当安设隔爆设施？

答：高瓦斯矿井、突出矿井和有煤尘爆炸危险的矿井，煤巷和半煤岩巷掘进工作面应当安设隔爆设施。

第四节 煤（岩）与瓦斯（二氧化碳）突出防治

1. 什么是突出煤（岩）层？

答：在矿井井田范围内发生过煤（岩）与瓦斯（二氧化碳）突出的煤

(岩)层或者经鉴定、认定为有突出危险的煤(岩)层为突出煤(岩)层。

2. 什么是突出矿井?

答:在矿井的开拓、生产范围内有突出煤(岩)层的矿井为突出矿井。煤矿发生生产安全事故,经事故调查认定为突出事故的,发生事故的煤层直接认定为突出煤层,该矿井为突出矿井。

3. 哪类煤层应当立即进行煤层突出危险性鉴定,否则直接认定为突出煤层?

答:有下列情况之一的煤层:① 有瓦斯动力现象的。② 瓦斯压力达到或者超过0.74 MPa的。③ 相邻矿井开采的同一煤层发生突出事故或者被鉴定、认定为突出煤层的。

4. 新建矿井应当对井田范围内哪些煤层进行突出危险性评估?

答:新建矿井应当对井田范围内采掘工程可能揭露的所有平均厚度在0.3 m以上的煤层进行突出危险性评估,评估结论作为矿井初步设计和建井期间井巷揭煤作业的依据。

5. 突出矿井设计生产能力和开采深度有哪些规定?

答:(1) 新建突出矿井设计生产能力不得低于0.9 Mt/a,第一生产水平开采深度不得超过800 m。

(2) 中型及以上的突出生产矿井延深水平开采深度不得超过1 200 m。

(3) 小型的突出生产矿井开采深度不得超过600 m。

6. 突出矿井的防突工作原则是什么?

答:突出矿井的防突工作必须坚持区域综合防突措施先行、局部综合防突措施补充的原则。

7. 区域综合防突措施包括哪些内容?

答:区域综合防突措施包括区域突出危险性预测、区域防突措施、区域防突措施效果检验和区域验证等内容。

8. 局部综合防突措施包括哪些内容?

答:局部综合防突措施包括工作面突出危险性预测、工作面防突措施、工作面防突措施效果检验和安全防护措施等内容。

9. 施工中发现有突出预兆或者发生突出的区域,必须采取什么

措施?

答:施工中发现有突出预兆或者发生突出的区域,必须采取区域综合防突措施。

10. 突出矿井应采取哪些措施以利于区域防突措施的实施?

答:突出矿井必须确定合理的采掘部署,使煤层的开采顺序、巷道布置、采煤方法、采掘接替等有利于区域防突措施的实施。

11. 哪些地点必须有防突设计篇章?

答:有突出危险煤层的新建矿井及突出矿井的新水平、新采区的设计,必须有防突设计篇章。

12. 突出矿井人员培训有什么规定?

答:突出矿井的管理人员和井下作业人员必须接受防突知识培训,经培训合格后方可上岗作业。

13. 突出矿井的采掘布置应当遵守哪些规定?

答:① 主要巷道应当布置在岩层或者无突出危险煤层内。突出煤层的巷道优先布置在被保护区域或者其他无突出危险区域内。② 应当减少井巷揭开(穿)突出煤层的次数,揭开(穿)突出煤层的地点应当合理避开地质构造带。③ 在同一突出煤层的集中应力影响范围内,不得布置 2 个工作面相向回采或者掘进。

14. 在突出煤层的煤巷中安装、更换、维修或者回收支架时,必须采取什么措施?

答：必须采取预防煤体冒落引起突出的措施。

15. 瓦斯地质图在突出矿井中的作用是什么？

答：突出矿井必须编制并及时更新矿井瓦斯地质图，更新周期不得超过 1 年，图中应当标明采掘进度、被保护范围、煤层赋存条件、地质构造、突出点的位置、突出强度、瓦斯基本参数等，作为突出危险性区域预测和制定防突措施的依据。

16. 哪些地点不得进行采掘活动？

答：不具备按照要求实施区域防突措施条件，或者实施区域防突措施时不能满足安全生产要求的突出煤层、突出危险区，不得进行采掘活动，并划定为禁采区。

17. 突出煤层的巷道应该怎样布置？

答：主要巷道应当布置在岩层或者无突出危险煤层内。突出煤层的巷道优先布置在被保护区域或者其他无突出危险区域内。

18. 作业人员发现突出预兆时应当怎样处置？

答：必须立即停止作业，按避灾路线撤出，并报告矿调度室。

19. 选择保护层应当遵循哪些原则？

答：① 优先选择无突出危险的煤层作为保护层。矿井中所有煤层都有突出危险时，应当选择突出危险程度较小的煤层作保护层。② 应当优先选择上保护层；选择下保护层开采时，不得破坏被保护层的开采条件。

20. 采煤工作面超前距离是怎样规定的？

答：正在开采的保护层采煤工作面，必须超前于被保护层的掘进工作面，其超前距离不得小于保护层与被保护层之间法向距离的 3 倍，并不得小于 100 m。

21. 什么情况下必须对每个被保护层工作面的保护效果进行检验？

答：保护层的开采厚度不大于 0.5 m、上保护层与突出煤层间距大于 50 m 或者下保护层与突出煤层间距大于 80 m 时，必须对每个被保护层工作面的保护效果进行检验。

22. 哪类工作面严禁使用风镐作业？

答：预测或者认定为突出危险区的采掘工作面严禁使用风镐作业。

23. 井巷揭煤工作面的防突措施包括哪些内容？

答：井巷揭煤工作面的防突措施包括预抽煤层瓦斯、排放钻孔、金属骨架、煤体固化、水力冲孔或者其他经试验证明有效的措施。

24. 煤巷掘进工作面应当选用哪些防突措施？

答：煤巷掘进工作面应当选用超前钻孔预抽瓦斯、超前钻孔排放瓦斯的防突措施或者其他经试验证实有效的防突措施。

25. 采煤工作面可以选用哪些防突措施？

答：采煤工作面可以选用超前钻孔预抽瓦斯、超前钻孔排放瓦斯、注水湿润煤体、松动爆破或者其他经试验证实有效的防突措施。

26. 井巷揭穿突出煤层和在突出煤层中进行采掘作业时，必须采取哪些安全防护措施？

答：必须采取避难硐室、反向风门、压风自救装置、隔离式自救器、远距离爆破等安全防护措施。

27. 井巷揭煤采用远距离爆破时，必须明确哪些措施？

答：必须明确起爆地点、避灾路线、警戒范围，制定停电撤人等措施。

28. 突出煤层的哪些地点必须设直通矿调度室的电话？哪些地点

设置压风自救装置?

答:突出煤层采掘工作面附近、爆破撤离人员集中地点、起爆地点必须设有直通矿调度室的电话,并设置有供给压缩空气的避险设施或者压风自救装置。工作面回风系统中有人作业的地点,也应当设置压风自救装置。

29. 清理突出的煤(岩)时,必须制定什么安全措施?

答:必须制定防煤尘、片帮、冒顶、瓦斯超限、出现火源,以及防止再次发生突出事故的安全措施。

第五节 冲击地压防治

1. 什么是冲击地压煤层?

答:在矿井井田范围内发生过冲击地压现象的煤层,或者经鉴定煤层(或者其顶底板岩层)具有冲击倾向性且评价具有冲击危险性的煤层为冲击地压煤层。

2. 什么情况下应当进行煤岩冲击倾向性鉴定?

答:有下列情况之一的,应当进行煤岩冲击倾向性鉴定:① 有强烈震动、瞬间底(帮)鼓、煤岩弹射等动力现象的。② 埋深超过 400 m 的煤层,且煤层上方 100 m 范围内存在单层厚度超过 10 m 的坚硬岩层。

③ 相邻矿井开采的同一煤层发生过冲击地压的。④ 冲击地压矿井开采新水平、新煤层。

3. 防冲原则是什么?

答:坚持“区域先行、局部跟进、分区管理、分类防治”的防冲原则。

4. 开采冲击地压煤层时,必须采取哪些综合性防治措施?

答:必须采取冲击危险性预测、监测预警、防范治理、效果检验、安全防护等综合性防治措施。

5. 开采冲击地压煤层时,必须建立什么制度?

答:必须建立冲击危险区人员准入制度,实行限员管理。

6. 为保证防冲过程可追溯,必须建立哪些资料?

答:必须建立防冲工程措施实施与验收记录台账,保证防冲过程可追溯。

7. 防冲设计应当包括哪些内容?

答:防冲设计应当包括开拓方式、保护层选择、采区巷道布置、工作面开采顺序、采煤方法、生产能力、支护形式、冲击危险性预测方法、冲击地压监测预警方法、防冲措施及效果检验方法、安全防护措施等内容。

8. 冲击地压生产矿井应当按照什么要求进行矿井生产能力核定?

答:冲击地压生产矿井应当按照采掘工作面的防冲要求进行矿井生产能力核定。

9. 非冲击地压矿井升级为冲击地压矿井时,应当编制什么技术措施?

答:非冲击地压矿井升级为冲击地压矿井时,应当编制矿井防冲设计。

10. 开采冲击地压煤层时,在应力集中区内不得布置几个工作面同时进行采掘作业?

答:开采冲击地压煤层时,在应力集中区内不得布置 2 个工作面同时进行采掘作业。

11. 开采冲击地压煤层时,什么情况下必须停止其中一个工作面?

答:开采冲击地压煤层时,2 个掘进工作面之间的距离小于 150 m

时，采煤工作面与掘进工作面之间的距离小于 350 m 时，2 个采煤工作面之间的距离小于 500 m 时，必须停止其中一个工作面。

12. 开拓巷道、永久硐室不得布置在什么地层中?

答：开拓巷道不得布置在严重冲击地压煤层中，永久硐室不得布置在冲击地压煤层中。

13. 有冲击地压危险的采掘工作面必须采取哪些自救避灾措施?

答：必须设置压风自救系统，明确发生冲击地压时的避灾路线。

14. 冲击地压矿井应当选择哪些区域防冲措施?

答：冲击地压矿井应当选择合理的开拓方式、采掘部署、开采顺序、采煤工艺及开采保护层等区域防冲措施。

15. 冲击地压煤层的采煤方法与工艺确定应当遵守哪些规定?

答：① 采用长壁综合机械化开采方法。② 缓倾斜、倾斜厚及特厚煤层采用综采放顶煤工艺开采时，直接顶不能随采随冒的，应当预先对顶板进行弱化处理。

16. 进入严重冲击地压危险区域的人员必须采取哪些防护措施?

答：进入严重冲击地压危险区域的人员必须采取特殊的个体防护措施。

17. 采煤工作面冲击危险区域超前支护范围与强度有哪些规定?

答：采煤工作面必须加大上下出口和巷道的超前支护范围与强度，

弱冲击危险区域的工作面超前支护长度不得小于 70 m；厚煤层放顶煤工作面、中等及以上冲击危险区域的工作面超前支护长度不得小于 120 m，超前支护应当满足支护强度和支护整体稳定性要求。

第六节 防 灭 火

1. 煤矿的哪些场所必须遵守国家有关防火的规定？

答：煤矿的所有地面建(构)筑物、煤堆、矸石山、木料场等处的防火措施和制度，必须遵守国家有关防火的规定。

2. 木料场、矸石山等堆放场距离进风井口不得小于多少米？

答：木料场、矸石山等堆放场距离进风井口不得小于 80 m。

3. 木料场距离矸石山不得小于多少米？

答：木料场距离矸石山不得小于 50 m。

4. 不得将矸石山设在什么范围内？

答：不得将矸石山设在进风井的主导风向上风侧、表土层 10 m 以浅有煤层的地面上和漏风采空区上方的塌陷范围内。

5. 井口操车系统防灭火有哪些规定？

答：(1) 井口操车系统基础下部的负层空间应当与井筒隔离，并设置消防设施。

(2) 操车系统液压管路应当采用金属管或者阻燃高压非金属管，传动介质使用难燃液，液压站不得安装在封闭空间内。

(3) 操车系统机坑及井口负层空间内应当及时清理漏油，每天检查清理情况，不得留存杂物和易燃物。

6. 井筒及负层空间的动力电缆、信号电缆和控制电缆防灭火有哪些规定？

答：应当采用煤矿用阻燃电缆，并与操车系统液压管路分开布置。

7. 暖风道和压入式通风的风硐防灭火有哪些规定？

答：必须用不燃性材料砌筑，并至少装设 2 道防火门。

8. 井下消防管路系统每隔多少米设置支管和阀门？

答：井下消防管路系统应当敷设到采掘工作面，每隔 100 m 设置支管和阀门。

9. 地面的消防水池必须经常保持不少于多少立方米的水量?

答:地面的消防水池必须经常保持不少于 200 m^3 的水量。

10. 进风井口应当装设什么防火设备?

答:进风井口应当装设防火铁门。

11. 井口房和通风机房附近多少米内,不得有烟火或者用火炉取暖?

答:井口房和通风机房附近 20 m 内,不得有烟火或者用火炉取暖。

12. 哪些地点都必须用不燃性材料支护?

答:井筒与各水平的连接处及井底车场,主要绞车道与主要运输巷、回风巷的连接处,井下机电设备硐室,主要巷道内带式输送机机头前后两端各 20 m 范围内,都必须用不燃性材料支护。

13. 井下可否使用灯泡取暖和使用电炉?

答:井下严禁使用灯泡取暖和使用电炉。

14. 如果必须在井下主要硐室、主要进风井巷和井口房内进行电焊、气焊和喷灯焊接等工作,要采取哪些程序?

答:每次必须制定安全措施,由矿长批准。

15. 井下电焊、气焊和喷灯焊接等工作地点有何要求并应采取哪些防火措施?

答：电焊、气焊和喷灯焊接等工作地点的前后两端各 10 m 的井巷范围内，应当是不燃性材料支护，并有供水管路，有专人负责喷水，焊接前应当清理或者隔离焊碴飞溅区域内的可燃物。上述工作地点应当至少备有 2 个灭火器。

16. 在井口房、井筒和倾斜巷道内进行电焊、气焊和喷灯焊接等工作时，必须在工作地点的下方采取什么措施？

答：必须在工作地点的下方用不燃性材料设施接受火星。

17. 井下电焊、气焊和喷灯焊接等工作地点的风流中对甲烷浓度有哪些要求？

答：甲烷浓度不得超过 0.5%，只有在检查证明作业地点附近 20 m 范围内巷道顶部和支护背板后无瓦斯积存时，方可进行作业。

18. 突出矿井井下进行电焊、气焊和喷灯焊接时，必须停止哪些作业？

答：必须停止突出煤层的掘进、回采、钻孔、支护以及其他所有扰动突出煤层的作业。

19. 煤层中未采用什么封闭的主要硐室和主要进风大巷中，不得进行电焊、气焊和喷灯焊接等工作？

答：煤层中未采用砌碹或者喷浆封闭的主要硐室和主要进风大巷中，不得进行电焊、气焊和喷灯焊接等工作。

20. 井下使用的汽油、煤油应怎样管理？

答：井下使用的汽油、煤油必须装入盖严的铁桶内，由专人押运送至使用地点，剩余的汽油、煤油必须运回地面，严禁在井下存放。

21. 井下使用的润滑油、棉纱、布头和纸应怎样管理？

答：井下使用的润滑油、棉纱、布头和纸等，必须存放在盖严的铁桶内。用过的棉纱、布头和纸，也必须放在盖严的铁桶内，并由专人定期送到地面处理，不得乱放乱扔。

22. 井下清洗风动工具有哪些要求？

答：井下清洗风动工具时，必须在专用硐室进行，并必须使用不燃性和无毒性洗涤剂。

23. 井下消防材料库应当设在什么地点？

答：井下消防材料库应当设在每一个生产水平的井底车场或者主要运输大巷中，并装备消防车辆。

24. 井下哪些地点必须备有灭火器材？

答：井下爆炸物品库、机电设备硐室、检修硐室、材料库、井底车场、使用带式输送机或者液力偶合器的巷道以及采掘工作面附近的巷道中，必须备有灭火器材，其数量、规格和存放地点，应当在灾害预防和处理计划中确定。

25. 井下工作人员必须熟悉灭火器材的哪些情况？

答：井下工作人员必须熟悉灭火器材的使用方法，并熟悉本职工作区域内灭火器材的存放地点。

26. 矿井消防管路和消防设施是怎样检查的？

答：每季度应当对井上、下消防管路系统、防火门、消防材料库和消防器材的设置情况进行 1 次检查，发现问题，及时解决。

27. 煤的自燃倾向性分为哪几类？

答：煤的自燃倾向性分为容易自燃、自燃、不易自燃 3 类。

28. 开采容易自燃和自燃煤层时，必须制定哪些地点自然发火的技术措施？

答：必须制定防治采空区（特别是工作面始采线、终采线、上下煤柱线和三角点）、巷道高冒区、煤柱破坏区自然发火的技术措施。

29. 当井下发现自然发火征兆时，应怎样处理？

答：必须停止作业，立即采取有效措施处理。在发火征兆不能得到有效控制时，必须撤出人员，封闭危险区域。进行封闭施工作业时，其他区域所有人员必须全部撤出。

30. 采用阻化剂防灭火时，应当遵守哪些规定？

答：选用的阻化剂材料不得污染井下空气和危害人体健康。必须在设计中对阻化剂的种类和数量、阻化效果等主要参数做出明确规定。应当采取防止阻化剂腐蚀机械设备、支架等金属构件的措施。

31. 采用均压技术防灭火时，应定期观测哪些参数？

答：有专人定期观测与分析采空区和火区的漏风量、漏风方向、空气温度、防火墙内外空气压差等状况，并记录在专用的防火记录簿内。

32. 什么情况下必须对均压地点的均压状况及时进行调整?

答:改变矿井通风方式、主要通风机工况以及井下通风系统时,对均压地点的均压状况必须及时进行调整,保证均压状态的稳定。

33. 采用氮气防灭火时,注入的氮气浓度不小于多少?

答:注入的氮气浓度不小于97%。

34. 采用全部充填采煤法时,严禁采用什么做充填材料?

答:采用全部充填采煤法时,严禁采用可燃物做充填材料。

35. 与封闭采空区连通的各类废弃钻孔必须采取什么措施?

答:与封闭采空区连通的各类废弃钻孔必须永久封闭。

36. 任何人发现井下火灾时,应当采取什么措施?

答:任何人发现井下火灾时,应当视火灾性质、灾区通风和瓦斯情况,立即采取一切可能的方法直接灭火,控制火势,并迅速报告矿调度室。矿调度室在接到井下火灾报告后,应当立即按灾害预防和处理计划通知有关人员组织抢救灾区人员和实施灭火工作。

37. 电气设备着火时,应当采取什么措施?

答:电气设备着火时,应当首先切断其电源;在切断电源前,必须使用不导电的灭火器材进行灭火。

38. 封闭火区时,应当采取什么措施?

答:封闭火区时,应当合理确定封闭范围,必须指定专人检查甲烷、氧气、一氧化碳、煤尘以及其他有害气体浓度和风向、风量的变化,并采取防止瓦斯、煤尘爆炸和人员中毒的安全措施。

39. 火区每个密闭墙附近必须设置哪些安全设施？

答：火区每个密闭墙附近必须设置栅栏、警标，禁止人员入内，并悬挂说明牌。

40. 封闭的火区，在什么情况下方可启封或者注销？

答：封闭的火区，只有经取样化验证实火已熄灭后，方可启封或者注销。

41. 启封火区和恢复火区初期通风等工作，必须由谁负责进行？

答：启封火区和恢复火区初期通风等工作，必须由矿山救护队负责进行。

第七节 防 治 水

1. 煤矿防治水工作应当坚持什么基本原则？

答：应当坚持“预测预报、有疑必探、先探后掘、先治后采”的基本原则。

2. 哪些煤矿应当设立专门的防治水机构？

答：水文地质条件复杂、极复杂的煤矿，应当设立专门的防治水机构。

3. 矿井水文地质类型几年修订一次？

答：矿井水文地质类型应当每3年修订一次。

4. 矿井水害隐患排查有何规定？

答：水文地质条件复杂、极复杂矿井应当每月至少开展1次水害隐患排查，其他矿井应当每季度至少开展1次。

5. 矿井应当编制哪些防治水图件，并至少每半年修订1次？

答：① 矿井充水性图；② 矿井涌水量与相关因素动态曲线图；③ 矿井综合水文地质图；④ 矿井综合水文地质柱状图；⑤ 矿井水文地质剖面图。

6. 透水征兆有哪些？

答：采掘工作面或者其他地点发现有煤层变湿、挂红、挂汗、空气变冷、出现雾气、水叫、顶板来压、片帮、淋水加大、底板鼓起或者裂隙渗水、钻孔喷水、煤壁溃水、水色发浑、有臭味等现象时都是透水征兆。

7. 出现透水征兆时应怎样处置？

答：应当立即停止作业，撤出所有受水患威胁地点的人员，报告矿调度室，并发出警报。在原因未查清、隐患未排除之前，不得进行任何采掘活动。

8. 当暴雨威胁矿井安全时，应采取什么措施？

答：当暴雨威胁矿井安全时，必须立即停产撤出井下全部人员，只有在确认暴雨洪水隐患消除后方可恢复生产。

9. 严禁开采哪些存在水患威胁的急倾斜煤层？

答：严禁开采地表水体、强含水层、采空区水淹区域下且水患威胁未消除的急倾斜煤层。

10. 开采水淹区域下的废弃防隔水煤柱时，应当采取什么措施？

答：应当彻底疏干上部积水，进行安全性论证，确保无溃浆（砂）威胁。

11. 开采浅埋深煤层或者急倾斜煤层的矿井，必须编制哪些专项措施？

答：必须编制防止季节性地表积水或者洪水溃入井下的专项措施，并由煤矿企业主要负责人审批。

**12. 矿井建设和延深中，当开拓到设计水平时，必须在建成什么系

统后方可开拓掘进？

答：必须在建成防、排水系统后方可开拓掘进。

13. 煤层顶、底板分布有强岩溶承压含水层时，主要运输巷、轨道巷和回风巷应当布置在什么层位中？

答：应当布置在不受水害威胁的层位中，并以石门分区隔离开采。

14. 防水闸门硐室前、后两端建设有什么要求？

答：防水闸门硐室前、后两端，应当分别砌筑不小于 5 m 的混凝土护碹，碹后用混凝土填实，不得空帮、空顶。防水闸门硐室和护碹必须采用高标号水泥进行注浆加固，注浆压力应当符合设计。

15. 防水闸门必须安设哪些装置？

答：防水闸门必须安设观测水压的装置，并有放水管和放水闸阀。

16. 井巷揭露的主要出水点或者地段，必须进行哪些方面的综合观测和分析？

答：必须进行水温、水量、水质和水压（位）等地下水动态和松散含水层涌水含砂量综合观测和分析，防止滞后突水。

17. 矿井应当配备与矿井涌水量相匹配的哪些设备、设施？

答：矿井应当配备与矿井涌水量相匹配的水泵、排水管路、配电设备和水仓等，并满足矿井排水的需要。

18. 工作水泵、备用水泵、检修水泵工作能力有什么要求？

答：(1) 工作水泵的能力，应当能在 20 h 内排出矿井 24 h 的正常涌水量（包括充填水及其他用水）。

(2) 备用水泵的能力，应当不小于工作水泵能力的 70%。

(3) 检修水泵的能力，应当不小于工作水泵能力的 25%。

(4) 工作和备用水泵的总能力，应当能在 20 h 内排出矿井 24 h 的最大涌水量。

19. 排水管路的排水能力有什么要求？

答：(1) 工作排水管路的能力，应当能配合工作水泵在 20 h 内排出矿井 24 h 的正常涌水量。

(2) 工作和备用排水管路的总能力，应当能配合工作和备用水泵在 20 h 内排出矿井 24 h 的最大涌水量。

20. 主要泵房至少有几个出口?

答:主要泵房至少有 2 个出口。一个出口用斜巷通到井筒,并高出泵房底板 7 m 以上;另一个出口通到井底车场,在此出口通路内,应当设置易于关闭的既能防水又能防火的密闭门。

21. 矿井应当设置几个主要水仓?

答:矿井主要水仓应当有主仓和副仓,当一个水仓清理时,另一个水仓能够正常使用。

22. 水仓的空仓容量有什么要求?

答:水仓的空仓容量应当经常保持在总容量的 50%以上。

23. 在每年雨季之前,矿井排水设备、设施检修等有什么要求?

答:在每年雨季之前,必须对水泵、水管、闸阀、配电设备和线路全面检修 1 次,并对全部工作水泵和备用水泵进行 1 次联合排水试验,提交联合排水试验报告。水仓、沉淀池和水沟中的淤泥,应当及时清理,每年雨季前必须清理 1 次。

24. 采掘工作面超前探放水应当采用什么方法?

答:应当采用钻探方法,同时配合物探、化探等其他方法查清采掘工作面及周边老空水、含水层富水性以及地质构造等情况。

25. 在探放水钻进时,发现有突(透)水征兆时,应采取什么措施?

答:在探放水钻进时,发现煤岩松软、片帮、来压或者钻孔中水压、水量突然增大和顶钻等突(透)水征兆,应当立即停止钻进,但不得拔出钻杆;现场负责人员应当立即向矿井调度室汇报,撤出所有受水威胁区域的人员,采取安全措施,派专业技术人员监测水情并进行分析,妥善处理。

26. 探放老空水前,应当分析查明哪些相关参数?

答:应当首先分析查明老空水体的空间位置、积水范围、积水量和水压等。

**27. 探放水时,对撤人有哪

些规定?

答:探放水时,应当撤出探放水点标高以下受水害威胁区域所有人员。

28. 钻探接近老空时,应当采取什么措施?

答:钻探接近老空时,应当安排专职瓦斯检查工或者矿山救护队员在现场值班,随时检查空气成分。如果甲烷或者其他有害气体浓度超过有关规定,应当立即停止钻进,切断电源,撤出人员,并报告矿调度室,及时采取措施进行处理。

第八节　爆炸物品和井下爆破

1. 井上、下接触爆炸物品的人员,必须穿什么服装?

答:必须穿棉布或者抗静电衣服。

2. 检查电雷管的工作,必须在什么地点进行?

答:必须在爆炸物品贮存硐室外设有安全设施的专用房间或者硐室内进行。

3. 存放爆炸物品的木架每格只准放几层爆炸物品箱?

答:存放爆炸物品的木架每格只准放 1 层爆炸物品箱。

4. 井下爆炸物品库应当采用什么结构形式?

答:井下爆炸物品库应当采用硐室式、壁槽式或者含壁槽的硐室式。

5. 井下爆炸物品库应当包括哪些空间?

答:井下爆炸物品库应当包括库房、辅助硐室和通向库房的巷道。

6. 井下爆炸物品库房与各类井巷的法线距离有什么要求?

答:(1) 距井筒、井底车场、主要运输巷道、主要硐室以及影响全矿井或者一翼通风的风门的法线距离:硐室式不得小于 100 m,壁槽式不得小于 60 m。

(2) 距行人巷道的法线距离:硐室式不得小于 35 m,壁槽式不得小于 20 m。

(3) 距地面或者上下巷道的法线距离:硐室式不得小于 30 m,壁槽式不得小于 15 m。

7. 每个爆炸物品库房必须有几个出口？

答：每个爆炸物品库房必须有 2 个出口。一个出口供发放爆炸物品及行人，出口的一端必须装有能自动关闭的抗冲击波活门；另一出口布置在爆炸物品库回风侧，可以铺设轨道运送爆炸物品，该出口与库房连接处必须装有 1 道常闭的抗冲击波密闭门。

8. 井下爆炸物品库构筑标准有哪些要求？

答：井下爆炸物品库必须采用砌碹或者用非金属不燃性材料支护，不得渗漏水，并采取防潮措施。爆炸物品库出口两侧的巷道，必须采用砌碹或者用不燃性材料支护，支护长度不得小于 5 m。库房必须备有足够数量的消防器材。

9. 井下爆炸物品库的最大贮存量有哪些规定？

答：井下爆炸物品库的最大贮存量，不得超过矿井 3 天的炸药需要量和 10 天的电雷管需要量。

10. 井下爆炸物品库照明设备、缆线有哪些规定？

答：井下爆炸物品库必须采用矿用防爆型（矿用增安型除外）照明设备，照明线必须使用阻燃电缆，电压不得超过 127 V。严禁在贮存爆炸物品的硐室或者壁槽内安设照明设备。

11. 电雷管（包括清退入库的电雷管）在发给爆破工前，要进行哪些工作？

答：必须用电雷管检测仪逐个测试电阻值，并将脚线扭结成短路。

12. 运送电雷管时，罐笼内只准放置几层爆炸物品箱？

答：运送电雷管时，罐笼内只准放置 1 层爆炸物品箱，且不得滑动。

13. 用罐笼或吊桶运送爆炸物品时，升降速度是如何规定的？

答：罐笼升降速度，运送电雷管时，不得超过 2 m/s；运送其他类爆炸物品时，不得超过 4 m/s。吊桶升降速度，不论运送何种爆炸物品，都不得超过 1 m/s。

14. 井筒在什么时间内严禁运送爆炸物品？

答：在交接班、人员上下井的时间内，严禁运送爆炸物品。

15. 禁止将爆炸物品存放在什么地点？

答:禁止将爆炸物品存放在井口房、井底车场或者其他巷道内。

16. 炸药和电雷管在同一列车内运输时,有哪些规定?

答:炸药和电雷管在同一列车内运输时,装有炸药与装有电雷管的车辆之间,以及装有炸药或者电雷管的车辆与机车之间,必须用空车分别隔开,隔开长度不得小于3 m。

17. 运送爆炸物品列车的行驶速度不得超过多少?

答:运送爆炸物品列车的行驶速度不得超过2 m/s。

18. 运输电雷管的车辆必须采取哪些安全防护措施?

答:运输电雷管的车辆必须加盖、加垫,车厢内以软质垫物塞紧,防止震动和撞击。

19. 严禁用什么设备运输爆炸物品?

答:严禁用刮板输送机、带式输送机等运输爆炸物品。

20. 人力运送电雷管和炸药有哪些规定?

答:电雷管必须由爆破工亲自运送,炸药应当由爆破工或者在爆破工监护下运送。

21. 井下爆破工作必须由谁担任?

答:井下爆破工作必须由专职爆破工担任。突出煤层采掘工作面爆破工作必须由固定的专职爆破工担任。

22. 爆破作业必须执行哪两项制度?

答:爆破作业必须执行"一炮三检"和"三人连锁爆破"制度,并在起爆前检查起爆地点的甲烷浓度。

23. 炮眼布置图必须标明哪些内容?

答:炮眼布置图必须标明采煤工作面的高度和打眼范围或者掘进工作面的巷道断面尺寸,炮眼的位置、个数、深度、角度及炮眼编号,并用正面图、平面图和剖面图表示。

24. 炮眼说明表必须说明哪些内容?

答：炮眼说明表必须说明炮眼的名称、深度、角度，使用炸药、雷管的品种，装药量，封泥长度，连线方法和起爆顺序。

25. 一次爆破必须使用什么样的煤矿许用炸药和电雷管？

答：一次爆破必须使用同一厂家、同一品种的煤矿许用炸药和电雷管。

26. 瓦斯等级不同的矿井采用的煤矿许用炸药有哪些规定？

答：① 低瓦斯矿井的岩石掘进工作面，使用安全等级不低于一级的煤矿许用炸药；② 低瓦斯矿井的煤层采掘工作面、半煤岩掘进工作面，使用安全等级不低于二级的煤矿许用炸药；③ 高瓦斯矿井，使用安全等级不低于三级的煤矿许用炸药；④ 突出矿井，使用安全等级不低于三级的煤矿许用含水炸药。

27. 在采掘工作面，必须使用什么规格的电雷管？

答：必须使用煤矿许用瞬发电雷管、煤矿许用毫秒延期电雷管或者煤矿许用数码电雷管。

28. 在有瓦斯或者煤尘爆炸危险的采掘工作面，应当采用什么爆破？

答：应当采用毫秒爆破。

29. 对炸药、电雷管的存放有何规定？

答：爆破工必须把炸药、电雷管分开存放在专用的爆炸物品箱内，并加锁，严禁乱扔、乱放。

30. 爆炸物品箱存放地点有何要求?

答:爆炸物品箱必须放在顶板完好、支护完整,避开有机械、电气设备的地点。爆破时必须把爆炸物品箱放置在警戒线以外的安全地点。

31. 从成束的电雷管中抽取单个电雷管时,应当怎样操作?

答:从成束的电雷管中抽取单个电雷管时,不得手拉脚线硬拽管体,也不得手拉管体硬拽脚线,应当将成束的电雷管顺好,拉住前端脚线将电雷管抽出。抽出单个电雷管后,必须将其脚线扭结成短路。

32. 装配起爆药卷,应当怎样操作?

答:必须在顶板完好、支护完整,避开电气设备和导电体的爆破工作地点附近进行。严禁坐在爆炸物品箱上装配起爆药卷。

33. 电雷管装入药卷有哪些规定?

答:电雷管必须由药卷的顶部装入,严禁用电雷管代替竹、木棍扎眼。电雷管必须全部插入药卷内。严禁将电雷管斜插在药卷的中部或者捆在药卷上。

34. 装药后,电雷管脚线应采取哪些防护措施?

答:装药后,必须把电雷管脚线悬空,严禁电雷管脚线、爆破母线与机械电气设备等导电体相接触。

35. 炮眼深度小于多少时,不得装药、爆破?

答:炮眼深度小于 0.6 m 时,不得装药、爆破。

36. 装药前和爆破前有哪些情况之一的,严禁装药、爆破?

答:① 采掘工作面控顶距离不符合作业规程的规定,或者有支架损坏,或者伞檐超过规定;② 爆破地点附近 20 m 以内风流中甲烷浓度达到或者超过 1.0%;③ 在爆破地点 20 m 以内,矿车、未清除的煤(矸)或者其他物体堵塞巷道断面 1/3 以上;④ 炮眼内发现异状、温度骤高骤低、有显著瓦斯涌出、煤岩松散、透老空区等情况;⑤ 采掘工作面风量不足。

37. 在有煤尘爆炸危险的煤层中,掘进工作面爆破前后,附近多少米的巷道内必须洒水降尘?

答:附近 20 m 的巷道内必须洒水降尘。

38. 爆破前,对警戒工作有哪些规定?

答:爆破前,班组长必须亲自布置专人将工作面所有人员撤离警戒区域,并在警戒线和可能进入爆破地点的所有通路上布置专人担任警戒工作。警戒人员必须在安全地点警戒。警戒线处应当设置警戒牌、栏杆或者拉绳。

39. 起爆地点到爆破地点的距离应当符合哪些要求?

答:① 岩巷直线巷道大于 130 m,拐弯巷道大于 100 m;② 煤(半煤岩)巷直线巷道大于 100 m,拐弯巷道大于 75 m;③ 采煤工作面大于 75 m,且位于工作面进风巷内。

40. 发爆器的把手、钥匙或者电力起爆接线盒的钥匙怎么管理?

答:必须由爆破工随身携带,严禁转交他人。

41. 爆破后,对爆破地点检查有哪些规定?

答:爆破后,待工作面的炮烟被吹散,爆破工、瓦斯检查工和班组长必须首先巡视爆破地点,检查通风、瓦斯、煤尘、顶板、支架、拒爆、残爆等情况。发现危险情况,必须立即处理。

42. 处理拒爆时,必须遵守哪些规定?

答:① 由于连线不良造成的拒爆,可重新连线起爆。② 在距拒爆炮眼 0.3 m 以外另打与拒爆炮眼平行的新炮眼,重新装药起爆。③ 严禁用镐刨或者从炮眼中取出原放置的起爆药卷,或者从起爆药卷中拉出电雷管。不论有无残余炸药,严禁将炮眼残底继续加深;严禁使用打孔的方法往外掏药;严禁使用压风吹拒爆、残爆炮眼。④ 处理拒爆的炮眼爆炸后，爆破工必须详细检查炸落的煤、矸，收集未爆的电雷管。

第九节　运输、提升和空气压缩机

1. 滚筒驱动带式输送机必须装设哪些保护装置？

答：必须装设防打滑、跑偏、堆煤、撕裂等保护装置，同时应当装设温度、烟雾监测装置和自动洒水装置。

2. 人员乘坐钢丝绳牵引带式输送机时有哪些规定？

答：人员乘坐间距不得小于 4 m。乘坐人员不得站立或者仰卧，应当面向行进方向。严禁携带笨重物品和超长物品，严禁触摸输送带侧帮。

3. 列车通过的风门，必须设有什么装置？

答：必须设有当列车通过时能够发出在风门两侧都能接收到声光信号的装置。

4. 机车在哪些地点通过时必须减速慢行，并发出警号？

答：机车行近巷道口、硐室口、弯道、道岔或者噪声大等地段，以及前有车辆或者视线有障碍时，必须减速慢行，并发出警号。

5. 当 2 辆机车或者 2 列列车在同一轨道同一方向行驶时，必须保持不少于多少米的距离？

答：必须保持不少于 100 m 的距离。

6. 机车司机开车前后必须遵守哪些规定?

答:机车司机开车前必须对机车进行安全检查确认;启动前,必须关闭车门并发出开车信号;机车运行中,严禁司机将头或者身体探出车外;司机离开座位时,必须切断电动机电源,取下控制手把(钥匙),扳紧停车制动。在运输线路上临时停车时,不得关闭车灯。

7. 使用的蓄电池动力装置,必须符合哪些要求?

答:① 充电必须在充电硐室内进行;② 充电硐室内的电气设备必须采用矿用防爆型;③ 检修应当在车库内进行,测定电压时必须在揭开电池盖 10 min 后测试。

8. 架空线的直流电压不得超过多少伏?

答:架空线的直流电压不得超过 600 V。

9. 长度超过 1.5 km 的主要运输平巷或者高差超过 50 m 的人员上下的主要倾斜井巷,应当采用什么方式运送人员?

答:应当采用机械方式运送人员。

10. 架空乘人装置相关尺寸有何要求?

答:吊椅中心至巷道一侧突出部分的距离不得小于 0.7 m,双向同时运送人员时钢丝绳间距不得小于 0.8 m,固定抱索器的钢丝绳间距不得小于 1.0 m。乘人吊椅距底板的高度不得小于 0.2 m,在上下人站处不大于 0.5 m。乘坐间距不应小于牵引钢丝绳 5 s 的运行距离,且不得小于 6 m。

11. 架空乘人装置必须装设哪些保护?

答:必须装设超速、打滑、全程急停、防脱绳、变坡点防掉绳、张紧力下降、越位等保护。

12. 平巷人车运送人员时,列车行驶速度不得超过多少米每秒?

答:不得超过 4 m/s。

13. 人员乘坐人车时,必须遵守哪些规定?

答:① 听从司机及跟车工的指挥,开车前必须关闭车门或者挂上防护链;② 人体及所携带的工具、零部件,严禁露出车外;③ 列车行驶中及尚未停稳时,严禁上下车和在车内站立;④ 严禁在机车上或者任意 2 车厢之间搭乘;⑤ 严禁扒车、跳车和超员乘坐。

14. 斜巷运送物料时，把钩工应当检查哪些事项？

答：运送物料时，开车前把钩工必须检查牵引车数、各车的连接和装载情况。牵引车数超过规定，连接不良，或者装载物料超重、超高、超宽或者偏载严重有翻车危险时，严禁发出开车信号。

15. 人力推车时，对推车数量和轨道坡度有何规定？

答：1 次只准推 1 辆车。严禁在矿车两侧推车。同向推车的间距，在轨道坡度小于或者等于 5‰时，不得小于 10 m；坡度大于 5‰时，不得小于 30 m。严禁在巷道坡度大于 7‰时人力推车。

16. 柴油机单轨吊车、蓄电池轨吊车、钢丝绳单轨吊车运行巷道坡度分别不大于多少度？

答：柴油机单轨吊车运行巷道坡度不大于 25°，蓄电池轨吊车不大于 15°，钢丝绳单轨吊车不大于 25°。

17. 井口、井底和中间运输巷的安全门与罐位和提升信号的连锁有哪些规定？

答：罐笼到位并发出停车信号后安全门才能打开；安全门未关闭，只能发出调平和换层信号，但发不出开车信号；安全门关闭后才能发出开车信号；发出开车信号后，安全门不能打开。

18. 罐笼停止位置、阻车器和提升信号系统连锁有哪些规定？

答：井口、井底和中间运输巷都应当设置摇台或者锁罐装置，并与罐笼停止位置、阻车器和提升信号系统连锁：罐笼未到位，放不下摇台或者锁罐装置，打不开阻车器；摇台或者锁罐装置未抬起，阻车器未关闭，发不出开车信号。

19. 检修人员站在罐笼或箕斗顶上工作时，必须遵守哪些规定？

答：① 在罐笼或箕斗顶上，必须装设保险伞和栏杆；② 必须系好保险带；③ 提升容器的速度，一般为 0.3～0.5 m/s，最大不得超过 2 m/s；④ 检修用信号必须安全可靠。

20. 人员乘罐上下井应该遵守哪些规定？

答：人员上下井时，必须遵守乘罐制度，听从把钩工指挥。开车信号发出后严禁进出罐笼。

21. 用多层罐笼升降人员或者物料，各信号工发送信号时，必须遵守哪些规定？

答：① 井下各水平的总信号工收齐该水平各层信号工的信号后，方可向井口总信号工发出信号。② 井口总信号工收齐井口各层信号工信号并接到井下水平总信号工信号后，才可向提升机司机发出信号。信号系统必须设有保证按上述顺序发出信号的闭锁装置。

22. 钢丝绳的检验有什么要求？

答：(1) 存放时间超过 1 年的钢丝绳，在悬挂前必须再进行性能检测，合格后方可使用。

(2) 钢丝绳悬挂前，必须对每根钢丝做拉断、弯曲和扭转 3 种试验。

(3) 升降人员或者升降人员和物料用的缠绕式提升钢丝绳，自悬挂使用后每 6 个月进行 1 次性能检验；悬挂吊盘的钢丝绳，每 12 个月检验1次。

(4) 升降物料用的缠绕式提升钢丝绳,悬挂使用12个月内必须进行第一次性能检验,以后每6个月检验1次。

23. 提升钢丝绳、架空乘人装置钢丝绳直径缩小百分之多少可按报废处理?

答:直径缩小10%可按报废处理。

24. 钢丝绳接头的插接长度不得小于钢丝绳直径的多少倍?

答:不得小于钢丝绳直径的1 000倍。

25. 对使用中的立井罐笼防坠器,应当多长时间进行1次脱钩试验?

答:应当每6个月进行1次不脱钩试验,每年进行1次脱钩试验。

26. 提升容器连接装置安全系数最小值是多少?

答:(1) 专门升降人员的提升容器连接装置安全系数最小值为13。

(2) 专为升降物料的提升容器连接装置安全系数最小值为10。

27. 钢丝绳绳头固定在卷筒上时,应当符合哪些要求?

答:① 必须有特备的容绳或者卡绳装置,严禁系在卷筒轴上。② 绳孔不得有锐利的边缘,钢丝绳的弯曲不得形成锐角。③ 卷筒上应当缠留3圈绳,以减轻固定处的张力,还必须留有定期检验用绳。

28. 提升装置必须装设哪些安全保护?

答:① 过卷和过放保护;② 超速保护;③ 过负荷和欠电压保护;④ 限速保护;⑤ 提升容器位置指示保护;⑥ 闸瓦间隙保护;⑦ 松绳保护;⑧ 仓位超限保护;⑨ 减速功能保护;⑩ 错向运行保护。

29. 提升机必须装设哪些可靠的指示、警示和制动装置?

答:提升机必须装设可靠的提升容器位置指示器、减速声光示警装置,必须设置机械制动和电气制动装置。

30. 提升机机械制动装置制动闸空动时间有哪些规定?

答:盘式制动装置不得超过0.3 s,径向制动装置不得超过0.5 s。

31. 提升机机械制动装置盘形闸的闸瓦与闸盘之间的间隙不得超过多少?

答:不得超过2 mm。

32. 提升机操作必须遵守哪些规定?

答:① 主要提升装置应当配有正、副司机。自动化运行的专用于提升物料的箕斗提升机,可不配备司机值守,但应当设图像监视并定时巡检。② 升降人员的主要提升装置在交接班升降人员的时间内,必须正司机操作,副司机监护。③ 每班升降人员前,应当先空载运行 1 次,检查提升机动作情况;但连续运转时,不受此限。④ 如发生故障,必须立即停止提升机运行,并向矿调度室报告。

33. 提升系统性能检测有哪些规定?

答:专门升降人员及混合提升的系统应当每年进行 1 次性能检测,其他提升系统每 3 年进行 1 次性能检测,检测合格后方可继续使用。

34. 在井下设置空气压缩设备时,应当遵守哪些规定?

答:① 应当采用螺杆式空气压缩机,严禁使用滑片式空气压缩机;② 固定式空气压缩机和储气罐必须分别设置在 2 个独立硐室内,并保证独立通风;③ 移动式空气压缩机必须设置在采用不燃性材料支护且具有新鲜风流的巷道中;④ 应当设自动灭火装置;⑤ 运行时必须有人值守。

35. 新安装或者检修后的储气罐,应当用几倍空气压缩机工作压力做水压试验?

答:应当用 1.5 倍空气压缩机工作压力做水压试验。

36. 空气压缩设备的保护,必须遵守哪些规定?

答:① 螺杆式空气压缩机的排气温度不得超过 120 ℃,离心式空气压缩机的排气温度不得超过 130 ℃。必须装设温度保护装置,在超温时能自动切断电源并报警。② 储气罐内的温度应当保持在 120 ℃以下,并装有超温保护装置,在超温时能自动切断电源并报警。

第十节　电　　气

1. 矿井应当有几回路电源线路?

答:矿井应当有两回路电源线路(即来自两个不同变电站或者来自不同电源进线的同一变电站的两段母线)。当任一回路发生故障停止供电时，另一回路应当担负矿井全部用电负荷。

2. 备用电源的容量有哪些要求？

答：备用电源的容量必须满足通风、排水、提升等要求，并保证主要通风机等在10 min内可靠启动和运行。

3. 井下哪些地点不得少于两回路供电？

答：对井下各水平中央变（配）电所和采（盘）区变（配）电所、主排水泵房和下山开采的采区排水泵房供电线路，不得少于两回路。当任一回路停止供电时，其余回路应当承担全部用电负荷。向局部通风机供电的井下变（配）电所应当采用分列运行方式。

4. 地面哪些地点应当各有两回路直接供电？

答：主要通风机、提升人员的提升机、抽采瓦斯泵、地面安全监控中心等主要设备房，应当各有两回路直接由变（配）电所馈出的供电线路。

5. 向采区供电的同一电源线路上，串接的采区变电所数量不得超过几个？

答：不得超过3个。

6. 无人值班的变电所必须采取哪些措施？

答：无人值班的变电所必须关门加锁，并有巡检人员巡回检查。

7. 井下配电变压器中性点可否直接接地？

答：严禁井下配电变压器中性点直接接地。

8. 检修或者搬迁电气设备前，必须采取哪些措施？

答：必须切断上级电源，检查瓦斯，在其巷道风流中甲烷浓度低于1.0%时，再用与电源电压相适应的验电笔检验；检验无电后，方可进行导体对地放电。

9. 开关停电有哪些规定？

答：开关把手在切断电源时必须闭锁，并悬挂“有人工作，不准送电”字样的警示牌，只有执行这项工作的人员才有权取下此牌送电。

10. 操作井下电气设备应当遵守哪些规定？

答：① 非专职人员或者非值班电气人员不得操作电气设备。② 操作高压电气设备主回路时，操作人员必须戴绝缘手套，并穿电工绝缘靴或者站在绝缘台上。③ 手持式电气设备的操作手柄和工作中必须接触的部分必须有良好绝缘。

11. 操作高压电气设备主回路时，操作人员必须采取哪些措施？

答：必须戴绝缘手套，并穿电工绝缘靴或者站在绝缘台上。

12. 仪表使用地点对甲烷浓度有什么要求？

答：仪表必须在甲烷浓度1.0%以下的地点使用，并实时监测使用环境的甲烷浓度。

13. 哪些部位必须加装护罩或者遮栏等防护设施？

答：容易碰到的、裸露的带电体及机械外露的转动和传动部分必须加装护罩或者遮栏等防护设施。

14. 采掘工作面用电设备电压超过3 300 V时，必须制定什么措施？

答：必须制定专门的安全措施。

15. 矿井井上、下配电系统图，井下电气设备布置示意图和供电线路平面敷设示意图上必须注明哪些内容？

答：① 电动机、变压器、配电设备等装设地点。② 设备的型号、容量、电压、电流等主要技术参数及其他技术性能指标。③ 馈出线的短路、过负荷保护的整定值以及被保护干线和支线最远点两相短路电流值。④ 线路电缆的用途、型号、电压、截面和长度。⑤ 保护接地装置的安设地点。

16. 防爆电气设备到矿验收时，应当检查哪些内容？

答:应当检查产品合格证、煤矿矿用产品安全标志,并核查与安全标志审核的一致性。

17. 防爆电气设备入井前,应当检查哪些内容?

答:应当进行防爆检查,签发合格证后方准入井。

18. 多少千瓦及以上的电动机,应当采用真空电磁起动器控制?

答:40 kW 及以上的电动机,应当采用真空电磁起动器控制。

19. 井下各类电气设备的保护有哪些?

答:(1) 井下高压电动机、动力变压器的高压控制设备,应当具有短路、过负荷、接地和欠压释放保护。

(2) 井下由采区变电所、移动变电站或者配电点引出的馈电线上,必须具有短路、过负荷和漏电保护。

(3) 低压电动机的控制设备,必须具备短路、过负荷、单相断线、漏电闭锁保护及远程控制功能。

(4) 井下配电网路(变压器馈出线路、电动机等)必须具有过流、短路保护装置。

(5) 井上、下变电所的高压馈电线上,必须具备有选择性的单相接地保护。

20. 每天必须对低压漏电保护进行几次跳闸试验?

答:每天必须对低压漏电保护进行 1 次跳闸试验。

21. 煤电钻必须使用具有哪些功能的综合保护装置?

答:煤电钻必须使用具有检漏、漏电闭锁、短路、过负荷、断相和远距离控制功能的综合保护装置。

22. 井上、下装设的防雷电装置应当遵守哪些规定?

答:① 经由地面架空线路引入井下的供电线路和电机车架线,必须在入井处装设防雷电装置。② 由地面直接入井的轨道、金属架构及露天架空引入(出)井的管路,必须在井口附近对金属体设置不少于 2 处的良好的集中接地。

23. 永久性井下中央变电所和井底车场内的其他机电设备硐室,应当采用什么方式支护?采区变电所支护有什么要求?

答:前者应当采用砌碹或者其他可靠的方式支护,而后者应当用不燃性材料支护。

24. 井下中央变电所和主要排水泵房的地面标高，应当分别比其出口与井底车场或者大巷连接处的底板标高高出多少米？

答：高出 0.5 m。

25. 采掘工作面配电点的位置和空间必须满足哪些要求？

答：采掘工作面配电点的位置和空间必须满足设备安装、拆除、检修和运输等要求，并采用不燃性材料支护。

26. 电缆的敷设有什么要求？

答：(1) 在水平巷道或者倾角在 30°以下的井巷中，电缆应当用吊钩悬挂。

(2) 在立井井筒或者倾角在 30°及以上的井巷中，电缆应当用夹子、卡箍或者其他夹持装置进行敷设。夹持装置应当能承受电缆重量，并不得损伤电缆。

27. 水平巷道或者倾斜井巷中悬挂的电缆有哪些要求？

答：水平巷道或者倾斜井巷中悬挂的电缆应当有适当的弛度，并能在意外受力时自由坠落。其悬挂高度应当保证电缆在矿车掉道时不受撞击，在电缆坠落时不落在轨道或者输送机上。

28. 电缆悬挂点间距有哪些要求？

答：电缆悬挂点间距，在水平巷道或者倾斜井巷内不得超过 3 m，在立井井筒内不得超过 6 m。

29. 电缆与压风管、供水管在巷道同一侧敷设时，有什么要求？

答：必须敷设在管子上方，并保持 0.3 m 以上的距离。

30. 高、低压电力电缆敷设有哪些规定？

答：高、低压电力电缆敷设在巷道同一侧时，高、低压电缆之间的距离应当大于 0.1 m。高压电缆之间、低压电缆之间的距离不得小于 50 mm。

31. 接线盒两端、穿墙电缆的墙的两边的标志牌设置有什么要求？

答：应当设置注有编号、用途、电压和截面的标志牌。

32. 电缆穿过墙壁部分应当采取什么措施？

答：电缆穿过墙壁部分应当用套管保护，并严密封堵管口。

33. 同型电缆之间直接连接时必须遵守哪些规定？

答：橡套电缆的修补连接（包括绝缘、护套已损坏的橡套电缆的修补）必须采用阻燃材料进行硫化热补或者与热补有同等效能的冷补。在地面热补或者冷补后的橡套电缆，必须经浸水耐压试验，合格后方可下井使用。塑料电缆连接处的机械强度以及电气、防潮密封、老化等性能，应当符合该型矿用电缆的技术标准。

34. 矿井完好的矿灯总数，至少应当比经常用灯的总人数多百分之多少？

答：矿井完好的矿灯总数，至少应当比经常用灯的总人数多 10%。

35. 矿灯出现哪些情况时严禁发放？

答：矿灯应当保持完好，出现亮度不够、电线破损、灯锁失效、灯头密封不严、灯头圈松动、玻璃破裂等情况时，严禁发放。

严禁在井下拆卸矿灯

36. 发出的矿灯，最低应当能连续正常使用多少小时？

答：最低应当能连续正常使用 11 h。

37. 矿灯使用有哪些规定？

答：严禁矿灯使用人员拆开、敲打、撞击矿灯。人员出井后（地面领用矿灯人员，在下班后)，必须立即将矿灯交还灯房。

38. 矿灯房应当符合哪些要求?

答:① 用不燃性材料建筑。② 取暖用蒸汽或者热水管式设备，禁止采用明火取暖。③ 有良好的通风装置，灯房和仓库内严禁烟火，并备有灭火器材。④ 有与矿灯匹配的充电装置。

39. 井下照明和信号的配电装置，应当具有哪些保护功能?

答:应当具有短路、过负荷和漏电保护的照明信号综合保护功能。

40. 井下哪些电气设备必须有保护接地?

答:电压在 36 V 以上和由于绝缘损坏可能带有危险电压的电气设备的金属外壳、构架，铠装电缆的钢带(钢丝)、铅皮(屏蔽护套)等必须有保护接地。

41. 任一组主接地极断开时，井下总接地网上任一保护接地点的接地电阻值，不得超过多少欧?

答:不得超过 2 Ω。

42. 主接地极材质和尺寸有哪些要求?

答:主接地极应当用耐腐蚀的钢板制成，其面积不得小于 0.75 m^2、厚度不得小于 5 mm。

43. 局部接地极应设置在哪些地点?

答:局部接地极可以设置于巷道水沟内或者其他就近的潮湿处。

44. 设置在水沟中的局部接地极材质和尺寸有哪些要求?

答:设置在水沟中的局部接地极应当用面积不小于 0.6 m^2、厚度不小于 3 mm 的钢板或者具有同等有效面积的钢管制成，并平放于水沟深处。

45. 设置在其他地点的局部接地极材质和尺寸有哪些要求?

答:设置在其他地点的局部接地极，可以用直径不小于 35 mm、长度不小于 1.5 m 的钢管制成，管上至少钻 20 个直径不小于 5 mm 的透孔，并全部垂直埋入底板;也可用直径不小于 22 mm、长度为 1 m 的 2 根钢管制成，每根管上钻 10 个直径不小于 5 mm 的透孔，2 根钢管相距不得小于 5 m，并联后垂直埋入底板，垂直埋深不得小于 0.75 m。

46. 连接主接地极母线材质和尺寸有哪些要求?

答：连接主接地极母线，应当采用截面不小于 50 mm^2 的铜线，或者截面不小于 100 mm^2 的耐腐蚀铁线，或者厚度不小于 4 mm、截面不小于 100 mm^2 的耐腐蚀扁钢。

47. 电气设备的外壳与接地母线、辅助接地母线或者局部接地极的连接，电缆连接装置两头的铠装、铅皮的连接，应当采用什么材质和尺寸的连接材料？

答：应当采用截面不小于 25 mm^2 的铜线，或者截面不小于 50 mm^2 的耐腐蚀铁线，或者厚度不小于 4 mm、截面不小于 50 mm^2 的耐腐蚀扁钢。

48. 电气设备的检查、维护和调整，必须由谁来进行？

答：必须由电气维修工进行。

49. 高压电气设备和线路的修理和调整工作，应当采取哪些安全技术措施？

答：应当有工作票和施工措施。

50. 采区电工操作采区变电所内高压电气设备有哪些要求？

答：采区电工，在特殊情况下，可对采区变电所内高压电气设备进行停、送电的操作，但不得打开电气设备进行修理。

51. 使用中的防爆电气设备的防爆性能检查周期是多久？

答：使用中的防爆电气设备的防爆性能检查每月 1 次。

52. 接地电网接地电阻值测定周期是多久？

答：接地电网接地电阻值测定每季 1 次。

53. 井下用电池(包括原电池和蓄电池)应当符合哪些要求?

答:① 串联或者并联的电池组保持厂家、型号、规格的一致性。② 电池或者电池组安装在独立的电池腔内。③ 电池配置充放电安全保护装置。

54. 使用蓄电池的设备充电应当符合哪些要求?

答:① 充电设备与蓄电池匹配。② 充电设备接口具有防反向充电保护措施。③ 便携式设备在地面充电。④ 机车等移动设备在专用充电硐室或者地面充电。⑤ 监控、通信、避险等设备的备用电源可以就地充电,并有防过充等保护措施。

第十一节　监控与通信

1. 所有矿井必须装备哪三大系统?

答:所有矿井必须装备安全监控系统、人员位置监测系统、有线调度通信系统。

2. 对安全监控、人员位置监测等数据监测、备份时间有哪些要求?

答:每 3 个月对安全监控、人员位置监测等数据进行备份,备份的数据介质保存时间应当不少于 2 年。

3. 对图纸、技术资料和录音的保存时间有哪些要求?

答:图纸、技术资料的保存时间应当不少于 2 年。录音应当保存 3 个月以上。

4. 安全监控系统缆线有哪些规定?

答:矿用有线调度通信电缆必须专用。严禁安全监控系统与图像监视系统共用同一芯光纤。矿井安全监控系统主干线缆应当分设两条,从不同的井筒或者一个井筒保持一定间距的不同位置进入井下。

5. 安全监控设备故障闭锁功能的作用是什么?

答:当与闭锁控制有关的设备未投入正常运行或者故障时,必须切断该监控设备所监控区域的全部非本质安全型电气设备的电源并闭锁;当与闭锁控制有关的设备工作正常并稳定运行后,自动解锁。

6. 安全监控设备的供电电源有何规定?

答：安全监控设备的供电电源必须取自被控开关的电源侧或者专用电源，严禁接在被控开关的负荷侧。

7. 电网停电后，备用电源应当能保持系统连续工作时间不小于多少小时？

答：不小于 2 h。

8. 监控网络与其他网络的连接有哪些规定？

答：监控网络应当通过网络安全设备与其他网络互通互联。

9. 矿调度室监控人员值班时间有何规定？

答：矿调度室必须 24 h 有监控人员值班。

10. 安全监控设备故障闭锁的功能有哪些？

答：安全监控设备必须具有故障闭锁功能。当与闭锁控制有关的设备未投入正常运行或者故障时，必须切断该监控设备所监控区域的全部非本质安全型电气设备的电源并闭锁；当与闭锁控制有关的设备工作正常并稳定运行后，自动解锁。

11. 什么是安全监控系统"两闭锁"功能？

答：安全监控系统必须具备甲烷电闭锁和风电闭锁功能。

12. 安全监控设备调校、测试周期是多久？

答：安全监控设备必须定期调校、测试，每月至少 1 次。

13. 甲烷电闭锁和风电闭锁功能测试周期是多久？

答：甲烷电闭锁和风电闭锁功能每 15 天至少测试 1 次。

14. 矿调度室值班人员工作职责有哪些？

答：矿调度室值班人员应当监视监控信息，填写运行日志，打印安全监控日报表，并报矿总工程师和矿长审阅。系统发出报警、断电、馈电异常等信息时，应当采取措施，及时处理，并立即向值班矿领导汇报；处理过程和结果应当记录备案。

15. 便携式甲烷检测仪的调校、维护及收发怎样管理？

答：必须由专职人员负责，不符合要求的严禁发放使用。

16. 配制甲烷校准气样选用纯度不低于百分之多少的甲烷标准气体做原料气？

答：配制甲烷校准气样的装备和方法必须符合国家有关标准，选用纯度不低于99.9%的甲烷标准气体做原料气。

17. 甲烷传感器报警、断电、复电浓度分别是多少？

答：(1) 采煤工作面回风隅角：报警浓度≥1.0%、断电浓度≥1.5%、复电浓度<1.0%。

(2) 低瓦斯和高瓦斯矿井的采煤工作面：报警浓度≥1.0%、断电浓度≥1.5%、复电浓度<1.0%。

(3) 突出矿井的采煤工作面：报警浓度≥1.0%、断电浓度≥1.5%、复电浓度<1.0%。

(4) 采煤工作面回风巷：报警浓度≥1.0%、断电浓度≥1.0%、复电浓度<1.0%。

(5) 突出矿井采煤工作面进风巷：报警浓度≥0.5%、断电浓度≥0.5%、复电浓度<0.5%。

(6) 煤巷、半煤岩巷和有瓦斯涌出岩巷的掘进工作面：报警浓度≥1.0%、断电浓度≥1.5%、复电浓度<1.0%。

(7) 煤巷、半煤岩巷和有瓦斯涌出岩巷的掘进工作面回风流中：报警浓度≥1.0%、断电浓度≥1.0%、复电浓度<1.0%。

(8) 突出矿井的煤巷、半煤岩巷和有瓦斯涌出岩巷的掘进工作面的进风分风口处：报警浓度≥0.5%、断电浓度≥0.5%、复电浓度<0.5%。

(9) 采区回风巷：报警浓度≥1.0%、断电浓度≥1.0%、复电浓度<1.0%。

(10) 井下临时瓦斯抽采泵站下风侧栅栏外：报警浓度≥1.0%、断电浓度≥1.0%、复电浓度<1.0%。

18. 突出矿井在哪些地点设置的传感器必须是全量程或者高低浓度甲烷传感器？

答：① 采煤工作面进、回风巷；② 煤巷、半煤岩巷和有瓦斯涌出的岩巷掘进工作面回风流中；③ 采区回风巷；④ 总回风巷。

19. 井下哪些设备必须设置甲烷断电仪或者便携式甲烷检测报警仪？

答：① 采煤机、掘进机、掘锚一体机、连续采煤机；② 梭车、锚杆钻车；③ 采用防爆蓄电池或者防爆柴油机为动力装置的运输设备；④ 其他需要安装的移动设备。

20. 哪些地点必须设置风向传感器？

答：突出煤层采煤工作面进风巷、掘进工作面进风的分风口必须设置风向传感器。当发生风流逆转时，发出声光报警信号。

21. 哪些地点必须设置风速传感器？

答：突出煤层采煤工作面回风巷和掘进巷道回风流中必须设置风速传感器。当风速低于或者超过《煤矿安全规程》的规定值时，应当发出声光报警信号。

22. 哪些地点应当设置设备开停传感器？

答：主要通风机、局部通风机应当设置设备开停传感器。

23. 哪些地点应当设置风门开关传感器？

答：主要风门应当设置风门开关传感器，当两道风门同时打开时，发出声光报警信号。

24. 甲烷电闭锁和风电闭锁的被控开关的负荷侧必须设置什么安全设备？

答：必须设置馈电状态传感器。

25. 下井人员必须携带什么卡？

答：下井人员必须携带标识卡。

26. 哪些地点应当设置读卡分站？

答：各个人员出入井口、重点区域出入口、限制区域等地点应当设置读卡分站。

27. 人员位置监测系统应当具备什么功能？

答：应当具备检测标识卡是否正常和唯一性的功能。

28. 矿调度室值班员对井下人员位置负哪些职责？

答：应当监视人员位置等信息，填写运行日志。

29. 有线调度通信系统应当具有哪些功能？

答：有线调度通信系统应当具有选呼、急呼、全呼、强插、强拆、监听、录音等功能。

30. 调度电话至调度交换机的无中继器通信距离应当不小于多少千米？

答：应当不小于 10 km。

31. 矿井移动通信系统应当具有哪些功能？

答：① 选呼、组呼、全呼等；② 移动台与移动台、移动台与固定电话之间互联互通；③ 短信收发；④ 通信记录存储和查询；⑤ 录音和查询。

32. 安装图像监视系统的矿井有哪些规定？

答：应当在矿调度室设置集中显示装置，并具有存储和查询功能。

第四章 职业病危害防治

第一节 职业病危害管理

1. 对煤矿企业职业卫生档案与职业病危害因素管理有哪些规定?

答:煤矿企业必须建立健全职业卫生档案,定期报告职业病危害因素。

2. 对煤矿企业职业病危害因素检测与职业病危害现状评价有哪些规定?

答:煤矿企业应当每年进行一次作业场所职业病危害因素检测,每3年进行一次职业病危害现状评价。检测、评价结果存入煤矿企业职业卫生档案,定期向从业人员公布。

3. 煤矿企业对接触职业病危害因素的从业人员的个体防护用品管理是怎样规定的?

答:煤矿企业应当为接触职业病危害因素的从业人员提供符合要求的个体防护用品,并指导和督促其正确使用。作业人员必须正确使用防尘或者防毒等个体防护用品。

第二节 粉尘防治

1. 粉尘监测应当采用哪两种方法?

答:粉尘监测应当采用定点监测、个体监测方法。

2. 粉尘浓度监测周期有什么规定?

答:(1) 总粉尘浓度,井工煤矿每月测定2次。

(2) 呼吸性粉尘浓度每月测定1次。

(3) 粉尘中游离 SiO_2 含量每6个月测定1次,在变更工作面时也必须测定 1 次。

3. 地面消防防尘储水池有哪些要求?

答:应当在地面建永久性消防防尘储水池,储水池必须经常保持不少于 200 m^3 的水量。备用水池贮水量不得小于储水池的一半。

4. 井下哪些地点必须敷设防尘供水管路?

答:主要运输巷、带式输送机斜井与平巷、上山与下山、采区运输巷与回风巷、采煤工作面运输巷与回风巷、掘进巷道、煤仓放煤口、溜煤眼放煤口、卸载点等地点必须敷设防尘供水管路,并安设支管和阀门。

5. 井工煤矿炮采工作面应当采用哪些综合防尘措施?

答:应当采用湿式钻眼、冲洗煤壁、水炮泥、出煤洒水等综合防尘措施。

6. 采煤机内、外喷雾装置有哪些要求?

答:采煤机必须安装内、外喷雾装置。割煤时必须喷雾降尘,内喷雾工作压力不得小于 2 MPa,外喷雾工作压力不得小于 4 MPa,喷雾流量应当与机型相匹配。

7. 煤矿采煤工作面回风巷应当安设什么设施?

答:应当安设风流净化水幕。

8. 煤矿掘进等作业时,应采取哪些综合防尘措施?

答:(1) 煤矿掘进井巷和硐室时,必须采取湿式钻眼、冲洗井壁巷帮、水炮泥、爆破喷雾、装岩(煤)洒水和净化风流等综合防尘措施。

(2) 煤矿掘进机作业时,应当采用内、外喷雾及通风除尘等综合措施。

(3) 井工煤矿在煤、岩层中钻孔作业时,应当采取湿式降尘等措施。

9. 哪些地点必须安设喷雾装置或者除尘器?

答:井下煤仓(溜煤眼)放煤口、输送机转载点和卸载点,以及地面筛分厂、破碎车间、带式输送机走廊、转载点等地点,必须安设喷雾装置或者除尘器,作业时进行喷雾降尘或者用除尘器除尘。

10. 喷射混凝土时,应当采用哪些防尘措施?

答:喷射混凝土时,应当采用潮喷或者湿喷工艺,并配备除尘装置对上料口、余气口除尘。距离喷浆作业点下风流 100 m 内,应当设置风流净化水幕。

第三节 热害防治

1. 采掘工作面空气温度、机电设备硐室温度有哪些规定?

答:(1) 当采掘工作面空气温度超过 26 ℃、机电设备硐室超过 30 ℃时,必须缩短超温地点工作人员的工作时间,并给予高温保健待遇。

(2) 当采掘工作面的空气温度超过 30 ℃、机电设备硐室超过 34 ℃时,必须停止作业。

2. 有热害的井工煤矿应当采取哪些降温措施?

答:有热害的井工煤矿应当采取通风等非机械制冷降温措施。无法达到环境温度要求时,应当采用机械制冷降温措施。

第四节　噪声防治

1. 作业人员每天连续接触噪声时间达到或者超过 8 h 的，噪声声级限值为多少分贝？

答：噪声声级限值为 85 dB(A)。

2. 多长时间至少监测 1 次噪声？

答：每半年至少监测 1 次噪声。

3. 井工煤矿噪声监测点应当布置在哪些地点？

答：井工煤矿噪声监测点应当布置在主要通风机、空气压缩机、局部通风机、采煤机、掘进机、风动凿岩机、破碎机、主水泵等设备使用地点。

4. 应当采取哪些措施降低噪声危害？

答：应当优先选用低噪声设备，采取隔声、消声、吸声、减振、减少接触时间等措施降低噪声危害。

第五节　有害气体防治

1. 监测有害气体时有哪些规定？

答：监测有害气体时应当选择有代表性的作业地点，其中包括空气中有害物质浓度最高、作业人员接触时间最长的地点。应当在正常生产状态下采样。

2. 有害气体监测周期是多久？

答：氧化氮、一氧化碳、氨、二氧化硫至少每 3 个月监测 1 次，硫化氢至少每月监测 1 次。

3. 如何降低硫化氢、二氧化硫等有害气体的浓度？

答：煤矿作业场所存在硫化氢、二氧化硫等有害气体时，应当加强通风降低有害气体的浓度。在采用通风措施无法达到作业环境标准时，应当采用集中抽取净化、化学吸收等措施降低硫化氢、二氧化硫等有害气体的浓度。

第六节 职业健康监护

1. 对从业人员职业健康检查有哪些规定?

答:煤矿企业必须按照国家有关规定,对从业人员上岗前、在岗期间和离岗时进行职业健康检查,建立职业健康档案,并将检查结果书面告知从业人员。

2. 接触职业病危害从业人员的职业健康检查周期是如何规定的?

答:① 接触粉尘以煤尘为主的在岗人员,每2年1次。② 接触粉尘以矽尘为主的在岗人员,每年1次。③ 经诊断的观察对象和尘肺患者,每年1次。④ 接触噪声、高温、毒物、放射线的在岗人员,每年1次。

3. 对检查出有职业禁忌症和职业相关健康损害的从业人员如何处置?

答:必须调离接害岗位,妥善安置;对已确诊的职业病人,应当及时给予治疗、康复和定期检查,并做好职业病报告工作。

4. 有哪些病症之一的,不得从事接尘作业?

答:① 活动性肺结核病及肺外结核病;② 严重的上呼吸道或者支气管疾病;③ 显著影响肺功能的肺脏或者胸膜病变;④ 心、血管器质性疾病;⑤ 经医疗鉴定,不适于从事粉尘作业的其他疾病。

5. 有哪些病症之一的,不得从事井下工作?

答:除了第4问所列病症外,还包括:① 风湿病(反复活动);② 严重的皮肤病;③ 经医疗鉴定,不适于从事井下工作的其他疾病。

6. 哪两种病症严禁从事煤矿生产工作?

答:癫痫病和精神分裂症患者严禁从事煤矿生产工作。

7. 患有哪些病症，不得从事高空作业？

答：患有高血压、心脏病、高度近视等病症以及其他不适应高空(2 m 以上)作业者，不得从事高空作业。

8. 从业人员需要进行职业病诊断、鉴定的，煤矿企业应当怎样做？

答：煤矿企业应当如实提供职业病诊断、鉴定所需的从业人员职业史和职业病危害接触史、工作场所职业病危害因素检测结果等资料。

9. 从业人员离开煤矿企业时，索取本人职业健康监护档案复印件，煤矿企业应当怎样做？

答：从业人员离开煤矿企业时，有权索取本人职业健康监护档案复印件，煤矿企业必须如实、无偿提供，并在所提供的复印件上签章。

第五章 应急救援

第一节 一般规定

1. 煤矿企业如何落实应急管理主体责任?

答:煤矿企业应当落实应急管理主体责任,建立健全事故预警、应急值守、信息报告、现场处置、应急投入、救援装备和物资储备、安全避险设施管理和使用等规章制度,主要负责人是应急管理和事故救援工作的第一责任人。

2. 矿井必须根据险情或者事故情况下矿工避险的实际需要,建立哪些避险系统?

答:矿井必须建立井下紧急撤离和避险设施,并与监测监控、人员位置监测、通信联络等系统结合,构成井下安全避险系统。

3. 煤矿建立矿山救护队有哪些规定?

答:所有煤矿必须有矿山救护队为其服务。井工煤矿企业应当设立矿山救护队,不具备设立矿山救护队条件的煤矿企业,所属煤矿应当设立兼职救护队,并与就近的救护队签订救护协议;否则,不得生产。

4. 矿山救护队到达服务煤矿的时间有什么规定?

答:矿山救护队到达服务煤矿的时间应当不超过30 min。

5. 对调动矿山救护队、救援装备和救护车辆有哪些规定?

答:任何人不得调动矿山救护队、救援装备和救护车辆从事与应急救援无关的工作,不得挪用紧急避险设施内的设备和物品。

6. 对煤矿作业人员应急救援预案和避灾路线的掌握有哪些要求?

答:煤矿作业人员必须熟悉应急救援预案和避灾路线,具有自救互救和安全避险知识。井下作业人员必须熟练掌握自救器和紧急避险设施的使用方法。

7. 对班组长自救互救和安全避险有哪些要求？

答：班组长应当具备兼职救护队员的知识和能力，能够在发生险情后第一时间组织作业人员自救互救和安全避险。

8. 对外来人员入井有何规定？

答：外来人员必须经过安全和应急基本知识培训，掌握自救器使用方法，并签字确认后方可入井。

9. 煤矿发生险情或者事故后，现场人员应当怎样做？

答：现场人员应当进行自救、互救，并报矿调度室。

10. 发生险情或者事故后，煤矿应当怎样做？

答：煤矿应当立即按照应急救援预案启动应急响应，组织涉险人员撤离险区，通知应急指挥人员、矿山救护队和医疗救护人员等到现场救援，并上报事故信息。

11. 矿山救护队在接到事故报告电话、值班人员发出警报后，必须在多长时间内出动救援？

答：必须在 1 min 内出动救援。

12. 发生事故的煤矿必须全力做好哪些工作？

答：发生事故的煤矿必须全力做好事故应急救援及相关工作，并报请当地政府和主管部门在通信、交通运输、医疗、电力、现场秩序维护等方面提供保障。

第二节 应急避险

1. 煤矿发生险情或者事故时，井下人员应当怎样撤离及避险？

答：煤矿发生险情或者事故时，井下人员应当按应急救援预案和应急指令撤离险区，在撤离受阻的情况下紧急避险待救。

2. 避灾路线指示设置有哪些要求？

答：井下所有工作地点必须设置灾害事故避灾路线。避灾路线指示应当设置在不易受到碰撞的显著位置，在矿灯照明下清晰可见，并标注所在位置。巷道交叉口必须设置避灾路线标识。巷道内设置标识的间隔距离：采区巷道不大于 200 m，矿井主要巷道不大于 300 m。

3. 矿井为什么要设置井下应急广播系统？

答：矿井设置井下应急广播系统是保证井下人员能够清晰听见应急指令。

4. 入井人员必须随身携带额定防护多长时间的隔绝式自救器？

答：不低于 30 min 的隔绝式自救器。

5. 采区避灾路线上设置压风管路的要求是什么？

答：采区避灾路线上应当设置压风管路，主管路直径不小于 100 mm，采掘工作面管路直径不小于 50 mm，压风管路上设置的供气阀门间隔不大于 200 m。

6. 什么矿井应当建设井下紧急避险设施?

答:突出矿井,以及发生险情或者事故时井下人员依靠自救器或者1次自救器接力不能安全撤至地面的矿井,应当建设井下紧急避险设施。

7. 紧急避险设施设置有哪些要求?

答:紧急避险设施应当设置在避灾路线上,并有醒目标识。矿井避灾路线图中应当明确标注紧急避险设施的位置、规格和种类,井巷中应当有紧急避险设施方位指示。

8. 临时避难硐室建设有哪些要求?

答:(1) 突出煤层的掘进巷道长度及采煤工作面推进长度超过500 m时,应当在距离工作面 500 m 范围内建设临时避难硐室或者其他临时避险设施。

(2) 其他矿井应当建设采区避难硐室,或者在距离采掘工作面1 000 m范围内建设临时避难硐室或者其他临时避险设施。

9. 突出与冲击地压煤层,采掘工作面设置压风自救装置有哪些要求?

答:突出与冲击地压煤层,应当在距采掘工作面 25～40 m 的巷道内、爆破地点、撤离人员与警戒人员所在位置、回风巷有人作业处等地点,至少设置1组压风自救装置。

10. 在长距离的掘进巷道中,对压风自救装置有哪些要求?

答:在长距离的掘进巷道中,应当根据实际情况增加压风自救装置的设置组数。每组压风自救装置应当可供 5～8 人使用,平均每人空气供给量不得少于 0.1 m^3/min。

习　　题

一、判断题

1. 煤矿企业必须建立健全安全生产与职业病危害防治目标管理、投入、奖惩、技术措施审批、培训、办公会议制等制度。(　　)

2. 煤矿企业必须建立各种设备、设施检查维修制度,不定期地进行检查维修,并做好记录。( )

3. 从业人员有权制止违章作业,无权拒绝违章指挥。( )

4. 煤矿企业必须对从业人员进行安全教育和培训。培训不合格的,可以上岗作业。( )

5. 煤矿试验涉及安全生产的新技术、新工艺必须经过论证并制定安全措施;新设备、新材料必须经过安全性能检验,取得产品工业性试验安全标志。( )

6. 煤矿企业必须建立应急救援组织,健全规章制度,编制应急救援预案,储备应急救援物资、装备并不定期检查补充。( )

7. 国家实行资质管理的,煤矿企业应当委托具有国家规定资质的机构为其提供鉴定、检测、检验等服务,鉴定、检测、检验机构对其做出的结果负责。( )

8. 煤矿企业必须加强安全生产管理,建立健全各级负责人、各部门、各岗位安全生产与职业病危害防治责任制。( )

9. 井筒设计前,斜井井筒检查孔不得布置在井筒范围内。( )

10. 井筒设计前,斜井井筒检查孔的数量和布置可以不满足设计和施工要求。( )

11. 新建矿井开工前必须编制主要井巷揭煤、过地质构造及含水层技术方案。( )

12. 井筒施工期间应当验证井筒安装孔取得的各种地质资料。( )

13. 煤矿建设、生产阶段,必须对矿井涌水量及主要出水点等进行观测及描述,综合分析,实施地质预测、预报。( )

14. 煤矿必须结合实际情况,开展隐蔽致灾地质因素普查或探测工作。( )

15. 生产矿井应当每 3 年修编矿井地质报告。( )

16. 地质条件变化影响地质类型划分时,应当在 2 年内重新进行地质类型划分。( )

17. 有突出危险煤层的新建矿井必须先抽后建。( )

18. 建设单位必须落实安全生产管理主体责任，不必履行安全生产与职业病危害防治管理职责。（　　）

19. 相邻的两条斜井或者平硐施工时，应当及时按设计要求贯通联络巷。（　　）

20. 采用装配式金属模板砌筑井筒内壁时，应当严格控制混凝土配合比和入模温度。脱模时混凝土强度不小于 0.7 MPa，且套壁施工速度每 24 h 不得超过 18 m。（　　）

21. 采用钻井法开凿立井井筒时，钻井设计与施工的最终位置必须穿过冲积层，并进入不透水的稳定基岩中 3 m 以上。（　　）

22. 保险带应当定期按有关规定试验。每次使用前必须检查，发现损坏必须立即更换。（　　）

23. 井筒开凿到底后，在井底附近设置临时排水系统时，临时排水管的型号不必与排水能力相匹配。（　　）

24. 立井凿井期间局部通风机的安装位置距井口不得小于 10 m，且位于井口主导风向上风侧。（　　）

25. 采煤工作面必须及时支护，严禁空顶作业。（　　）

26. 用于采煤工作面支护的单体液压支柱，在软岩条件下初撑力确实达不到要求的，在制定措施、满足安全的条件下，必须经矿总工程师审批。（　　）

27. 采用锚杆、锚索、锚喷、锚网喷等支护形式时，在井下做锚固力试验时，可以不制定安全措施。（　　）

28. 采用锚杆、锚索、锚喷、锚网喷等支护形式时，锚杆拉拔力、锚索预紧力必须符合设计要求。（　　）

29. 采用锚杆、锚索、锚喷、锚网喷等支护形式时，煤巷、半煤岩巷支护必须进行顶板离层监测，并将监测结果记录在牌板上。（　　）

30. 采用综合机械化采煤时，液压支架必须接顶。在处理液压支架上方冒顶时，不必制定安全措施。（　　）

31. 采用综合机械化采煤时，采煤工作面不用进行矿压监测。（　　）

32. 使用滚筒式采煤机采煤时，启动采煤机前，必须先巡视采煤机

四周，发出预警信号，确认人员无危险后，方可接通电源。（ ）

33. 使用运煤车、铲车、梭车、履带式行走支架、锚杆钻车、给料破碎机、连续运输系统或者桥式转载机等掘进机后配套设备时，所有安装机载照明的后配套设备启动前必须开启照明，发出开机信号，确认人员离开，再开机运行。（ ）

34. 使用运煤车、铲车、梭车、履带式行走支架、锚杆钻车、给料破碎机、连续运输系统或者桥式转载机等掘进机后配套设备时，连续运输系统或者桥式转载机运行时，可以在非行人侧行走或者作业。（ ）

35. 井巷维修时，撤掉支架前，应当先加固作业地点的支架。（ ）

36. 井巷维修架设和拆除支架时，在一架未完工之前，可以中止作业。（ ）

37. 井巷进行维修时，撤换支架的工作应当连续进行，不连续施工时，每次工作结束前，必须接顶封帮。（ ）

38. 更换巷道支护时，在拆除原有支护前，无须先加固邻近支护。（ ）

39. 在倾斜巷道维修时，必须有防止矸石、物料滚落和支架歪倒的安全措施。（ ）

40. 从报废的井巷内回收支架和装备时，必须制定安全措施。（ ）

41. 采煤工作面必须正规开采，严禁采用国家明令禁止的采煤方法。（ ）

42. 高瓦斯、突出、有容易自燃或者自燃煤层的矿井，可以采用前进式采煤方法。（ ）

43. 采煤工作面不得任意留顶煤和底煤。（ ）

44. 采煤工作面使用的金属顶梁和单体液压支柱，在采煤工作面回采结束后或者使用时间超过 8 个月后，必须进行检修。检修好的支柱，不必进行压力试验即可使用。（ ）

45. 在有瓦斯喷出或者有突出危险的矿井中，开拓新水平和准备新采区时的回风，在未构成新水平和新采区的通风系统前，可将此回风

引入生产水平的进风中。(　　)

46. 煤矿安全监测工必须携带便携式甲烷检测报警仪。(　　)

47. 瓦斯检查工必须携带便携式光学甲烷检测仪或便携式甲烷检测报警仪。(　　)

48. 煤矿井下对于未进行作业的采掘工作面,但可能涌出或者积聚甲烷、二氧化碳的硐室和巷道,应当每班至少检查 1 次甲烷、二氧化碳浓度。(　　)

49. 瓦斯检查工每次检查结果必须记入瓦斯检查班报手册和检查地点的记录牌上,可以不用通知现场工作人员。(　　)

50. 甲烷浓度超过《煤矿安全规程》规定时,瓦斯检查工有权责令现场人员停止工作,并撤到安全地点。(　　)

51. 煤矿井下临时抽采瓦斯泵站抽出的瓦斯排入回风巷时,在排瓦斯管路出口必须设置栅栏、悬挂警戒牌等。栅栏设置的位置是上风侧距管路出口 10 m、下风侧距管路出口 20 m,两栅栏间禁止任何作业。(　　)

52. 井上下敷设的瓦斯管路,不得与带电物体接触并应当有防止砸坏管路的措施。(　　)

53. 采用干式抽采瓦斯设备时,抽采瓦斯浓度不得低于 25%。(　　)

54. 抽采的瓦斯浓度低于 25%时,不得作为燃气直接燃烧。进行管道输送、瓦斯利用或者排空时,必须按有关标准的规定执行,并制定安全技术措施。(　　)

55. 实施巷道贯通的掘进工作面每次爆破前,必须有瓦斯检查工亲自到停掘的工作面检查工作面及其回风流中的瓦斯浓度,只有在 2 个工作面及其回风流中的甲烷浓度都在 1.0%以下时,掘进的工作面方可爆破。(　　)

56. 巷道贯通前,掘进的工作面每次爆破前,必须派专人和瓦斯检查工共同到停掘的工作面检查工作面及其回风流中的瓦斯浓度,瓦斯浓度超限时,必须停止与爆破相关的工作(其他工作除外),然后处理瓦斯。(　　)

57. 采煤工作面必须采用矿井全风压通风，禁止采用局部通风机稀释瓦斯。（　）

58. 矿井采掘工作面的进风和回风可以经过采空区或者冒顶区，但必须编制安全技术措施。（　）

59. 无煤柱开采沿空送巷和沿空留巷时，应当采取防止从巷道的两帮和顶部向采空区漏风的措施。（　）

60. 突出煤层的采掘工作面，应当根据煤层实际情况选用防突措施，松动爆破时，应当按远距离爆破的要求执行。（　）

61. 工作面执行防突措施后，必须对防突措施效果进行检验。如果工作面措施效果检验结果均小于指标临界值，且未发现其他异常情况，则措施有效；否则必须重新执行区域综合防突措施或者局部综合防突措施。（　）

62. 在煤巷掘进工作面第一次执行局部防突措施或者无措施超前距时，必须采取小直径钻孔排放瓦斯等防突措施，只有在工作面前方形成 3 m 以上的安全屏障后，方可进入正常防突措施循环。（　）

63. 突出煤层的石门揭煤、煤巷和半煤岩巷掘进工作面进风侧必须设置至少 2 道反向风门。爆破作业时，反向风门无须关闭。（　）

64. 具备开采保护层条件的突出危险区，必须开采保护层。（　）

65. 保护层的开采厚度不大于 0.5 m、上保护层与突出煤层间距大于 50 m 或者下保护层与突出煤层间距大于 80 m 时，必须对每个被保护层工作面的保护效果进行检验。（　）

66. 井巷揭煤采用远距离爆破时，必须明确起爆地点、避灾路线、警戒范围，制定停电撤人等措施。（　）

67. 揭煤工作面距煤层法向距离 2 m 至进入顶（底）板 2 m 的范围，严禁采用远距离爆破掘进工艺。（　）

68. 对不具备保护层开采条件的突出厚煤层，利用上分层或者上区段开采后形成的卸压作用保护下分层或者下区段时，应当依据实际考察结果来确定其有效保护范围。（　）

69. 开采保护层时，应当预留设煤（岩）柱。（　）

70. 采取预抽煤层瓦斯区域防突措施时，应当采取措施确保预抽瓦斯钻孔能够按设计参数控制整个预抽区域。（　　）

71. 井巷揭穿（开）突出煤层，从工作面距煤层法向距离大于 5 m 处开始采取局部综合防突措施，经预测预报或效果检验为无突出危险时，方可停止局部综合防突措施，但必须在采取防护措施的条件下揭穿煤层。（　　）

72. 突出煤层的采掘工作面，应当根据煤层实际情况选用防突措施，突出煤层煤巷掘进工作面前方遇到落差超过煤层厚度的断层，可以不按井巷揭煤的措施执行。（　　）

73. 对冲击地压煤层，应当根据顶底板岩性适当加大掘进巷道宽度。应当优先选择无煤柱护巷工艺，采用大煤柱护巷时应当避开应力集中区，严禁留大煤柱影响邻近层开采。（　　）

74. 冲击地压煤层巷道应该采用刚性支护。（　　）

75. 冲击地压煤层采用垮落法管理顶板时，支架（柱）应当有足够的支护强度，采空区中所有支柱必须回净。（　　）

76. 冲击地压危险工作面实施解危措施后，方可进行采掘作业。（　　）

77. 开采冲击地压煤层时，在应力集中区内可以布置 2 个工作面同时进行采掘作业。（　　）

78. 严重冲击地压厚煤层中的巷道应当布置在应力集中区外。双巷掘进时 2 条平行巷道在时间、空间上应当避免相互影响。（　　）

79. 电气设备着火时，应当首先切断其电源；在切断电源后，方可使用导电的灭火器材进行灭火。（　　）

80. 密闭墙的质量标准由煤矿企业统一制定。（　　）

81. 启封已熄灭的火区前，必须制定安全措施。启封火区时，应当逐段恢复通风，同时测定回风流中一氧化碳、甲烷浓度和风流温度。发现复燃征兆时，严禁停风，立即采取防灭火措施。（　　）

82. 采用氮气防灭火时，应当有能连续监测采空区气体成分变化的监测系统。（　　）

83. 采用全部充填采煤法时，采用可燃物做充填材料时，必须制定

防治自然发火的专项措施。(　　)

84. 井下和井口房内不得进行电焊、气焊和喷灯焊接等作业。(　　)

85. 井下探放水应当采用专用钻机，由专业人员和专(兼)职探放水队伍施工。(　　)

86. 矿井井口及工业场地内主要建筑物的地面标高低于当地历年最高洪水位的，应当修筑堤坝、沟渠或者采取其他可靠防御洪水的措施。不能采取可靠安全措施的，应当封闭填实该井口。(　　)

87. 矿井防隔水煤(岩)柱一经确定，不得随意变动，如有改动，必须通报相邻矿井。(　　)

88. 受水淹区积水威胁的区域，必须在排除积水、消除威胁后方可进行采掘作业。(　　)

89. 井巷揭穿含水层或者地质构造带等可能突水地段前，必须编制探放水设计，但不用制定相应的防治水措施。(　　)

90. 井下安装钻机进行探放水前，只有在加强钻孔附近巷道支护的前提下，方可不用在工作面迎头打立柱和拦板。(　　)

91. 井下爆破必须使用发爆器。发爆器必须统一管理、发放。必须定期校验发爆器的各项性能参数，并进行防爆性能检查，不符合要求的严禁使用。(　　)

92. 爆破作业每次起爆前，爆破工不须做电爆网路全电阻检测。严禁采用发爆器打火放电的方法检测电爆网路。(　　)

93. 煤矿井下爆破作业在处理拒爆时，对于未爆炸的拒爆炮眼，不可再次连线起爆。(　　)

94. 处理拒爆的炮眼爆炸后，爆破工必须详细检查炸落的煤、矸，收集未爆的电雷管。(　　)

95. 在拒爆处理完毕以后，严禁在该地点进行与处理拒爆无关的工作。(　　)

96. 煤矿主要提升装置必须有检验合格的备用钢丝绳。(　　)

97. 煤矿架空乘人装置使用有接头的钢丝绳时，钢丝绳接头的插接长度不得小于钢丝绳直径的100倍。(　　)

98. 提升机机械制动装置应当采用弹簧式，能实现工作制动和安全制动。(　　)

99. 煤矿用于升降人员的主要提升装置在交接班升降人员的时间内，必须正司机操作，副司机监护。(　　)

100. 生产矿井采用钢丝绳牵引带式输送机运送人员时，上、下人员的地点应当设有平台和照明。上行带平台的长度不得小于 5 m，宽度不得小于 0.8 m，并有栏杆。(　　)

101. 煤矿采用轨道机车运输时，正常情况下，机车必须在列车前端。(　　)

102. 煤矿井下运送人员的车辆必须为专用车辆，严禁使用非乘人装置运送人员。(　　)

103. 煤矿采用架空乘人装置运送人员时，驱动系统必须设置失效安全型工作制动装置和安全制动装置，安全制动装置必须设置在驱动轮上。(　　)

104. 煤矿倾斜井巷内使用串车提升时，在各车场安设能够防止带绳车辆误入非运行车场或者区段的阻车器。(　　)

105. 煤矿升降人员或者升降人员和物料的单绳提升罐笼必须装设可靠的防坠器。(　　)

106. 采用单回路供电线路的矿井，备用电源的容量必须满足通风、排水、提升等要求。(　　)

107. 10 kV 及以下的矿井架空电源线路可以共杆架设。(　　)

108. 矿井主要通风机、提升人员的提升机、抽采瓦斯泵、地面安全监控中心等主要设备房，受条件限制时，其电源回路可引自上述设备房的配电装置。(　　)

109. 严禁井下配电变压器中性点直接接地。(　　)

110. 矿井电气开关把手在切断电源时必须闭锁，并悬挂“有人工作，不准送电”字样的警示牌，任何人员都有权取下此牌送电。(　　)

111. 煤矿井下硐室必须安装向外开的防火铁门，并且铁门全部敞开时，不得妨碍运输。(　　)

112. 煤矿必须装备安全监控系统、人员位置监测系统、有线调度

通信系统，特殊情况经省级煤矿安全监督管理部门许可，可以不安装。(　　)

113. 煤矿安全监控系统必须具备实时上传监控数据的功能。(　　)

114. 煤矿突出煤层采煤工作面回风巷和掘进巷道回风流中必须设置风速传感器，并设置最低风速值，风速上限可不做要求。(　　)

115. 煤矿井下有线调度通信系统的调度电话至调度交换机(含安全栅)之间必须采用矿用通信电缆直接连接，并可以利用大地做回路。(　　)

116. 煤矿企业作业场所粉尘监测应当采用不定点监测、个体监测方法。(　　)

117. 井工煤矿掘进机作业时，应当采用内、外喷雾及通风除尘等综合措施。掘进机无水或者喷雾装置不能正常使用时，必须停机。(　　)

118. 在冻结法凿井和在遇水膨胀的岩层中不能采用湿式钻眼(孔)、突出煤层或者松软煤层中施工瓦斯抽采钻孔难以采取湿式钻孔作业时，可以采取干式钻孔(眼)，并采取除尘器除尘等措施。(　　)

119. 煤矿班组长应当具备兼职救护队员的知识和能力，能够在发生险情后第一时间组织作业人员进行自救互救和安全避险。(　　)

120. 救灾部门在处理灾变事故时，应当撤出灾区所有人员，粗略统计井下人数，并严格控制入井人数。(　　)

二、单选题

1. 煤矿必须编制年度灾害预防和处理计划，并根据具体情况及时修改。灾害预防和处理计划由(　　)负责组织实施。

A. 总工程师　B. 安全副矿长　C. 生产副矿长　D. 矿长

2. 入井(场)人员必须戴安全帽等个体防护用品，穿带有反光标识的工作服。入井(场)前严禁(　　)。

A. 吸烟　B. 饮酒　C. 喝水　D. 就餐

3. 入井人员必须随身携带(　　)、标识卡和矿灯，严禁携带烟草和点火物品，严禁穿化纤衣服。

A. 自救器　　B. 呼吸机

C. 便携式瓦斯检测仪　　D. 耳塞

4. 井工煤矿必须制定停工停产期间的安全技术措施，保证矿井供电、通风、排水和安全监控系统正常运行，落实(　　)h 值班制度。复工复产前必须进行全面安全检查。

A. 8　　B. 12　　C. 18　　D. 24

5. 煤矿必须建立矿井安全避险系统，对井下人员进行安全避险和应急救援培训，每年至少组织(　　)次应急演练。

A. 1　　B. 2　　C. 3　　D. 4

6. 煤矿发生事故后，煤矿企业主要负责人和技术负责人必须立即采取措施组织抢救，(　　)负责抢救指挥，并按有关规定及时上报。

A. 总工程师　　B. 矿长　　C. 安全矿长　　D. 党委书记

7. 煤矿闭坑前，煤矿企业必须编制闭坑报告，并报(　　)批准。

A. 省级安全监察机构　　B. 市级煤矿安全监察机构

C. 省级煤炭行业管理部门　　D. 国家矿山安全监察局

8. 煤矿企业必须建立健全安全生产与职业病危害防治目标管理、投入、奖惩、技术措施审批、培训、办公会议制度和(　　)等。

A. 事故报告与责任追究制度

B. 安全检查制度

C. 事故隐患排查、治理、报告制度

D. 以上均正确

9. 矿井建设期间，因矿井地质、水文地质等条件与原地质资料出入较大时，(　　)针对所存在的地质问题开展补充地质勘探工作。

A. 应当　　B. 必须　　C. 可以　　D. 适当

10. 井筒设计前，立井井筒检查孔孔深应当不小于井筒设计深度以下(　　)m。

A. 20　　B. 25　　C. 30　　D. 35

11. 井筒设计前，井筒检查孔必须(　　)取芯，全孔数字测井。

A. 平孔　　B. 斜孔　　C. 半孔　　D. 全孔

12. 井筒设计前，井筒检查孔采测钻孔水文地质及工程地质参数，查明(　　)和岩(土)层特征。

A. 水文构造　B. 地质分析　C. 水质分析　D. 地质构造

13. 井筒施工期间,当发现影响施工的异常地质因素时,应当采取(　　)措施。

A. 检查和探测　B. 探测和保护　C. 探测和预防　D. 预防和检查

14. 井巷揭煤前,探明煤层厚度、地质构造、瓦斯地质、水文地质及顶底板等地质条件,应当编制揭煤(　　)。

A. 采掘工程平面图　B. 煤层综合柱状图

C. 地质说明书　D. 水文地质说明书

15. 生产矿井应当每(　　)年修编矿井地质报告。

A. 3　B. 5　C. 7　D. 9

16. 生产矿井地质条件变化影响地质类型划分时,应当在(　　)年内重新进行地质类型划分。

A. 1　B. 3　C. 5　D. 7

17. 有突出危险煤层的矿井建设开工前,应当对首采区突出煤层进行地面钻井预抽瓦斯,且预抽率应当达到(　　)以上。

A. 10%　B. 20%　C. 30%　D. 50%

18. 单项工程、单位工程开工前,必须编制(　　)和作业规程,并组织相关人员学习。

A. 组织机构设计　B. 安全管理制度

C. 施工组织设计　D. 安全费用计划

19. 斜井(巷)施工时,由下向上施工(　　)以上的斜巷时,必须将溜矸(煤)道与人行道分开。人行道应当设扶手、梯子和信号装置。

A. 25°　B. 30°　C. 35°　D. 40°

20. 采用钻井法开凿立井井筒,井壁对接找正时,内吊盘工作人员不得超过(　　)人。

A. 3　B. 4　C. 5　D. 6

21. 施工(　　)以上斜井(巷)时,应当制定防止设备、轨道、管路等下滑的专项措施。

A. 20°　B. 18°　C. 16°　D. 15°

22. 使用耙装机时，若上山施工倾斜角大于(　　)，在司机前方必须设护身柱或者挡板，并在耙装机前方增设固定装置。

A. 20°　　B. 22°　　C. 24°　　D. 26°

23. 装备井筒与安装井架及井架上的设备平行作业时，井口掩盖装置必须(　　)，能承受井架上坠落物的冲击。

A. 坚固可靠　　B. 厚度够　　C. 面积大　　D. 有韧性

24. 主井、副井和风井布置在同一个工业广场内，主井或者副井与风井贯通后，应当先安装(　　)，实现全风压通风。

A. 主要通风机　　B. 临时通风机

C. 局部通风机　　D. 局部通风机群

25. 采煤工作面必须及时支护，严禁空顶作业。支护时所有支架必须架设牢固，并有(　　)。

A. 防冲措施　　B. 防倒措施　　C. 防跑措施　　D. 防突措施

26. 采煤工作面严禁在(　　)区域内提前摘柱。

A. 控顶　　B. 放顶　　C. 软岩　　D. 浮矸

27. 采煤工作面移动输送机机头、机尾需要拆除附近的支架时，必须先架好(　　)。

A. 永久支架　　B. 临时支架　　C. 梯子　　D. 栅栏

28. 采用锚杆、锚索、锚喷、锚网喷等支护形式时，打锚杆眼前，必须采取(　　)等措施。

A. 光面爆破　　B. 敲帮问顶

C. 顶板离层监测　　D. 喷雾洒水

29. 采用锚杆、锚索、锚喷、锚网喷等支护形式时，对喷体必须做(　　)检查并形成检查记录。

A. 厚度和强度　　B. 厚度和高度

C. 高度和强度　　D. 高度和平整度

30. 巷道架棚时，支架腿应当落在实底上；支架与(　　)之间的空隙必须塞紧、背实。

A. 底　　B. 顶、帮　　C. 底、顶　　D. 底、帮

31. 在生产过程中要严格执行(　　)制度。开工前，班组长必须

对工作面安全情况进行全面检查，确认无危险后，方准人员进入工作面。

A. 敲帮问顶 B. 围岩观测

C. 敲帮问顶及围岩观测 D. 敲帮问顶及安全确认

32. 采煤工作面用垮落法管理顶板时，必须及时（ ）。顶板不垮落、悬顶距离超过作业规程规定的，必须停止采煤，采取人工强制放顶或者其他措施进行处理。

A. 切顶 B. 放顶 C. 控顶 D. 问顶

33. 采用人工假顶分层垮落法开采的采煤工作面，人工假顶必须铺设完好并（ ）。

A. 搭接整齐 B. 搭接完整 C. 搭接牢固 D. 搭接严密

34. 采用（ ）开采时，必须向采空区注浆或者注水。注浆或者注水的具体要求，应当在作业规程中明确规定。

A. 分层垮落法 B. 放顶煤 C. 水力 D. 综合机械化

35. （ ）煤层群开采下一煤层时，必须制定控制顶板的安全措施。

A. 近距离 B. 远距离 C. 大范围 D. 小范围

36. 采用（ ）回采时，下一分层的采煤工作面必须在上一分层顶板垮落的稳定区域内进行回采。

A. 全部垮落法 B. 综合机械化 C. 分层垮落法 D. 放顶煤

37. 采煤工作面刮板输送机必须安设能发出停止、启动信号和通信的装置，发出信号点的间距不得超过（ ）m。

A. 10 B. 15 C. 20 D. 25

38. 刮板输送机使用的液力偶合器，必须按所传递的功率大小，注入规定量的（ ），并经常检查有无漏失。

A. 乳化油 B. 透平油 C. 液压油 D. 难燃液

39. 刮板输送机（ ）乘人。

A. 必要时可以 B. 可以

C. 严禁 D. 紧急情况下可以

40. 井巷维修更换巷道支护时，在拆除原有支护前，应当先加固

(　　),拆除原有支护后,必须及时除掉顶帮活矸和架设永久支护,必要时还应当采取临时支护措施。

A. 排桩支护　B. 超前支护　C. 邻近支护　D. 临时支护

41. 立井井口必须用栅栏或者金属网围住,进出口设置(　　)。

A. 人行道　B. 阻车器　C. 栅栏门　D. 提升间

42. 巷道净断面必须满足行人、运输、通风和安全设施及设备安装、检修、施工的需要。采用轨道机车运输的巷道净高,自轨面起不得低于(　　)m。

A. 1.5　B. 2　C. 2.5　D. 3

43. 在采用单轨吊车运输的双向运输巷中,两车最突出部分之间的距离:对开时不得小于(　　)m。

A. 0.7　B. 1　C. 0.8　D. 0.6

44. 采煤工作面所有安全出口与巷道连接处超前压力影响范围内必须加强支护,除综合机械化采煤外的其他采煤工作面,此范围内的巷道高度不得低于(　　)m。

A. 1.2　B. 1.4　C. 1.6　D. 1.8

45. 对于未进行作业的采掘工作面,可能涌出或者积聚甲烷、二氧化碳的硐室和巷道,应当每班至少检查(　　)次甲烷、二氧化碳浓度。

A. 1　B. 2　C. 3　D. 4

46. 采掘工作面二氧化碳浓度应当每班至少检查(　　)次;有煤(岩)与二氧化碳突出危险或者二氧化碳涌出量较大、变化异常的采掘工作面,必须有专人经常检查二氧化碳浓度。

A. 1　B. 2　C. 3　D. 4

47. 地面瓦斯抽采泵房和泵房周围(　　)m范围内,禁止堆积易燃物和有明火。

A. 10　B. 20　C. 30　D. 50

48. 矿井抽采瓦斯泵及其附属设备,至少应当有(　　)套备用,备用泵能力不得(　　)运行泵中最大一台单泵的能力。

A. 1,小于　B. 2,小于　C. 1,大于　D. 2,大于

49. 煤矿抽采瓦斯泵站放空管的高度应当超过泵房房顶至少

(　　)m。

A. 3　　B. 5　　C. 8　　D. 10

50. 矿井的两翼、相邻的采区、相邻的煤层、相邻的采煤工作面间，必须用(　　)隔开。

A. 水棚　　B. 岩粉棚

C. 灭火器　　D. 水棚或者岩粉棚

51. 矿井应当每(　　)制定综合防尘措施、预防和隔绝煤尘爆炸措施及管理制度，并组织实施。

A. 月　　B. 季度　　C. 年　　D. 两年

52. 矿井在排放瓦斯过程中，排出的瓦斯与全风压风流混合处的甲烷和二氧化碳浓度均不得超过(　　)，且混合风流经过的所有巷道内必须停电撤人，其他地点的停电撤人范围应当在措施中明确规定。

A. 0.5%　　B. 1%　　C. 1.5%　　D. 2%

53. 矿井需要的风量，按井下同时工作的最多人数计算，每人每分钟供给风量不得少于(　　)m^3。

A. 1　　B. 2　　C. 3　　D. 4

54. 除主要进回风巷、输送机巷、采区进回风巷、采煤工作面、掘进中的煤巷和半煤岩巷之外的掘进中的岩巷及其他通风行人巷道，允许的最低风速为(　　)m/s。

A. 0.15　　B. 0.25　　C. 1　　D. 4

55. 矿井必须建立测风制度，对采掘工作面和其他用风地点，应当根据实际需要(　　)测风，每次测风结果应当记录并写在测风地点的记录牌上。

A. 随时　　B. 每天　　C. 每周　　D. 每旬

56. 巷道贯通前，掘进的工作面每次爆破前，必须派专人和瓦斯检查工共同到停掘的工作面检查工作面及其回风流中的瓦斯浓度，只有在2个工作面及其回风流中的甲烷浓度都在(　　)以下时，掘进的工作面方可爆破。

A. 0.5%　　B. 0.8%　　C. 1%　　D. 1.5%

57. 矿井的进、回风井之间和主要进、回风巷之间的每条联络巷中，必须砌筑（　　）风墙。

A. 永久性　　B. 临时性

C. 永久性或临时性　　D. 长期性

58. 煤矿井下爆破地点附近（　　）m 以内风流中甲烷浓度达到1.0%时，严禁爆破。

A. 10　　B. 20　　C. 30　　D. 50

59. 煤矿防突工作必须坚持（　　）的原则。

A. 局部综合防突措施先行、区域综合防突措施补充

B. 区域综合防突措施、局部综合防突措施、防突措施效果检验、安全防护措施四位一体

C. 开采保护层

D. 区域综合防突措施先行、局部综合防突措施补充

60. 突出矿井的新采区和新水平进行开拓设计前，应当对开拓采区或者开拓水平内平均厚度在（　　）m 以上的煤层进行突出危险性评估，评估结论作为开拓采区或者开拓水平设计的依据。

A. 0.1　　B. 0.2　　C. 0.3　　D. 0.5

61. 煤与瓦斯突出矿井必须确保采掘作业在（　　）有效区内进行。

A. 工作面防突措施　　B. 区域防突措施

C. 局部防突措施　　D. 采区防突措施

62. 有突出危险煤层的新建矿井及突出矿井的新水平、新采区的设计，必须有（　　）篇章。

A. 防突设计　　B. 区域防突措施

C. 区域防突措施效果检验　　D. 区域验证

63. 煤与瓦斯突出矿井应当减少井巷揭开（穿）突出煤层的次数，揭开（穿）突出煤层的地点应当合理（　　）地质构造带。

A. 靠近　　B. 贴近　　C. 避开　　D. 插入

64. 煤与瓦斯突出矿井在同一突出煤层的集中应力影响范围内，不得布置（　　）个工作面相向回采或者掘进。

A. 2　　B. 3　　C. 4　　D. 5

65. 在突出煤层的采掘工作中，过突出孔洞及其附近 30 m 范围内进行采掘作业时，必须加强（　　）。

A. 封堵　　B. 支护　　C. 卸压　　D. 通风

66. 在突出煤层的煤巷中安装、更换、维修或者回收支架时，必须采取预防（　　）引起突出的措施。

A. 煤体冒落　　B. 倒架

C. 瓦斯异常涌出　　D. 底鼓

67. 有突出危险煤层的新建矿井或者突出矿井，（　　）的井巷第一次揭穿（开）厚度为 0.3 m 及以上煤层时，必须超前探测煤层厚度及地质构造、测定煤层瓦斯压力及瓦斯含量等与突出危险性相关的参数。

A. 开拓新采区　　B. 开拓新水平

C. 回采新工作面　　D. 掘进新巷道

68. 有突出危险煤层的新建矿井或者突出矿井，开拓新水平的井巷第一次揭穿（开）厚度为（　　）m 及以上煤层时，必须超前探测煤层厚度及地质构造、测定煤层瓦斯压力及瓦斯含量等与突出危险性相关的参数。

A. 0.2　　B. 0.3　　C. 0.5　　D. 0.8

69. 采用预抽煤层瓦斯防突措施的区域，必须对区域防突措施效果进行检验。经检验预抽瓦斯措施无效时，该区域仍然确定为（　　）。

A. 突出威胁区　　B. 安全区

C. 无突出危险区　　D. 突出危险区

70. 突出煤层的采掘工作面，应当根据煤层实际情况选用防突措施，不得选用（　　）措施。

A. 松动爆破　　B. 水力疏松

C. 水力冲孔　　D. 超前钻孔预抽瓦斯

71. 开采冲击地压煤层时，在应力集中区不得布置（　　）个工作面同时进行采掘作业。

A. 1　　B. 2　　C. 3　　D. 4

72. 开拓巷道不得布置在严重冲击地压煤层中，永久硐室不得布置在冲击地压煤层中。煤层巷道与硐室布置不应留底煤，如果留有底煤必须采取(　　)措施。

A. 防自然发火 B. 灌浆　C. 底板预卸压 D. 强支护

73. 对冲击地压煤层,应当根据顶底板岩性适当加大掘进巷道宽度。应当优先选择无煤柱护巷工艺,采用大煤柱护巷时应当避开(　　),严禁留大煤柱影响邻近层开采。巷道严禁采用刚性支护。

A. 瓦斯富集区 B. 地质构造区 C. 应力集中区 D. 淋水区

74. 冲击地压危险区域必须进行(　　)监测。判定有冲击地压危险时,应当立即停止作业,撤出人员,切断电源,并报告矿调度室。在实施解危措施、确认危险解除后方可恢复正常作业。

A. 定期　B. 定时　C. 日常　D. 实时

75. 冲击地压煤层,缓倾斜、倾斜厚及特厚煤层采用(　　)工艺开采时,直接顶不能随采随冒的,应当预先对顶板进行弱化处理。

A. 炮采　B. 炮采放顶煤 C. 综采　D. 综采放顶煤

76. 有冲击地压危险的采掘工作面,供电、供液等设备应当放置在采动应力集中影响区外。对危险区域内的设备、管线、物品等应当采取固定措施,管路应当吊挂在巷道(　　)。

A. 腰线以上　B. 腰线以下　C. 顶板　D. 底板

77. 电气设备着火时,应当首先(　　);在切断电源前,必须使用不导电的灭火器材进行灭火。

A. 用水灭火　B. 用沙子灭火

C. 用灭火器灭火　D. 切断电源

78. 井口房和通风机房附近(　　)m 内,不得有烟火或者用火炉取暖。

A. 10　B. 20　C. 30　D. 50

79. 主要巷道内带式输送机机头前后两端各 20 m 范围内,都必须用(　　)支护。

A. 可燃性材料 B. 不燃性材料 C. 易燃材料　D. 金属材料

80. 井下使用的汽油、煤油必须装入盖严的铁桶内,由专人(　　)使用地点,剩余的汽油、煤油必须运回地面,严禁在井下存放。

A. 运至　B. 送至　C. 押运送至　D. 送达

81. 矿井每(　　)应当对井上、下消防管路系统、防火门、消防材料库和消防器材的设置情况进行1次检查,发现问题,及时解决。

A. 周　　B. 旬　　C. 月　　D. 季度

82. 当井下发现自然发火征兆时,必须停止作业,立即采取有效措施处理。在发火征兆不能得到有效控制时,必须撤出人员,封闭危险区域。进行封闭施工作业时,其他区域(　　)人员必须全部撤出。

A. 有关　　B. 所有　　C. 无关　　D. 相关

83. 矿井应当配备与矿井涌水量相匹配的水泵、排水管路、配电设备和水仓等,排水系统集中控制的主要泵房可不设专人值守,但必须实现(　　)。

A. 图像监视和专人巡检　　B. 图像监视

C. 专人巡检　　D. 动态监视

84. 矿井主要水仓应当有主仓和副仓,当一个水仓清理时,另一个水仓能够正常使用。水仓的空仓容量应当经常保持在总容量的(　　)以上。

A. 20%　　B. 30%　　C. 50%　　D. 60%

85. 矿井水仓、沉淀池和水沟中的淤泥,应当及时清理,每年(　　)必须清理1次。

A. 雨季　　B. 雨季前　　C. 一季度前　　D. 二季度前

86. 井下探放水施工,预计钻孔内水压大于(　　)MPa时,应当采用反压和有防喷装置的方法钻进,并制定防止孔口管和煤(岩)壁突然鼓出的措施。

A. 1　　B. 1.5　　C. 2　　D. 2.5

87. 当暴雨威胁矿井安全时,必须立即停产撤出井下(　　)人员,只有在确认暴雨洪水隐患消除后方可恢复生产。

A. 低水平　　B. 全部　　C. 采掘生产　　D. 辅助

88. 发现与矿井防治水有关系的河道中存在障碍物或者堤坝破损时,应当及时报告(　　),清理障碍物或者修复堤坝,防止地表水进入井下。

A. 矿调度　　B. 当地人民政府

C. 矿长　D. 企业主要负责人

89. 煤矿井下用机车运送爆炸物品，运送爆炸物品的车厢内只准许放置（　　）层爆炸物品箱。

A. 2　B. 4　C. 1　D. 3

90. 煤矿井下爆破地点附近（ ）m 以内风流中甲烷浓度达到或者超过 1%时严禁装药、爆破。

A. 10　B. 5　C. 20　D. 30

91. 煤矿必须指定部门对爆破工作专门管理，配备专业管理人员。所有爆破人员，包括爆破、送药、装药人员，必须（　　）爆炸物品性能和《煤矿安全规程》的规定。

A. 了解　B. 知道　C. 熟悉　D. 掌握

92. 煤矿井下爆破作业，在炮眼深度超过 1 m 时，封泥长度不得小于（　　）m。

A. 0.5　B. 1　C. 1.5　D. 2

93. 煤矿井下爆破地点附近 20 m 以内风流中甲烷浓度达到或者超过（　　）时，严禁装药、爆破。

A. 0.8%　B. 1%　C. 1.5%　D. 2%

94. 装药的炮眼应当当班爆破完毕。特殊情况下，当班留有尚未爆破的已装药的炮眼时，当班（　　）必须在现场向下一班交接清楚。

A. 班长　B. 爆破工　C. 队长　D. 瓦斯检查工

95. 煤矿井下悬挂吊盘、水泵、排水管、抓岩机用的钢丝绳安全系数的最小值为（　　）。

A. 3　B. 5　C. 6　D. 4

96. 煤矿在用升降物料用的缠绕式提升钢丝绳，在悬挂使用 12 个月内必须进行第一次性能检验，以后每（　　）个月检验 1 次。

A. 6　B. 8　C. 9　D. 12

97. 钢丝绳牵引带式输送机时，钢丝绳接头的插接长度不得小于钢丝绳直径的（　　）倍。

A. 1 000　B. 800　C. 700　D. 600

98. 倾斜井巷运输用的钢丝绳连接装置，在每次换钢丝绳时，必须用(　　)倍于其最大静荷重的拉力进行试验。

A. 1　　B. 2　　C. 1.5　　D. 1.8

99. 空气压缩机储气罐内的温度应当保持在(　　)℃以下,并装有超温保护装置,在超温时能自动切断电源并报警。

A. 145　　B. 120　　C. 130　　D. 140

100. 煤矿井下采用滚筒驱动带式输送机运输时,尼龙输送带设计安全系数为(　　)。

A. 8～10　　B. 10～12　　C. 6～9　　D. 8～9

101. 煤矿井下采用轨道机车运输时,各种车辆的两端必须装置碰头,每端突出的长度不得小于(　　)mm。

A. 100　　B. 95　　C. 90　　D. 85

102. 煤矿井下长度超过 1.5 km 的主要运输平巷或者高差超过(　　)m 的人员上下的主要倾斜井巷,应当采用机械方式运送人员。

A. 30　　B. 40　　C. 50　　D. 60

103. 煤矿井下采用架空乘人装置运送人员时,乘人吊椅距底板的高度不得小于(　　)m。

A. 0.2　　B. 0.1　　C. 0.3　　D. 0.5

104. 煤矿井下人力推车,1 次只准推(　　)辆车。

A. 4　　B. 3　　C. 2　　D. 1

105. 煤矿采掘工作面配电点的位置和空间必须满足设备安装、拆除、检修和运输等要求,并采用(　　)支护。

A. 不燃性材料　B. 木质材料　　C. 可燃性材料　D. 易燃性材料

106. 煤矿井下水平巷道或者倾斜井巷中悬挂的电缆应当有适当的弛度,并能在意外受力时(　　)。

A. 不能坠落　　B. 承担外力　　C. 自由坠落　　D. 以上都对

107. 煤矿井下高、低压电力电缆敷设在巷道同一侧时,高、低压电缆之间的距离应当大于(　　)m。

A. 0.1　　B. 0.3　　C. 0.5　　D. 0.8

108. 煤矿综合机械化采煤工作面必须有足够照明,照明灯间距不得大于(　　)m。

A. 30　B. 25　C. 20　D. 15

109. 煤矿井下若使用钢管代替设置在水沟中的局部接地极时，钢管的有效面积不小于(　　)。

A. 0.6　B. 0.5　C. 0.4　D. 0.3

110. 煤矿井下电气设备的检查、维护和调整，必须由(　　)进行。

A. 电气维修工　B. 掘进工　C. 钳工　D. 车工

111. 煤矿掘进工作面甲烷电闭锁和风电闭锁功能至少每(　　)测试1次。

A. 周　B. 旬　C. 15天　D. 月

112. 高瓦斯和突出矿井采煤工作面回风巷长度大于(　　)m时，回风巷中部必须设置甲烷传感器。

A. 300　B. 500　C. 800　D. 1 000

113. 井下煤巷、半煤岩巷和有瓦斯涌出岩巷的掘进工作面甲烷传感器报警浓度为≥(　　)。

A. 0.5%　B. 0.75%　C. 1.0%　D. 1.5%

114. 煤矿井下安全监控系统备用电源应当能保持系统连续工作时间不小于(　　)h。

A. 0.5　B. 1　C. 1.5　D. 2

115. 采煤机必须安装内、外喷雾装置。割煤时必须喷雾降尘，内喷雾工作压力不得小于(　　)MPa，外喷雾工作压力不得小于4 MPa，喷雾流量应当与机型相匹配。

A. 1　B. 2　C. 3　D. 4

116. 当采掘工作面空气温度超过26℃、机电设备硐室超过(　　)℃时，必须缩短超温地点工作人员的工作时间，并给予高温保健待遇。

A. 26　B. 28　C. 30　D. 34

117. 作业人员每天连续接触噪声时间达到或者超过8 h的，噪声声级限值为(　　)dB(A)。

A. 80　B. 85　C. 90　D. 95

118. 煤矿企业应当每年进行一次作业场所职业病危害因素检测，

每(　　)年进行一次职业病危害现状评价。检测、评价结果存入煤矿企业职业卫生档案,定期向从业人员公布。

A. 2　　B. 3　　C. 4　　D. 1

119. 煤矿企业必须建立应急演练制度,其中所涉及的应急演练计划、方案、记录和总结评估报告等资料保存期限应不少于(　　)年。

A. 2　　B. 3　　C. 4　　D. 5

120. 煤矿井下作业人员必须(　　)自救器和紧急避险设施的使用方法。

A. 了解　　B. 熟悉　　C. 熟练掌握　　D. 知道

三、多选题

1. 煤矿建设项目的安全设施和职业病危害防护设施,必须与主体工程(　　)。

A. 同时设计　　B. 同时施工

C. 同时投入使用　　D. 同时审批

2. 煤矿必须建立入井检身制度和出入井人员清点制度;必须掌握井下人员(　　)等实时信息。

A. 数量　　B. 年龄　　C. 位置　　D. 身高

3. 井工煤矿停工停产期间必须制定保证(　　)系统正常运行的安全技术措施,落实 24 h 值班制度。

A. 矿井供电　　B. 通风　　C. 排水　　D. 安全监控

4. 下列对煤矿企业地质测量工作的要求中正确的有(　　)

A. 应当设立地质测量部门

B. 配备所需的相关专业技术人员和仪器设备

C. 及时编绘反映煤矿实际的地质资料和图件

D. 建立健全煤矿地质测量工作规章制度

5. 新建矿井开工前,必须调查核实(　　)。

A. 钻孔设备　　B. 封孔质量　　C. 采空区情况　　D. 钻孔位置

6. 新建矿井开工前,必须把(　　)相关资料标绘在平面图上。

A. 井筒检查孔位置及封孔质量

B. 新建矿井内采空区情况

C. 邻近矿井生产情况和地质资料

D. 钻孔设备

7. 煤矿建设、施工单位必须设置项目管理机构，配备满足工程需要的（　　）。

A. 安全人员　　B. 技术人员

C. 科研人员　　D. 特种作业人员

8. 施工岩（煤）平巷（硐）时，在（　　）中掘进巷道时，必须采取超前支护或者其他措施。

A. 松软的煤（岩）层　　B. 流砂性地层

C. 破碎带　　D. 火成岩侵入区

9. 采煤工作面严禁在（　　）上架设支架。

A. 浮煤　　B. 硬岩　　C. 浮矸　　D. 硬煤

10. 采用锚杆、锚索、锚喷、锚网喷等支护形式时，（　　）等必须在施工组织设计或者作业规程中明确。

A. 锚杆（索）的形式、规格、安设角度

B. 混凝土强度等级、喷体厚度

C. 挂网规格、搭接方式

D. 围岩涌水的处理

11. 采煤工作面用垮落法管理顶板时，必须及时放顶。放顶人员必须站在支架完整，无（　　）等危险的安全地点工作。

A. 崩绳　　B. 崩柱　　C. 甩钩　　D. 断绳抽人

12. 采用综合机械化采煤时，运送、安装和拆除综采设备时，必须有安全措施，明确规定（　　）。

A. 运送方式　　B. 安装质量

C. 拆装工艺　　D. 控制顶板的措施

13. 采用综合机械化采煤，在工作面内进行爆破作业时，必须有保护（　　）的安全措施。

A. 煤壁　　B. 液压支架　　C. 其他设备　　D. 顶板

14. 用刮板输送机运送物料时，必须有防止（　　）的安全措施。

A. 噪声　　B. 限速　　C. 顶人　　D. 顶倒支架

15. 使用掘进机、掘锚一体机、连续采煤机掘进,开机前,在确认(　　)无人时,方可启动。采用遥控操作时,司机必须位于安全位置。

A. 铲板前方　B. 截割臂附近　C. 转载桥　D. 皮带尾

16. 井巷维修时,在倾斜巷道中,必须有防止(　　)的安全措施。

A. 矸石滚落　B. 物料滚落　C. 支架歪倒　D. 材料丢失

17. 采煤工作面必须存有一定数量的备用支护材料。严禁使用(　　)。

A. 折损的坑木　B. 损坏的金属顶梁

C. 失效的单体液压支柱　D. 旧工字钢

18. 控制风流的(　　)等设施必须可靠。

A. 风门　B. 风桥　C. 风墙　D. 风窗

19. 矿井瓦斯抽采泵房必须有直通矿调度室的电话和检测管道(　　)等参数的仪表或者自动监测系统。

A. 瓦斯浓度　B. 瓦斯温度　C. 瓦斯压力　D. 瓦斯流量

20. 煤矿井下临时抽采瓦斯泵站抽出的瓦斯排入回风巷时,在排瓦斯管路出口必须(　　)。

A. 设置栅栏　B. 悬挂警戒牌

C. 设置安全通道　D. 设置压风自救装置

21. 矿井干式抽采瓦斯泵吸气侧管路系统中,必须装设有(　　)作用的安全装置,并定期检查。

A. 防泄漏　B. 防回火　C. 防回流　D. 防爆炸

22. 矿井应当每周至少检查1次隔爆设施的(　　)是否符合要求。

A. 安装地点　B. 数量

C. 水量或者岩粉量　D. 安装质量

23. 煤矿矿井的总配风量必须满足的条件之一是满足井下(　　)需要风量的总和。

A. 采掘工作面 B. 硐室　C. 其他地点　D. 井塔

24.《煤矿安全规程》规定,具备开采保护层条件的突出危险区,必须开采保护层。其保护层的选择应为(　　)。

A. 有突出危险的煤层　　B. 无突出危险的煤层

C. 突出危险性较小的煤层　　D. 全矿突出危险性最小的煤层

25. 开采保护层时，应当同时抽采被保护层和邻近层的瓦斯。开采近距离保护层时，必须采取防止(　　)的针对性措施。

A. 保护层瓦斯涌入被保护层

B. 保护层开采的工作面瓦斯超限

C. 误穿突出煤层

D. 被保护层卸压瓦斯突然涌入保护层工作面

26. 根据高瓦斯、突出矿井的煤巷、半煤岩巷和有瓦斯涌出的岩巷掘进工作面正常工作的局部通风机必须采用“三专”供电，这里的“三专”是指(　　)。

A. 专用线路　B. 专用开关　C. 专用电缆　D. 专用变压器

27. 突出矿井应当对突出煤层进行区域突出危险性预测，经区域预测后，突出煤层划分为(　　)。

A. 无突出危险区　　B. 突出危险区

C. 安全区　　D. 突出危险丧失区

28. 突出煤层采掘工作面经工作面预测后划分为突出危险工作面和无突出危险工作面。未进行突出预测的采掘工作面视为突出危险工作面。当预测为突出危险工作面时，必须实施(　　)。

A. 工作面防突措施　　B. 工作面防突措施效果检验

C. 区域防突措施　　D. 区域防突措施效果检验

29. 区域综合防突措施包括(　　)等内容。

A. 区域突出危险性预测　　B. 区域防突措施

C. 区域防突措施效果检验　　D. 区域验证

30. 局部综合防突措施包括(　　)等内容。

A. 工作面突出危险性预测　　B. 工作面防突措施

C. 工作面防突措施效果检验　　D. 安全防护措施

31. 在(　　)范围内发生过冲击地压现象的煤层，或者经鉴定煤层(或者其顶底板岩层)具有冲击倾向性且评价具有冲击危险性的煤层为冲击地压煤层。

A. 井田　　B. 煤层　　C. 采区　　D. 工作面

32. 冲击地压矿井必须建立防冲工程措施(　　)记录台账,保证防冲过程可追溯。

A. 贯彻　　B. 落实　　C. 实施　　D. 验收

33. (　　)的新水平、新采区、新煤层有冲击地压危险的,必须编制防冲设计。

A. 新建矿井　　B. 冲击地压矿井

C. 高瓦斯矿井　　D. 煤与瓦斯突出矿井

34. 矿井防治冲击地压工作应当坚持(　　)的防冲原则。

A. 总体防控　　B. 区域先行,局部跟进

C. 分区管理　　D. 分类防治

35. 冲击地压危险区域必须进行日常监测预警,预警有冲击地压危险时,应当立即(　　),并报告矿调度室。在实施解危措施、确认危险解除后方可恢复正常作业。

A. 停止作业　　B. 切断电源　　C. 撤出人员　　D. 进行处理

36. 如果必须在突出矿井井下进行电焊、气焊和喷灯焊接时,必须停止突出煤层的(　　)以及其他所有扰动突出煤层的作业。

A. 掘进　　B. 回采　　C. 钻孔　　D. 支护

37. 井下清洗风动工具时,必须在专用硐室进行,并必须使用(　　)洗涤剂。

A. 易然性　　B. 可燃性　　C. 不燃性　　D. 无毒性

38. (　　)的支护和风门、风窗必须采用不燃性材料。

A. 井下爆炸物品库　　B. 机电设备硐室

C. 检修硐室　　D. 材料库

39. 井下使用的(　　)必须装入盖严的铁桶内,由专人押运送至使用地点,剩余的必须运回地面,严禁在井下存放。

A. 液压油　　B. 润滑油　　C. 汽油　　D. 煤油

40. 开采容易自燃和自燃煤层时,必须制定防治采空区、巷道高冒区、煤柱破坏区自然发火的技术措施。其中采空区自然发火的重点部位是(　　)。

A. 工作面始采线　　B. 工作面终采线

C. 工作面上下煤柱线　　D. 工作面三角点

41. 煤层顶、底板分布有强岩溶承压含水层时,(　　)应当布置在不受水害威胁的层位中,并以石门分区隔离开采。对已经不具备石门隔离开采条件的应当制定防突水安全技术措施,并报矿总工程师审批。

A. 主要运输巷　　B. 主要轨道巷

C. 主要回风巷　　D. 采掘工作面回风巷

42. 煤层顶、底板分布有强岩溶承压含水层时,(　　)应当布置在不受水害威胁的层位中,并以石门分区隔离开采。

A. 主要运输巷　　B. 主要轨道巷

C. 采掘工作面回风巷　　D. 主要回风巷

43. 矿井井下排水系统(　　),必须经常检查和维护。

A. 水泵　　B. 水管

C. 闸阀　　D. 配电设备和线路

44. 爆破工在煤矿井下装配起爆药卷时,必须在(　　)的爆破工作地点附近进行。

A. 顶板完好　　B. 支护完整

C. 避开电气设备　　D. 避开导电体

45. 炮眼封泥必须使用水炮泥,水炮泥外剩余的炮眼部分应当用黏土炮泥或者用不燃性、可塑性松散材料制成的炮泥封实。严禁用(　　)或者其他可燃性材料做炮眼封泥。

A. 煤粉　　B. 块状材料　　C. 岩粉　　D. 水泥

46. 煤矿井下所有爆破人员,包括(　　)人员,必须熟悉爆炸物品性能和《煤矿安全规程》的规定。

A. 安检　　B. 送药　　C. 装药　　D. 爆破

47. 爆破工在装药前,必须首先清除炮眼内的煤粉或者岩粉,再用(　　)炮棍将药卷轻轻推入,不得冲撞或者捣实。炮眼内的各药卷必须彼此密接。

A. 木质　　B. 竹质　　C. 铁质　　D. 铜质

48. 煤矿井下爆破作业时,爆破母线和连接线只准采用绝缘母线单回路爆破，严禁用(　　)或者大地等当作回路。

A. 轨道　　B. 金属管　　C. 金属网　　D. 水

49. 煤矿有接头的钢丝绳，可以在(　　)设备中使用。

A. 平巷运输设备　　B. 无极绳绞车

C. 架空乘人装置　　D. 钢丝绳牵引带式输送机

50. 煤矿使用的新钢丝绳在悬挂前，必须对每根钢丝做(　　)试验。

A. 拉断　　B. 弯曲　　C. 扭转　　D. 锈蚀

51. 煤矿井下采用轨道机车运输时，当机车行近(　　)或者噪声大等地段，以及前有车辆或者视线有障碍时，必须减速慢行，并发出警号。

A. 巷道口　　B. 硐室口　　C. 弯道　　D. 道岔

52. 煤矿井下采用轨道机车运输时，巷道内应当装设(　　)。

A. 急停开关　　B. 警标　　C. 路标　　D. 报警装置

53. 煤矿严禁矿灯使用人员(　　)矿灯。

A. 拆开　　B. 敲打　　C. 撞击　　D. 擦拭

54. 煤矿(　　)的设计、选型、安装、验收、运行、检修、试验等必须按《煤矿安全规程》执行。

A. 地面各种电气设备　　B. 地面绿化带

C. 电力系统　　D. 井下各种电气设备

55. 下列(　　)地点中必须设置甲烷传感器。

A. 突出矿井采煤工作面进风巷　B. 采区回风巷

C. 一翼回风巷　　D. 总回风巷

56. 煤矿下列(　　)地点必须设置与矿调度室直通的有线电话。

A. 上下山绞车房　　B. 水泵房

C. 采煤工作面　　D. 掘进工作面

57. 应当优先选用低噪声设备，采取(　　)、减少接触时间等措施降低噪声危害。

A. 隔声　　B. 消声　　C. 吸声　　D. 减振

58. (　　)至少每3个月监测1次，硫化氢至少每月监测1次。

A. 氧化氮　B. 一氧化碳　C. 氨　D. 二氧化硫

59. 煤矿企业必须按照国家有关规定，对从业人员(　　)进行职业健康检查，建立职业健康档案，并将检查结果书面告知从业人员。

A. 上岗前　B. 在岗期间　C. 离岗时　D. 退休后

60. 矿井必须根据险情或者事故情况下矿工避险的实际需要，建立井下紧急撤离和避险设施，并与(　　)等系统结合，构成井下安全避险系统。

A. 井下排水　B. 人员位置监测

C. 通信联络　D. 监测监控

四、填空题

1. 煤矿企业必须加强安全生产管理，建立健全＿＿＿＿、＿＿＿＿、＿＿＿＿安全生产与职业病危害防治责任制。

2. 严禁使用国家明令禁止使用或者淘汰的危及生产安全和可能产生职业病危害的＿＿＿＿、＿＿＿＿、＿＿＿＿和设备。

3. 巷道净断面必须满足＿＿＿＿、＿＿＿＿、＿＿＿＿和＿＿＿＿及设备安装、检修、施工的需要。

4. 一个矿井同时回采的采煤工作面个数不得超过＿＿＿＿个，煤(半煤岩)巷掘进工作面个数不得超过＿＿＿＿个。

5. 工作面遇有＿＿＿＿或者＿＿＿＿时，应当采取松动爆破处理措施，严禁用采煤机强行截割。

6. 用刮板输送机运送物料时，必须有防止＿＿＿＿和＿＿＿＿的安全措施。

7. 煤巷、半煤岩巷和有瓦斯涌出的岩巷掘进采用局部通风机通风时，应当采用＿＿＿＿，不得采用＿＿＿＿。

8. 当瓦斯超限达到断电浓度时，＿＿＿＿、＿＿＿＿、＿＿＿＿有权责令现场作业人员停止作业，停电撤人。

9. 爆破作业必须执行＿＿＿＿和＿＿＿＿制度。

10. 起爆地点到爆破地点的距离，岩巷直线巷道大于＿＿＿＿m，拐弯巷道大于＿＿＿＿m；煤(半煤岩)巷直线巷道大于＿＿＿＿m，拐弯巷道大于＿＿＿＿m；采煤工作面大于＿＿＿＿m，且位于工作面进风巷内。

五、简答题

1. 综采工作面采高与防片帮是如何规定的?

2. "三专两闭锁"的内容是什么?

3. 隔爆设施检查的内容有哪些?

4. 施工中发现有突出预兆或者发生突出的区域,必须采取什么措施?

5. 开采冲击地压煤层时,必须采取哪些综合性防治措施?

6. 采掘工作面超前探放水应当采用什么方法?

7. 人力运送电雷管和炸药有哪些规定?

8. 机车在哪些地点通过时必须减速慢行,并发出警号?

9. 防爆电气设备到矿验收时,应当检查哪些内容?

10. 煤矿作业人员需要掌握哪些避灾自救方法?

参考答案

一、判断题

1～5√×××√　6～10×√√√×　11～15√×√√×

16～20×√×√×　21～25×√××√　26～30√×√√×

31～35×√√×√　36～40×√×√√　41～45√×√××

46～50√×√×√　51～55×√√××　56～60×√×√√

61～65√×××√　66～70√×√×√　71～75××√×√

76～80××√√√　81～85×√×√×　86～90√×√××

91～95√××√×　96～100√×√√×　101～105×√×√√

106～110√××√×　111～115√√√××

116～120×√√√×

二、单选题

1～5 DBADA　6～10 BCDBC　11～15 DDCCB

16～20 ACCAB　21～25 DAAAB　26～30 ABBAB

31～35 CBDAA　36～40 CBDCC　41～45 CBCCA

46～50 BBAAD　51～55 CCDAA　56～60 CABDC
61～65 BACAB　66～70 ABBDC　71～75 BCCCD
76～80 BDBBC　81～85 DBACB　86～90 BBBCC
91～95 CABBC　96～100 AABBB　101～105 ACADA
106～110 CADAA　111～115 CDCDB　116～120 CBBAC

三、多选题

1. ABC　2. AC　3. ABCD　4. ABCD　5. BCD
6. ABC　7. ABD　8. ABC　9. AC　10. ABCD
11. ABCD　12. ABCD　13. BC　14. CD　15. AB
16. ABC　17. ABC　18. ABCD　19. ACD　20. AB
21. BCD　22. ABCD　23. ABC　24. BC　25. CD
26. BCD　27. AB　28. AB　29. ABCD　30. ABCD
31. AB　32. CD　33. AB　34. BCD　35. ABC
36. ABCD　37. CD　38. ABCD　39. CD　40. ABCD
41. ABC　42. ABD　43. ABCD　44. ABCD　45. AB
46. BCD　47. AB　48. ABCD　49. ABCD　50. ABC
51. ABCD　52. BC　53. ABC　54. ACD　55. ABCD
56. ABCD　57. ABCD　58. ABCD　59. ABC　60. BCD

四、填空题

1. 各级负责人，各部门，各岗位
2. 技术，工艺，材料
3. 行人，运输，通风，安全设施
4. 3，9
5. 坚硬夹矸，黄铁矿结核
6. 顶人，顶倒支架
7. 压入式，抽出式
8. 班组长，瓦斯检查工，矿调度员
9. “一炮三检”，“三人连锁爆破”
10. 130，100，100，75，75

五、简答题

1. 答:当采高超过 3 m 或者煤壁片帮严重时,液压支架必须设护帮板。当采高超过 4.5 m 时,必须采取防片帮伤人措施。

2. 答:三专:专用开关、专用电缆、专用变压器;两闭锁:风电闭锁、甲烷电闭锁。

3. 答:矿井应当每周至少检查 1 次隔爆设施的安装地点、数量、水量或者岩粉量及安装质量是否符合要求。

4. 答:施工中发现有突出预兆或者发生突出的区域,必须采取区域综合防突措施。

5. 答:开采冲击地压煤层时,必须采取冲击危险性预测、监测预警、防范治理、效果检验、安全防护等综合性防治措施。

6. 答:采掘工作面超前探放水应当采用钻探方法,同时配合物探、化探等其他方法查清采掘工作面及周边老空水、含水层富水性以及地质构造等情况。

7. 答:电雷管必须由爆破工亲自运送,炸药应当由爆破工或者在爆破工监护下运送。

8. 答:机车行近巷道口、硐室口、弯道、道岔或者噪声大等地段,以及前有车辆或者视线有障碍时,必须减速慢行,并发出警号。

9. 答:防爆电气设备到矿验收时,应当检查产品合格证、煤矿矿用产品安全标志,并核查与安全标志审核的一致性。

10. 答:煤矿作业人员必须熟悉应急救援预案和避灾路线,具有自救互救和安全避险知识。井下作业人员必须熟练掌握自救器和紧急避险设施的使用方法。

第二篇　防治煤与瓦斯突出细则

第一章　总　　则

1. 为什么要学习《防治煤与瓦斯突出细则》?

答:《防治煤与瓦斯突出细则》是煤矿防治煤与瓦斯突出事故的工作指南。2019 年 7 月 16 日由国家煤矿安全监察局印发的《防治煤与瓦斯突出细则》是在原有《防治煤与瓦斯突出规定》的基础上,结合近几年来我国科研机构对煤与瓦斯突出事故发生机理与规律的研究成果,以及我国煤与瓦斯突出矿井在防突方面取得的成功经验修订的,特别是 2016 版《煤矿安全规程》对煤矿防治煤与瓦斯突出工作提出了新的更高的要求,从防突理念到防突技术与防突管理都有了新的发展。《防治煤与瓦斯突出细则》使防突技术管理体系得到了进一步健全与完善,实现了与现行《煤矿安全规程》的无缝对接,对《煤矿安全规程》中煤与瓦斯突出防治部分进行了全面的细化与深化,使煤矿防突工作从技术管理到措施实施都具有了标准与规范。此外,2022 版《煤矿安全规程》对防治煤与瓦斯突出条款做出的修改更是使《防治煤与瓦斯突出细则》与《煤矿安全规程》两者做到了完全统一,因此煤与瓦斯突出矿井的所有管理人员以及作业人员都必须认真学习《防治煤与瓦斯突出细则》,只有这样才能实现防突工作过程管理标准化与规范化,从而达到突出煤层消灭瓦斯突出动力现象、突出矿井全面消灭突出事故的高标准防突目标。

2.《防治煤与瓦斯突出细则》主要内容有哪些?

答:《防治煤与瓦斯突出细则》总计 6 章 127 条,主要内容包括总则、一般规定、区域综合防突措施、局部综合防突措施、防治岩石与二氧化碳(瓦斯)突出措施和附则等内容。

3. 什么是煤与瓦斯突出?其破坏性主要有哪些?

答:煤与瓦斯突出是破碎的煤、岩和瓦斯在地应力和瓦斯的共同作用下,由煤体或岩体内突然向采掘空间抛出的动力现象,是煤矿井下最严重的灾害之一。其破坏性主要表现为:突出形成的冲击波破坏采掘空间内的设施;抛出的煤、岩伤害或掩埋现场工作人员;瞬间涌入采掘空间的大量瓦斯使井下风流中瓦斯浓度迅速增高,造成人员窒息死亡,遇到火源时甚至可能引起瓦斯爆炸事故。

4. 有突出矿井的煤矿企业、突出矿井应通过哪些手段来防控煤与瓦斯突出事故的发生?

答:有突出矿井的煤矿企业应当设置防突机构,建立健全防突管理制度和各级岗位责任制。突出矿井应当建立突出预警机制,逐步实现突出预兆、瓦斯和地质异常、采掘影响等多元信息的综合预警、快速响应和有效处理。

5. 两个"四位一体"防突措施包括哪些内容?

答:有突出矿井的煤矿企业、突出矿井应当结合矿井开采条件,制定、实施区域和局部综合防突措施。区域综合防突措施包括:区域突出危险性预测、区域防突措施、区域防突措施效果检验、区域验证。局部综合防突措施包括:工作面突出危险性预测、工作面防突措施、工作面防突措施效果检验、安全防护措施。

第二章　一般规定

第一节　突出煤层和突出矿井鉴定

1. 瓦斯动力现象的基本特征有哪些?

答:煤与瓦斯突出特征或者抛出煤的吨煤瓦斯涌出量大于等于 30 m^3(或者为本区域煤层瓦斯含量 2 倍以上)。

煤与瓦斯突出可分为煤与瓦斯突然喷出(以下简称突出)、煤的压出伴随瓦斯涌出(以下简称压出)和煤的倾出伴随瓦斯涌出(以下简称倾出)3 种类型。若矿井已发生瓦斯动力现象,鉴定人员应对井下发生瓦斯动力现象的基本特征进行勘察,如孔洞形状、煤炭的抛出距离、抛出煤炭的分选性、煤炭的堆积情况、动力效应、抛出煤炭的吨煤瓦斯涌出情况等。

2. 煤层突出危险性鉴定指标及其临界值是多少?

答:煤层突出危险性指标包括煤层瓦斯压力(P)、煤的破坏类型、煤的瓦斯放散初速度(Δp)和煤的坚固性系数(f)等参数。其临界值为原始煤层中瓦斯压力 $P \geqslant 0.74$ MPa,坚固性系数 $f \leqslant 0.5$,煤的破坏类型为Ⅲ、Ⅳ、Ⅴ,煤的瓦斯放散初速度 $\Delta p \geqslant 10$。

第二节　矿井建设和开采基本要求

1. 按突出矿井设计的矿井建设工程开工前,对首采区有何规定?

答:应当对首采区内评估有突出危险且瓦斯含量大于等于12 m^3/t 的煤层进行地面井预抽煤层瓦斯,预抽率应达到 30%以上。

2. 新建突出矿井设计生产能力及生产矿井的延深水平是如何规定的?

答：新建突出矿井设计生产能力不得低于 0.9 Mt/a，且不得高于 5.0 Mt/a。

新建突出矿井第一水平开采深度不得超过 800 m，生产突出矿井的延深水平开采深度不得超过 1 200 m。

3. 突出矿井和按突出矿井设计的矿井，巷道布置设计应当符合哪些要求？

答：(1) 斜井和平硐、运输和轨道大巷、主要进(回)风巷等主要巷道应当布置在岩层或者无突出危险煤层中。采区上下山布置在突出煤层中时，必须布置在评估为无突出危险区或者采用区域防突措施(顺层钻孔预抽煤巷条带煤层瓦斯区域防突措施除外)有效的区域。

(2) 减少井巷揭开(穿)突出煤层的次数，揭开(穿)突出煤层的地点应当合理避开地质构造带。

(3) 突出煤层的巷道优先布置在被保护区域、其他有效卸压区域或者无突出危险区域。

4. 矿井“四区”“三量”指的是什么？

答：矿井“四区”是指开拓区、抽采区、保护层开采区和被保护区。矿井“三量”是指开拓煤量、准备煤量、回采煤量。

5. 正常生产的突出矿井“三量”可采期的最短时间为多少？

答：① 开拓煤量可采期不得少于 5 年；② 准备煤量可采期不得少于 14 个月；③ 2 个及以上采煤工作面同时生产的矿井回采煤量可采期不得少于 5 个月，其他矿井不得少于 4 个月。

6. 突出矿井地质测量工作必须遵守什么规定?

答:① 地质测量部门与防突机构、通风部门共同编制矿井瓦斯地质图。② 在采掘工作面距未保护区边缘 50 m 前,编制临近未保护区通知单,并报煤矿总工程师审批后交有关采掘区(队)。③ 在突出煤层的顶、底板掘进岩巷时,地质测量部门必须提前进行地质预测,编制巷道剖面图,及时掌握施工动态和围岩变化情况,验证提供的地质资料,并定期通报给煤矿防突机构和采掘区(队);遇有较大变化时,随时通报。

7. 突出煤层的采煤作业应当遵守什么规定?

答:① 严禁采用水力采煤法、倒台阶采煤法或者其他非正规采煤法;② 容易自燃的突出煤层在无突出危险区或者采取区域防突措施有效的区域进行放顶煤开采时,煤层瓦斯含量不得大于 6 m^3/t。

8. 突出煤层的采掘作业应当遵守什么规定?

答:① 预测或者认定为突出危险区的采掘工作面严禁使用风镐作业。② 在突出煤层的煤巷中安装、更换、维修或者回收支架时,必须采取预防煤体冒落引起突出的措施。③ 突出矿井的所有采掘工作面使用安全等级不低于三级的煤矿许用含水炸药。我国三级煤矿许用含水炸药的合格标准是:装药量 150 g 时悬挂于瓦斯罐中做悬吊试验,不引爆瓦斯。

9. 突出煤层的掘进作业应当遵守什么规定?

答:① 采用上山掘进时,上山坡度在 25°～45°的,应当制定包括加强支护、减小巷道空顶距等内容的专项措施,并经煤矿总工程师批准;当上山坡度大于 45°时,应当采用双上山掘进方式,并加强支护,减少空顶距和空顶时间。② 坡度大于 25°的上山掘进工作面采用爆破作业时,应当采用深度不大于 1.0 m 的炮眼远距离全断面一次爆破。

10. 掘进工作面与煤层巷道交叉贯通有哪些要求

答:① 掘进工作面与煤层巷道交叉贯通前,被贯通的煤层巷道必须超过贯通位置,其超前距不得小于 5 m,并且贯通点周围 10 m 的巷道应当加强支护。② 在掘进工作面与被贯通巷道距离小于 50 m 的作业期间，被贯通巷道不得安排作业，保持正常通风，并且在掘进工作面爆破时不得有人；在贯通相距 50 m 以前实施钻孔一次打透，只允许向一个方向掘进。

11. 在同一突出危险煤层中进行采掘作业，对采掘工作面之间的距离有哪些规定？

答：在同一突出煤层正在采掘的工作面应力集中范围内，不得安排其他工作面同时进行回采或掘进。应力集中范围由煤矿总工程师确定，但 2 个采煤工作面之间的距离不得小于 150 m；采煤工作面与掘进工作面的距离不得小于 80 m；2 个同向掘进工作面之间的距离不得小于 50 m；2 个相向掘进工作面之间的距离不得小于 60 m。

突出煤层的掘进工作面应当避开邻近煤层采煤工作面的应力集中范围，与可能造成应力集中的邻近煤层相向掘进工作面的间距不得小于 60 m，相向的采煤工作面的间距不得小于 100 m。

12. 突出矿井的通风系统应当符合什么要求？

答：突出矿井的通风系统应当符合以下要求：① 井巷揭煤前，具有独立通风系统；② 采区应当有独立的回风系统，并实行分区通风，突出煤层采掘工作面回风应当直接进入专用回风巷；③ 严禁 2 个工作面之间串联通风；④ 突出煤层双巷掘进工作面不得同时作业，其他突出煤层区域预测为危险区域的采掘工作面的回风严禁切断其他采掘作业地点唯一安全出口；⑤ 应当安设全量程或者高低浓度甲烷传感器；⑥ 工作面回风侧不得设置调节风量的设施；⑦ 严禁在井下安设辅助通风机；⑧ 突出煤层采用局部通风机通风时，必须采用压入式。

13. 施工防突措施钻孔时，应当满足哪些要求？

答：施工防突措施钻孔时，应当满足以下要求：① 在钻机回风侧10 m范围内应当设置甲烷传感器并具备超限报警断电功能。采用干式排渣工艺施工时，还应当悬挂一氧化碳报警仪或者设置一氧化碳传感器。② 煤层瓦斯压力达到或者超过 2 MPa 的区域，以及施工钻孔时出现喷孔、顶钻等动力现象的，应当采取防止瓦斯超限和喷孔、顶钻伤人等措施或者使用远程操控钻机施工。钻孔施工与受威胁的掘进工作面以及回风流中的采掘工作面不得同时作业。③ 顺层钻孔直径超过 120 mm 时，必须制定专门的防止钻孔施工期间发生突出的安全措施。

第三节　防突管理与培训

1. 突出矿井（或有突出矿井的煤矿企业）的主要负责人在防突专题研究方面有哪些职责？

答：有突出矿井的煤矿企业主要负责人应当每季度、突出矿井矿长应当每月至少进行 1 次防突专题研究，检查、部署防突工作，解决防突所需的人力、财力、物力，确保抽、掘、采平衡和防突措施的落实。

2. 突出煤层每个采掘工作面逃生演习时间是如何规定的？

答：突出煤层每个采掘工作面开始作业后 10 天内应当进行 1 次突出事故逃生、救援演习，以后每半年至少进行 1 次逃生演习，但当安全设施或者作业人员发生较大变化时必须进行 1 次逃生演习。

3. 突出矿井的管理人员和井下工作人员上岗作业前必须接受哪些专业知识培训？

答：必须接受防突专业知识培训，经考试合格后方可上岗作业。

第四节 综合防突措施实施过程管理与突出预兆管控

1. 对瓦斯钻孔轨迹测定有哪些要求？

答：深度超过120 m的预抽瓦斯钻孔，应当每10个钻孔至少测定2个钻孔的轨迹；深度60～120 m的钻孔，应当每10个钻孔至少测定1个钻孔的轨迹。

2. 预抽煤层瓦斯时应当如何记录和计量？

答：预抽煤层瓦斯时应当记录每个钻孔的接抽时间，定期测定钻孔的浓度、负压；分单元安装抽采自动计量装置，按措施效果检验单元分别监测或者检测管道瓦斯的浓度、负压、流量、温度、一氧化碳等，自动计量或者统计计算单元的瓦斯抽采量。抽采自动计量数据或者统计数据作为预抽效果检验的基础数据。

3. 典型的突出预兆主要有哪些？

答：响煤炮声(机枪声、闷雷声、劈裂声)，喷孔、顶钻，煤壁外鼓、掉渣，瓦斯涌出持续增大或者忽大忽小，煤尘增大，煤壁温度降低、挂汗等。

第三章　区域综合防突措施

第一节　区域综合防突工作程序和要求

1. 突出煤层区域预测的范围是如何划定的?

答:突出煤层区域预测的范围根据突出矿井的开拓方式、巷道布置、地质构造分布、测试点布置等情况划定。最大不得超出1个采(盘)区,一般不小于1个区段。若1个区域预测为突出危险区的,不得在该区段内划分无突出危险区;若1个区域预测为无突出危险区的,可根据区段内测定的煤层瓦斯参数、煤层赋存、地质构造等逐段进行区域预测。

2. 出现哪些情况时必须对每个被保护工作面的保护效果进行检验?

答:有下列情况之一的,必须对每个被保护工作面的保护效果进行检验:① 未实际考察保护效果和保护范围的;② 最大膨胀变形量未超过3‰的;③ 保护层的开采厚度小于等于0.5 m的;④ 上保护层与被保护突出煤层间距大于50 m或者下保护层与被保护突出煤层间距大于80 m的。

第二节　区域突出危险性预测

1. 采用煤层瓦斯压力和瓦斯含量进行区域预测时,对突出危险的临界值是怎样规定的?

答:瓦斯压力 $P<0.74$ MPa,瓦斯含量 $W<8\ m^3/t$(地质构造带 $W<6\ m^3/t$)。

2. 区域预测所依据的瓦斯参数测定应当符合什么要求?

答：① 煤层瓦斯压力、瓦斯含量等参数应当为井下实测数据，用直接法测定瓦斯含量时应当定点取样。② 测定煤层瓦斯压力、瓦斯含量等参数的测试点在不同地质单元内根据其范围、地质复杂程度等情况和条件分别布置；同一地质单元内沿煤层走向布置测试点不少于 2 个，沿倾向不少于 3 个，并确保在预测范围内埋深最大及标高最低的部位有测试点。

第三节　区域防突措施

1．预抽煤层瓦斯区域防突措施可采用的方式有哪些？

答：地面井预抽煤层瓦斯、井下穿层钻孔或者顺层钻孔预抽区段煤层瓦斯、顺层钻孔或者穿层钻孔预抽回采区煤层瓦斯、穿层钻孔预抽井巷（含立、斜井，石门等）揭煤区域煤层瓦斯、穿层钻孔预抽煤巷条带煤层瓦斯、顺层钻孔预抽煤巷条带煤层瓦斯、定向长钻孔预抽煤巷条带煤层瓦斯等。

2．开采保护层区域防突措施应当符合哪些要求？

答：① 开采保护层时，同时抽采被保护层和邻近层的瓦斯；② 开采近距离保护层时，必须采取防止误穿突出煤层和被保护层卸压瓦斯突然涌入保护层工作面的措施；③ 正在开采的保护层采煤工作面必须超前于被保护层的掘进工作面，超前距离不得小于保护层与被保护层之间法向距离的 3 倍，并不得小于 100 m，应当将保护层工作面推进情况在瓦斯地质图上标注，并及时更新；④ 开采保护层时，采空区不得留设煤(岩)柱。

3. 开采保护层的有效保护范围及有关参数是如何规定的？

答：开采保护层的有效保护范围及有关参数应当根据试验考察确定，并报煤矿企业技术负责人批准后执行。

首次开采保护层时，可按照规定确定沿倾斜的保护范围、沿走向(始采线、终采线)的保护范围、保护层与被保护层之间的最大保护垂距、开采下保护层时不破坏上部保护层的最小层间距等参数。

4. 采取穿层钻孔或者顺层钻孔预抽区段煤层瓦斯区域防突措施时，应当遵守哪些规定？

答：穿层钻孔或者顺层钻孔预抽区段煤层瓦斯区域防突措施的钻孔应当控制区段内整个回采区域、两侧回采巷道及其外侧如下范围内的煤层：倾斜、急倾斜煤层巷道上帮轮廓线外至少 20 m，下帮轮廓线外至少 10 m；其他煤层为巷道两侧轮廓线外至少各 15 m。

穿层钻孔预抽煤巷条带煤层瓦斯区域防突措施的钻孔应当控制整条煤层巷道及其两侧一定范围内的煤层。

5. 采取顺层钻孔或者穿层钻孔预抽回采区域煤层瓦斯区域防突措施时，应当遵守哪些规定？

答：顺层钻孔或者穿层钻孔预抽回采区域煤层瓦斯区域防突措施

的钻孔应当控制整个回采区域的煤层。具备条件的，井下预抽煤层瓦斯钻孔应当优先采用定向钻机施工。

顺层钻孔预抽煤巷条带煤层瓦斯区域防突措施的钻孔应当控制煤巷条带前方长度不小于 60 m。

6. 采取穿层钻孔预抽井巷揭煤区域煤层瓦斯区域防突措施时，应当遵守哪些规定？

答：穿层钻孔预抽井巷揭煤区域煤层瓦斯区域防突措施的钻孔应当在揭煤工作面距煤层最小法向距离 7 m 以前实施，并用穿层钻孔至少控制以下范围的煤层：石门和立井、斜井揭煤处巷道轮廓线外 12 m（急倾斜煤层底部或者下帮 6 m），同时还应当保证控制范围的外边缘到巷道轮廓线（包括预计前方揭煤段巷道的轮廓线）的最小距离不小于 5 m。

当区域防突措施难以一次施工完成时，可分段实施，但每一段都应当能保证揭煤工作面到巷道前方至少 20 m 之间的煤层内，区域防突措施控制范围符合上述要求。

7. 采取定向长钻孔预抽煤巷条带煤层瓦斯区域防突措施时，应当遵守哪些规定？

答：定向长钻孔预抽煤巷条带煤层瓦斯区域防突措施的钻孔应当采用定向钻进工艺施工预抽钻孔，且钻孔应当控制煤巷条带煤层前方长度不小于 300 m 和煤巷两侧轮廓线外一定范围。

8. 采用顺层钻孔预抽煤巷条带煤层瓦斯作为区域防突措施时，钻孔预抽煤层瓦斯的有效抽采时间为多久？

答：钻孔预抽煤层瓦斯的有效抽采时间不得少于 20 天；如果在钻孔施工过程中发现有喷孔、顶钻等动力现象的，有效抽采时间不得少于 60 天。

第四节　区域防突措施效果检验

1. 开采保护层的保护效果检验主要采用什么方法?

答:主要采用残余瓦斯压力、残余瓦斯含量及其他经试验证实有效的指标和方法。

2. 区域效果检验过程中出现哪些情况可以判定区域防突措施无效?

答:残余瓦斯压力 $P \geqslant 0.74$ MPa,或者残余瓦斯含量 $W \geqslant 8$ m^3/t(构造带 $W \geqslant 6$ m^3/t),或者在检验过程中有喷孔、顶钻等动力现象。

3. 对预抽区段煤层瓦斯区域防突措施和预抽回采区煤层瓦斯区域防突措施进行检验时,应当符合什么要求?

答:若区段宽度(两侧回采巷道间距加回采巷道外侧控制范围)或者回采区域宽度未超过 120 m,则沿采煤工作面推进方向每间隔 30～50 m 至少布置 2 个检验测试点;否则,应当沿采煤工作面推进方向每间隔 30～50 m 至少布置 3 个检验测试点,且检验测试点距离回采巷道两帮大于 20 m。

4. 对穿层钻孔预抽井巷揭煤区域煤层瓦斯区域防突措施进行检验时,应当符合什么要求?

答:至少布置 4 个检验测试点,分别位于井巷中部和井巷轮廓线外的上部和两侧。当分段实施区域防突措施时,揭煤工作面与煤层最小法向距离小于 7 m 后的各段都必须进行区域防突措施效果检验,且每一段布置的检验测试点不得少于 4 个。自煤层顶板揭煤对实施的防突措施效果进行检验时,应当至少增加 1 个位于巷道轮廓线下部的检验测试点。

5. 对钻孔预抽煤巷条带煤层瓦斯区域防突措施进行检验时,应当符合什么要求?

答:① 对穿层钻孔预抽煤巷条带煤层瓦斯区域防突措施进行检验时,沿煤巷条带每间隔 30～50 m 至少布置 1 个检验测试点;② 对顺层钻孔预抽煤巷条带煤层瓦斯区域防突措施效果进行检验时,沿煤巷条带每间隔 20～30 m 至少布置 1 个检验测试点，且每个检验区域不得少于 5 个检验测试点；③ 对定向长钻孔预抽煤巷条带煤层瓦斯区域防突措施进行检验时，沿煤巷条带每隔 20～30 m 至少布置 1 个检验测试点，也可以分段检验，但每段检验的煤巷条带长度不得小于 80 m，且每段不得少于 5 个检验测试点；④ 对预抽区段和回采区煤层瓦斯区域防突措施效果及穿层钻孔预抽煤巷条带煤层瓦斯区域防突措施效果进行检验时，可以沿采煤工作面推进方向或者巷道掘进方向分段进行检验，但每段的长度不得小于 200 m。

第五节 区域验证

1. 对井巷揭煤区域进行区域验证应采用什么方法进行？

答：应当采用钻屑瓦斯解吸指标法进行。

2. 对煤巷掘进工作面和采煤工作面进行区域验证应采用什么方法？

答：在煤巷掘进工作面和采煤工作面可采用钻屑指标法、复合指标法、*R* 值指标法和其他经试验证实有效的方法，结合工作面瓦斯涌出动态变化等对无突出危险区进行区域验证。

3. 煤与瓦斯突出危险性的区域验证按照什么步骤进行？

答：① 在工作面首次进入该区域时，立即连续进行至少 2 次区域验证；② 工作面每推进 10～50 m(在地质构造复杂区域或者采取非定向钻机施工的预抽煤层瓦斯区域防突措施的每推进 30 m)至少进行 2 次区域验证,并保留完整的工程设计、施工和效果检验的原始资料;③ 在构造破坏带连续进行区域验证。

4. 当区域验证为无煤与瓦斯突出危险时,应当如何进行采掘作业?

答:采取安全防护措施后进行采掘作业。但若为采掘工作面在该区域进行的首次区域验证,采掘前还应当保留足够的突出预测超前距。

只要有一次区域验证为有突出危险,则该区域以后的采掘作业前必须采取区域或者局部综合防突措施。

第四章 局部综合防突措施

第一节 局部综合防突工作程序和要求

1. 工作面突出危险性预测包括哪几种?

答:工作面突出危险性预测(以下简称工作面预测)是预测工作面煤体的突出危险性,包括井巷揭煤工作面、煤巷掘进工作面和采煤工作面的突出危险性预测等。

2. 煤巷掘进工作面和采煤工作面应当保留的最小预测超前距均为多少?

答:最小预测超前距均为 2 m。

3. 工作面应当保留的最小防突措施超前距为多少?

答:煤巷掘进工作面 5 m,采煤工作面 3 m;在地质构造破坏严重地带,煤巷掘进工作面不小于 7 m,采煤工作面不小于 5 m。

4. 井巷揭开突出煤层的施工流程是什么?

答:井巷揭开突出煤层前,必须掌握煤层层位、赋存参数、地质构造等情况。

在揭煤工作面掘进至距突出煤层最小法向距离 10 m 前,应当至少施工 2 个穿透煤层全厚且进入顶(底)板不小于 0.5 m 的前探取芯钻孔,并详细记录岩芯资料,掌握煤层赋存条件、地质构造等。当需要测定瓦斯压力时,前探钻孔可用作测压钻孔;若二者不能共用时,则必须在最小法向距离 7 m 前

施工 2 个瓦斯压力测定钻孔，且应当布置在与该区域其他钻孔见煤点间距最大的位置。

5. 在地质构造复杂、岩石破碎的区域，揭煤工作面掘进应注意哪些事项?

答：在揭煤工作面掘进至距煤层最小法向距离 20 m 前必须布置一定数量的前探钻孔，也可用物探等手段探测煤层的层位、赋存形态和底(顶)板岩石致密性等情况。

6. 井巷揭煤作业期间应采取哪些措施保证安全施工作业?

答：井巷揭煤作业期间必须采取如避难硐室、反向风门、压风自救装置、隔离式自救器以及远距离爆破等安全防护措施，加强煤层段及煤岩交接处的巷道支护。在井巷揭煤工作面距煤层法向距离 2 m 至进入顶(底)板 2 m 的范围，均应当采用远距离爆破掘进工艺。井巷揭煤期间禁止使用震动爆破揭开突出煤层。

第二节　工作面突出危险性预测

1. 井巷揭煤工作面的突出危险性预测应当选用什么方法? 具体如何操作?

答：井巷揭煤工作面的突出危险性预测应当选用钻屑瓦斯解吸指标法或者其他经试验证实有效的方法进行。

采用钻屑瓦斯解吸指标法预测井巷揭煤工作面突出危险性时，由工作面向煤层的适当位置至少施工 3 个钻孔，在钻孔钻进到煤层时，每钻进 1 m 采集一次孔口排出的粒径 1～3 mm 的煤钻屑，测定其瓦斯解吸指标 K_1 或者 Δh_2 值。测定时，应当考虑不同钻进工艺条件下的排渣速度。

2. 钻屑瓦斯解吸指标法预测井巷揭煤工作面突出危险性的参考临界值是多少?

答：干煤样 Δh_2 值为 200 Pa，湿煤样 Δh_2 值为 160 Pa；干煤样 K_1 值为 0.5 mL/(g·min$^{1/2}$)，湿煤样 K_1 值为 0.4 mL/(g·min$^{1/2}$)。

3. 预测煤巷掘进工作面突出危险性的主要方法有哪些?

答：钻屑指标法、复合指标法、R 值指标法和其他经试验证实有效的方法。

4. 用钻孔瓦斯涌出初速度法预测煤巷掘进工作面突出危险性时，应当如何操作？

答：① 在掘进工作面的软分层中，靠近巷道两帮各打 1 个平行于巷道掘进方向，直径 42 mm、深 3.5 m 的钻孔；② 用专用的封孔器封孔，封孔后测量室长度为 0.5 m；③ 钻孔瓦斯涌出初速度的测定必须在打完钻后 2 min 内完成。

5. 判定突出危险性的钻孔瓦斯涌出初速度临界值 q_m 是多少？

答：当煤的挥发分 V_{daf} 分别为 5%～15%、15%～20%、20%～30%、>30%时，q_m 值分别为：5.0 L/m、4.5 L/m、4.0 L/m、4.5 L/m。

6. 钻屑指标法、复合指标法、R 值指标法的操作方法相同点有哪些？

答：预测钻孔的布置方式基本相同。

在近水平、缓倾斜煤层工作面应当向前方煤体至少施工 3 个预测钻孔，在倾斜或者急倾斜煤层工作面至少施工 2 个直径 42 mm、深 8～10 m 的预测钻孔。钻孔应当尽可能布置在软分层中，其中 1 个钻孔位于掘进巷道断面中部，并平行于掘进方向，其他钻孔的终孔点应当位于巷道断面两侧轮廓线外 2～4 m 处。对于厚度超过 5 m 的煤层，应当向巷道上方或者下方的煤体适当增加预测钻孔。

7. 采煤工作面突出危险性预测钻孔如何布置？

答：沿采煤工作面每隔 10～15 m 布置 1 个预测钻孔，深度 5～10 m。指标测定方法和临界值均与煤巷掘进工作面相同。

第三节　工作面防突措施

1. 井巷揭煤防突专项设计应当至少包括哪些内容？

答：① 井巷揭煤区域煤层、瓦斯、地质构造及巷道布置的基本情况；② 建立安全可靠的独立通风系统及加强控制通风风流设施的措施；③ 控制突出煤层层位、准确确定安全岩柱厚度的措施，测定煤层瓦斯参数的钻孔等工程布置、实施方案；④ 揭煤工作面突出危险性预测及防突措施效果检验的方法、指标，预测及检验钻孔布置等；⑤ 井巷揭煤工作面防突措施；⑥ 安全防护措施及组织管理措施；⑦ 加强过煤层段巷道的支护及其他措施。

2. 井巷揭煤工作面的防突措施有哪些？

答：超前钻孔预抽瓦斯、超前钻孔排放瓦斯、金属骨架、煤体固化、水力冲孔或者其他经试验证明有效的措施。

3. 井巷揭煤工作面采用超前钻孔预抽瓦斯、超前钻孔排放瓦斯防突措施，在施工时有哪些要求？

答：钻孔直径一般为 75～120 mm。石门揭煤工作面钻孔的控制范围是：石门揭煤工作面的两侧和上部轮廓线外至少 5 m、下部至少 3 m。立井揭煤工作面钻孔控制范围是：近水平、缓倾斜、倾斜煤层为井筒四周轮廓线外至少 5 m；急倾斜煤层沿走向两侧及倾斜上部轮廓线外至少 5 m，下部轮廓线外至少 3 m。

揭煤工作面施工的钻孔应当尽可能穿透煤层全厚。当不能一次揭穿（透）煤层全厚时，可分段施工，但第一次实施的钻孔穿煤长度不得小于 15 m，且进入煤层掘进时，必须至少留有 5 m 的超前距离。

4. 煤巷掘进和采煤工作面防突专项设计应当包括哪些内容？

答：① 煤层、瓦斯、地质构造及邻近区域巷道布置的基本情况；② 建立安全可靠的独立通风系统及加强控制通风风流设施的措施；③ 工作面突出危险性预测及防突措施效果检验的方法、指标以及预测、效果检验钻孔布置等；④ 防突措施的选取及施工设计；⑤ 安全防护措施；⑥ 组织管理措施。

5. 有突出危险的煤巷掘进工作面防突措施选择应当符合哪些要求?

答：① 优先选用超前钻孔(包括超前钻孔预抽瓦斯、超前钻孔排放瓦斯)，采取超前钻孔排放措施的，应当明确排放的时间；② 不得选用水力挤出(挤压)、水力冲孔措施，倾角在 8°以上的上山掘进工作面不得选用松动爆破、水力疏松措施；③ 采用松动爆破或者其他工作面防突措施时，必须经试验考察确认防突效果有效前方可使用；④ 前探支架措施应当配合其他措施一起使用。

6. 采用超前钻孔作为防治突出的措施时，应如何控制钻孔范围?

答：超前钻孔适用于煤层透气性较好、煤质较硬的突出煤层。巷道两侧轮廓线外钻孔的最小控制范围：近水平、缓倾斜煤层两侧各 5 m，倾斜、急倾斜煤层上帮 7 m、下帮 3 m。当煤层厚度较大时，钻孔应当控制煤层全厚或者在巷道顶部煤层控制范围不小于 7 m，巷道底部煤层控制范围不小于 3 m。

7. 对防突超前钻孔的孔径有何规定?

答：超前钻孔直径应根据煤层赋存条件和突出情况确定，一般为 75～120 mm，地质条件变化剧烈地带也可采用直径 42～75 mm 的钻孔。

8. 采煤工作面的防突措施有哪些?

答：根据采煤工作面的特点，采煤工作面的防突措施通常有超前钻孔排放瓦斯和预抽瓦斯、松动爆破、注水湿润煤体等。

9. 采煤工作面采用超前钻孔作为工作面防突措施时，有哪些要求?

答：钻孔直径一般为 75～120 mm，钻孔在控制范围内应当均匀布置，在煤层的软分层中可适当增加钻孔数；超前钻孔的孔数、孔底间距等应当根据钻孔的有效排放或者抽放半径确定。

第四节　工作面防突措施效果检验

1. 对井巷揭煤工作面进行防突措施效果检验的要求有哪些?

答:揭煤工作面在实施防突措施后,为提高防突措施的可靠性,应对石门等揭煤工作面进行防突措施效果检验,也就是在所运用的预防突出措施影响范围内对石门等揭煤工作面的突出危险性进行进一步预测。

检验可以选用石门揭煤前工作面突出危险性预测方法和指标,但为了更准确地确定石门实施防突措施后的防突效果,所采用钻孔方式检验方法中的检验孔数均不得少于 5 个,分别位于石门的上部、中部、下部和两侧。

如检验结果的各项指标都在该煤层突出危险临界值以下,同时工作面未发现如喷孔、顶钻等动力现象或突出预兆等异常情况,则防突措施有效;反之,判定防突措施无效,必须重新实施防突措施,并再次进行效果检验,直至防突措施有效为止。

2. 煤巷掘进工作面防突措施的效果检验钻孔有哪些要求?

答:煤巷掘进工作面防突措施效果检验所采用的检验钻孔应当不少于 3 个,深度应小于或等于防突措施钻孔深度。

3. 采煤工作面防突措施的效果检验钻孔有哪些要求?

答:采煤工作面防突措施效果检验的检验钻孔应当沿采煤工作面每隔 10～15 m 布置 1 个,深度应当小于或等于防突措施钻孔深度。

第五节 安全防护措施

1. 突出矿井采区避难硐室在位置选择上应注意哪些问题?

答:① 设置在避灾路线上,遇险人员、救护队员均容易到达。② 布置在稳定的岩层中,避开地质构造带、高温带、应力异常区以及透水危险区,服务期间不受采动影响。特殊情况下确需布置在煤层中时,应有控制瓦斯涌出和防止瓦斯积聚、煤层自燃的措施。③ 远离可能发生岩崩、淹井、火灾、爆炸等的危险区域,如变电硐室、爆炸材料库、油脂存贮设施或车辆停放、检修硐室等。④ 采区避难硐室前 20 m 范围内巷道应采用不燃性材料支护,且顶板和支护完好,符合安全出口的要求。

2. 突出矿井的采区避难硐室在建设时应注意哪些问题?

答:① 采用过渡室(二道门)结构,以尽量减少人员进出时外界环境对避险空间的影响。外侧门应为向外开启的防护密闭门,并设气幕,以减少门开启时有毒有害气体涌入。② 室内净高不低于 2 m,长度和宽度应根据额定避险人数确定,人均有效使用面积不少于 1.0 m^2。避难硐室内支护良好,支护材料应阻燃、抗静电、耐高温、耐腐蚀。③ 设置与矿调度室直通的电话,并与安全监控、人员位置监测系统有效结合。④ 配备足够的自救器;必要时储存一定的饮用水、食品及急救用品;有条件的矿井可为避难硐室设置直达地面的大直径钻孔。

3. 临时避难硐室在建设时应注意哪些问题?

答:① 设在采掘工作面附近和爆破工操纵爆破的地点,根据具体条件确定临时避难硐室数量及其距采掘工作面的距离。其建设位置应尽量避免受到采动影响。② 额定人数应能够满足采掘工作面最多作业人数时的避险需要。③ 存放足量食品、急救用品及防护时间不少于 45 min 的隔离式自救器(或压缩氧自救器),安设压风自救装置。

4. 防突反向风门的作用是什么?

答:反向风门是为防止突出时瓦斯逆流进入风道而设置的通风设施。在突出煤层的石门揭煤和煤巷掘进工作面进风侧必须设置至少2道牢固可靠的反向风门,风门之间的距离不得小于4 m,以隔断突出物流入进风侧并控制突出时的瓦斯能沿回风道进入回风系统。工作人员进入工作面时必须把反向风门打开、顶牢,固定于开启状态;否则,一旦发生突出,由于突出气流的作用,工作面的作业人员将无法打开反向风门,很难逃生。工作面爆破和无人时,反向风门必须关闭,以防止突出的有毒有害气体进入进风流。

5. 构筑防突反向风门的标准有哪些?

答:反向风门距工作面的距离和反向风门的组数,应根据掘进工作面的通风系统和预计的突出强度确定。为保证反向风门的有效性,反向风门距工作面回风巷不得小于10 m ,与工作面的最近距离一般不得小于70 m ,如小于70 m 应设置至少3道反向风门。

反向风门墙垛可用砖、料石或混凝土砌筑,嵌入巷道周边岩石的深度可根据岩石的性质确定,但不得小于0.2 m,墙垛厚度不得小于0.8 m,以保证其坚固性。在煤巷构筑反向风门时,风门墙体四周必须掏槽,掏槽深度在见硬帮硬底后再进入实体煤不小于0.5 m 。通过反向风门墙垛的风筒、水沟、刮板输送机道等,必须设有逆向隔断装置。

6. 采取远距离爆破安全防护措施时,井巷揭煤起爆及撤人地点应

当设置在哪?

答:井巷揭煤起爆及撤人地点必须位于反向风门外且距工作面500 m以上全风压通风的新鲜风流中,或者距工作面300 m以外的避难硐室内。

7. 突出矿井的哪些地点必须设置压风自救装置?

答:突出煤层采掘工作面附近、爆破撤离人员集中地点、起爆地点必须设有直通矿调度室的电话,并设置有供给压缩空气的避险设施或者压风自救装置。工作面回风系统中有人作业的地点,也应当设置压风自救装置。

8. 矿井压风自救装置的安装标准有哪些?

答:① 压风自救装置安装在掘进工作面巷道和采煤工作面巷道内的压缩空气管道上。② 在以下每个地点都应当至少设置一组压风自救装置:距采掘工作面25～40 m的巷道内、起爆地点、撤离人员与警戒人员所在的位置以及回风巷有人作业处等地点。在长距离的掘进巷道中,应当每隔200 m至少安设一组压风自救装置,并在实施预抽煤层瓦斯区域防突措施的区域,根据实际情况增加压风自救装置的设置组数。③ 每组压风自救装置应当可供5～8人使用,平均每人的压缩空气供给量不得少于0.1 m^3/min。

第五章　防治岩石与二氧化碳(瓦斯)突出措施

1. 什么是岩石与二氧化碳(瓦斯)突出岩层?什么是岩石与二氧化碳(瓦斯)突出矿井?

答:在矿井范围内发生过突出的岩石或者经鉴定、认定为有突出危险的岩石,为岩石与二氧化碳(瓦斯)突出岩层。

在开拓、生产范围内有突出岩层的矿井即为岩石与二氧化碳(瓦斯)突出矿井。

2. 岩石与二氧化碳(瓦斯)突出危险性通常采用什么方法预测?

答:预测可以采用岩芯法或者突出预兆法,措施效果检验应当采用岩芯法。

3. 采用岩芯法预测工作面岩石与二氧化碳(瓦斯)突出危险时,如何操作?

答:在工作面前方岩体内施工直径 50～70 mm、长度不小于 10 m 的钻孔,取出全部岩芯,并从 2 m 处起记录岩芯中的圆片数。

4. 如何利用突出预兆法判定岩石与二氧化碳(瓦斯)突出危险工作面?

答:① 岩石呈薄片状或者松软碎屑状的;② 工作面爆破后,进尺超过炮眼深度的;③ 有明显的火成岩侵入或者工作面二氧化碳(瓦斯)涌出量明显增大的。

5. 在突出岩层中掘进巷道时,可以采取哪些防治突出措施?

答:可以采取钻眼爆破工程参数优化、超前钻孔、松动爆破、开卸压槽及在工作面附近设置挡栏等防治岩石与二氧化碳(瓦斯)突出措施。

习　题

一、判断题

1. 非突出煤层区域评估为有突出危险的，开拓期间的所有揭煤作业前应当采取局部综合防突措施。(　　)

2. 工作面防突措施是针对经工作面预测有突出危险的煤层实施的局部防突措施，其有效作用范围一般仅限于当前工作面周围的较小范围。(　　)

3. 经区域预测为突出危险区的煤层，必须采取区域防突措施并进行局部防突措施效果检验。(　　)

4. 井巷揭煤工作面的突出危险性预测应当选用钻屑瓦斯解吸指标法或者其他经试验证实有效的方法进行。(　　)

5. 具备开采保护层条件的突出危险区，必须开采保护层。选择保护层应当遵循优先选择无突出危险的煤层作为保护层。(　　)

6. 煤矿企业主要负责人、总工程师是本单位防突工作的第一责任人。(　　)

7. 石门揭煤工作面钻孔的控制范围是：石门揭煤工作面的两侧和上部轮廓线外至少 5 m、下部至少 3 m。(　　)

8. 突出矿井的入井人员必须随身携带过滤式自救器。(　　)

9. 突出煤层必须采取两个“四位一体”综合防突措施，做到多措并举、可保必保、应抽尽抽、效果达标，否则严禁采掘活动。(　　)

10. 在采掘生产和综合防突措施实施过程中，发现有喷孔、顶钻等明显突出预兆或者发生突出的区域，必须采取或者继续执行区域防突措施。(　　)

二、单选题

1. 正常生产的突出矿井“三量”可采期的最短时间为准备煤量可采期不得少于(　　)个月。

A. 10　　B. 12　　C. 14　　D. 15

2. 在突出煤层进行采掘作业时，在掘进工作面与被贯通巷道距离小于 50 m 的作业期间，被贯通巷道内不得安排作业，保持正常通风，并且在掘进工作面爆破时不得有人；在贯通相距（　　）m 以前实施钻孔一次打透，只允许向一个方向掘进。

A. 30　　B. 50　　C. 60　　D. 100

3. 在突出煤层的井巷揭煤、煤巷和半煤岩巷掘进工作面进风侧，必须设置至少 2 道牢固可靠的反向风门。风门之间的距离不得小于（　　）m。

A. 1　　B. 2　　C. 3　　D. 4

4. 在开拓新水平、新采区或者采深增加超过（　　）m，或者进入新的地质单元时，应当重新进行突出煤层危险性鉴定。

A. 10　　B. 20　　C. 30　　D. 50

5. 预抽瓦斯钻孔封堵必须严密。顺层钻孔的封孔段长度不得小于（　　）m。

A. 3　　B. 5　　C. 8　　D. 10

6. 有突出危险的煤巷掘进工作面防突措施不得选用水力挤出（挤压）、水力冲孔措施；倾角在（　　）以上的上山掘进工作面不得选用松动爆破、水力疏松措施。

A. 5°　　B. 8°　　C. 10°　　D. 12°

7. 应力集中范围由煤矿总工程师确定，采煤工作面与掘进工作面的距离不得小于（　　）m。

A. 50　　B. 60　　C. 80　　D. 100

8. 新建突出矿井设计生产能力不得低于（　　）Mt/a，且不得高于 5.0 Mt/a。

A. 0.5　　B. 0.9　　C. 1　　D. 1.5

9. 突出煤层每个采掘工作面开始作业后 10 天内应当进行 1 次突出事故逃生、救援演习，以后每（　　）至少进行 1 次逃生演习，但当安全设施或者作业人员发生较大变化时必须进行 1 次逃生演习。

A. 1 个月　　B. 2 个月　　C. 半年　　D. 年

10. 突出煤层的掘进巷道长度及采煤工作面推进长度超过（　　）m 时，应当在距离工作面 500 m 范围内建设临时避难硐室或者其他临时避险设施。

A. 100　　B. 200　　C. 500　　D. 1 000

11. 突出矿井开采的非突出煤层和高瓦斯矿井的开采煤层，在延深达到或者超过(　　)m 或者开拓新采区时，必须测定煤层瓦斯压力、瓦斯含量及其他与突出危险性相关的参数。

A. 20　　B. 30　　C. 50　　D. 60

12. 突出矿井必须建设采区避难硐室，采区避难硐室必须接入矿井压风管路和供水管路，满足避险人员的避险需要，额定防护时间不低于(　　)h。

A. 12　　B. 24　　C. 48　　D. 96

13. 同一地质单元内沿煤层走向布置测试点不少于(　　)个，沿倾向不少于 3 个，并确保在预测范围内埋深最大及标高最低的部位有测试点。

A. 1　　B. 2　　C. 3　　D. 4

14. 石门揭煤工作面钻孔的控制范围是：石门揭煤工作面的两侧和上部轮廓线外至少(　　)m、下部至少(　　)m。

A. 8、5　　B. 6、4　　C. 5、3　　D. 9、6

15. 深度超过 120 m 的预抽瓦斯钻孔应当每 10 个钻孔至少测定 2 个钻孔的轨迹，深度 60～120 m 的应当每 10 个钻孔至少测定(　　)个钻孔的轨迹。

A. 1　　B. 2　　C. 3　　D. 4

16. 容易自燃的突出煤层在无突出危险区或者采取区域防突措施有效的区域进行放顶煤开采时，煤层瓦斯含量不得大于(　　)m^3/t。

A. 3　　B. 6　　C. 9　　D. 12

17. 煤巷掘进工作面采用松动爆破防突措施时，松动爆破钻孔的孔径一般为 42 mm，孔深不得小于(　　)m。松动爆破应当至少控制到巷道轮廓线外 3 m 的范围。

A. 3　　B. 5　　C. 8　　D. 10

18. 煤巷掘进工作面采用超前钻孔作为工作面防突措施时，巷道两侧轮廓线外钻孔的最小控制范围：近水平、缓倾斜煤层两侧各(　　)

m，倾斜、急倾斜煤层上帮 7 m、下帮 3 m。

A. 5　B. 10　C. 15　D. 20

19. 煤层瓦斯压力达到或者超过（　）MPa 的区域，以及施工钻孔时出现喷孔、顶钻等动力现象的，应当采取防止瓦斯超限和喷孔顶钻伤人等措施或者使用远程操控钻机施工。

A. 0.74　B. 2　C. 3　D. 4

20. 防突机构和安全管理机构负责人应当具备煤矿相关中专及以上学历，具有（　）年以上煤矿相关工作经历。

A. 1　B. 2　C. 3　D. 4

三、多选题

1. 突出矿井的设计应当根据对各煤层突出危险性的区域评估结果等，确定（　）的方式和主要参数等。

A. 煤层开采顺序　B. 抽采方式

C. 巷道布置　D. 区域防突措施

2. 出现（　）情况时，必须对每个被保护工作面的保护效果进行检验。

A. 未实际考察保护效果和保护范围的

B. 最大膨胀变形量超过 3‰的

C. 上保护层与被保护突出煤层间距大于 50 m 的

D. 保护层的开采厚度小于等于 0.5 m 的

E. 下保护层与被保护突出煤层间距大于 80 m 的

3. 预测煤巷掘进工作面的突出危险性可采用的方法有（　）。

A. 钻屑指标法　B. 复合指标法

C. R 值指标法　D. 其他经试验证实有效的方法

4. 煤矿企业自行认定为突出煤层的，应当报（　）。

A. 省级煤炭行业管理部门　B. 煤矿安全监管部门

C. 煤矿安全监察机构　D. 集团公司安全监察机构

5. 井巷揭穿突出煤层和在突出煤层中进行采掘作业时，必须采取（　）等安全防护措施。

A. 避难硐室　B. 反向风门

C. 压风自救装置　　D. 隔离式自救器

E. 远距离爆破

6. 防突工作必须坚持"区域综合防突措施先行、局部综合防突措施补充"的原则,按照"一矿一策、一面一策"的要求,实现(　　)。

A. 先抽后建　B. 先抽后掘　C. 先抽后采　D. 抽采达标

E. 预抽达标

7. 非突出矿井升级为突出矿井时,必须编制矿井防突专项设计。设计应当包括开拓方式、煤层开采顺序、采区巷道布置、(　　)综合防突措施等内容。

A. 采煤方法　　B. 通风系统

C. 防突设施(设备)　　D. 两个"四位一体"

E. 排水系统

8. 突出矿井必须确定合理的采掘部署,使煤层的(　　)等有利于区域防突措施的实施。

A. 开采顺序　B. 巷道布置　C. 采煤方法　D. 采掘接替

9. 局部综合防突措施包括(　　)。

A. 工作面突出危险性预测　　B. 工作面防突措施

C. 工作面防突措施效果检验　　D. 安全防护措施

E. 局部验证

10. 煤巷掘进和采煤工作面防突专项设计应当包括(　　)。

A. 煤层、瓦斯、地质构造及邻近区域巷道布置的基本情况

B. 防突措施的选取及施工设计

C. 安全防护措施

D. 组织管理措施

四、填空题

1. 煤与瓦斯突出可分为煤与瓦斯突然喷出(简称__________)、煤的压出伴随瓦斯涌出(简称__________)和煤的倾出伴随瓦斯涌出(简称__________)3种类型。

2. 突出矿井应当建立__________机制,逐步实现突出预兆、瓦斯和__________、__________等多元信息的综合预警、快速响应和有效

处理。

3. 测定煤层＿＿＿＿＿、＿＿＿＿＿等参数的测试点在不同地质单元内根据其范围、地质复杂程度等时机情况和条件分别布置；同一地质单元内沿煤层走向布置测试点不少于＿＿＿＿＿个，沿倾向不少于＿＿＿＿＿个，并确保在预测范围内埋深＿＿＿＿＿及标高＿＿＿＿＿的部位有测试点。

4. 有突出矿井的煤矿企业主要负责人应当＿＿＿＿＿、突出矿井矿长应当＿＿＿＿＿至少进行1次防突专题研究，检查、部署防突工作，解决防突所需的人力、财力、物力，确保抽、掘、采平衡和防突措施的落实。

5. 在揭煤工作面掘进至距煤层最小法向距离＿＿＿＿＿m之前，应当至少施工＿＿＿＿＿个穿透煤层全厚且进入顶（底）板不小于0.5 m的前探取芯钻孔，并详细记录岩芯资料，掌握煤层赋存条件、地质构造等。

五、简答题

1. 煤层突出危险性鉴定指标及其临界值是多少？

2. 采用顺层钻孔预抽条带煤层瓦斯作为区域防突措施时，钻孔预抽煤层瓦斯的有效抽采时间为多久？

3. 工作面应当保存的最小防突措施超前距为多少？

4. 预抽煤层瓦斯时应当如何记录和计量？

5. 井巷施工在揭煤作业时起爆地点应怎样设置？

参考答案

一、判断题

1～5 ×√×√√　6～10 ×××√√

二、单选题

1～5 CBDDC　6～10 BCBCC

11～15 CDBCA　16～20 DCABB

三、多选题

1. ACD 2. ACDE 3. ABCD 4. ABC 5. ABCDE

6. ABCE 7. ABCD 8. ABCD 9. ABCD 10. ABCD

四、填空题

1. 突出,压出,倾出

2. 突出预警,地质异常,采掘影响

3. 瓦斯压力,瓦斯含量,2,3,最大,最低

4. 每季度,每月

5. 10,2

五、简答题

1. 答:煤层突出危险性指标包括煤层瓦斯压力(P)、煤的破坏类型、煤的瓦斯放散初速度(Δp)和煤的坚固性系数(f)等参数。

煤层突出危险性鉴定指标临界值为:原始煤层瓦斯压力 $P \geqslant 0.74$ MPa,稳固性系数 $f \leqslant 0.5$,煤的破坏类型为Ⅲ、Ⅳ、Ⅴ,煤的瓦斯放散初速度 $\Delta p \geqslant 10$。

2. 答:钻孔预抽煤层瓦斯的有效抽采时间不得少于 20 天;如果在钻孔施工过程中发现有喷孔、顶钻等动力现象的,有效抽采时间不得少于 60 天。

3. 答:煤巷掘进工作面 5 m,采煤工作面 3 m;在地质构造破坏严重地带,煤巷掘进工作面不小于 7 m,采煤工作面不小于 5 m。

4. 答:预抽煤层瓦斯时应当记录每个钻孔的接抽时间,定期测定钻孔的浓度、负压;分单元安装抽采自动计量装置,按措施效果检验单元分别监测或者检测管道瓦斯的浓度、负压、流量、温度、一氧化碳等,自动计量或者统计计算单元的瓦斯抽采量。抽采自动计量数据或者统计数据作为预抽效果检验的基础数据。

5. 答:起爆地点必须位于反向风门外且距工作面 500 m 以上全风压通风的新鲜风流中,或者距工作面 300 m 以外的避难硐室内。

第三篇　煤矿防灭火细则

第一章　总　　则

1. 为什么要学习《煤矿防灭火细则》?

答:《煤矿防灭火细则》于2021年10月12日由国家矿山安全监察局印发,它是基于现阶段我国对安全风险与隐患管理理念的改变与发展以及煤矿防灭火技术的发展而制定的,全面体现了对《煤矿安全规程》有关煤矿防灭火条款的细化完善,也可以说是《煤矿安全规程》中有关防灭火条款更详细的执行说明,体现了煤矿防灭火工作由过程治理向源头控制、由被动治理向主动预防的转变。可以说,这个细则是煤矿防灭火工作从制定防灭火制度到防灭火技术与措施实施,再到防灭火监测预警以及预测预报工作的全过程的标准化规范,也是强制性规范。特别是近几年由于高分子材料在煤矿的应用,以及一些新装备在煤矿井下的运用,1988年制定的《矿井防灭火规范(试行)》已经不能适应现阶段防灭火的技术要求和形势发展,因此我们说《煤矿防灭火细则》是指导现阶段煤矿防灭火工作的指南,更是《煤矿安全规程》对煤矿防灭火基本要求的延伸与细化,所以我们必须认真学习、领悟精髓、严格落实,这也是每一名煤矿从业人员保证自己生命安全的需要,更是煤矿企业免受火灾威胁与侵害、健康发展的需要。

2. 《煤矿防灭细则》主要内容有哪些?

答:《煤矿防灭火细则》全文共8章119条,1个附录,其主要内容包括总则、一般规定、井下火灾监测监控、防火技术、应急处置、井下火区管理、露天煤矿防灭火和附则。

整个细则突出体现了煤矿防灭火工作火灾防范关口前移的指导思想，增编了火灾预警与预测预报章节，补编了立井提升设施防火、防火密闭墙构筑、高分子材料使用的要求，特别对井下动火作业做出了更严格的规定。

3．煤矿防灭火工作的基本原则和总体要求是什么？

答：煤矿防灭火工作必须坚持“预防为主、早期预警、因地制宜、综合治理”的原则，制定井上、下防灭火措施。

总体要求是开采容易自燃和自燃煤层的矿井，必须编制矿井防灭火专项设计，采取综合预防煤层自然发火的措施。根据矿井具体条件采取注浆、注惰性气体、喷洒阻化剂等两种及以上防灭火技术手段，实施主动预防，并根据煤层氧化早期的一氧化碳或者采空区温度确定发火预兆的预警值，实现早期监测预警和措施优化改进，满足本工作面安全开采需要，并综合考虑采后采空区管理、相邻工作面和相邻煤层的防灭火需求。煤矿应当对自然发火监测系统、安全监控系统和人工检查结果进行综合分析，实现井下火情早发现、早处置。

第二章　一 般 规 定

第一节　内 因 火 灾

1. 什么是内因火灾?

答:内因火灾是由于煤炭或者其他易燃物质自身氧化蓄热,发生燃烧而引起的火灾。

2. 对煤的自燃倾向性如何分类?

答:煤的自燃倾向性分为容易自燃、自燃、不易自燃3类。

3. 对煤的自燃倾向性鉴定工作有哪些要求?

答:延深新水平时,必须对揭露的平均厚度为0.3 m以上煤层的自燃倾向性进行鉴定。煤的自燃倾向性鉴定工作应当由具备鉴定能力的机构承担,承担单位对鉴定结果负责。

4. 如何确定煤层最短自然发火期?

答:所有开采煤层应当通过统计法、类比法或者实验测定等方法确定煤层最短自然发火期。

5. 采煤工作面采空区自然发火"三带"是什么? 其测定工作有何规定?

答:采煤工作面采空区自然发火"三带"可划分为散热带、氧化带和窒息带。开采容易自燃和自燃煤层时,同一煤层应当至少测定1次采煤工作面采空区自然发火"三带"分布范围。当采煤工作面采煤工艺、巷道布置、通风方式、地质条件等发生重大改变,导致工作面的推进度、采空区漏风量、遗煤分布规律等发生变化时或开采煤层出现火成岩侵入等特殊情况时,采空区自然发火"三带"分布范围将受到影响,应当重新测定。

6. 开采容易自燃煤层的新建矿井通风方式有什么规定?

答:应当采用分区式通风或者对角式通风。初期采用中央并列式通风的只能布置 1 个采区生产。

7. 开采容易自燃和自燃的单一厚煤层或者煤层群的矿井,集中运输大巷和总回风巷的布置方式有何要求?

答:应当布置在岩层内或者不易自燃的煤层内。布置在容易自燃或者自燃煤层内时,必须锚喷或者砌碹,碹后的空隙和冒落处必须用不燃性材料充填密实,或者用无腐蚀性、无毒性的材料进行处理。

8. 开采容易自燃煤层的采(盘)区,对回风巷的设置有什么要求?

答:必须设置至少 1 条专用回风巷。

9. 开采容易自燃和自燃煤层时,对构筑防火门有什么规定?

答:开采容易自燃和自燃煤层时,在采(盘)区开采设计中,必须预先选定采煤工作面构筑防火门的位置。当采煤工作面通风系统形成后,必须按设计构筑防火门墙,并储备足够数量的封闭防火门的材料。

10. 开采容易自燃和自燃煤层时,对采煤方式与开采期限、煤柱与顶煤的留设以及终采线顶板冒落管理有哪些规定?

答:开采容易自燃和自燃煤层时,采煤工作面必须采用后退式开采,并根据采取防火措施后的煤层自然发火期确定采(盘)区开采期限。在地质构造复杂、断层带、残留煤柱等区域开采时,应当根据矿井地质和开采技术条件,在作业规程中另行确定采(盘)区开采方式和开采期限。回采过程中不得任意留设设计外的煤柱和顶、底煤。采煤工作面采到终采线时,必须采取措施使顶板冒落严实。

11. 开采容易自燃和自燃煤层时,必须制定技术措施,进行重点防止自然发火治理的部位有哪些?

答:重点防止自然发火治理的部位主要包括采空区(特别是采煤工作面始采线、终采线、上下煤柱线和三角点)、巷道高冒区、煤柱破坏区。

12. 对防止采空区自然发火封闭及管理的规定有哪些?

答:必须执行下列规定:

(1) 矿井必须制定防止采空区自然发火的封闭及管理专项措施,及时构筑各类密闭并保证质量。采煤工作面回采结束后,必须在 45 天内进行永久性封闭。

(2) 构筑、维修采空区密闭时必须编制设计，制定专项安全措施。

(3) 采空区疏放水前，应当对采空区自然发火的风险进行评估。采空区疏放水时，应当加强对采空区自然发火危险的监测与防控，制定防止采空区自然发火的专项措施。采空区疏放水后，应当关闭疏水闸阀，采用自动放水装置或者永久封堵，防止通过放水管漏风。与封闭区连通的各类废弃钻孔必须永久封闭。

13. 关于工作面进回风巷道与采空区漏风管理有什么规定？

答：采掘工作面的进风和回风不得经过采空区或者冒顶区。无煤柱开采沿空送巷和沿空留巷时，应当采取措施防止巷道与采空区之间的漏风。

14. 对于浅埋深煤层的矿井，应采取哪些防止漏风的措施？

答：浅埋深煤层回采后与地面有漏风时，应当优化通风系统，降低矿井通风阻力，充填封堵与采空区相连通的地面裂隙，尽量减少地面裂隙漏风。

15. 可能沟通火区的采煤工作面是否可以开采？

答：严禁开采。

16. 采用全部充填采煤法时，对充填材料有何要求？

答：严禁采用可燃物作充填材料。

17. 水力采煤在火灾防治方面有什么规定？

答：采用水力采煤时，应当根据煤层自然发火期进行区段划分，保证划分区段在自然发火期内采完并及时封闭。密闭设施必须进行专项设计。容易自燃煤层严禁采用水力采煤法。

18. 开采不易自燃煤层的矿井，在矿井火灾监测和防火措施方面有哪些规定？

答：开采不易自燃煤层的矿井，应当定期开展自然发火监测工作。开采不易自燃煤层曾发生自燃火灾或者自然发火征兆的矿井，应当建立自然发火监测系统，采取综合预防煤层自然发火的措施，加强防灭火管理。

19. 关于煤矿井下防灭火高分子材料安全性和环保性的规定有哪些？

答：矿井防灭火使用的凝胶、阻化剂及进行充填、堵漏、加固用的高分子材料，应对其安全性和环保性进行评估，并制定安全监测制度和防范措施。使用时，井巷空气成分必须符合规程要求。安全性和环保性的评估工作应当由具备评估检测能力的机构承担，承担单位对评估检测结果负责。

20. 煤矿井下防灭火高分子材料安全性和环保性评估的内容有哪些？

答：包括以下内容：

(1) 原材料及混成料对人体的危害，混成过程及喷注过程产生的有害气体对人体的危害，以及控制和防护措施的有效性。

(2) 原材料及混成料对设备的腐蚀危险性及防范措施的有效性。

(3) 原材料及混成料对井下工作环境、水环境的污染程度。

(4) 混成过程、喷注过程产生温升时，引发矿井火灾和诱发瓦斯煤尘爆炸的危险性及其防控措施的有效性。

(5) 混成料的阻燃、抗静电特性。

第二节　外因火灾

1. 什么是外因火灾?

答:外因火灾是由外部火源(如明火点、爆破、电流短路、摩擦等)引起的火灾。

2. 对木料场、矸石山等火灾威胁较大的可燃物堆放场所选址有哪些规定?

答:木料场、矸石山等堆放场距离进风井口不得小于 80 m。木料场距离矸石山不得小于 50 m。不得将矸石山设在进风井的主导风向上风侧、表土层 10 m 以浅有煤层的地面上和漏风采空区上方的塌陷范围内。

3. 对井架和井口房及其附近的建筑材料,在防火方面有什么要求?

答:新建井筒的永久井架和井口房、以井口为中心的联合建筑,必须采用不燃性材料建筑。对现有生产矿井用可燃性材料建筑的井架和井口房,必须制定防火措施。

4. 矿井的地面消防水池和井下消防管路系统必须符合哪些规定?

答:必须符合下列规定:

(1) 地面的消防水池必须经常保持不少于 200 m^3 的水量。消防用水同生产、生活用水共用同一水池时,应当有确保消防用水的措施。开采下部水平的矿井,除地面消防水池外,可以利用上部水平或者生产水平的水仓作为消防水池。

(2) 井下消防管路系统应当敷设到采掘工作面,每隔 100 m 设置支管和阀门,但在带式输送机巷道中应当每隔 50 m 设置支管和阀门。

5. 对进风井口装设防火门有什么规定?

答:进风井口应当装设防火铁门,防火铁门必须严密并易于关闭,打开时不妨碍提升、运输和人员通行,并定期维修。如果不设防火铁门,必须有防止烟火进入矿井的安全措施。

6. 罐笼提升立井井口操车系统,在消防方面有哪些规定?

答:必须执行以下规定:

(1) 井口操车系统基础下部的负层空间应当与井筒隔离,并设置消防设施。

(2) 操车系统液压管路应当采用金属管或者阻燃高压非金属管,传动介质使用难燃液,液压站不得安装在封闭空间内。

(3) 井筒及负层空间的动力电缆、信号电缆和控制电缆应当采用煤矿用阻燃电缆,并与操车系统液压管路分开布置。

(4) 操车系统机坑及井口负层空间内不得留存杂物和易燃物,应当及时清理漏油,每天检查清理情况。

7. 装有带式输送机的井筒兼作进风井时,在消防设施方面有什么规定?

答:井筒中必须装设自动报警与自动灭火装置,敷设消防管路。

8. 对井口房、通风机房防火要求及井上下临时操作间、休息间搭设材料的消防规定有哪些?

答:必须符合下列规定:

(1) 井口房和通风机房附近 20 m 内,不得有烟火或者用火炉取暖。通风机房位于工业广场以外时,除开采有瓦斯喷出的矿井和煤与瓦斯突出矿井外,可用隔焰式火炉或者防爆式电热器取暖。

(2) 暖风道和压入式通风的风硐必须用不燃性材料砌筑,并至少装设 2 道防火门。

(3) 在井下和井口房,严禁采用可燃性材料搭设临时操作间、休息间。

9. 井巷支护材料的选择应当符合哪些规定?

答:应当符合下列规定:

(1) 进风井筒、回风井筒、井筒与各水平的连接处、井底车场、主要绞车道与主要运输巷及回风巷的连接处、井下机电设备硐室、主要巷道内带式输送机机头前后两端各 20 m 范围内,必须采用不燃性材料支护。

(2) 井下机电设备硐室、检修硐室、材料库、采区变电所等主要硐室的支护和风门、风窗必须采用不燃性材料。井下机电设备硐室出口必须装设向外开的防火铁门，防火铁门外 5 m 内的巷道，应当砌碹或者采用其他不燃性材料支护。

(3) 井下爆炸物品库必须采用砌碹或者用非金属不燃性材料支护，风门、风窗必须采用不燃性材料。爆炸物品库出口两侧的巷道，必须采用砌碹或者用不燃性材料支护，支护长度不得小于 5 m。

10. 井下明火管制有哪些规定?

答:必须执行以下规定:

(1) 严禁在采掘工作面进行电焊、气割等动火作业。

(2) 严禁携带烟草和点火物品，严禁穿化纤衣服入井。

(3) 井下严禁使用灯泡取暖和使用电炉。

(4) 井下爆破作业时，应当按照矿井瓦斯等级选用煤矿许用炸药和雷管，并严格按施工工艺进行爆破。

(5) 井口和井下电气设备必须装设防雷击和防短路的保护装置。

11. 在井下、井口房进行焊接作业有哪些规定?

答:井下和井口房内不得进行电焊、气焊和喷灯焊接等作业。如果必须在井下主要硐室、主要进风井巷和井口房内进行电焊、气焊和喷灯焊接等工作，每次必须制定安全措施，由矿长批准并遵守下列规定:

(1) 指定专人在场检查和监督。

(2) 电焊、气焊和喷灯焊接等工作地点的前后两端各 10 m 的井巷范围内，应当采用不燃性材料支护，并有供水管路，有专人负责喷水，焊接前应当清理或者隔离焊碴飞溅区域内的可燃物。上述工作地点应当至少备有2个灭火器。

(3) 在井口房、井筒和倾斜巷道内进行电焊、气焊和喷灯焊接等工作时，必须在工作地点的下方用不燃性材料设施接受火星。

(4) 电焊、气焊和喷灯焊接等工作地点的风流中，甲烷浓度不得超过0.5%，且在检查证明作业地点附近20 m范围内巷道顶部和支护背板后无瓦斯积存时，方可进行作业。

(5) 电焊、气焊和喷灯焊接等作业完毕后，作业地点应当再次用水喷洒，并有专人在作业地点检查1 h，发现异常，立即处理。

(6) 煤与瓦斯突出矿井井下进行电焊、气焊和喷灯焊接时，必须停止突出煤层的掘进、回采、钻孔、支护以及其他所有扰动突出煤层的作业。

(7) 严禁不具备资质条件的电焊(气割)工入井动火作业。在井口和井筒内动火作业时，必须撤出井下所有作业人员。在主要进风巷动火作业时，必须撤出回风侧所有人员。

煤层中未采用砌碹或者喷浆封闭的主要硐室和主要进风大巷中，不得进行电焊、气焊和喷灯焊接等工作。

12. 对井下高分子材料安全使用和存放有哪些规定?

答:煤矿在井下煤岩体加固、充填密闭、喷涂堵漏风等施工中，应当优先选用无机材料，确需选用反应型高分子材料时，应当遵守下列规定:

(1) 选用的反应型高分子材料必须取得煤矿矿用产品安全标志。

(2) 严格按照产品说明书规定的用途和使用场所使用高分子材料，不得随意变更用途或者扩大使用范围;严禁两种不同用途的高分子材料同时或者混合使用;严禁不同生产厂家的高分子材料混用;严禁使用过期变质的高分子材料;严禁井下储存高分子材料。

(3) 严禁使用由强腐蚀性、强挥发性组分反应生成的高分子材料。

(4) 严禁使用聚氨酯发泡材料充填密闭;严禁化学反应剧烈、反应温度高的高分子材料用于与煤直接接触的地点;严禁使用高分子发泡材料处理自然发火隐患区。

(5) 严禁向煤层高冒区、空洞区、明火防治重点区等较大空间内直接灌注大量高分子材料，必须使用时应当实施可控灌注。

(6) 每次使用应当制定施工方案和专项安全措施，并经矿总工程师审核、报矿长批准。

13. 对井下油类等易燃物运送、存放和使用有哪些规定?

答：必须执行下列规定：

(1) 井下使用的汽油、柴油、煤油必须装入盖严的铁桶内，由专人押运送至使用地点，剩余的汽油、煤油必须运回地面，严禁在井下存放。

(2) 井下使用柴油机车，如确需在井下贮存柴油的，必须设有独立通风的专用贮存硐室，并制定安全措施。井下柴油最大贮存量不得超过矿井 3 天柴油需要量。专用贮存硐室应当满足井下机电设备硐室的安全要求。

(3) 井下使用的润滑油、棉纱、布头和纸等，必须存放在盖严的铁桶内。使用后的棉纱、布头和纸，也必须放在盖严的铁桶内，并由专人定期送到地面处理，不得乱放乱扔。严禁将剩油、废油泼洒在井巷或者硐室内。

(4) 井下清洗风动工具时，必须在专用硐室内进行，并使用不燃性和无毒性洗涤剂。

14. 开采地层含油的矿井，在防火方面有什么规定?

答：应当加强对地层渗出油的防火管理，制定专项防火措施。

15. 对井下易发火硐室和巷道的防灭火器材配备和使用要求有哪些规定?

答：井下爆炸物品库、机电设备硐室、检修硐室、材料库、井底车场、使用带式输送机或者液力偶合器的巷道以及采掘工作面附近的巷道中，必须备有灭火器材，其数量、规格和存放地点，应当在灾害预防和处理计划中确定，宜配备自动灭火装置。井下工作人员必须熟悉灭火器材的使用方法和本职工作区域内灭火器材的存放地点。

16. 对井下空气压缩机防火要求有什么规定?

答：在井下设置空气压缩设备时，应当设自动灭火装置。固定式空气压缩机和储气罐必须设置在 2 个独立硐室内，并保证独立通风；移动式空气压缩机必须设置在采用不燃性材料支护且具有新鲜风流的巷道中。

17. 对煤矿用电缆、风筒及输送带等材料的防火性能有什么规定？

答：矿用电缆、风筒、采用非金属聚合物制造的输送带、托辊和滚筒包胶材料等，其性能必须满足阻燃、抗静电的要求。煤矿新购入的输送带、电缆、风筒布，应当抽样进行阻燃抗静电性能检测，检测工作应当由具备检测能力的机构承担。

18. 对矿用无轨胶轮车的灭火器材配备和无轨胶轮车运输物料有什么规定？

答：矿用无轨胶轮车必须配备足够数量的灭火器材，运输时应当遵循分类原则，易燃、易爆和腐蚀性物品不得混合运送。

19. 对地面瓦斯抽采泵房防火安全管理有哪些规定？

答：必须执行下列规定：

(1) 建设地面瓦斯抽采泵房必须用不燃性材料，并必须有防雷电装置，其距进风井口和主要建筑物不得小于 50 m，并用栅栏或者围墙保护；

(2) 地面瓦斯抽采泵房和泵房周围 20 m 范围内，禁止堆积易燃物和有明火；

(3) 干式抽采瓦斯泵吸气侧管路系统中，必须装设有防回火、防回流和防爆炸作用的安全装置，并定期检查。

第三章　井下火灾监测监控

1. 开采容易自燃和自燃煤层的矿井，对自然发火监测有什么规定？

答：开采容易自燃和自燃煤层的矿井，必须开展自然发火监测工作，重点监测采空区、工作面回风隅角、密闭区、巷道高冒区等危险区域。

2. 开采容易自燃和自燃煤层的矿井，关于自然发火监测系统、监测方法、监测内容有什么规定？

答：必须建立自然发火监测系统，采用连续自动或者人工采样方式，监测甲烷、一氧化碳、二氧化碳、氧气、乙烯、乙炔等气体成分变化，宜根据实际条件增加温度监测。

3. 开采容易自燃和自燃煤层的矿井，对于确定煤层自然发火标志气体及临界值有什么要求？

答：开采容易自燃和自燃煤层的矿井，必须确定煤层自然发火标志气体及临界值。自然发火标志气体的临界值应当通过实验研究、现场观测和统计分析确定。临界值可采用标志气体浓度、气体浓度增率或者比值等指标。

4. 开采容易自燃和自燃煤层的矿井，设置一氧化碳传感器和温度传感器应当符合哪些规定？

答：应当符合下列规定：

(1) 采煤工作面必须至少设置1个一氧化碳传感器，地点可设置在回风隅角、工作面或者工作面回风巷。采煤工作面或者工作面回风巷应当设置温度传感器。

(2) 采区回风巷、一翼回风巷和总回风巷，应当设置一氧化碳传感器，宜设置温度传感器。

(3) 封闭火区防火墙外应当设置一氧化碳传感器。

(4) 施工长度大于 20 m 的煤层钻孔，且采用干式排渣工艺施工时，应当在钻机回风侧 10 m 范围内同一帮设置一氧化碳传感器或者悬挂一氧化碳报警仪。

(5) 一氧化碳传感器和温度传感器应当垂直悬挂，距顶板(顶梁)不得大于 300 mm，距巷壁不得小于 200 mm，并安装维护方便，不影响行人和行车。

5. 煤矿井下掘进工作面在什么情况下需要设置一氧化碳传感器？

答：在容易自燃和自燃煤层中掘进的半煤岩巷、煤巷，宜在回风流中装设一氧化碳传感器，沿空掘进时应当在回风流中装设一氧化碳传感器。

6. 关于带式输送机各种保护装置、火灾监测装置及自动灭火装置配备有什么规定？

答：带式输送机必须装设防打滑、跑偏、堆煤、撕裂等保护装置，同时应当装设温度、烟雾监测装置和自动洒水装置，宜设置具有实时监测功能的自动灭火系统。带式输送机驱动滚筒下风侧 10～15 m 处应当设置烟雾传感器，宜设置一氧化碳传感器。对于采用卸载滚筒作驱动滚筒的带式输送机，烟雾传感器应当安装在滚筒正上方。

7. 关于压风机火灾监测有什么规定？

答：压风机应当设置温度传感器，温度超限时，自动声光报警，并切断压风机电源。

8. 抽采容易自燃和自燃煤层的采空区瓦斯时,抽采管路应当安设哪些传感器?

答:应当安设一氧化碳、甲烷、温度传感器,进行实时监测监控。

9. 开采容易自燃和自燃煤层的矿井,应建立健全自然发火预测预报及管理制度,并应符合哪些规定?

答:应符合下列规定:

(1) 采煤工作面作业规程中应当明确自然发火监测地点和监测方法。监测地点应当实行挂牌制度。

(2) 采用便携式仪器仪表或者气体测定管,定点每班监测采煤工作面回风隅角、回风流、煤巷高冒处等地点的一氧化碳气体浓度。

(3) 采用自然发火监测系统,每天监测采煤工作面采空区、瓦斯抽采管路的气体浓度。

(4) 采煤工作面回采结束后的封闭采空区及其他密闭区,应当每周1次抽取气样进行分析,并监测温度及压差;发现有自然发火预兆的,应当每天抽取气样进行分析。

(5) 煤矿安全监控系统出现一氧化碳报警时,必须立即查明原因,根据实际情况采取措施进行处理。

(6) 建立监测结果台账,安排专人及时分析防火数据,发现异常变化应当立即汇报,由煤矿总工程师或者安全矿长或者通风副总工程师组织人员进行分析,并加大监测频次,采取相应措施。

10. 开采容易自燃和自燃煤层的矿井,配备自然发火监测仪器仪表有什么要求?

答:应当配备足够数量的一氧化碳、二氧化碳、氧气等各种气体测定管、便携式气体分析及温度测定仪器仪表。煤矿企业(煤矿)应当配备成套气体分析化验设备。仪器仪表必须定期由具备能力的机构检定。

第四章 防火技术

第一节 注浆防火技术

1. 关于注浆防火措施有哪些规定?

答:采用注浆防火时,根据矿井具体条件,注浆方式可采用采前预注、随采随注、采后注浆,注浆方法可采用埋管注浆、托管注浆、钻孔注浆、密闭墙插管注浆、洒浆,浆液制备工艺宜采用机械搅拌制浆,并应当遵守下列规定:

(1) 采(盘)区设计应当明确规定巷道布置方式、隔离煤柱尺寸、注浆系统、疏水系统、预筑防火墙的位置以及采掘顺序。

(2) 安排生产计划时,应当同时安排防火注浆计划,落实注浆地点、时间、进度、注浆浓度和注浆量。

(3) 对采(盘)区始采线、终采线、上下煤柱线内的采空区,应当加强防火注浆。

(4) 应当有注浆前疏水和注浆后防止溃浆、透水的措施。

2. 注浆系统应当符合哪些规定?

答:应当符合下列规定:

(1) 注浆地点集中、取运注浆材料距离较远时,可采用地面集中式注浆系统。

(2) 注浆地点分散、注浆材料丰富可就地取材时,可采用地面移动式注浆系统。

(3) 注浆量较小、从地面输送浆液困难时,可选择井下移动式注浆系统。

(4) 注浆系统必须配套制浆、输浆、注浆及供料、供水等设备。

(5) 注浆管路应当直接铺设至注浆地点,并形成足够的注浆能力。

(6) 浆液土水比和注浆量等参数应当根据矿井实际条件确定。

3. 注浆材料的选择应当符合哪些规定?

答:应当符合下列规定:

(1) 注浆材料可选择黄土、页岩、矸石、粉煤灰、尾矿、沙子、水泥、胶体材料等。

(2) 注浆材料和添加剂不得具有可燃性、助燃性、毒性、辐射性等。

4. 在注浆区下部进行采掘,必须遵守什么规定?

答:在注浆区下部进行采掘前,必须查明注浆区内的浆水积存情况。发现积存浆水,必须在采掘之前放尽;在未放尽前,严禁在注浆区下部进行采掘作业。

第二节　惰性气体防火技术

1. 采用惰性气体防火有哪些规定?

答:采用惰性气体防火时,根据矿井实际条件,注入惰性气体方式可采用连续或者间断注入,注入惰性气体方法可采用埋管注入、拖管注入、钻孔注入和密闭墙插管注入等,并遵守下列规定:

(1) 惰性气体来源稳定可靠。

(2) 注入的惰性气体浓度不小于97%。

(3) 至少有1套专用的惰性气体输送管路系统及其附属安全设

施。采用液氮或者液态二氧化碳直注时，输送管路必须符合耐低温和耐压要求。

（4）有能连续监测采空区气体成分变化的监测系统。

（5）有固定或者移动的温度观测站（点）和监测手段。

（6）建立惰性气体防火管理制度和台账，有专人定期进行检测、分析并整理有关记录，发现问题及时报告处理。

（7）编制安全专项措施，报矿总工程师审批。

2. 对采煤工作面采空区防火惰性气体注入量有什么规定？

答：采煤工作面采空区防火惰性气体注入量按采空区氧化带内的原始氧浓度降到煤自燃临界氧浓度以下计算。已封闭采空区采用惰性气体防火时，以采空区内氧浓度降到煤自燃临界氧浓度以下为止计算。当采用液氮、液态二氧化碳直注防火时，使用量应当根据气化体积比进行换算。

3. 采用惰性气体防火时，应采取哪些保证作业人员安全的措施？

答：采用惰性气体防火时，必须对工作面回风隅角氧气浓度进行监测。采用二氧化碳防火时，必须对采煤工作面进、回风流中二氧化碳浓度进行监测。当进风流中二氧化碳浓度超过0.5%或者回风流中二氧化碳浓度超过1.5%时，必须停止灌注、撤出人员、采取措施、进行处理。

第三节　均压防火技术

1. 采用均压技术防火时的一般规定有哪些?

答:采用均压技术防火时,根据均压区域是否封闭分为闭区均压和开区均压,并遵守下列规定:

(1) 有完整的区域风压和风阻资料以及完善的检测手段。

(2) 对采空区、火区等封闭区域可采用闭区均压,同时必须有专人定期观测与分析封闭区域的漏风量、漏风方向、瓦斯浓度、氧气浓度、空气温度、防火墙内外空气压差等状况,并记录在专用的防火记录簿内。

(3) 对受周围区域有毒有害气体侵入影响或者漏风难以控制的采煤工作面,确需采用开区均压时,必须经常检查均压区域内的巷道中风流流动状态,定期观测分析均压区域内瓦斯浓度、氧气浓度、一氧化碳浓度及压差变化情况,并有防止瓦斯积聚的安全措施。

(4) 改变矿井通风方式、主要通风机工况以及井下通风系统时,对均压地点的均压状况必须及时进行调整,保证均压状态的稳定。

(5) 开采突出煤层时,采煤工作面回风侧不得设置调节风量的设施。

2. 均压方案应包括哪些内容?

答:必须包括调压方法、均压设备设施管理、效果检验、应急处置等内容。

3. 采用均压防火技术时,可采用哪些调压措施?

答:调压措施应当根据均压要求确定,可选择调压风墙、调压风门、调压风窗、调压风机、调压风道、调压气室等调压措施或者其组合。

4. 采用均压技术调压时,有哪些注意事项?

答:采用均压技术调压时,应当符合下列要求:

(1) 开采地表严重漏风的煤层时,应当先堵漏,再采用调压措施均压。

(2) 有相互影响的多煤层同时开采时,应当一并采取相应的均压措施。

（3）采用层间调压时，应当采取控制层间压差的措施，防止有毒有害气体泄入相邻煤层的采煤工作面。

（4）在煤层冒顶处的下方和破碎带内，不得设置调压设施。

（5）与均压区并联的巷道中，不得设置调压风墙和调压风门。

（6）调压风机必须安装同等能力的备用局部通风机，均采用"三专"供电，实现自动切换功能。

第四节 密闭防火技术

1. 使用密闭防火技术，有哪些基本要求？

答：密闭按服务期限可分为临时密闭和永久密闭，采用密闭防火时，应当编制密闭设计，并经矿总工程师批准，并应当遵守下列规定：

（1）开采容易自燃和自燃煤层的矿井，封闭采空区时，应当构筑不少于 2 道永久密闭墙，墙体中间采用不燃性材料进行充填。

（2）永久密闭必须采用不燃性建筑材料。临时密闭应当首先保证结构严密，并方便施工、易于拆除。

（3）密闭位置应当选择在动压影响小、围岩稳定、断面规整的巷道内。

（4）保证密闭施工安全和工程质量，提高密闭防火效果。煤巷施工永久密闭必须掏槽，岩巷施工永久密闭可不掏槽，但必须将松动岩体刨除见硬岩体。

（5）永久密闭应当留设放水孔、观测孔和措施孔。

（6）采煤工作面回采结束后的采空区、报废煤巷的自燃火灾预防，以及采煤工作面长期停产等特殊条件的采空区自燃火灾预防，应当采用密闭防火。

2. 合理使用密闭技术的前提条件是什么？

答：采用密闭防火时，必须分析掌握自然发火隐患区域，查明隐患区域的漏风分布、流向和漏风通道及其连通性，确定合理的封闭范围和密闭数量。

3. 对封闭区观测有哪些规定？

答：必须建立完善的封闭区观测制度。定期测定封闭区密闭内外压差、气体浓度及空气温度，进行漏风分析，掌握密闭区的自然发火趋势。

第五节　其他防火技术

1. 采用阻化剂防火有哪些规定？

答：阻化剂防火可采用喷洒阻化剂、压注阻化剂和汽雾阻化剂等工艺，采用阻化剂防火时，应当遵守下列规定：

(1) 选用的阻化剂材料不得污染井下空气和危害人体健康。

(2) 必须在设计中对阻化剂的种类和数量、阻化效果等主要参数作出明确规定。

(3) 应当采取防止阻化剂腐蚀机械设备、支架等金属构件的措施。

2. 采用凝胶防火时，应当遵守哪些规定？

答：采用凝胶防火时，应当编制设计并遵守下列规定：

(1) 选用的凝胶材料不得污染井下空气和危害人体健康，应当明确规定凝胶的配比、促凝时间、压注量等技术参数。

(2) 煤巷高冒区、局部有自燃危险煤柱裂隙和空洞等地点采用凝胶防火时，压注的凝胶必须充填满全部空间，其外表面应当喷浆封闭，并定期观测，发现老化、干裂时重新压注。

（3）禁止使用含铵盐促凝剂凝胶材料。

3. 采用三相泡沫防火时，应当遵守哪些规定？

答：采用三相泡沫防火时，应当遵守下列规定：

（1）制备三相泡沫的浆液水土（灰）比宜为 4∶1～6∶1。

（2）气源可采用氮气或者空气。气源进入发泡器入口的压力应当大于该点至灌注点间的泡沫流动阻力，且不低于 0.2 MPa。

（3）发泡剂不得具有可燃性、助燃性、毒性、辐射性、刺激性等。

（4）走向长壁采煤工作面可在标高较高的巷道进行灌注，倾斜条带采煤工作面可在进、回风巷同时灌注，巷道高冒区可采用钻孔灌注。

4. 对防火材料的选择有哪些要求？

答：煤矿应当综合考虑防火区域地质条件、煤质特征、采动影响等因素，根据防火需求选择适用的防灭火材料，确定其工艺参数，鼓励使用安全环保的新型防火材料。

5. 煤矿使用的新型安全环保性防火材料，应满足哪些要求？

答：应满足以下 5 个要求：

（1）防火材料对火灾的抑制率要高。

（2）防火材料的作用周期要长。

（3）防火材料的安全性好、费用低、无毒无害且不污染井下环境。

（4）防火材料的来源可靠、供应充足、运输方便。

（5）防火材料对井下设备、设施腐蚀性小。

第五章　应急处置

第一节　内因火灾处置

1. 在煤层自然发火氧化早期,如何进行风险预控?

答:当井下自然发火监测数据出现异常,达到自然发火预警值或者出现自然发火预兆时,应当采取应急处置措施,并从预防措施设计、实施和现场管理等方面分析原因,改进措施,消除风险隐患。

2. 煤层自燃火灾处置应遵循什么原则?

答:应遵循"关口前移,风险预控"原则。

3. 当井下发现自然发火征兆时,应当如何处置?

答:当井下发现自然发火征兆时,必须停止作业,立即采取有效措施处置。在发火征兆不能得到有效控制时,必须撤出人员,封闭危险区域。进行封闭施工作业时,其他区域所有人员必须全部撤出。

4. 采空区自燃火灾处置,应当符合哪些规定?

答:应当符合下列规定:

（1）采空区发生自燃火灾时，应当视火灾程度、灾区通风和瓦斯情况，立即采取有效措施进行直接灭火。当直接灭火无效或者采空区有爆炸危险时，必须撤出人员，封闭工作面。

（2）采煤工作面采空区发生自燃火灾封闭后（或发生自燃火灾的其他密闭区），应当采取措施减少漏风，并向密闭区域内连续注入惰性气体，保持密闭区域氧气浓度不大于5.0%。

（3）为加速封闭火区熄灭，在火源位置分析或探测的基础上，可在地面或者井下施工钻孔，或者利用预埋管路向火源位置注入灭火材料。

（4）灭火过程中应当连续观测火区内气体、温度等参数，考察灭火效果，完善灭火措施，直至火区达到熄灭标准。

5. 巷道高冒区、煤柱（煤壁）破碎区自燃火灾处置，应当符合哪些规定？

答：应当符合下列规定：

（1）采取下风侧撤人，上风侧封堵、注水、注浆（胶）等直接灭火措施进行灭火。当火情不能有效控制时，立即对火区区域进行封闭。

（2）火区封闭后，应当采取措施减少漏风，并向封闭区内连续注入惰性气体，保持封闭区域氧气浓度不大于5.0%。

（3）为加速封闭火区熄灭，可向火区施工钻孔注入灭火材料。

（4）灭火过程中应当连续观测火区内气体、温度等参数，考察灭火效果，完善灭火措施，直至火区达到熄灭标准。

6. 地面矸石山自燃火灾处置，应当遵守哪些规定？

答：应当遵守下列规定：

（1）采用物探或者钻探方式，分析矸石山火区分布范围。

（2）采用整体搬迁、局部剥挖、蓄水渗灌、钻孔注浆方法进行灭火降温。

（3）灭火过程中应当制定防止爆炸措施。

（4）灭火完成后，应当对矸石山进行封堵覆盖。

第二节　外因火灾处置

1. 对井下外因初期火灾的处置有什么要求?

答:必须执行下列规定:

(1) 任何人发现井下火灾时,应当视火灾性质、灾区通风和瓦斯情况,立即采取一切可能的方法直接灭火,控制火势,并迅速报告矿调度室。矿调度室在接到井下火灾报告后,应当立即按灾害预防和处理计划通知有关人员组织抢救灾区人员和实施灭火工作。

(2) 矿值班调度和在现场的区、队、班组长应当依照灾害预防和处理计划的规定,将所有可能受火灾威胁区域中的人员撤离,并组织人员灭火。电气设备着火时,应当首先切断其电源;在切断电源前,必须使用不导电的灭火器材进行灭火。

(3) 抢救人员和灭火过程中,必须指定专人检查甲烷、一氧化碳、煤尘以及其他有害气体浓度和风向、风量的变化,并采取防止瓦斯、煤尘爆炸和人员中毒的安全措施。

2. 处理矿井火灾事故前,应当了解哪些情况?

答:应当了解下列情况:

(1) 发火时间、火源位置、燃烧物、火势大小、波及范围、遇险人员分布情况。

(2) 灾区有毒有害气体情况、通风系统状态、风流方向及变化可能性、煤尘爆炸性。

(3) 巷道围岩、支护情况。

(4) 灾区供电状况。

(5) 灾区供水管路、消防器材种类及数量。

3. 处理矿井外因火灾时应当遵守哪些原则?

答:应当遵守下列原则:

(1) 控制烟雾的蔓延,防止火灾扩大。

(2) 保持通风系统稳定,防止引起瓦斯、煤尘爆炸。必须指定专人检查瓦斯和煤尘,观测灾区的气体和风流变化。当甲烷浓度达到

2.0%以上并继续增加时,全部人员立即撤离至安全地点。

(3) 有利于人员撤退和保护救灾人员安全。

(4) 创造有利的灭火条件。

4. 处理不同地点的矿井外因火灾,应当符合哪些规定?

答:应当符合下列规定:

(1) 处理上、下山火灾时,必须采取措施,防止因火风压造成风流逆转和巷道垮塌造成风流受阻。

(2) 处理进风井井口、井筒、井底车场、主要进风巷和硐室火灾时,应当进行全矿井反风。反风前,必须将火源进风侧的人员撤出,并采取阻止火灾蔓延的措施。多台主要通风机联合通风的矿井反风时,要保证非事故区域的主要通风机先反风,事故区域的主要通风机后反风。采取风流短路措施时,必须将受影响区域内的人员全部撤出。

(3) 处理掘进工作面火灾时,应当保持原有的通风状态,进行侦察后再采取措施。

(4) 处理爆炸物品库火灾时,应当首先将雷管运出,然后将其他爆炸物品运出;因高温或者爆炸危险不能运出时,应当关闭防火门,退至安全地点。

(5) 处理绞车房火灾时,应当将火源下方的矿车固定,防止烧断钢丝绳造成跑车伤人。

(6) 处理蓄电池电机车库火灾时,应当切断电源,采取措施,防止氢气爆炸。

第三节 火区封闭

1. 对火区采用封闭措施灭火时,有哪些规定?

答:当井下发生火灾,无法直接灭火或者直接灭火无效时,应当采取封闭措施灭火。封闭火区时,应当合理确定封闭范围,在保证安全的情况下,应当尽量缩小封闭范围。必须指定专人检查甲烷、氧气、一氧化碳、煤尘以及其他有害气体浓度和风向、风量的变化,并采取防止瓦斯、煤尘爆炸和人员中毒的安全措施。

火区封闭后，应当避免火区缩封，有爆炸风险的，严禁缩封。如果必须进行缩封时，应当制定缩封过程安全保障措施，报上级企业技术负责人批准，无上级企业的由煤矿组织专家进行论证。

2. 封闭具有爆炸危险的火区时，应当遵守哪些规定？

答：应当遵守下列规定：

(1) 先采取注入惰性气体等抑爆措施，然后在安全位置构筑进、回风密闭。惰性气体注入前，应当撤出所有可能受爆炸威胁区域中的人员。

(2) 加强火区封闭的施工组织管理。封闭过程中，密闭墙预留通风孔，封孔时进、回风巷同时封闭；封闭完成后，所有作业人员必须立即撤出。

(3) 检查或者加固密闭墙等工作，应当在火区封闭完成 24 h 后实施，火区条件复杂时应当酌情延长至 48 h 或 72 h 后进行。发现已封闭火区发生爆炸造成密闭墙破坏时，严禁调派救护队近距离侦察或者恢复密闭墙；应当采取安全措施，实施远距离封闭。

第六章 井下火区管理

第一节 火区管理

1. 什么是火区位置关系图?

答:火区位置关系图以通风系统图为基础绘制,标明所有火区的边界、防火密闭墙位置、历次发火点的位置、漏风路线及防灭火系统布置。图上注明火区编号、名称、发火时间。

2. 火区管理卡片应当包括哪些内容?

答:应当包括下列内容:

(1) 火区基本情况登记表。火区登记表中所附火区位置示意图中应当标明火源位置、防火墙类型、位置与编号、钻孔位置、火区外围风流方向以及均压技术设施等内容,并绘制必要的剖面图。

(2) 火灾事故报告表。

(3) 火区灌注灭火材料记录表。

(4) 防火墙观测记录表。

3. 构建井下火区密闭墙需符合哪些规定?

答:井下火区应当采用永久密闭墙封闭,密闭墙的质量标准由煤矿企业统一制定,并遵守下列规定:

(1) 每个密闭墙附近必须设置栅栏、警示标志,禁止人员入内,并悬挂说明牌。

(2) 定期测定和分析密闭墙内的气体成分和空气温度。

(3) 定期检查密闭墙外的空气温度、瓦斯浓度,密闭墙内外空气压差以及密闭墙墙体。发现封闭不严、有其他缺陷或者火区有异常变化时,必须采取措施及时处理。

(4) 所有测定和检查结果,必须记入防火记录簿。

(5) 矿井做大幅度风量调整时，应当测定密闭墙内的气体成分和空气温度，分析其变化趋势。

(6) 井下所有永久性密闭墙都应当编号，并在火区位置关系图中注明。

4. 在火区周围进行采掘作业，必须遵守哪些规定？

答：不得在火区的同一煤层的周围进行采掘工作。在同一煤层同一水平的火区两侧、煤层倾角小于35°的火区下部区段、火区下方邻近煤层进行采掘时，必须编制设计，并遵守下列规定：

(1) 必须留有足够宽（厚）度的隔离火区煤（岩）柱，回采时及回采后能有效隔离火区，不影响火区的灭火工作。

(2) 掘进巷道时，必须有防止误冒、误透火区的安全措施。

(3) 煤层倾角在35°及以上的火区下部区段严禁进行采掘工作。

第二节　火区启封

1. 封闭火区内火源熄灭的判定条件是什么？

答：火区同时具备下列条件时，方可认为火已熄灭：

(1) 火区内的空气温度下降到30 ℃以下，或者与火灾发生前该区的日常空气温度相同。

(2) 火区内空气中的氧气浓度降到5.0%以下。

(3) 火区内空气中不含有乙烯、乙炔，一氧化碳浓度在封闭期间内逐渐下降，并稳定在0.001%以下。

(4) 火区的出水温度低于25 ℃，或者与火灾发生前该区的日常出水温度相同。

(5) 上述4项指标持续稳定1个月以上。

习　题

一、判断题

1. 开采容易自燃和自燃煤层的矿井，必须编制矿井防灭火专项设计，采取综合预防煤层自然发火的措施。(　　)

2. 开采容易自燃煤层的新建矿井应当采用分区式通风，严禁采用对角式通风。(　　)

3. 开采容易自燃和自燃煤层时，在采(盘)区开采设计中，必须预先选定采煤工作面构筑防火门的位置。(　　)

4. 井下无煤柱开采沿空送巷和沿空留巷时，可以不采取措施防止巷道与采空区之间的漏风。(　　)

5. 矿井装有带式输送机的井筒兼作进风井时，井筒中必须装设自动报警与自动灭火装置，敷设消防管路。(　　)

6. 井下爆炸物品库配备的灭火器材的数量、规格和存放地点，应当在灾害预防和处理计划中确定，宜配备自动灭火装置。(　　)

7. 开采容易自燃和自燃煤层的矿井，必须确定煤层自然发火标志气体及临界值。(　　)

8. 煤矿压风机应当设置温度传感器，温度超限时，自动声光报警，但严禁切断压风机电源。(　　)

9. 煤矿采用均压技术调压，开采地表严重漏风的煤层时，应当先堵漏，再采用调压措施均压。(　　)

10. 井下封闭工作面的密闭应当构筑在巷道围岩完整、支护良好的位置。(　　)

二、单选题

1. 煤矿企业、煤矿的(　　)是本单位防灭火工作的第一责任人。

A. 主要负责人(法定代表人、实际控制人)

B. 总工程师

C. 书记

D. 机电负责人

2. 煤矿企业、煤矿(　　)是防灭火工作的技术负责人。

A. 主要负责人(法定代表人、实际控制人)

B. 总工程师

C. 书记

D. 机电负责人

3. 生产矿井延深新水平时,必须对揭露的平均厚度为(　　)m以上煤层的自燃倾向性进行鉴定。

A. 0.1　　B. 0.2　　C. 0.3　　D. 0.5

4. 开采容易自燃和自燃煤层时,同一煤层应当至少测定(　　)次采煤工作面采空区自然发火“三带”分布范围。

A. 1　　B. 2　　C. 3　　D. 5

5. 集中运输大巷布置在容易自燃或者自燃煤层内时,必须锚喷或者砌碹,碹后的空隙和冒落处必须用(　　)充填密实,或者用无腐蚀性、无毒性的材料进行处理。

A. 可燃性材料　　B. 易燃性材料

C. 不易燃性材料　　D. 不燃性材料

6. 开采容易自燃煤层的采(盘)区,必须设置至少(　　)条专用回风巷。

A. 1　　B. 2　　C. 3　　D. 4

7. 矿井采煤工作面回采结束后,必须在(　　)天内进行永久性封闭。

A. 10　　B. 30　　C. 45　　D. 60

8. 煤矿可能沟通火区的采煤工作面(　　)开采。

A. 可以　　B. 加速　　C. 采取措施　　D. 严禁

9. 矿井防灭火使用凝胶、阻化剂及进行充填、堵漏、加固使用高分子材料时,井巷(　　)必须符合规程要求。

A. 水质　　B. 空气成分
C. 作业人员素质　　D. 煤壁成分

10. 煤矿不得将矸石山设在进风井的主导风向上风侧、表土层(　　)m以浅有煤层的地面上和漏风采空区上方的塌陷范围内。

A. 5　　B. 10　　C. 15　　D. 20

11. 井下消防管路系统应当敷设到采掘工作面,带式输送机巷道中应当每隔(　　)m 设置支管和阀门。

A. 50　　B. 100　　C. 150　　D. 200

12. 煤矿在井口房、井筒和倾斜巷道内进行电焊、气焊和喷灯焊接等工作时,作业地点的风流中,甲烷浓度不得超过(　　)。

A. 0.5%　　B. 1%　　C. 1.5%　　D. 2%

13. 煤矿每次使用反应型高分子材料时,应当制定施工方案和专项安全措施,并经矿总工程师审核、报(　　)批准。

A. 集团公司　　B. 安全监察局　　C. 矿长　　D. 煤管局

14. 井下使用的润滑油、棉纱、布头和纸等,必须存放在盖严的(　　)内。

A. 铁桶　　B. 木桶　　C. 塑料瓶　　D. 布兜

15. 开采容易自燃和自燃煤层的矿井,其一氧化碳传感器和温度传感器应当垂直悬挂,距顶板(顶梁)不得大于(　　)mm。

A. 50　　B. 100　　C. 200　　D. 300

16. 开采容易自燃和自燃煤层的矿井,应当采用自然发火监测系统,(　　)监测采煤工作面采空区、瓦斯抽采管路的气体浓度。

A. 每班　　B. 每天　　C. 每周　　D. 每旬

17. 煤矿已封闭采空区采用惰性气体防火时,惰性气体注入量按采空区氧化带内的原始氧浓度降到煤自燃临界氧浓度(　　)计算。

A. 左右　　B. 以下　　C. 以上　　D. 持平

18. 煤矿开采容易自燃和自燃煤层的矿井,封闭采空区时,应当构筑不少于(　　)道永久密闭墙。

A. 1　　B. 2　　C. 3　　D. 4

19. 处理矿井外因火灾,当甲烷浓度达到(　　)以上并继续增加时，全部人员立即撤离至安全地点。

A. 1%　B. 2%　C. 3%　D. 5%

20. 井下封闭具有爆炸危险的火区后，检查或者加固密闭墙等工作，应当在火区封闭完成（　）h后实施。

A. 12　B. 24　C. 36　D. 48

三、多选题

1. 煤矿火灾分为（　）两类。

A. 井上火灾　B. 井下火灾　C. 内因火灾　D. 外因火灾

2. 煤的自燃倾向性分为（　）3类。

A. 可燃　B. 容易自燃　C. 自燃　D. 不易自燃

3. 采煤工作面采空区自然发火"三带"可划分为（　）。

A. 散热带　B. 隔热带　C. 氧化带　D. 窒息带

4. 煤矿井下（　）等主要硐室的支护和风门、风窗必须采用不燃性材料。

A. 机电设备硐室　B. 检修硐室

C. 材料库　D. 采区变电所

5. 矿用电缆、风筒、采用非金属聚合物制造的输送带、托辊和滚筒包胶材料等，其性能必须满足（　）的要求。

A. 导电　B. 导热　C. 阻燃　D. 抗静电

6. 下列（　）属于开采自燃煤层的矿井因防火需要，而监测成分变化的气体。

A. 甲烷　B. 一氧化碳　C. 二氧化碳　D. 乙炔

7. 开采容易自燃和自燃煤层的矿井，采用便携式仪器仪表或者气体测定管，定点每班监测采煤工作面（　）等地点的一氧化碳气体浓度。

A. 回风隅角　B. 回风流　C. 煤巷高冒处　D. 运输巷

8. 煤矿采煤工作面采空区采用惰性气体防火时，释放口的位置应当根据（　）确定。

A. 惰性气体的扩散半径

B. 工作面参数

C. 采空区自然发火“三带”分布规律

D. 工作面人数

9. 任何人发现井下火灾时，应当视（　　），立即采取一切可能的方法直接灭火，控制火势，并迅速报告矿调度室。

A. 火灾性质　B. 灾区通风　C. 风量情况　D. 瓦斯情况

10. 封闭火区内火源熄灭的判定条件有（　　）。

A. 火区内的空气温度下降到 30 ℃以下，或者与火灾发生前该区的日常空气温度相同

B. 火区内空气中的氧气浓度降到 5.0%以下

C. 火区内空气中不含有乙烯、乙炔，一氧化碳浓度在封闭期间内逐渐下降，并稳定在 0.001%以下

D. 火区的出水温度低于 25 ℃，或者与火灾发生前该区的日常出水温度相同

E. 上述 4 项指标持续稳定 1 个月以上

四、填空题

1. 开采容易自燃和自燃煤层的矿井，必须建立注浆系统或者注惰性气体防火系统，并建立煤矿__________系统。

2. 地面的消防水池必须经常保持不少于__________ m^3 的水量。

3. 井下爆破作业时，应当按照__________选用煤矿许用炸药和雷管，并严格按施工工艺进行爆破。

4. 开采容易自燃和自燃煤层的矿井，必须确定煤层自然发火__________及临界值。

5. 采煤工作面采空区防火惰性气体注入量按采空区氧化带内的原始氧浓度降到煤自燃__________以下计算。

五、简答题

1. 什么是内因火灾？

2. 什么是外因火灾？

3. 开采容易自燃和自燃煤层时，必须制定技术措施，进行重点防止自然发火治理的部位有哪些？

4. 井下明火管制有哪些规定？

5. 处理矿井外因火灾时应当遵守哪些原则？

参考答案

一、判断题

1～5√×√×√　6～10√√×√√

二、单选题

1～5 ABCAD　6～10 ACDBB

11～15 AACAD　16～20 BBBBB

三、多选题

1. CD　2. BCD　3. ACD　4. ABCD　5. CD

6. ABCD　7. ABC　8. ABC　9. ABD　10. ABCDE

四、填空题

1. 自然发火监测

2. 200

3. 矿井瓦斯等级

4. 标志气体

5. 临界氧浓度

五、简答题

1. 答：内因火灾是由于煤炭或者其他易燃物质自身氧化蓄热，发生燃烧而引起的火灾。

2. 答：外因火灾是由外部火源（如明火点、爆破、电流短路、摩擦等）引起的火灾。

3. 答：重点防止自然发火治理的部位主要包括采空区（特别是采煤工作面始采线、终采线、上下煤柱线和三角点）、巷道高冒区、煤柱破坏区。

4. 答：必须执行以下规定：

（1）严禁在采掘工作面进行电焊、气割等动火作业。

（2）严禁携带烟草和点火物品，严禁穿化纤衣服入井。

（3）井下严禁使用灯泡取暖和使用电炉。

（4）井下爆破作业时，应当按照矿井瓦斯等级选用煤矿许用炸药和雷管，并严格按施工工艺进行爆破。

（5）井口和井下电气设备必须装设防雷击和防短路的保护装置。

5．答：应当遵守下列原则：

（1）控制烟雾的蔓延，防止火灾扩大。

（2）保持通风系统稳定，防止引起瓦斯、煤尘爆炸。必须指定专人检查瓦斯和煤尘，观测灾区的气体和风流变化。当甲烷浓度达到2.0％以上并继续增加时，全部人员立即撤离至安全地点。

（3）有利于人员撤退和保护救灾人员安全。

（4）创造有利的灭火条件。

第四篇　煤矿防治水细则

第一章　总　　则

1. 为什么要学习《煤矿防治水细则》?

答:由国家煤矿安全监察局于2018年6月1日发布的《煤矿防治水细则》,是在2009年发布的《煤矿防治水规定》基础上,结合近年来新的煤矿水害防治理念、防治水技术、装备和管理水平,以及成功的防治水经验修订出台的。原有的《煤矿防治水规定》已经不适应煤矿防治水工作的需要,特别是在2016年修订了《煤矿安全规程》以后,新的煤矿防治水理念以及防治水技术及管理已经在《煤矿安全规程》中全面体现,因此,原国家煤矿安全监察局以《煤矿安全规程》为遵循,从煤矿防治水基础保障、综合治理、效果检验和应急处置等方面进行全面细化与充实内容,提高了煤矿防治水工作的科学性、系统性和规范性。这个细则的出台推进了煤矿对水害由过程治理向源头治理与超前治理的治理思想转变,促进了煤矿防治水由局部治理为主向区域治理为主的转变,因此我们说《煤矿防治水细则》体现了煤矿防治水工作从防治理念到技术与管理的科学性与先进性,是煤矿防治水工作的指南,更是煤矿开展防治水工作的强制性规范,所以我们煤矿从业人员必须认真学好与用好《煤矿防治水细则》,才能真正使煤矿水患治理工作方法科学、技术先进、措施合理、治理高效。

2.《煤矿防治水细则》主要内容有哪些?

答:《煤矿防治水细则》共分8章138条和6个附录。内容包括:总则、矿井水文地质类型划分及基础资料、矿井水文地质补充勘探、井下探放水、矿井防治水技术、露天煤矿防治水、水害应急处置、附则等。

3. 煤矿防治水"十六字"基本原则是什么?

答:预测预报、有疑必探、先探后掘、先治后采。

4. 煤矿七项防治水综合配套措施是什么?

答:探、防、堵、疏、排、截、监。

5. 发现突水(透水、溃水)征兆、极端天气可能导致淹井等重大险情,煤矿主要负责人必须赋予哪些人员紧急撤人的权力?

答:赋予调度员、安检员、井下带班人员、班组长等相关人员紧急撤人的权力,立即撤出所有受水患威胁地点的人员。

第二章　矿井水文地质类型划分及基础资料

第一节　矿井水文地质类型划分

1. 矿井水文地质类型可划分为哪几种类型?

答:根据井田内受采掘破坏或者影响的含水层及水体、井田及周边老空(火烧区)水分布状况、矿井涌水量、突水量、开采受水害影响程度和防治水工作难易程度,可将矿井水文地质类型划分为简单、中等、复杂和极复杂4种类型。

2. 关于矿井水文地质类型修订时间有什么规定?

答:矿井水文地质类型应当每3年修订1次。当发生较大以上水害事故或者因突水造成采掘区域或矿井被淹的,应当在恢复生产前重新确定矿井水文地质类型。

第二节　基础资料

1. 矿井防治水基础台账,至少需多长时间整理完善1次?

答:每半年整理完善1次。

第三章　矿井水文地质补充勘探

第一节　一般规定

1. 如何选择矿井水文地质补充勘探方法？

答：矿井水文地质补充勘探应当针对具体问题合理选择勘查技术、方法，井田外区域以遥感水文地质测绘等为主，井田内以水文地质物探、钻探、试验、实验及长期动态观(监)测等为主，进行综合勘查。

第二节　水文地质补充调查

1. 矿区水文地质测绘应采用的比例尺是多少？

答：1∶10 000～1∶2 000。

2. 水文地质补充调查应当包括的主要内容有哪些？

答：资料收集、地貌地质、地表水体、地面岩溶、井泉、老空、周边矿井、本矿井历史资料等。

3. 关于气象信息收集、观测及应用有哪些规定？

答：煤矿应当加强与当地气象部门沟通联系，及时收集气象资料，建立气象资料台账；矿井30 km范围内没有气象台(站)，气象资料不能满足安全生产需要时，应当建立降水量观测站。

4. 关于地表水、地下水动态观测有什么要求？

答：矿井应当对与充水含水

层有水力联系的地表水体进行长期动态观测，掌握其动态规律，分析研究地表水与地下水的水力联系，掌握其补给、排泄地下水的规律，测算补给、排泄量。

5. 井下水文地质观测的主要内容有哪些？

答：主要包括以下内容：

（1）对新开凿的井筒、主要穿层石门及开拓巷道，应当及时进行水文地质观测和编录，并绘制井筒、石门、巷道的实测水文地质剖面图或者展开图。

（2）井巷穿过含水层时，应当详细描述其产状、厚度、岩性、构造、裂隙或者岩溶的发育与充填情况，揭露点的位置及标高、出水形式、涌水量和水温等，并采取水样进行水质分析。

（3）遇裂隙时，应当测定其产状、长度、宽度、数量、形状、尖灭情况、充填物及充填程度等，观察地下水活动的痕迹，绘制裂隙玫瑰花图，并选择有代表性的地段测定岩石的裂隙率。

（4）遇岩溶时，应当观测其形态、发育情况、分布状况、充填物成分及充水状况等，并绘制岩溶素描图。

（5）遇断裂构造时，应当测定其产状、断距、断层带宽度，观测断裂带充填物成分、胶结程度及导水性等。

（6）遇褶曲时，应当观测其形态、产状及破碎情况等。

（7）遇陷落柱时，应当观测陷落柱内外地层岩性与产状、裂隙与岩溶发育程度及涌水等情况，并编制卡片，绘制平面图、剖面图和素描图。

（8）遇突水点时，应当详细观测记录突水的时间、地点、出水形式，出水点层位、岩性、厚度以及围岩破坏情况等，并测定水量、水温、水质和含砂量。同时，应当观测附近出水点涌水量和观测孔水位的变化，并分析突水原因。

（9）应当加强矿井涌水量观测和水质监测。

（10）对含水层疏水降压时，在涌水量、水压稳定前，应当每小时观测1～2次钻孔涌水量和水压；待涌水量、水压基本稳定后，按照正常观测的要求进行。

第三节　地面水文地质补充勘探

1. 地面水文物探应采用什么技术方法?

答:主要以电法勘探为主,宜采用直流电法、瞬变电磁法或者可控源音频大地电磁测深等技术方法。

2. 水文地质钻探主要技术指标应当符合哪些要求?

答:应当符合下列要求:

(1) 以煤层底板水害为主的矿井,其钻孔终孔深度以揭露下伏主要含水层段为原则。

(2) 所有勘探钻孔均应当进行水文测井工作,配合钻探取芯划分含、隔水层,取得有关参数。

(3) 主要含水层或者试验观测段采用清水钻进。遇特殊情况可以采用低固相优质泥浆钻进,并采取有效的洗孔措施。

(4) 抽水试验孔试验段孔径,以满足设计的抽水量和安装抽水设备为原则;水位观测孔观测段孔径,应当满足止水和水位观测的要求。

(5) 抽水试验钻孔的孔斜,应当满足选用抽水设备和水位观测仪器的工艺要求。

(6) 钻孔应当取芯钻进,并进行岩芯描述。岩芯采取率:岩石,大于70%;破碎带,大于50%;黏土,大于70%;砂和砂砾层,大于30%。当采用水文物探测井,能够正确划分地层和含(隔)水层位置及厚度时,可以适当减少取芯。

(7) 在钻孔分层(段)隔离止水时,通过提水、注水和水文测井等不同方法,检查止水效果,并做正式记录;不合格的,应当重新止水。

(8) 除长期动态观测钻孔外,其余钻孔应当使用高标号水泥封孔,并取样检查封孔质量。

(9) 水文地质钻孔应当做好简易水文地质观测,其技术要求参照相关规程规范。否则,应当降低其钻孔质量等级或者不予验收。

(10) 观测孔竣工后,应当进行洗孔,以确保观测层(段)不被淤塞,并进行抽水试验。水文地质观测孔,应当安装孔口装置和长期观测测量标志，并采取有效保护措施。

第四节　井下水文地质补充勘探

1. 进行井下水文地质补充勘探，应当采用哪些技术方法？

答：井下钻探、物探、化探、监测、测试等综合勘探方法。

2. 采用电法实施掘进工作面超前探测的，探测环境应当满足哪些要求？

答：应当符合下列要求：

（1）巷道断面、长度满足探测所需要的空间。

（2）距探测点 20 m 范围内不得有积水，且不得存放掘进机、铁轨、皮带机架、锚网、锚杆等金属物体。

（3）巷道内动力电缆、大型机电设备必须停电。

3. 在采煤工作面进行水文地质补充勘探，选择物探方法时有何特殊要求？

答：采煤工作面应当选择两种以上物探方法，相互验证。

第四章　井下探放水

1. 对于不同水文地质类型的矿井，开展水害隐患排查的频次有什么规定？

答：水文地质类型复杂、极复杂矿井应当每月至少开展1次水害隐患排查，其他矿井应当每季度至少开展1次。

2. 采掘工作面出现哪些情况，必须进行探放水？

答：采掘工作面遇有下列情况之一的，必须进行探放水：

(1) 接近水淹或者可能积水的井巷、老空或者相邻煤矿时。

(2) 接近含水层、导水断层、溶洞或者导水陷落柱时。

(3) 打开隔离煤柱放水时。

(4) 接近可能与河流、湖泊、水库、蓄水池、水井等相通的导水通道时。

(5) 接近有出水可能的钻孔时。

(6) 接近水文地质条件不清的区域时。

(7) 接近有积水的灌浆区时。

(8) 接近其他可能突水的地区时。

3. 井下探放水要求“三专两探”，具体包括哪些内容？

答：井下探放水“三专”是指：由专业技术人员编制探放水设计，采用专用钻机进行探放水，由专职探放水队伍施工。严禁使用非专用钻机探放水。

井下探放水“两探”是指：采掘工作面超前探放水应当同时采用钻探、物探两种方法，做到相互验证，查清采掘工作面及周边老空水、含水层富水性以及地质构造等情况。

4. 布置探放水钻孔应当遵循哪些规定？

答：应当遵循下列规定：

(1) 探放老空水和钻孔水。老空和钻孔位置清楚时，应当根据具体情况进行专门探放水设计，经煤矿总工程师组织审批后，方可施工；老空和钻孔位置不清楚时，探水钻孔成组布设，并在巷道前方的水平面和竖直面内呈扇形，钻孔终孔位置满足水平面间距不得大于 3 m，厚煤层内各孔终孔的竖直面间距不得大于 1.5 m。

(2) 探放断裂构造水和岩溶水等时，探水钻孔沿掘进方向的正前方及含水体方向呈扇形布置，钻孔不得少于 3 个，其中含水体方向的钻孔不得少于 2 个。

(3) 探查陷落柱等垂向构造时，应当同时采用物探、钻探两种方法，根据陷落柱的预测规模布孔，但底板方向钻孔不得少于 3 个，有异常时加密布孔，其探放水设计由煤矿总工程师组织审批。

(4) 煤层内，原则上禁止探放水压高于 1 MPa 的充水断层水、含水层水及陷落柱水等。如确实需要的，可以先构筑防水闸墙，并在闸墙外向内探放水。

5. 施工上山探放水钻孔时，有什么特别要求？

答：上山探水时，应当采用双巷掘进，其中一条超前探水和汇水，另一条用来安全撤人；双巷间每隔 30～50 m 掘 1 个联络巷，并设挡水墙。

6. 井下探放水钻机安装和施工前有哪些规定？

答：应当符合下列规定：

(1) 加强钻孔附近的巷道支护，并在工作面迎头打好坚固的立柱和拦板，严禁空顶、空帮作业。

（2）清理巷道，挖好排水沟。探水钻孔位于巷道低洼处时，应当施工临时水仓，配备足够能力的排水设备。

（3）在钻探地点或附近安设专用电话。

（4）由测量人员依据设计现场标定探放水钻孔位置，与负责探放水工作的人员共同确定钻孔的方位、倾角、深度和钻孔数量。

（5）制定包括紧急撤人时避灾路线在内的安全措施，使作业区域的每个人员了解和掌握，并保持撤人通道畅通。

7. 关于井下探放水钻孔安装承压套管和探放高压水的规定有哪些？

答：在预计水压大于 0.1 MPa 的地点探水时，预先固结套管，并安装闸阀。止水套管应当进行耐压试验，耐压值不得小于预计静水压值的 1.5 倍，兼做注浆钻孔的，应当综合注浆终压值确定，并稳定 30 min 以上；预计水压大于 1.5 MPa 时，采用反压和有防喷装置的方法钻进，并制定防止孔口管和煤（岩）壁突然鼓出的措施。

8. 关于井下探放水钻孔的孔径有什么规定？

答：探放水钻孔除兼作堵水钻孔外，终孔孔径一般不得大于 94 mm。

9. 关于井下探放水钻孔超前距和止水套管长度，有哪些规定？

答：应当符合下列规定：

（1）老空积水范围、积水量不清楚的，近距离煤层开采的或者地质构造不清楚的，探放水钻孔超前距不得小于 30 m，止水套管长度不得小于 10 m；老空积水范围、积水量清楚的，根据水头值高低、煤(岩)层厚度、强度及安全技术措施等确定。

(2) 沿岩层探放含水层、断层和陷落柱等含水体时，按表 4-1 确定探放水钻孔超前距和止水套管长度。

表 4-1　岩层中探放水钻孔超前距和止水套管长度

水压 p/MPa	钻孔超前距/m	止水套管长度/m
$p<1.0$	>10	>5
$1.0\leqslant p<2.0$	>15	>10
$2.0\leqslant p<3.0$	>20	>15
$p\geqslant 3.0$	>25	>20

10. 在井下探放水过程中出现突水征兆时应采取哪些措施？

答：在探放水钻进时，发现煤岩松软、片帮、来压或者钻孔中水压、水量突然增大和顶钻等突水征兆时，立即停止钻进，但不得拔出钻杆；应当立即撤出所有受水威胁区域的人员到安全地点，并向矿井调度室汇报，采取安全措施，派专业技术人员监测水情并分析，妥善处理。

11. 对井下探放水过程中的有害气体，应如何防范？

答：探放老空水时，预计可能发生瓦斯或者其他有害气体涌出的，应当设有瓦斯检查员或者矿山救护队员在现场值班，随时检查空气成分。如果瓦斯或者其他有害气体浓度超过有关规定，应当立即停止钻进，切断电源，撤出人员，并报告矿井调度室，及时处理。揭露老空未见积水的钻孔应当立即封堵。

12. 井下钻孔放水有哪些规定？

答：钻孔放水前，应当估计积水量，并根据排水能力和水仓容量，控制放水流量，防止淹井淹面；放水时，应当设有专人监测钻孔出水情况，测定水量和水压，做好记录。如果水量突然变化，应当分析原因，及时处理，并立即报告矿井调度室。

13. 如果放水孔被堵塞，但尚未安装孔口管，是否可以采用钻杆透孔的方法处理？

答：不可以。

第五章　矿井防治水技术

第一节　地表水防治

1. 矿井应查明地面哪些水文情况?

答:煤矿应当查清矿区、井田及其周边对矿井开采有影响的河流、湖泊、水库等地表水系和有关水利工程的汇水、疏水、渗漏情况,掌握当地历年降水量和历史最高洪水位资料,建立疏水、防水和排水系统。煤矿应当查明采矿塌陷区、地裂缝区分布情况及其地表汇水情况。

2. 关于矿井井口和工业广场内建筑物标高及其防水措施有什么规定?

答:矿井井口和工业场地内建筑物的地面标高,应当高于当地历史最高洪水位;否则,应当修筑堤坝、沟渠或者采取其他可靠防御洪水的措施。不具备采取可靠安全措施条件的,应当封闭填实该井口。在山区还应当避开可能发生泥石流、滑坡等地质灾害危险的地段。

3. 当矿井井口附近或者塌陷区波及范围的地表水体可能溃入井下时,应当采取哪些安全防范措施?

答:应当采取下列安全防范措施:

(1) 在地表容易积水的地点,应当修筑沟渠,排泄积水。修筑沟渠时,应当避开煤层露头、裂隙和导水岩层。特别低洼地点不能修筑沟渠排水的,应当填平压实。如果低洼地带范围太大无法填平时,应当采取水泵或者建排洪站专门排水,防止低洼地带积水渗入井下。

(2) 当矿井受到河流、山洪威胁时,应当修筑堤坝和泄洪渠,防止洪水侵入。

(3) 对于排到地面的矿井水,应当妥善处理,避免再渗入井下。

(4) 对于漏水的沟渠(包括农田水利的灌溉沟渠)和河床,如果威胁矿井安全，应当进行铺底或者改道。地面裂缝和塌陷地点应当及时填塞。进行填塞工作时，应当采取相应的安全措施，防止人员陷入塌陷坑内。

（5）在有滑坡危险的地段，可能威胁煤矿安全时，应当进行治理。

（6）在井田内季节性沟谷下开采前，需对是否有洪水灌井的危险进行评价，开采应避开雨季，采后及时做好地面裂缝的填堵工作。

4. 对于矿井地面钻孔孔口应采取哪些安全防护措施？

答：使用中的钻孔，应当按照规定安装孔口盖。报废的钻孔应当及时封孔，防止地表水或者含水层的水涌入井下，封孔资料等有关情况记录在案，存档备查。观测孔、注浆孔、电缆孔、下料孔、与井下或者含水层相通的钻孔，其孔口管应当高出当地历史最高洪水位。

5. 关于矿井报废井筒填实封堵有哪些规定？

答：对报废的井筒的处理应遵守下列规定：

（1）报废的立井应当封堵填实，或者在井口浇注坚实的钢筋混凝土盖板，设置栅栏和标志。

（2）报废的斜井应当封堵填实，或者在井口以下垂深大于 20 m 处砌筑 1 座混凝土墙，再用泥土填至井口，并在井口砌筑厚度不低于 1 m 的混凝土墙。

（3）报废的平硐，应当从硐口向里封堵填实至少 20 m，再砌封墙。

（4）位于斜坡、汇水区、河道附近的井口，充填距离应当适当加长。报废井口的周围有地表水影响的，应当设置排水沟。

（5）封填报废的立井、斜井或者平硐时，应当做好隐蔽工程记录，并填图归档。

6. 煤矿企业在雨季前应重点排查哪些风险隐患?

答:排查重点包括:位于地表河流、湖泊、水库和山洪等附近矿井的防洪设施和防范措施是否到位;与矿井连通的采煤塌陷坑是否填平压实;采煤地面裂缝是否封堵填实;井口标高低于当地历年最高洪水位的矿井是否采取防范措施;井田范围内及周边已关闭的废弃煤矿是否充实填死。

7. 关于矿井建立灾害性天气水害预警和预防机制有什么规定?

答:煤矿应当与当地气象、水利、防汛等部门进行联系,建立灾害性天气预警和预防机制。应当密切关注灾害性天气的预报预警信息,及时掌握可能危及煤矿安全生产的暴雨洪水灾害信息,采取安全防范措施;加强与周边相邻矿井信息沟通,发现矿井水害可能影响相邻矿井时,立即向周边相邻矿井发出预警。

8. 矿井在暴雨洪水期间建立的撤人制度,应符合哪些规定?

答:要明确启动标准、指挥部门、联络人员、撤人程序和撤退路线等,当暴雨威胁矿井安全时,必须立即停产撤出井下全部人员,只有在确认暴雨洪水隐患消除后方可恢复生产。

9. 矿井在雨季对重点危险区巡查有何要求?

答:当接到暴雨灾害预警信息和警报后,对井田范围内废弃老窑、地面塌陷坑、采动裂隙以及可能影响矿井安全生产的河流、湖泊、水库、涵闸、堤防工程等实施 24 h 不间断巡查。矿区降大到暴雨时和降雨后,应当派专业人员及时观测矿井涌水量变化情况。

第二节　顶板水防治

1. 当煤层(组)顶板导水裂隙带范围内的含水层或者其他水体影响采掘安全时,应如何处理?

答:应当采用超前疏放、注浆改造含水层、帷幕注浆、充填开采或者限制采高等方法,消除威胁后,方可进行采掘活动。

2. 按采矿对顶部岩层造成破坏程度和特征，采场顶部岩层可分为哪几个不同的开采影响带？

答：采场顶部岩层大致可分为三个不同的开采影响带：垮落带、导水裂隙带、弯曲带。

3. 什么是垮落带？

答：垮落带是指由采煤引起的上覆岩层破裂并向采空区垮落的岩层范围。

4. 垮落带有什么特征？

答：垮落带具有以下特征：一是无序性，垮落岩块大小不一，无规则地堆积在采空区内；二是碎胀性，这是使垮落自行停止的根本原因；三是可压缩性，垮落岩块间的空隙随着时间的延长和采动程度的加大，在一定程度上可得到压实。垮落带的高度主要取决于采出煤层厚度和上覆岩石的碎胀系数，通常为采出煤层厚度的3～5倍。

5. 什么是导水裂隙带？

答：导水裂隙带是指开采煤层上方一定范围内的岩层发生垮落和断裂，产生裂缝，且具有导水性的岩层范围。导水裂隙带具有成层性、连通性和导水性的特点。

6. 什么是弯曲带？

答：弯曲带是指位于裂隙带之上直到地表的岩层范围。其特点是具有隔水性，岩层的移动过程连续且有规律，其发育高度主要受开采深度控制。

7. 影响导水裂隙带发育高度的主要因素有哪些?

答:主要影响因素有:煤层开采厚度和开采面积、覆岩岩性和组合方式、煤层倾角和埋深、煤层开采方法和顶板管理方法等。

8. 确定煤层覆岩垮落带和导水裂隙带最大高度采用什么方法?

答:采用经验公式法、现场实测法和数值模拟法等。

9. 施工疏放水试验钻孔的作用是什么?

答:进一步探明水文地质条件,分析疏水量、钻孔疏水影响半径与水位变化,综合分析含水层动、静储量,从而进行可疏性评价。

10. 含水层超前疏放的目标是什么?

答:提高疏放水量、消耗静储量、削减水头高度,实现工作面采后涌水平稳泄放。

11. 采取注浆改造顶板含水层的目的是什么?

答:将开采后导水裂隙带波及范围内的含水层改造成弱含水层或者隔水层。

12. 什么是煤矿充填? 如何分类?

答:煤矿充填是利用充填材料回填采空区的一种工艺。充填材料有沙子、粉煤灰、矸石、建筑垃圾和高水材料等。按充填体中水的比例分为固体充填、膏体充填和高水材料充填等。按充填工作面采煤方法,可分为刀柱开采充填、长壁普采充填和长壁综采充填等。

13. 疏干(降)开采半固结或者较松散的古近系、新近系、第四系含水层覆盖的煤层时,开采前应当遵守哪些规定?

答:应当遵守下列规定:

(1) 查明流砂层的埋藏分布条件,研究其相变及成因类型。

(2) 查明流砂层的富水性、水理性质,预计涌水量和评价可疏干(降)性,建立水文动态观测网,观测疏干(降)速度和疏干(降)半径。

(3) 在疏干(降)开采试验中,应当观测研究导水裂隙带发育高度,水砂分离方法、跑砂休止角,巷道开口时溃水溃砂的最小垂直距离,钻孔超前探放水安全距离等。

(4) 研究对溃水溃砂引起地面塌陷的预测及处理方法。

14. 什么是溃砂?

答:溃砂是指近松散层采掘时含砂量较高的水砂混合流体溃入井下工作面的一种矿井地质灾害,其本质为水流驱动砂粒发生位移,在流砂层下采煤极易造成涌水溃砂灾害。

15. 发生涌水溃砂需要哪些条件?

答:需要4个必要条件,即富水砂层、静水压力、薄基岩和采动空间。

16. 产生涌水溃砂的判别条件有哪些?

答:判别条件如下:

(1) 上覆含水层中存在厚度大于0.25 m的粉细砂层,砂土的孔隙率大于43%,含水率高,土的组成中粉砂含量大于75%。

(2) 覆岩含水层富水性强,向矿井涌水的水力坡度应达到或大于临界水力坡度。

(3) 采矿破坏形成的垮落带和导水裂隙带贯通含水层。

(4) 采空区和巷道有足够大空间容纳溃入的水砂。

17. 开采被富水性强的松散含水层覆盖的缓倾斜煤层前,编制疏干方案一般应遵循的原则是什么?

答:应与煤矿建井、开采阶段相适应;疏干能力要超过充水含水层的天然补给量;疏干工程应靠近防护地段,并尽可能从充水含水层底板地形低洼处开始;疏干钻孔数应采用多种方案进行试算,孔间干扰要求达到最大值;水平充水含水层应采用环状疏干系统,倾斜充水含水层应采用线状疏干系统。疏干方案的编制是在水文地质勘探基础上进行的,在试验性疏干结束后,应根据实际情况对疏干方案做进一步修订。

18. 应用于矿井疏干(降)开采的“三图双预测法”是什么?

答:“三图双预测法”是一种

解决煤层顶板充水水源、通道和强度三大关键技术问题的顶板水害预测评价方法。“三图”是指煤层顶板充水含水层富水性分区图、顶板冒裂安全性分区图和顶板涌(突)水条件综合分区图。“双预测”是指在天然和人为改造状态下的采煤工作面分段和整体工程涌水量预测。

19. 对有离层水存在的矿井,应如何开展离层水的防治工作?

答:主要应从以下 5 个方面开展防治工作:

(1) 应当根据勘探资料对煤层顶板覆岩结构特征及其力学性质、含水层富水性等进行分析,并依据导水裂隙带的发育高度,预测出可能形成离层水的层位。

(2) 应当对可能形成离层水的部位进行超前探测及疏放。

(3) 应当分析工作面涌水情况,总结出本矿井离层水的涌水规律。

(4) 应当进行工作面离层水水量预测,根据预测涌水量建立相应的工作面排水能力。

(5) 应当开展专项研究工作,对离层水的形成机理及防治技术进行研究。

第三节　底板水防治

1. 底板水害防治的原则是什么?

答:井上与井下治理相结合、区域与局部治理相结合。根据矿井实际,采取地面区域治理、井下注浆加固底板或者改造含水层、疏水降压、充填开采等防治水措施,消除水害威胁。

2. 底板水害防治工作中，地面治理工程包括哪些内容？

答：包括地面区域治理、帷幕注浆、钻探注浆封堵导水构造等。

3. 底板水害防治工作中，井下治理工程包括哪些内容？

答：包括煤层底板注浆加固、打钻注浆封堵导水构造、改造含水层或隔水层、疏水降压等。

4. 采煤工作面带压开采过程中，对可能突水的破碎带、导水构造如何处理？

答：提前进行注浆加固。

5. 当承压含水层与开采煤层之间的隔水层能够承受的水头值小于实际水头值时，开采前应当遵守哪些规定？

答：应当遵守下列规定：

（1）采取疏水降压的方法，把承压含水层的水头值降到安全水头值以下，并制定安全措施，由煤炭企业总工程师审批。矿井排水应与矿区供水、生态环境保护相结合，推广应用矿井排水、供水、生态环保“三位一体”优化结合的管理模式和方法。

（2）承压含水层的集中补给边界已经基本查清情况下，可以预先进行帷幕注浆，截断水源，然后疏水降压开采。

（3）当承压含水层的补给水源充沛，不具备疏水降压和帷幕注浆的条件时，可以采用地面区域治理，或者局部注浆加固底板隔水层、改造含水层的方法，但应当编制专门的设计，在有充分防范措施的条件下进行试采，并制定专门的防止淹井措施，由煤炭企业总工程师审批。

6. 煤层底板存在高承压岩溶含水层，且富水性强或者极强，采用井下探查、注浆加固底板或者改造含水层时，应当符合哪些要求？

答：应当符合下列要求：

（1）掘进前应当同时采用钻探和物探方法，确认无突水危险时方可施工。巷道底板的安全隔水层厚度，钻探与物探探测深度按规定合理确定，钻孔超前距和帮距参考有关规定确定。

（2）应当编制注浆加固底板或者改造含水层设计和施工安全技术措施，由煤矿总工程师组织审批。可结合矿井实际情况，建立地面注浆系统。

(3) 注浆加固底板或者改造含水层结束后，由煤炭企业总工程师组织效果评价。采煤工作面突水系数按有关公式计算，不得大于0.1 MPa/m。

7. 在存在煤层底板突水威胁的采掘工作面进行物探，当探测结果为异常时，如何处理？

答：要进行钻探验证，验证孔数不能少于2个，且钻孔要进行全孔测斜，确保达到验证目的。

8. 煤层底板存在高承压岩溶含水层，且富水性强或者极强，采用地面区域治理方法时，应当符合哪些要求？

答：应当符合下列要求：

(1) 煤矿总工程师组织编制区域治理设计方案，由煤炭企业总工程师审批。

(2) 地面区域治理可以采用定向钻探技术，根据矿井水文地质条件确定治理目标层和布孔方式，并根据注浆扩散距离确定合理孔间距，施工中应当逢漏必注，循环钻进直至设计终孔位置，注浆终压不得小于底板岩溶含水层静水压力的1.5倍，达到探测、治理、验证“三位一体”的治理效果。

(3) 三区域治理工程结束后，对工程效果做出结论性评价，提交竣工报告，由煤炭企业总工程师组织验收。采煤工作面突水系数按规定计算，不得大于0.1 MPa/m。

(4) 实施地面区域治理的区域，掘进前应当采用物探方法进行效果检验，没有异常的，可以正常掘进；发现异常的，应当采用钻探验证并治理达标。回采前应同时采用物探、钻探方法进行效果验证。

9. 煤层底板存在高承压岩溶含水层，且富水性强或者极强，采用地面区域治理方法时，区域治理设计包括哪些内容？

答：包括以下内容：

(1) 工程概况：治理范围、位置、地质及水文地质条件、治理必要性及可行性、达到的目标等。

(2) 设计内容：目标层选择，钻孔布置，单孔设计，施工技术要求（固孔、水文地质观测、取芯、孔斜要求等），注浆材料，注浆参数及工艺，注浆站技术要求，施工安全技术措施，工程量预计，工程概算，工期及技术经济效益分析，工程质量控制和管理等。

10. 煤层底板存在高承压岩溶含水层，且富水性强或者极强，采用地面区域注浆治理方法时，应如何选择打钻注浆材料？

答：注浆材料应选用黏土、水泥、粉煤灰等材料，一般浆液比重 1.1～1.5 t/m^3。应根据受注层岩溶发育程度和可注性选择合适的注浆材料。岩溶不发育、可注性差时，要选择黏土水泥浆。遇较大岩溶裂隙，注浆量大的情况，可采取加注骨料、粉煤灰等材料或采取专门措施。

11. 煤层底板存在高承压岩溶含水层，且富水性强或者极强，采用地面区域注浆治理方法时，应采取怎样的注浆方式？

答：应采用分段下行式（前进式）、孔口封闭静压注浆法进行注浆。

12. 煤层底板存在高承压岩溶含水层，且富水性强或者极强，采用地面区域注浆治理方法时，注浆结束的标准是什么？

答：注浆结束标准为泵量达到 35 L/min 以下，且注浆终压（总压力）不小于受注含水层最大静水压力的 1.5 倍，并稳定 30 min 以上。

第四节　老空水防治

1. 物探探查范围不清、积水情况不明的老空时，可采用哪些方式？

答：(1) 地面物探：可以采用地震勘探方法探查老空范围，采用直流电法、瞬变电磁法、可控源音频大地电磁测深法探查老空积水情况。

(2) 井下物探：可以采用槽波地震勘探、瑞利波勘探、无线电波透视法(坑透)探测老空边界，采用瞬变电磁法、直流电法、音频电穿透法探测老空积水情况。

2. 物探圈定的异常区应采用什么方法验证?

答：应当采用钻探方法验证。

3. 煤矿根据老空水查明程度和防治措施落实到位程度，对受老空水影响的煤层按威胁程度，划分为哪几个区进行管理设计?

答：老空积水情况清楚且防治措施落实到位的区域，划为可采区；否则，划为缓采区。缓采区由煤矿地测部门编制老空水探查设计，通过井上下探查手段查明老空积水情况，防治措施落实到位后，方可转为可采区；治理后仍存在老空透水隐患，不能保证安全开采的，划为禁采区。

4. 什么是积水线?

答：积水线是指经过调查确定的积水边界线。积水线由调查所得的水淹区域积水区分布资料确定，或由物探、钻探探查确定。

5. 什么是探水线?

答：探水线是指用钻探方法进行探水作业的起始线。探水线是根据水淹区域的水压、煤(岩)层的抗拉强度及稳定性、资料可靠程度等因素沿积水线平行外推一定距离划定的。当采掘工作面接近此线时就要采取探放水措施。

6. 什么是警戒线?

答：警戒线是指开始加强水情观测，警惕积水威胁的起始线。警戒线是由探水线再平行外推一定距离划定的。采掘工作面接近此线后，应警惕积水威胁，注意采掘工作面水情变化。

7. 如何防治老空水害?

答：老空水害防治方法包括超前疏干(放)、留设防隔水煤(岩)柱、修建防水闸墙、封堵补给通道等措施。当老空有大量积水或者有稳定补给源时，应当优先选择留设防隔水煤(岩)柱；当老空积水量较小或者没有稳定补给源时，应当优先选择超前疏干(放)方法；对于有潜在补给源的未充水老空，应当采取切断可能补给水源或者修建防水闸墙等隔离措施。

8. 疏放老空水时,有什么要求?

答:疏放老空水时,应当由地测部门编制专门疏放水设计,经煤矿总工程师组织审批后,按设计实施。疏放过程中,应当详细记录放水量、水压动态变化。放水结束后,对比放水量与预计积水量,采用钻探、物探方法对放水效果进行验证,确保疏干放净。

9. 在煤层内探放水头压力高于 1 MPa 的老空水,有何规定?

答:煤层内,禁止探放水头压力高于 1 MPa 的老空水;如果确实需要探放的,可以先构筑防水闸墙,并由闸墙外向内探放水。

10. 在疏放老空水过程中,如何避免有害气体对作业人员的威胁?

答:疏放老空水时,应当设有有害气体检查员在现场值班,随时监测钻孔涌出气体成分。如果瓦斯或者其他有害气体浓度超过有关规定,应当立即停止钻进,切断电源,撤出人员,并报告矿井调度室,及时处理。

11. 当需要远距离疏放老空水时,应选择什么钻机进行疏放?

答:应当选择定向钻机。

12. 近距离煤层群开采时,下伏煤层采掘前,对上覆煤层采空区积水应如何处理?

答:必须疏干导水裂隙带波及范围内的上覆煤层采空区积水。

13. 下山掘进沿空巷道时,对于疏放采空区积水有何规定?

答:沿空掘进的下山巷道超前疏放相邻采空区积水的,在查明采空区积水范围、积水标高等情况后,可以实行限压(水压小于 0.01 MPa)循环放水,但必须制定专门措施由煤矿总工程师审批。

14. 什么是限压循环放水?

答:限压循环放水是指从采空区积水标高以上,沿空或者小煤柱条件下向积水区方向下山掘进施工时,采取的老空水疏放措施。其指的是当巷道迎头施工到积水面标高以下 1 m 以内时,在迎头施工疏放水钻孔,老空水经排水设备排出巷道;当积水面降至疏放水孔口标高时,进行巷道掘进施工,完成一个循环的老空水疏放工作。疏放水孔布置在采空区一侧,孔数根据排水能力确定。

第五节　水体下采煤

1. 在地表水体、松散含水层和基岩含水层(体)下采煤,应遵守哪些规定?

答:应遵守下列规定:

(1) 在矿井、水平、采区设计时必须划定受河流、湖泊、水库、采煤塌陷区和海域等地表水体威胁的开采区域。受地表水体威胁区域的近水体下开采,应当留足防隔水煤(岩)柱。

(2) 在松散含水层下开采时,应当按照水体采动等级留设防水、防砂或者防塌等不同类型的防隔水煤(岩)柱。

(3) 在基岩含水层(体)或者含水断裂带下开采时,应当对开采前后覆岩的渗透性及含水层之间的水力联系进行分析评价,确定采用留设防隔水煤(岩)柱或者采用疏干(降)等方法保证安全开采。

2. 在基岩含水层下开采时,为确保安全开采,需重点研判哪些因素?

答:在基岩含水层下开采时,要对含水层的水文地质结构、补给径流排泄关系和各含水层的富水性及其水力联系等进行详细勘探和研究,对比分析和预测煤层开采前后覆岩中的渗透性变化,根据岩性组合特点、覆岩破坏高度预测及技术经济分析对比,确定是采用留设防隔水煤(岩)柱开采,还是采用疏干方法开采。

3. 在断层破碎带下开采时,应执行哪些规定?

答:当在断层破碎带下开采时,要查明断层带的性质、导水性和富水性,按照《煤矿防治水细则》附录中有关计算方法计算留设防隔水煤(岩)柱尺寸。当断层破碎带软弱破碎、含有大量泥砂时,还应按照松散层留设防隔水煤(岩)柱的要求进行考虑。

4. 进行水体下采煤的,应当对开采煤层上覆岩层进行专门水文地质、工程地质勘探。专门水文地质、工程地质勘探包括哪些内容?

答:应当包括下列内容:

(1) 查明与煤层开采有关的上覆岩层水文地质结构,包括含水层、隔水层的厚度和分布，含水层水位、水质、富水性，各含水层之间的水力联系及补给、径流、排泄条件，断层的导（含）水性。

（2）采用钻探、物探等方法探明工作面上方基岩面的起伏和基岩厚度。在松散含水层下开采时，应当查明松散层底部隔水层的厚度、变化与分布情况。

（3）通过岩芯工程地质编录和数字测井等，查明上覆岩土层的工程地质类型、覆岩组合及结构特征，采取岩土样进行物理力学性质测试。

5. 临近水体下的采掘工作，应当遵守哪些规定？

答：应当遵守下列规定：

（1）采用有效控制采高和开采范围的采煤方法，防止急倾斜煤层抽冒。在工作面范围内存在高角度断层时，采取有效措施，防止断层导水或者沿断层带抽冒破坏。

（2）在水体下开采缓倾斜及倾斜煤层时，宜采用倾斜分层长壁开采方法，并尽量减少第一、第二分层的采厚；上下分层同一位置的采煤间歇时间不得小于 6 个月，岩性坚硬顶板间歇时间适当延长。留设防砂和防塌煤（岩）柱，采用放顶煤开采方法时，先试验后推广。

（3）严禁开采地表水体、老空水淹区域、强含水层下且水患威胁未消除的急倾斜煤层。

（4）开采煤层组时，采用间隔式采煤方法。如果仍不能满足安全开采的，修改煤柱设计，加大煤柱尺寸，保障矿井安全。

（5）当地表水体或者松散层富水性强的含水层下无隔水层时，开采浅部煤层及在采厚大、含水层富水性中等以上、预计导水裂隙带大于水体与开采煤层间距时，采用充填法、条带开采、顶板关键层弱化或者限制开采厚度等控制导水裂隙带发育高度的开采方法。对于易于疏降的中等富水性以上松散层底部含水层，可以采用疏降含水层水位或者疏干等方法，以保证安全开采。

（6）开采老空积水区内有陷落柱或者断层等构造发育的下伏煤层，在煤层间距大于预计的导水裂隙带波及范围时，还必须查明陷落柱或者断层等构造的导（含）水性，采取相应的防治措施，在隐患消除前不得开采。

第六节　防隔水煤(岩)柱留设

1. 关于留设防隔水煤(岩)柱,有哪些规定?

答:有下列情况之一的,应当留设防隔水煤(岩)柱:

(1) 煤层露头风化。

(2) 在地表水体、含水冲积层下或者水淹区域邻近地带。

(3) 与富水性强的含水层间存在水力联系的断层、裂隙带或者强导水断层接触的煤层。

(4) 有大量积水的老空。

(5) 导水、充水的陷落柱、岩溶洞穴或者地下暗河。

(6) 分区隔离开采边界。

(7) 受保护的观测孔、注浆孔和电缆孔等。

此外,相邻矿井的分界处,应当留设防隔水煤(岩)柱。矿井以断层分界的,应当在断层两侧留设防隔水煤(岩)柱。

第七节　防水闸门与防水闸墙

1. 什么水文地质类型的矿井应设置防水闸门与防水闸墙?

答:水文地质类型复杂、极复杂或者有突水淹井危险的矿井,应当在井底车场周围设置防水闸门与防水闸墙。

第八节　注浆堵水

1. 为制定注浆封堵突水点方案,应重点研判哪些因素?

答:注浆封堵突水点时,应当根据突水水量、水压、水质、水温及含水层水位动态变化特征等,综合分析判断突水水源,结合地层岩性、构造特征,分析判断突水通道性质特征,制定注浆堵水方案,经煤炭企业总工程师批准后实施。

第六章　水害应急处置

第一节　应急预案及实施

1. 关于避水灾路线有哪些规定?

答:矿井必须规定避水灾路线,设置能够在矿灯照明下清晰可见的避水灾标识。巷道交叉口必须设置标识,采区巷道内标识间距不得大于 200 m,矿井主要巷道内标识间距不得大于 300 m,并让井下职工熟知,一旦突水,能够安全撤离。

第二节　排水恢复被淹井巷

1. 编制矿井突水淹井调查分析报告,应当包括哪些主要内容?

答:应当包括下列主要内容:

(1) 突水淹井过程,突水点位置,突水时间,突水形式,水源分析,淹没速度和涌水量变化等。

(2) 突水淹没范围,估算积水量。

(3) 预计排水过程中的涌水量。依据淹没前井巷各个部分的涌水量,推算突水点的最大涌水量和稳定涌水量,预计恢复过程中各不同标高段的涌水量,并设计排水量曲线。

(4) 分析突水原因所需的有关水文地质点(孔、井、泉)的动态资料和曲线、矿井综合水文地质图、矿井水文地质剖面图、矿井充水性图和水化学资料等。

2. 被淹矿井排水恢复过程中,对有害气体的监测处理有哪些规定?

答:排除井筒和下山的积水及恢复被淹井巷前,应当制定防止被水封闭的有害气体突然涌出的安全措施。排水过程中,矿山救护队应当现场监护,并检查水面的空气成分;发现有害气体,及时处理。

习　题

一、判断题

1. 煤矿防治水工作应当坚持预测预报、有疑必探、先探后掘、先治后采的原则。(　　)

2. 煤矿应当根据本单位的水害情况,配备满足工作需要的防治水专业技术人员,配齐专用的探放水设备,建立专门的探放水作业队伍,储备必要的水害抢险救灾设备和物资。水文地质类型复杂、极复杂的煤矿,还应当设立专门的防治水机构、配备防治水总工程师。(　　)

3. 矿井水文地质补充勘探应当根据相关规范编制补充勘探设计,经煤炭企业负责人组织审批后实施。(　　)

4. 在地面无法查明水文地质条件时,应当在采掘前采用物探、钻探或者化探等方法查清采掘工作面及其周围的水文地质条件。(　　)

5. 在探放水钻进时,发现煤岩松软、片帮、来压或者钻孔中水压、水量突然增大和顶钻等突水征兆时,立即停止钻进,拔出钻杆。(　　)

6. 矿井井口和工业场地内建筑物的地面标高,应当高于当地历史最高洪水位;否则,应当修筑堤坝、沟渠或者采取其他可靠防御洪水的措施。(　　)

7. 煤矿应当与当地气象、水利、防汛等部门进行联系,建立灾害性天气预警和预防机制。(　　)

8. 被富水性强的松散含水层覆盖的缓倾斜煤层,需要疏干(降)开采时,应当进行专门水文地质勘探或者补充勘探,根据勘探成果确定疏干(降)地段、制定疏干(降)方案。(　　)

9. 矿井防隔水煤(岩)柱一经确定,不得随意变动。严禁在各类防隔水煤(岩)柱中进行采掘活动。(　　)

10. 煤矿应当加强与各级抢险救灾机构的联系,掌握抢救技术装备情况,一旦发生水害事故,立即启动相应的应急预案,争取社会救援,

实施事故抢救。(　　)

二、单选题

1. 煤炭企业、煤矿的(　　)是本单位防治水工作的第一责任人。

A. 主要负责人　　B. 总工程师

C. 生产矿长　　D. 防治水副总工程师

2. 矿井水文地质类型应当每(　　)年修订1次。当发生较大以上水害事故或者因突水造成采掘区域或矿井被淹的,应当在恢复生产前重新确定矿井水文地质类型。

A. 4　　B. 3　　C. 2　　D. 1

3. 矿区水文地质测绘比例尺应当采用(　　)。

A. 1∶100 000～1∶10 000　　B. 1∶10 000～1∶2 000

C. 1∶2 000～1∶500　　D. 1∶500～1∶200

4. 对于井下新揭露的出水点,在涌水量尚未稳定或者尚未掌握其变化规律前,一般应当(　　)观测1次。

A. 每班　　B. 每日　　C. 每旬　　D. 每月

5. 井下探放水作业应当使用专用的(　　),严禁使用非专用钻机探放水。

A. 风煤钻　　B. 锚杆钻机

C. 探放水钻机　　D. 瓦斯抽采钻机

6. 采掘工作面探水前,应当编制探放水设计和施工安全技术措施,确定(　　),并绘制在采掘工程平面图和矿井充水性图上。

A. 积水线和探水线　　B. 探水线和警戒线

C. 积水线和警戒线　　D. 放水线和探水线

7. 探放断裂构造水和岩溶水等时,探水钻孔沿掘进方向的正前方及含水体方向呈扇形布置,钻孔不得少于(　　)个,其中含水体方向的钻孔不得少于(　　)个。

A. 3,2　　B. 4,2　　C. 4,3　　D. 5,2

8. 矿井在预计水压大于(　　)MPa的地点探水时,预先固结套管,并安装闸阀。

A. 0.1　　B. 0.2　　C. 0.3　　D. 0.4

9. 报废的斜井应当封堵填实,或者在井口以下垂深大于(　　)m处砌筑1座混凝土墙,再用泥土填至井口,并在井口砌筑厚度不低于1 m的混凝土墙。

A. 10　　B. 20　　C. 30　　D. 40

10. 矿区降大到暴雨时和降雨后,应当派专业人员及时观测矿井(　　)变化情况。

A. 涌水水温　　B. 涌水水质　　C. 涌水量　　D. 涌水水压

11. 煤矿应当根据老空水查明程度和防治措施落实到位程度,对受老空水影响的煤层按威胁程度编制分区管理设计,由煤矿总工程师组织审批。老空积水情况清楚且防治措施落实到位的区域,划为(　　)。

A. 缓采区　　B. 可采区　　C. 禁采区　　D. 待采区

12. 沿空掘进的下山巷道超前疏放相邻采空区积水的,在查明采空区积水范围、积水标高等情况后,可以实行限压(　　)循环放水,但必须制定专门措施由煤矿总工程师审批。

A. 水压小于0.01 MPa　　B. 水压小于0.02 MPa

C. 水压小于0.03 MPa　　D. 水压小于0.05 MPa

13. 在水体下开采缓倾斜及倾斜煤层时,宜采用倾斜分层长壁开采方法,并尽量减少第一、第二分层的采厚;上下分层同一位置的采煤间歇时间不得小于(　　)个月,岩性坚硬顶板间歇时间适当延长。

A. 3　　B. 4　　C. 5　　D. 6

14. 防水闸门来水一侧15～25 m处,加设1道挡物(　　)。

A. 风门　　B. 密闭墙　　C. 栅栏　　D. 箅子门

15. 巷道超前预注浆封堵加固方案,经(　　)组织审批后实施。

A. 煤炭企业主要负责人　　B. 煤炭企业总工程师

C. 生产矿长　　D. 防治水副总工程师

16. 矿井工作水泵的能力应能(　　)h内排出矿井24h的正常涌水量。

A. 16　　B. 18　　C. 20　　D. 24

17. 矿井井下水仓的空仓容量应当经常保持在总容量的(　　)

以上。

A. 50%　　B. 60%　　C. 70%　　D. 80%

18. 水泵、水管、闸阀、配电设备和线路，必须经常检查和维护。在每年雨季之前，应当全面检修(　　)次，并对全部工作水泵、备用水泵及潜水泵进行1次联合排水试验，提交联合排水试验报告。

A. 1　　B. 2　　C. 3　　D. 4

19. 煤炭企业、煤矿每年雨季前至少组织开展(　　)次水害应急预案演练。

A. 1　　B. 2　　C. 3　　D. 4

20. 矿井必须规定避水灾路线，设置能够在矿灯照明下清晰可见的避水灾标识。巷道交叉口必须设置标识，矿井主要巷道内标识间距不得大于(　　)m，并让井下职工熟知，一旦突水，能够安全撤离。

A. 100　　B. 200　　C. 300　　D. 400

三、多选题

1. 生产矿井应当编制包括防治水内容的生产地质报告，并按照规定编制(　　)、矿井涌水量与相关因素动态曲线图 等水文地质图件。

A. 矿井综合水文地质图　　B. 矿井综合水文地质柱状图

C. 矿井水文地质剖面图　　D. 矿井充水性图

2. 矿井应当建立水文地质信息管理系统，实现矿井水文地质(　　)、计算评价、水害预测预报一体化。

A. 文字资料收集　　B. 数据采集

C. 台账编制　　D. 图件绘制

3. 井下水文地质补充勘探应当采用井下(　　)、测试等综合勘探方法，针对井下特殊作业环境，采取可靠的安全技术措施。

A. 钻探　　B. 物探　　C. 化探　　D. 监测

4. 矿井闭坑报告中防治水相关内容应当包括，闭坑前的矿井采掘空间分布情况，对可能存在的(　　)、水位等情况的分析评价。

A. 充水水源　　B. 通道　　C. 积水量　　D. 水质

5. 采掘工作面遇有接近水淹或者可能积水的井巷、老空或者相邻煤矿时，接近可能与河流、湖泊、水库、蓄水池、水井等相通的导水通道时，接近含水层、导水断层、溶洞或者导水陷落柱时，及（　　），必须进行探放水。

A. 打开隔离煤柱放水时

B. 接近有出水可能的钻孔时

C. 接近水文地质条件不清的区域时

D. 接近有积水的灌浆区时

6. 底板水防治应当遵循井上与井下治理相结合、区域与局部治理相结合的原则。根据矿井实际，采取（　　）等防治水措施，消除水害威胁。

A. 地面区域治理　　B. 井下注浆加固底板

C. 改造含水层　　D. 疏水降压

E. 充填开采

7. 煤矿防治水工作应当根据不同水文地质条件，采取（　　）、疏、排、截、监等综合防治措施。

A. 导　　B. 探　　C. 防　　D. 堵

8. 煤矿主要负责人必须赋予（　　）等相关人员紧急撤人的权力，发现突水（透水、溃水）征兆、极端天气可能导致淹井等重大险情，立即撤出所有受水患威胁地点的人员，在原因未查清、隐患未排除之前，不得进行任何采掘活动。

A. 调度员　　B. 爆破员

C. 安检员　　D. 井下带班人员

E. 班组长

9. 煤炭企业、煤矿和相关单位应当加强防治水技术研究和科技攻关，推广使用防治水的（　　），提高防治水工作的科技水平。

A. 新标准　　B. 新技术　　C. 新装备　　D. 新工艺

10. 根据井田内受采掘破坏或者影响的含水层及水体、井田及周边老空（火烧区，下同）水分布状况、矿井涌水量、突水量、开采受水害影响程度和防治水工作难易程度，将矿井水文地质类型划分为（　　）4种类型。

A. 一般　　B. 简单　　C. 中等　　D. 复杂

E. 极复杂

四、填空题

1. 当矿井水文地质条件尚未查清时，应当进行水文地质__________工作。在水害隐患情况未查明或者未消除之前，严禁进行采掘活动。

2. 水文地质类型复杂、极复杂或者有突水淹井危险的矿井，应当在井底车场周围设置__________与__________。

3. 煤矿井下上山探水时，应当采用双巷掘进，其中一条超前探水和汇水，另一条用来安全撤人；双巷间每隔__________ m 掘 1 个联络巷，并设挡水墙。

4. 物探圈定的异常区应当采用__________方法验证。

5. 煤矿调度室接到水情报告后，应当立即启动本矿__________，向值班负责人和主要负责人汇报，并将水患情况通报周边所有煤矿。

五、简答题

1. 煤矿必须落实防治水的主体责任，推进防治水理念实现哪五大转变？

2. 煤矿防治水“十六字”基本原则是什么？

3. 在井下探放水过程中出现突水征兆时应采取哪些措施？

4. 对井下探放水过程中的有害气体，应如何防范？

5. 什么是探水线？

参考答案

一、判断题

1～5√××√×　6～10√√√√√

二、单选题

1～5 ABBBC　6～10 BAABC

11～15 BADDB　16～20 CAAAC

三、多选题

1. ABCD　2. ABCD　3. ABCD　4. ABC　5. ABCD

6. ABCDE 7. BCD 8. ACDE 9. BCD 10. BCDE

四、填空题

1. 补充勘探

2. 防水闸门,防水闸墙

3. 30～50

4. 钻探

5. 水害应急预案

五、简答题

1. 答:五大防治水转变理念包括:防治水工作逐渐由过程治理为主向源头预防为主转变;由局部治理为主向区域治理为主转变;由井下治理为主向井上下结合治理为主转变;由措施防范为主向工程治理为主转变;由治水为主向治保结合为主转变。

2. 答:预测预报、有疑必探、先探后掘、先治后采。

3. 答:在探放水钻进时,发现煤岩松软、片帮、来压或者钻孔中水压、水量突然增大和顶钻等突水征兆时,立即停止钻进,但不得拔出钻杆;应当立即撤出所有受水威胁区域的人员到安全地点,并向矿井调度室汇报,采取安全措施,派专业技术人员监测水情并分析,妥善处理。

4. 答:探放老空水时,预计可能发生瓦斯或者其他有害气体涌出的,应当设有瓦斯检查员或者矿山救护队员在现场值班,随时检查空气成分。如果瓦斯或者其他有害气体浓度超过有关规定,应当立即停止钻进,切断电源,撤出人员,并报告矿井调度室,及时处理。揭露老空未见积水的钻孔应当立即封堵。

5. 答:探水线是指用钻探方法进行探水作业的起始线。探水线是根据水淹区域的水压、煤(岩)层的抗拉强度及稳定性、资料可靠程度等因素沿积水线平行外推一定距离划定的。当采掘工作面接近此线时就要采取探放水措施。

第五篇　防治煤矿冲击地压细则

第一章　总　　则

1. 为什么要学习《防治煤矿冲击地压细则》?

答:随着我国井工煤矿开采深度的日益增加,冲击地压现象发生的频次越来越高,给煤矿开采造成的损失也越来越大,但由于目前对冲击地压发生的机理及发生规律的研究还不够深入,因此不能有效地预判是否会发生冲击地压,什么时候发生冲击地压。《煤矿安全规程》虽然对煤矿冲击地压防治做了最基本的强制性要求,但对冲击地压的防治工作规定还不够详细,这就导致煤矿在冲击地压防治过程中出现执行上的偏差,因此,原国家煤矿安全监察局在原有《冲击地压煤层安全开采暂行规定》《冲击地压预测和防治试行规范》基础上,结合我国近年来在冲击地压方面的最新研究成果,重新制定了《防治煤矿冲击地压细则》,细化了《煤矿安全规程》对煤矿冲击地压防治与防控工作的规定,增强了《煤矿安全规程》的可执行性与操作性,对规范冲击地压矿井的冲击地压防治与防控管理工作具有重大意义。因此,只有全面学习、掌握《防治煤矿冲击地压细则》的相关规定,才能更有效地防治煤矿冲击地压,确保煤矿开采安全。

2.《防治煤矿冲击地压细则》主要内容有哪些?

答:《防治煤矿冲击地压细则》共 6 章 87 条,全面阐述了煤矿冲击地压防治工作的具体要求,其内容主要包括冲击地压矿井的防冲管理,煤层冲击倾向性的鉴定,开采冲击地压煤层的安全防范及安全保障措施,冲击地压的预测预报,防冲措施的实施,发生冲击地压事故时的应急管理等。可以说,《防治煤矿冲击地压细则》从建立专门的防冲机构及明确煤矿各级部门与领导的防冲责任到防冲费用的保障,从煤层冲击倾向性的鉴定到煤矿冲击地压的预测预报,从煤矿冲击地压的防控到发生冲击地压事故时的应急管理都做了详尽的规定。

3. 制定《防治煤矿冲击地压细则》的目的是什么?

答:目的是加强煤矿冲击地压防治工作,有效预防冲击地压事故,保障煤矿职工安全。

4. 冲击地压煤矿主要负责人在冲击地压防治方面的职责有哪些?

答:煤矿企业(煤矿)的主要负责人(法定代表人、实际控制人)是煤矿冲击地压防治工作的第一责任人,全面负责煤矿冲击地压的防治工作,负责召开专门会议听取煤矿冲击地压防治工作情况,组织制定煤矿冲击地压防治的总体方案,协调落实冲击地压防治工作开展所需的人力、物力和财力。

5. 冲击地压矿井的总工程师在冲击地压防治方面有哪些职责?

答:煤矿总工程师负责煤矿冲击地压防治的全面技术工作,负责组织制定矿井冲击地压防治总体设计、技术方案和中长期规划,划定矿井冲击危险范围及危险等级,评价和审批冲击地压防治技术措施,监督现场落实措施。

6. 矿井中分管防冲工作的副总工程师的防冲职责有哪些?

答:在总工程师的领导下对冲击地压防治技术工作直接负责,负责研究制定冲击地压防治方案及防冲措施,负责划定具体冲击危险范围及危险程度,负责研究并确定各项措施的技术参数和操作工艺,负责冲击地压危险的监测预警工作的落实。

7. 冲击地压防治专项费用使用范围包括哪些?

答:落实冲击地压防治措施的支出,煤矿冲击地压重大隐患治理的支出,冲击地压监测、应急救援技术装备、设施配置和维护保养支出,开展冲击地压重大危险源和灾害隐患评估、监控和整改的支出,个体防护用品的支出,新技术、新工艺、新方法、新装备的研究及推广应用的支出,宣传、教育、培训的支出,其他与冲击地压防治直接相关的支出。

8. 对冲击地压矿井的应急预案有哪些特殊要求？

答：冲击地压矿井必须编制冲击地压事故应急预案，且每年至少组织一次应急预案演练。

9. 煤(岩)与瓦斯(二氧化碳)突出矿井、冲击地压矿井企业安全费用提取标准是多少？

答：煤(岩)与瓦斯(二氧化碳)突出矿井、冲击地压矿井企业安全费用提取标准为 50 元/吨煤。

10. 冲击地压事故报告应当包括哪些内容？

答：冲击地压事故发生单位概况，冲击地压事故发生的时间、地点以及事故现场情况，冲击地压事故的简要经过，冲击地压事故已经造成或者可能造成的伤亡人数(包括下落不明的人数)和初步估计的直接经济损失，已经采取的措施。

11. 冲击地压事故应急预案在出现哪些情况时必须及时修订？

答：冲击地压事故应急预案在冲击地压事故要素发生较大变化，煤层赋存条件或者开采条件发生较大变化时必须及时修订。

12. 冲击地压矿井针对冲击地压防治工作必须建立哪些制度？

答：冲击地压矿井必须建立冲击地压防治安全技术管理制度、防治岗位安全责任制度、防治培训制度、事故报告制度等。

13. 冲击地压防治安全技术管理制度必须对哪些方面提出具体要求？

答：需对管理机构及职责、冲击地压煤层开采设计、冲击地压事故隐患排查、防冲规划和计划编制、冲击危险性评价及防冲设计、规程措施编制、冲击地压危险预测、监测预警及综合治理、安全防护与现场管理、技术培训等提出具体要求。

14. 冲击地压矿井应对哪些人员进行防冲知识培训？培训周期是如何规定的？

答：冲击地压矿井每年必须对冲击地压防治人员，在冲击地压危险区域作业人员及相关人员至少进行一次防冲知识培训。

第二章　一般规定

1. 什么是冲击地压？

答：冲击地压是指煤矿井巷或工作面周围煤(岩)体，在采掘扰动作用下，由于弹性变形能的突然释放而产生剧烈破坏的动力现象。

2. 根据释放能量的主体不同，冲击地压可分为哪几种类型？

答：根据释放能量的主体不同，冲击地压可分为煤体压缩型、顶板断裂型和断层错动型冲击地压 3 种。

3. 煤岩体弹性能释放的主体分为哪几种？

答：分为煤体、煤的顶底板岩体、断层带介质及其上下盘岩体。

4. 什么是煤体压缩型冲击地压？

答：煤体压缩型冲击地压是由于煤体压缩失稳而产生的，包括重力引起的和水平构造应力引起的两种，多发生在厚煤层开采的采煤工作面和回采巷道中。

5. 什么是顶板断裂型冲击地压？

答：顶板断裂型冲击地压是由顶板岩层拉伸失稳而产生的，多发生在工作面顶板坚硬、致密、完整且厚，煤层开采后形成采空区大面积空顶的条件下。

6. 什么是断层错动型冲击地压？

答：断层错动型冲击地压是由断层围岩体剪切失稳而产生的，多发生在采掘活动接近断层时，受采矿活动影响而使断层突然破裂错动。

7. 什么是冲击地压煤层？

答：矿井井田范围内发生过冲击地压现象的煤层，或者经鉴定煤层(或者其顶底板岩层)具有冲击倾向性且评价具有冲击危险性的煤层为冲击地压煤层。

8. 如何界定冲击地压矿井与严重冲击地压矿井？

答:有冲击地压煤层的矿井为冲击地压矿井。开采严重冲击地压煤层的矿井为严重冲击地压矿井。

9. 冲击地压煤层的界定标准是什么?

答:第一类煤层是采掘过程中发生过冲击地压现象的,直接界定为冲击地压煤层;第二类煤层虽没有发生过冲击地压,但是经鉴定,煤层或其顶、底板岩层具有冲击倾向性,并且经评价该煤层具有冲击危险性,则界定为冲击地压煤层。

10. 常用的冲击危险性评价方法可分为哪几类?

答:常用的冲击危险性评价方法可分为实验室及现场实测方法、数值模拟及相似材料模拟方法、多指标综合评价方法3类。

11. 冲击地压的发生与哪些因素有关?

答:煤岩冲击倾向性仅是煤层发生冲击地压的条件之一,冲击地压的发生还与煤层地质条件、开采技术条件等因素有关。

12. 煤矿开采在哪些情况下需要进行煤层(岩层)冲击倾向性鉴定?

答:煤矿在开采过程中出现以下情况之一的,应当进行冲击倾向性鉴定:

(1) 有强烈震动、瞬间底(帮)鼓、煤岩弹射等动力现象的。

(2) 埋深超过400 m的煤层,且煤层上方100 m范围内存在单层厚度超过10 m、单轴抗压强度大于60 MPa的坚硬岩层的。

(3) 相邻矿井开采的同一煤层发生过冲击地压或经鉴定为冲击地压煤层的。

(4) 冲击地压矿井开采新水平、新煤层的。

13. 什么是煤(岩)层冲击危险性?

答:冲击危险性是指煤岩体发生冲击地压的可能性与危险程度。

14. 冲击危险性评价结果分为哪几级?

答:冲击危险性评价结果分四级:无冲击地压危险、弱冲击地压危险、中等冲击地压危险、强冲击地压危险。

15. 强冲击地压危险等级的矿井从开采设计以及工艺设计方面应怎样防控冲击地压?

答：主要从以下几个方面采取措施：

（1）在开采设计上考虑冲击地压影响因素，规避或减弱诱发冲击地压发生的影响因素产生，合理选择巷道及硐室的布置方案、工作面接替顺序。

（2）优化巷道及硐室设计参数、支护方式和掘进速度等。

（3）优化采煤工作面顶板支护、推进速度、超前支护距离及方式、采放煤高度等参数。

16. 煤矿企业应当将矿井煤（岩）层冲击倾向性鉴定结果上报哪些部门？

答：煤矿企业应当将煤（岩）层冲击倾向性鉴定结果报省级煤炭行业管理部门、煤矿安全监管部门和煤矿安全监察机构。

17. 在开采冲击地压煤层时，煤矿企业（煤矿）应对哪些区域进行冲击危险性评价？

答：在开采冲击地压煤层时，煤矿企业（煤矿）应按规定对采区、采煤工作面和掘进工作面的冲击危险性进行评价。

18. 鉴定煤的冲击倾向性的指标有哪些？

答：鉴定煤的冲击倾向性的指标有动态破坏时间、弹性能量指数、冲击能量指数、单轴抗压强度。

19. 煤层冲击倾向性分为哪几级？

答：煤层冲击倾向性分为无冲击倾向性、弱冲击倾向性、强冲击倾向性。

20. 矿井冲击地压局部监测系统包括哪些？

答：局部监测系统包括应力在线、电磁辐射、地音监测、电荷监测等。

21. 冲击地压的防治原则是什么？

答：冲击地压防治应当坚持“区域先行、局部跟进、分区管理、分类防治”的原则。

22. 如何理解冲击地压防治原则中的“分区管理”？

答：分区管理是指根据冲击危险性评价结果，对划定的无、弱、中、强危险区域进行监测、防治、管理上区别对待。

23. 如何理解冲击地压防治原则中的“分类防治”？

答：冲击地压的类型各异，并且分类方法较多，但是从防治角度来讲，应结合诱发冲击地压的荷载源分类方法。煤矿企业在实际执行过程中为了便于操作，还可以根据诱发冲击地压的主控因素进行冲击地压分类，针对主控因素上的措施区别进行冲击地压分类防治。

24. 矿井区域防冲措施包括哪几个步骤？

答：主要包括以下6个步骤：

第一步，冲击地压煤层鉴定：依据国家标准对准备开采的煤层进行鉴别。

第二步，基于地应力测试的开拓布置：依据地应力方向设计开拓、准备巷道方向，避免局部应力集中。

第三步，冲击地压煤层开采合理采煤方法选择：在合理布置的基础上，从有利于避免高应力角度选择合理的采煤方法。

第四步，无煤柱护巷技术：在采煤方法确定基础上，从寻求低应力角度确定区段巷道布置及煤柱留设。

第五步，煤层群保护层开采：从释放强冲击危险性煤层围岩应力角度，确定煤层群开采先采保护层。

第六步，同一煤层开采顺序：针对同一煤层，确定沿煤层倾斜方向顺序开采。

25. 冲击地压矿井由于地质条件揭露或开采条件等原因导致采区

开采方案发生变化时，在防冲方面应采取哪些应对措施？

答：当由于地质条件揭露或开采条件等原因导致采区开采方案发生变化时，应对新方案重新进行冲击危险性评价，并提交相关评价和防冲设计修改补充报告。

26. 冲击危险性评价方法有哪几种？

答：综合指数法、多因素模拟识别法、多因素耦合分析法、可能性指数法等。

27. 采用综合指数法评价冲击危险性时，评价因素主要包括哪些？

答：采用综合指数法评价时，评价因素主要包括地质因素和开采技术因素。

28. 煤层(矿井)、采区冲击危险性评价及冲击地压危险区划分可由什么机构进行？

答：可委托具有冲击地压研究基础与评价能力的机构或由具有5年以上冲击地压防治经验的煤矿企业开展，编制评价报告，并对评价结果负责。

29. 冲击地压矿井中长期防冲规划主要包括哪些内容？

答：防冲管理机构及队伍组成、规划期内的采掘接续、冲击地压危险区域划分、冲击地压监测与治理措施的指导性方案、冲击地压防治科研重点、安全费用、防冲原则及实施保障措施等。

30. 冲击地压矿井年度防冲计划主要包括哪些内容？

答：上年度冲击地压防治总结及本年度采掘工作面接续、冲击地压危险区域排查、冲击地压监测与治理措施的实施方案、科研项目、安全费用、防冲安全技术措施、年度培训计划等。

31. 防冲专项措施包括哪些内容？

答：防冲专项措施应当依据防冲设计编制，应当包括采掘作业区域冲击危险性评价结论、冲击地压监测方法、防治方法、效果检验方法、安全防护方法以及避灾路线等主要内容。

32. 矿井针对冲击地压的安全防护措施包括哪些？

答：完善压风自救系统、人身防护、设备固定、管路吊挂、物料摆放、加强支护等。

33. 对冲击地压矿井在管理上有哪些规定？

答：必须明确分管冲击地压防治工作的负责人，设立专门的防冲机构，并配备专业防冲技术人员与施工队伍，建立防治煤矿冲击地压岗位责任制。

34. 冲击地压矿井应从哪些方面对相关人员开展冲击地压防治的教育和培训？

答：应该从基础知识、案例教训、设备操作、规章制度、防冲作业安全措施、防冲区域作业等方面对相关人员进行冲击地压防治的教育和培训。

35. 冲击地压矿井应该接受冲击地压防治教育和培训的人员有哪些？

答：井下相关的作业人员、班组长、技术员、区队长、防冲专业技术人员与管理人员。

36. 冲击地压防治教育和培训的内容有哪些？

答：可以从冲击地压影响因素、危险区域划分、监测预警、防治措施、效果检验、监测数据分析、安全防护措施、应急预案等方面进行冲击地压防治的教育和培训。

37. 煤矿生产过程中在哪些情况下必须编制防冲设计？

答：新建矿井和冲击地压矿井的新水平、新采区、新煤层有冲击地压危险的，必须编制防冲设计。

38. 矿井防冲设计包括哪些内容？

答：矿井防冲设计应当包括开拓方式、保护层的选择、巷道布置、工作面开采顺序、采煤方法、生产能力、支护形式、冲击危险性预测方法、冲击地压监测预警方法、防冲措施及效果检验方法、安全防护措施等内容。

新建矿井防冲设计还应当包括防冲必须具备的装备、防冲机构和管理制度、冲击地压防治培训制度和应急预案等。

新水平防冲设计还应当包括多水平之间相互影响、多水平开采顺序、水平内煤层群的开采顺序、保护层设计等。

新采区防冲设计还应当包括采区内工作面采掘顺序设计、冲击地压危险区域等级划分、基于防冲的回采巷道布置、上下山巷道位置、停采线位置等。

39. 冲击地压矿井应该如何进行矿井生产能力核定和确定采掘工作面的生产能力？

答：冲击地压矿井应当按照采掘工作面的防冲要求进行矿井生产能力核定，在冲击地压危险区域采掘作业时，应当按冲击地压危险性评价结果明确采掘工作面安全推进速度，确定采掘工作面的生产能力。提高矿井生产能力和新水平延深时，必须组织专家进行论证。

40. 冲击地压矿井采掘工作面同时作业时，需要满足哪些空间位置关系的规定？

答:在同一煤层进行采掘作业时,采掘工作面之间应满足以下空间位置规定:

(1) 开采冲击地压煤层时,在应力集中区内不得布置 2 个工作面同时进行采掘作业。

(2) 2 个掘进工作面之间的距离小于 150 m 时,采煤工作面与掘进工作面之间的距离小于 350 m 时,2 个采煤工作面之间的距离小于 500 m 时,必须停止其中一个工作面,确保两个采煤工作面之间、采煤工作面与掘进工作面之间、两个掘进工作面之间留有足够的间距,以避免应力叠加导致冲击地压的发生。

(3) 相邻矿井、相邻采区之间应当避免开采相互影响。

41. 开采严重冲击地压煤层时,在巷道布置方面有哪些要求?

答:开拓巷道不得布置在严重冲击地压煤层中,永久硐室不得布置在冲击地压煤层中。开拓巷道、永久硐室布置达不到以上要求且不具备重新布置条件时,需进行安全性论证。在采取加强防冲综合措施,确认冲击危险监测指标小于临界值后方可继续使用,且必须加强监测。

42. 冲击地压煤层开采孤岛煤柱在防冲方面需要做哪些技术准备工作?

答：煤矿企业应当组织专家进行防冲安全开采论证，论证结果为不能保障安全开采的，不得进行采掘作业。

43. 为什么孤岛煤柱开采前要组织专家进行防冲安全开采论证?

答：孤岛煤柱比一般煤柱承载更大的上覆岩层传递的荷载，是应力异常集中区域，冲击地压危险性极强，因此孤岛煤柱开采前要组织专家进行防冲安全开采论证。

44. 哪类煤层不得开采孤岛煤柱?

答：煤层或其顶底板岩层具有强冲击倾向性，且经评价具有强冲击危险性的煤层为严重冲击地压煤层，这类煤层不得开采孤岛煤柱。

45. 何种情况必须编制防冲专项措施?

答：冲击地压煤层采掘工作面临近大型地质构造(幅度在 30 m 以上、长度在 1 000 m 以上的褶曲，落差大于 20 m 的断层)、采空区、煤柱及其他应力集中区附近时，必须制定防冲专项措施。

46. 具有冲击危险煤层的采煤工作面在什么情况下需要制定防冲专项措施?

答：具有冲击危险煤层的采煤工作面初次来压时、周期来压时、采空区“见方”时以及遇到地质构造时需要制定防冲措施。

47. 采煤工作面可通过采取哪些措施来降低工作面及巷道冲击危险性?

答：可通过加大顶板预裂高度及范围、加大帮部大直径卸压孔直径和密度或降低工作面推进速度等措施来降低采煤工作面及巷道的冲击危险性。

48. 在无冲击地压煤层中的三面或者四面被采空区所包围的区域开采或回收煤柱时，必须采取哪些措施后才可以开采?

答：必须进行冲击危险性评价、制定防冲专项措施，并组织专家论证通过后方可开采。

49. 为什么无冲击地压煤层也可能面临冲击地压威胁?

答：由于冲击危险性是相对的，在常规开采条件下是无冲击危险的煤层，在特定的高应力环境下也可能发生冲击地压。三面或者四面被采空区所包围的区域和煤柱区域，由于受三个方向或四个方向支承压力叠加的影响，应力集中程度很高。在高应力作用下，正常开采时无冲击地压的煤层也可能面临冲击地压威胁。

50. 有冲击地压潜在风险的无冲击地压煤层的矿井为避免开采时应力集中应在哪些方面进行优化设计？

答：在进行煤层及工作面采掘顺序，巷道布置、支护和煤柱留设，采煤工作面布置、支护、推进速度和停采线位置等方面设计时，应合理确定其参数及开采顺序，避免应力集中导致冲击地压发生。

51. 冲击地压煤层内掘进巷道贯通或错层交叉时，应在距贯通点或交叉点多少米之前开始采取防冲专项措施？

答：应当在距离贯通或交叉点 50 m 之前开始采取防冲专项措施。

52. 具有冲击地压危险的高瓦斯、煤与瓦斯突出矿井，应当根据本矿井条件，综合考虑制定哪些措施？

答：应当根据本矿井条件，综合考虑制定防治冲击地压、煤与瓦斯突出、瓦斯异常涌出等复合灾害的综合技术措施，强化瓦斯抽采和卸压措施。

53. 具有冲击地压危险的高瓦斯矿井，如何设置采煤工作面进风巷甲烷传感器？

答：应当设置在采煤工作面进风巷，距工作面不大于 10 m 处，其报警、断电、复电浓度和断电范围同突出矿井采煤工作面进风巷甲烷传感器。

54. 冲击地压矿井开采易自然发火煤层时,需注意哪些内容?

答:需综合考虑防冲与防灭火的要求,合理的工作面推进速度,超前采用防冲及防灭火的措施。

55. 为什么冲击地压矿井必须制定防止因冲击地压造成煤尘、瓦斯燃烧或爆炸等事故的专项措施?

答:因为冲击地压矿井在发生冲击地压事故时顶板坚硬岩层冒落撞击可能产生火花,冲击地压也会使电缆、电气设备破坏产生火花,或使设备间相互撞击产生火花,这些火花有可能引起瓦斯、煤尘的燃烧或者爆炸等事故的发生。

56. 冲击危险区域对电缆、电气设备、管路、物品等有何要求?

答:冲击危险区域应尽量使用铠装电缆,电气设备要可靠固定,有条件时可以加装保护装置,设备、管路、物品应采取固定措施。

57. 开采具有冲击地压危险的急倾斜煤层、特厚煤层时,制定的防冲专项措施由谁进行审批?

答:由企业技术负责人进行审批。

58. 什么是急倾斜煤层?

答:急倾斜煤层一般是指煤层倾角大于45°的煤层。

59. 为防控冲击地压的发生,采煤工作面哪些参数需要合理选择确定?

答:工作面走向长度、倾向长度、巷道支护参数、巷道布置方式、水平分段高度。

60. 具有冲击地压危险的急倾斜煤层,顶板具有难垮落特征时应采取哪些措施应对?

答:顶板具有难垮落特征时,应当对顶板活动进行监测预警,制定强制放顶或顶板预裂等措施,实施措施后必须进行顶板处理效果检验。

急倾斜煤层难垮落顶板
应当对顶板活动进行检测！

第三章　冲击危险性预测、监测、效果检验

1. 什么是冲击地压区域危险性预测?

答:区域预测即对矿井、水平、煤层、采(盘)区进行冲击危险性评价,划分冲击地压危险区域和确定危险等级。

2. 什么是冲击地压局部危险性预测?

答:局部预测即对采掘工作面和巷道、硐室进行冲击危险性评价,划分冲击地压危险区域和确定危险等级。

3. 怎样理解区域预测与局部预测的关系?

答:区域预测与局部预测二者评价的时机不同、对象不同、范围不同,二者缺一不可,不可相互替代。

4. 新建矿井区域冲击危险性预测应该在什么时间完成?

答:应该在矿井、水平、煤层、采区开拓设计前完成。

5. 局部冲击危险性预测应该在什么时间完成?

答:应该在采掘工作面施工前完成。

6. 可采用什么方法确定冲击危险性?

答:优先采用综合指数法确定冲击危险性,还可采用其他经实践证明有效的方法。

7. 冲击危险性预测结果分为几类?

答:无冲击地压危险区、弱冲击地压危险区、中等冲击地压危险区、强冲击地压危险区。

8. 冲击地压矿井对冲击地压的区域监测与局部监测常采用的方法有哪些?

答:区域监测可采用微震监测法等,局部监测可采用钻屑法、应力监测法、电磁辐射法等。

9. 冲击地压的区域监测与局部监测之间的关系是什么?

答:区域监测与局部监测采用的监测手段不同、监测的对象不同、

范围不同，二者相辅相成，缺一不可，不可互相替代。

10. 采用微震监测法进行区域监测时，有什么要求？

答：微震监测系统的监测与布置应当覆盖矿井采掘区域，对微震信号进行远距离、实时、动态监测，并确定微震发生的时间、能量（震级）及三维空间坐标等参数。

11. 采用钻屑法对冲击地压进行局部监测时，可用于评价冲击危险性指标的参数有哪些？

答：钻粉率指数、钻屑粒度、动力效应。

12. 什么是钻粉率指数？

答：钻粉率指数是指在打钻过程中，每米实际钻粉量与每米正常钻粉量的比值，是判别监测地点是否具有冲击地压危险的关键性指标。

13. 采用钻屑法进行局部监测时钻孔直径一般为多少？钻孔距巷道底板的距离是如何规定的？

答：钻孔直径为 42 mm。钻孔距离巷道底板一般为 0.5～1.5 m。

14. 采用应力监测法对冲击地压进行局部监测时，应确定哪些监测参数并达到怎样的监测状态？

答：应当根据冲击危险性评价结果，确定应力传感器埋设深度、测点间距、埋设时间、监测范围、冲击地压危险判别指标等参数，实现远距离、实时、动态监测。

15. 掘进巷道应力传感器滞后掘进工作面迎头距离有何规定？

答：不得大于 50 m。

16. 用于监测冲击地压的应力传感器，相邻监测组沿巷道走向间距一般为多少米？其中强冲击危险区域监测组间距不大于多少米？

答：用于监测冲击地压的应力传感器，相邻监测组沿巷道走向间距一般为 20～40 m，强冲击危险区域监测组间距不大于 20 m。

17. 如何确定冲击地压矿井的冲击危险性预警临界指标？

答：冲击地压矿井应当根据矿井的实际情况和冲击地压发生类型，选择区域和局部监测方法。可以用实验室试验或类比法先设定预警临界指标初值，再根据现场实际考察资料和积累的数据进一步修订初值，确定冲击危险性预警临界指标。

18. 冲击地压发生前会有哪些征兆？

答：冲击地压发生前通常有以下征兆：

（1）监测区域内煤岩体应力升高，微震、应力、钻屑等监测参数超过冲击危险预警指标。

（2）采掘作业地点出现强烈震动（响煤炮）。

（3）巷道瞬间底鼓或者帮鼓。

（4）出现煤岩弹射等动力现象。

出现以上现象时一般可以判定监测区域或作业地点具有冲击地压危险。

19. 采用矿压监测法对冲击地压进行局部补充性监测时，采煤工作面和掘进工作面应分别安设哪些设备与仪器？并观测哪些参数？

答：掘进工作面每掘进一定距离设置顶底板动态仪和顶板离层仪，对顶底板移近量和顶板离层情况进行定期观测；采煤工作面通过对液压支架工作阻力进行监测，分析采场来压程度、来压步距、来压征兆等，对采场大面积来压进行预测预报。

20. 矿井防冲管理机构的专业人员如何处置冲击危险区域的日常监测数据？

答：冲击地压危险区域必须进行日常监测，防冲专业人员每天对冲击地压危险区域的监测数据、生产条件等进行综合分析、判定冲击地压危险程度，并编制监测日报，报经矿防冲负责人、总工程师签字，及时告知相关单位和人员。

21. 为什么停采3天及以上的冲击地压危险采掘工作面恢复生产前，防冲专业人员要对工作面冲击地压危险程度进行评价？

答：采掘工作面停产后，虽然工作面未进行推进但工作面围岩仍处于缓慢变形和应力调整过程中。围岩缓慢变形和应力调整可使围岩受力状态比采动过程中更接近突变失稳的临界状态，此时突然进行采掘扰动，容易诱发冲击地压。因此停采3天及以上的冲击地压危险采掘工作面恢复生产前，应由防冲专业人员对工作面冲击地压危险程度进行评价。

22. 当监测区域或作业地点出现什么情形时，可判定具有冲击地压危险？

答：当监测区域或作业地点监测数据超过冲击地压危险预警临界指标，或采掘作业地点出现强烈震动、巨响、瞬间底（帮）鼓、煤岩弹射等动力现象时，可判定为具有冲击地压危险。

23. 当监测区域或作业地点判定具有冲击地压危险时，作业现场应采取哪些措施？

答：判定具有冲击地压危险时，必须立即停止作业，按照冲击地压避灾路线迅速撤出人员，切断电源，并报告矿调度室。

24. 有冲击地压危险时为什么要及时切断危险区域的设备电源？

答：因为一旦发生冲击地压事故容易诱发煤与瓦斯突出或造成瓦斯浓度超限，如不及时切断电源，一旦出现用电设备失爆可能会导致爆炸事故发生。

25. 冲击地压危险区域实施解危措施时，对实施解危措施的作业现场有哪些要求？

答：冲击地压危险区域实施解危措施时，必须撤出冲击地压危险区域所有与防冲施工无关的人员，停止运转一切与防冲施工无关的设备。实施解危措施后，必须对解危效果进行检验，检验结果小于临界值，确认危险解除后方可恢复正常作业。

26. 冲击地压危险区域实施解危措施后，其解危措施的效果检验由谁负责？检验方法有哪些？

答：解危措施的效果检验由防冲管理机构的专业人员负责。检验方法主要有钻屑法、电荷法、应力监测法、微震法等。

27. 冲击地压矿井在冲击地压的监测与预警方面必须建立哪些制度？

答：冲击地压实时预警制度、冲击地压预警的处置调度制度、冲击地压预警的结果反馈制度。

第四章　区域与局部防冲措施

1. 冲击地压矿井的区域与局部防冲措施具体都在什么时期实施?

答:冲击地压矿井必须采取区域和局部相结合的防冲措施。在矿井设计、采(盘)区设计阶段应当先行采取区域防冲措施;对已形成的采掘工作面应当在实施区域防冲措施的基础上及时跟进局部防冲措施。

2. 冲击地压矿井采取的区域防冲措施有哪些?

答:主要的区域防冲措施有选择合理的开拓方式,优化采掘部署与开采顺序,合理进行煤柱留设,选择合适的采煤方法与采煤工艺及开采保护层等。

3. 冲击地压矿井选择开拓方式、布置开拓巷道时应遵循哪些原则?

答:冲击地压矿井进行开拓方式选择时,主要从有利于降低开拓巷道自身和形成的准备区域的应力水平和冲击危险水平来考虑。开拓巷道还应考虑地应力分布的影响,需要进行地应力测试。开拓巷道应布置在不存在明显构造应力集中的区域,一般选择在稳定的岩层中,尽可能地避免局部应力集中。

4. 冲击地压矿井进行采掘部署时,应遵循什么原则确定巷道布置位置?

答:冲击地压矿井进行采掘部署时,应当将巷道布置在低应力区,优先选择无煤柱护巷或小煤柱护巷,降低巷道的冲击危险性。

5. 冲击地压矿井同一煤层开采时在防冲方面应当注意哪些问题?

答：优化确定采区间和采区内的开采顺序，避免出现孤岛工作面等高应力集中区域。

6. 冲击地压矿井进行采区设计时，应如何布局采（盘）区工作面开切眼及停采线位置？

答：尽量保持每一个采（盘）区工作面停采线在一条直线上，工作面开切眼、停采线应对齐，尽量使开切眼位置也在同一条直线上。分层开采或多煤层开采时，下层工作面不得越过上层工作面的开切眼或停采线，上煤层留设的煤柱不应形成下煤层开采的高应力区。前面情形不能保证时应当制定防冲专项措施。

7. 影响防冲保护层开采可行性的因素有哪些？

答：煤层层间距、煤层厚度、煤层及顶底板的冲击倾向性等。

8. 怎样确定保护层的有效保护范围？

答：根据保护层和被保护层的煤层赋存情况、保护层采煤方法和回采工艺等矿井实际条件确定。

9. 怎样确定保护层的卸压滞后时间和对被保护层卸压的有效时间？

答：应当根据理论分析、现场观测或工程类比综合确定。

10. 为什么冲击地压煤层适合采用长壁综合机械化采煤方法？

答：采用长壁综合机械化采煤方法可沿煤层形成较大的开采空间，使煤体应力集中程度相对分散，应力集中区相互干扰小，并有利于能量的释放，降低冲击地压发生的危险性。

11. 矿井生产中通常采用的局部防冲措施有哪几种？

答：生产矿井常用的局部防冲措施有煤层钻孔卸压、煤层爆破卸压、煤层注水、顶板爆破预裂、顶板水力致裂、底板钻孔或爆破卸压等。

12. 采用爆破卸压局部防冲措施时对爆破警戒距离及躲炮时间有哪些规定？

答：起爆点及警戒点到爆破地点的直线距离不得小于 300 m，躲炮时间不得小于 30 min。

13. 采用煤层钻孔卸压防治冲击地压时，确定钻孔参数的依据是什么？

答：应当依据冲击危险性评价结果、煤岩物理力学性质、开采布置等具体条件综合确定钻孔参数。必须制定防止打钻诱发冲击伤人的安全防护措施。

14. 采用煤层爆破卸压防治冲击地压时，应根据哪些因素确定爆破参数？需要确定的爆破参数有哪些？

答：应当依据冲击危险性评价结果、煤岩物理力学性质、开采布置等具体条件确定合理的爆破参数，包括孔深、孔径、孔距、装药量、封孔长度、起爆间隔时间、起爆方法、一次爆破的孔数。

15. 采用煤层注水防治冲击地压时，必须明确的注水参数有哪些？

答：采用煤层注水局部防冲措施时，应当根据煤层条件及煤的浸水试验结果等综合考虑确定注水孔布置、注水压力、注水量、注水时间等参数，并检验注水效果。

16. 采用顶板爆破预裂防治冲击地压时应确定的爆破参数有哪些？确定这些参数的依据是什么？

答：应当根据邻近钻孔顶板岩层柱状图、顶板岩层物理力学性质和工作面来压情况等，确定岩层爆破层位，依据爆破岩层层位确定爆破钻孔方位、倾角、长度、装药量、封孔长度等爆破参数。

17. 采用顶板水力致裂防治冲击地压时应根据哪些因素确定其施

工参数？其施工参数至少应包括哪些？

答：应当根据邻近钻孔顶板岩层柱状图、顶板岩层物理力学性质和工作面来压情况等，确定压裂孔布置（孔深、孔径、孔距）、高压泵压力、致裂时间等参数。

18．采用底板爆破卸压防治冲击地压时应确定哪些爆破参数？

答：应当根据邻近钻孔柱状图和煤层及底板岩层物理力学性质等煤岩层条件等，确定煤岩层爆破深度、钻孔倾角与方位角、装药量、封孔长度等参数。

19．哪些情况适合采用巷道底板爆破卸压防冲措施？

答：当巷道底板有超过 1 m 的底煤或存在硬软复合底板，具有底板冲击危险时可采用底板爆破卸压措施。

20．防冲效果检验常用的方法有哪些？

答：防冲效果检验可采用钻屑法、应力监测法或微震监测法等。

第五章 冲击地压安全防护措施

1. 冲击地压事故发生的地点和时段有哪些特点?

答:根据统计资料,冲击地压事故主要发生在采煤工作面的上下两巷(工作面前方 0～150 m 区间、煤柱集中区、见方区、井巷工程叠加区、构造应力集中区)、掘进工作面后(15 m 以后集中应力、构造应力影响区)和巷修地点(采煤、掘进活动及构造集中应力影响区),一般伴随采掘爆破作业、移架操作、落煤等工序发生。

2. 进入严重(强)冲击地压危险区域的作业人员在个体防护方面有哪些要求?

答:进入严重(强)冲击地压危险区域的人员必须采取穿戴防冲服、佩戴防冲头盔等特殊的个体防护措施,对人体胸部、腹部、头部等主要部位加强保护。

3. 有冲击地压危险的采掘工作面的供电、供液设备在布置上有何要求?

答:有冲击地压危险的采掘工作面,供电、供液等设备应当放置在采动应力集中影响区外,且距离工作面不小于 200 m;不能满足上述条件时,应当放置在无冲击地压危险区域。

4. 对于评价为强冲击地压危险的区域,在设备设施布置上有哪些要求?

答:(1) 评价为强冲击地压危险的区域不得存放备用材料和设备。

(2) 巷道内杂物应当清理干净,保持行走路线畅通。

(3) 对冲击地压危险区域内的在用设备、管线、物品等应当采取固定措施。

(4) 管路应当吊挂在巷道腰线以下,高于 1.2 m 的必须采取固定措施。

5. 冲击危险区选用钢丝绳作为在用设备防冲固定的连接材料时

有什么要求?

答:钢丝绳直径不得小于 6 mm,并不得采用长绳串联固定方式,必须一设备一固定。

6. 在冲击危险区存放物品有什么要求?

答:在冲击危险区不得存放备用设备,存放必需的材料和在用设备时必须制定专项防护措施,明确生根或固定方式、固定连接材料、固定点选择等有关事项。

7. 冲击危险区的采煤工作面超前支护长度是如何规定的?

答:弱冲击危险区超前支护长度不得小于 70 m,中等冲击危险区超前支护长度不得小于 120 m。

8. 冲击地压矿井加强支护可采用什么方式?

答:加强支护可采用单体液压支柱、门式支架、垛式支架、自移式支架等。

9. 巷道底板加固通常采用哪些方式?

答:U 型钢底板封闭支架、带有底梁的液压支架、打设锚杆(锚索)、底板注浆等。

10. 冲击地压危险区域巷道扩修时,有哪些注意事项?

答:必须制定专门的防冲措施,严禁多点作业,采动影响区域内严禁巷道扩修与回采平行作业。

11. 为什么冲击地压危险区域巷道扩修时,必须制定专门的防冲

措施？

答：一般需要扩修的巷道由于支护时间长，周边围岩应力基本处于极限平衡状态，巷道扩修会打破原有的极限平衡状态，使应力重新分布，在此过程中受扩修活动的扰动，极易诱发冲击地压。

12. 巷道扩修期间的防冲专门措施中应明确哪些内容？

答：措施中应明确监测预警方法、卸压工程施工时间及范围和参数、效果检验方法、施工顺序、支护方式、人员管控和安全防护措施等。

13. 冲击地压危险区域的两个扩修头之间的距离是如何规定的？

答：两个扩修头相距不得小于 100 m。

14. 什么是刚性支护？

答：刚性支护是指不具有机构式运动变形能力或结构变形能力较小的支架，不具备缓冲自我保护作用。

15. 为什么冲击地压巷道严禁采用刚性支护？

答：强矿震发生时，由于刚性支架结构变形量小，受围岩冲击作用下动载大，支架结构易遭到破坏，导致支护失效，引发冲击地压严重显现。

16. 冲击地压巷道通常采用什么类型的支护方式？

答：目前，冲击地压巷道多采用抗冲击的锚杆(锚索)、可缩支架及高强度、抗冲击巷道液压支架进行支护。

17. 有冲击地压危险的采掘工作面，压风自救器设置位置有什么要求？

答：应当在距采掘工作面 25～40 m 的巷道内、爆破地点、撤离人员与警戒人员所在位置、回风巷有人作业处等地点，至少设置 1 组压风自救装置。

18. 压风自救系统管路采用耐压胶管时，对耐压胶管的延展长度有何要求？

答：每 10～15 m 预留 0.5～1.0 m 的延展长度。

19. 冲击地压矿井的井下避灾线路图必须包括哪些避灾路线？

答：矿井发生火灾、瓦斯煤尘爆炸、水灾和冲击地压事故时的避灾路线。

20. 井下出现有危及作业人员生命安全的情况时，班组长、调度员和防冲专业人员有权做出哪些决定？

答：井下出现危险情况时，班组长、调度员和防冲专业人员有权责令现场作业人员停止作业，停电撤人。

21. 冲击地压避灾路线标识间隔是如何规定的？

答：采区巷道标识间距不大于 200 m，矿井主要巷道标识间距不大于 300 m。

习　　题

一、判断题

1. 有冲击地压危险工作面在实施解危措施后就可以进行采掘作业。（　　）

2. 冲击地压危险区域必须进行日常监测，防冲专业人员每天对冲击地压危险区域的监测数据、生产条件等进行综合分析、判定冲击地压危险程度，并编制监测日报，报经矿长签字，及时告知相关单位和人员。（　　）

3. 煤矿企业（煤矿）的主要负责人（法定代表人、实际控制人）是冲击地压防治的第一责任人，对防治工作全面负责。（　　）

4. 冲击地压矿井在进行采区设计时，应尽量保持每一个采区工作面停采线不在一条直线上，相邻工作面的开切眼可布置在一条直线上。（　　）

5. 冲击地压矿井同一煤层开采，应当优化确定采区间和采区内的开采顺序，避免出现孤岛工作面等高应力集中区域。（　　）

6. 2 个掘进工作面之间的距离小于 150 m 时，采煤工作面与掘进工作面之间的距离小于 350 m 时，2 个采煤工作面之间的距离小于 500 m 时，必须停止其中一个工作面。（　　）

7. 冲击地压矿井必须编制冲击地压事故应急预案，且每年至少组织两次应急预案演练。（　　）

8. 有冲击地压危险的矿井，在采掘技术条件不变的情况下，采掘

工作面推进速度越快,发生冲击地压的危险性越大。(　　)

9. 在冲击地压煤层中掘进时,采用宽巷掘进可以降低冲击危险性。(　　)

10. 在冲击地压煤层中布置采区巷道,应采用无煤柱或者小煤柱护巷,这有利于降低煤体的冲击危险性。(　　)

二、单选题

1. 煤矿井下冲击地压危险区域实施解危措施后,必须对解危效果进行检验,检验结果(　　)临界值,确认危险解除后方可恢复正常作业。

A. 大于　　B. 等于　　C. 小于

2. 停采(　　)天及以上的冲击地压危险采掘工作面恢复生产前,防冲专业人员应当对工作面冲击地压危险程度进行评价,并采取相应的安全措施。

A. 1　　B. 3　　C. 5　　D. 10

3. 采用爆破卸压时,必须编制专项安全措施,起爆点及警戒点到爆破地点的直线距离不得小于(　　)m,躲炮时间不得小于(　　)min。

A. 80,30　　B. 120,30　　C. 300,30　　D. 500,60

4. 有冲击地压危险的采掘工作面,供电、供液等设备应当放置在采动应力集中影响区外,且距离工作面不小于(　　)m;不能满足上述条件时,应当放置在无冲击地压危险区域。

A. 50　　B. 100　　C. 200　　D. 300

5. 对冲击地压危险区域内的在用设备、管线、物品等应当采取固定措施,管路应当吊挂在巷道腰线以下,高于(　　)m 的必须采取固定措施。

A. 1　　B. 1.2　　C. 1.5　　D. 1.8

6. 有冲击地压危险的采掘工作面必须设置压风自救系统。应当在距采掘工作面(　　)m 的巷道内至少设置 1 组压风自救装置。

A. 10～20　　B. 20～40　　C. 10～40　　D. 25～40

7. 井下有危险情况时,班组长、调度员和防冲专业人员(　　)责令现场作业人员停止作业，停电撤人。

A. 无权　B. 有权　C. 汇报调度室后才有权

8. 煤层(矿井)、采区冲击危险性评价及冲击地压危险区划分可委托具有冲击地压研究基础与评价能力的机构或由具有(　　)年以上冲击地压防治经验的煤矿企业开展，编制评价报告，并对评价结果负责。

A. 5　B. 3　C. 2　D. 1

9. 矿井具有冲击地压危险的区域，采取综合防冲措施仍不能消除冲击地压危险的，(　　)进行采掘作业。

A. 经企业负责人批准后方可

B. 不得　C. 经专家论证后方可

10. 开采冲击地压煤层时，2 个掘进工作面之间的距离小于(　　)m 时，必须停止其中一个工作面，确保 2 个掘进工作面之间留有足够的间距，以避免应力叠加导致冲击地压的发生。

A. 150　B. 200　C. 350　D. 500

11. 开采冲击地压煤层时，采煤工作面与掘进工作面之间的距离小于(　　)m 时，必须停止其中一个工作面，确保采煤工作面与掘进工作面之间留有足够的间距，以避免应力叠加导致冲击地压的发生。

A. 150　B. 200　C. 350　D. 500

12. 开采冲击地压煤层时，2 个采煤工作面之间的距离小于(　　)m 时，必须停止其中一个工作面，确保两个采煤工作面之间留有足够的间距，以避免应力叠加导致冲击地压的发生。

A. 150　B. 200　C. 350　D. 500

13. 严重冲击地压厚煤层中的巷道应当布置在(　　)。

A. 应力集中区内　B. 应力集中区外

C. 应力集中区周围

14. 冲击地压煤层采掘工作面临近大型地质构造[幅度在 30 m 以上、长度在 1 000 m 以上的褶曲，落差大于(　　)m 的断层]、采空区、煤柱及其他应力集中区附近时，必须制定防冲专项措施。

A. 10　B. 15　C. 20　D. 30

15. 编制采煤工作面(　　)时，应当确定采煤工作面初次来压、周期来压、采空区“见方”等可能的影响范围，并制定防冲专项措施。

A. 安全规程　B. 作业规程　C. 操作规程

16. 冲击地压煤层内掘进巷道贯通或错层交叉时，应当在距离贯通或交叉点(　　)m之前开始采取防冲专项措施。

A. 20　B. 30　C. 50　D. 100

17. 具有冲击地压危险的高瓦斯矿井，采煤工作面进风巷[距工作面不大于(　　)m处]应当设置甲烷传感器，其报警、断电、复电浓度和断电范围同突出矿井采煤工作面进风巷甲烷传感器。

A. 5　B. 10　C. 15　D. 20

18. 煤矿井巷或工作面周围煤(岩)体由于弹性变形能的瞬时释放而产生的突然、剧烈破坏的动力现象，常伴有煤(岩)体瞬间位移、抛出、巨响及气浪等，这个现象被称为(　　)。

A. 冲击地压　B. 煤与瓦斯突出

C. 矿震　D. 瓦斯喷出

19. 埋深超过(　　)m的煤层，且煤层上方100 m范围内存在单层厚度超过10 m、单轴抗压强度大于60 MPa的坚硬岩层，应当进行煤层(岩层)冲击倾向性鉴定。

A. 100　B. 200　C. 300　D. 400

20. 埋深超过400 m的煤层，且煤层上方(　　)m范围内存在单层厚度超过10 m、单轴抗压强度大于60 MPa的坚硬岩层，应当进行煤层(岩层)冲击倾向性鉴定。

A. 100　B. 200　C. 300　D. 400

三、多选题

1. 下述选项中属于区域防冲措施的有(　　)。

A. 大直径钻孔卸压　B. 煤柱留设

C. 采用合理的采煤工艺　D. 开采保护层

2. 下述选项中属于局部防冲措施的有(　　)。

A. 煤层钻孔卸压　B. 顶板水力致裂

C. 煤层注水　D. 科学进行采掘部署

3. 冲击地压矿井进行采区设计时，应当避免(　　)外错布置形成应力集中，否则应当制定防冲专项措施。

A. 运输顺槽　B. 开切眼　C. 停采线　D. 回风顺槽

4. 人员进入冲击地压危险区域时必须严格执行“人员准入制度”。准入制度必须明确规定人员进入的(　　)，井下现场设立管理站。

A. 时间　B. 区域　C. 人数　D. 地点

5. 冲击地压防治应当坚持“(　　)”的原则。

A. 区域先行　B. 局部跟进　C. 分区管理　D. 分类防治

6. 新建矿井和冲击地压矿井的(　　)有冲击地压危险的，必须编制防冲设计。

A. 新工作面　B. 新采区　C. 新煤层　D. 新水平

7. 冲击地压矿井区域预测即对(　　)进行冲击危险性评价，划分冲击地压危险区域和确定危险等级。

A. 矿井　B. 水平　C. 煤层　D. 采(盘)区

8. 冲击地压矿井局部预测即对(　　)进行冲击危险性评价，划分冲击地压危险区域和确定危险等级。

A. 采区　B. 采掘工作面　C. 巷道　D. 硐室

9. 编制采煤工作面作业规程时，应当确定采煤工作面(　　)等可能的影响范围，并制定防冲专项措施。

A. 初次来压　B. 周期来压

C. 采空区“见方”　D. 工作面“见方”

10. 冲击地压煤层双巷掘进时，2 条平行巷道在(　　)上应当避免相互影响。

A. 顺序　B. 时间　C. 位置　D. 空间

四、填空题

1. 冲击地压煤层采掘工作面临近__________、__________、__________及其他应力集中区附近时，必须制定防冲专项措施。

2. 具有冲击地压危险的高瓦斯矿井，采煤工作面进风巷应在距工作面不大于 10 m 处设置甲烷传感器，其报警值为__________，断电值为__________，复电浓度为__________。

3. 对冲击地压煤层，应当优先选择__________护巷工艺，采用大煤柱护巷时应当避开应力集中区,严禁留大煤柱影响邻近层开采。

4. 实施解危措施后,必须对解危效果进行检验,检验结果小于__________,确认危险解除后方可恢复正常作业。

5. 具有冲击地压危险的急倾斜煤层,顶板具有难垮落特征时,应当对顶板活动进行监测预警,制定__________或__________等措施,实施措施后必须进行顶板处理效果检验。

五、简答题

1. 煤矿开采在哪些情况下需要进行煤层(岩层)冲击倾向性鉴定?
2. 矿井采取区域措施治理冲击地压一般遵循哪几个步骤?
3. 为什么孤岛煤柱开采前要组织专家进行防冲安全开采论证?
4. 冲击地压发生前会有哪些征兆?
5. 冲击地压危险区域实施解危措施时,对实施解危措施的作业现场有哪些要求?

参考答案

一、判断题

1～5 ××√×√　6～10√×√√√

二、单选题

1～5 CBCCB　6～10 DBABA

11～15 CDBCB　16～20 CBADA

三、多选题

1. BCD　2. ABC　3. BC　4. ABC　5. ABCD

6. BCD　7. ABCD　8. BCD　9. ABC　10. BD

四、填空题

1. 大型地质构造,采空区,煤柱
2. 0.5%,0.5%,0.5%
3. 无煤柱
4. 临界值
5. 强制放顶,顶板预裂

五、简答题

1. 答：煤矿在开采过程中出现以下情况之一的，应当进行冲击倾向性鉴定：

(1) 有强烈震动、瞬间底(帮)鼓、煤岩弹射等动力现象的。

(2) 埋深超过 400 m 的煤层，且煤层上方 100 m 范围内存在单层厚度超过 10 m、单轴抗压强度大于 60 MPa 的坚硬岩层的。

(3) 相邻矿井开采的同一煤层发生过冲击地压或经鉴定为冲击地压煤层的。

(4) 冲击地压矿井开采新水平、新煤层的。

2. 答：矿井采取区域措施治理冲击地压时一般遵循以下步骤：

第一步，对准备开采煤层进行冲击倾向性鉴定。

第二步，依据地应力方向设计开拓、准备巷道布置的方向与位置，避免局部应力集中。

第三步，在合理布置的基础上，从有利于避免高应力角度选择合理采煤方法。

第四步，在采煤方法确定基础上，从寻求低应力角度确定区段巷道布置及煤柱留设。

第五步，从释放强冲击危险性煤层围岩应力角度，确定煤层群开采顺序，开采保护层。

第六步，针对同一煤层，确定沿煤层倾斜方向顺序开采，避免出现孤岛工作面。

3. 答：孤岛煤柱比一般煤柱承载更大的上覆岩层传递的荷载，是应力异常集中区域，冲击地压危险性极强，因此孤岛煤柱开采前要组织专家进行防冲安全开采论证。

4. 答：冲击地压发生前通常有以下征兆：

(1) 监测区域内煤岩体应力升高，微震、应力、钻屑等监测参数超过冲击危险预警指标。

(2) 采掘作业地点出现强烈震动(响煤炮)。

(3) 巷道瞬间底鼓或者帮鼓。

(4) 出现煤岩弹射等动力现象。

出现以上现象时一般可以判定监测区域或作业地点具有冲击地压危险。

5. 答:冲击地压危险区域实施解危措施时,必须撤出冲击地压危险区域所有与防冲施工无关的人员,停止运转一切与防冲施工无关的设备。实施解危措施后,必须对解危效果进行检验,检验结果小于临界值,确认危险解除后方可恢复正常作业。

第六篇　煤矿“一规程四细则”实操测试

第一章　概　　述

根据国家矿山安全监察局的要求，本篇主要针对煤矿“一规程四细则”中规定的煤矿企业全体从业人员必须熟悉和熟练掌握的安全技能，编写了实操测试相关内容。

第一节　实操测试依据

一、《煤矿安全规程》对实操安全技能的相关规定

第九条　主要负责人和安全生产管理人员必须具备煤矿安全生产知识和管理能力，并经考核合格。矿长必须具备安全专业知识，具有组织、领导安全生产和处理煤矿事故的能力。

第六百七十九条　煤矿作业人员必须熟悉应急救援预案和避灾路线，具有自救互救和安全避险知识。井下作业人员必须熟练掌握自救器和紧急避险设施的使用方法。

班组长应当具备兼职救护队员的知识和能力，能够在发生险情后第一时间组织作业人员自救互救和安全避险。

第六百八十条　煤矿发生险情或者事故后，现场人员应当进行自救、互救，并报矿调度室；煤矿应当立即按照应急救援预案启动应急响应，组织涉险人员撤离险区。

第六百八十三条　煤矿发生险情或者事故时，井下人员应当按应急救援预案和应急指令撤离险区，在撤离受阻的情况下紧急避险待救。

二、《防治煤与瓦斯突出细则》对实操安全技能的相关规定

第三十六条　突出矿井必须编制突出事故应急预案。突出煤层每个采掘工作面开始作业后10天内应当进行1次突出事故逃生、救援演习，以后每半年至少进行1次逃生演习，但当安全设施或者作业人员发生较大变化时必须进行1次逃生演习。

第四十一条　(四)有突出矿井的煤矿企业技术负责人和突出矿井的矿长、总工程师应当接受防突专项培训，具备突出矿井的安全生产知识和管理能力。

三、《煤矿防灭火细则》对实操安全技能的相关规定

第六条　煤矿必须编制火灾事故应急预案，每年至少组织1次应急预案演练。

第九条　煤矿企业、煤矿必须对从业人员进行防灭火教育和培训，定期对防灭火专业技术人员进行培训，提高其防灭火工作技能和有效处置火灾的应急能力。

第四十四条　井下工作人员必须熟悉灭火器材的使用方法。

四、《煤矿防治水细则》对实操安全技能的相关规定

第十条　煤炭企业、煤矿应当对井下职工进行防治水知识的教育和培训，对防治水专业人员进行新技术、新方法的再教育，提高防治水工作技能和有效处置水灾的应急能力。

第一百二十三条　煤炭企业、煤矿应当组织开展水害应急预案、应急知识、自救互救和避险逃生技能的培训，使矿井管理人员、调度室人员和其他相关作业人员熟悉预案内容、应急职责、应急处置程序和措施。

第一百二十四条　每年雨季前至少组织开展1次水害应急预案演练。

五、《防治煤矿冲击地压细则》对实操安全技能的相关规定

第五条　冲击地压矿井必须编制冲击地压事故应急预案，且每年至少组织一次应急预案演练。

第二十三条　冲击地压矿井必须依据冲击地压防治培训制度，定期对井下相关的作业人员、班组长、技术员、区队长、防冲专业人员与管理人员进行冲击地压防治的教育和培训，保证防冲相关人员具备必要的岗位防冲知识和技能。

第八十六条　发生冲击地压后，必须迅速启动应急救援预案，防止发生次生灾害。

第二节　实操测试人员范围

《国家矿山安全监察局关于开展矿山安全生产综合整治的通知》(矿安〔2023〕17 号)要求，各矿山企业要围绕提升法规标准执行力，开展 1 次以学习煤矿“一规程四细则”法规标准为主要内容的全员安全大培训，做到不漏一岗、不漏一人。培训结束后要组织开展 1 次全员大考试和实操测试，严肃考试纪律，做到真考真测。因此，实操测试范围应包括所有煤矿企业从业人员。

第三节　实操测试方式

采用现场实际操作或“手指口述”、岗位描述、模拟操作等方式进行测试，考核人员用实操考核表进行现场打分，实地测试考核效果。重点检验全体从业人员是否熟悉应急救援预案和避灾路线，是否掌握事故征兆，是否具备自救互救能力，是否能熟练使用紧急避险设施，是否能熟悉灭火器材的使用方法等安全技能。

第二章　煤矿从业人员实操测试要求和内容

第一节　“五职矿长”实操测试要求和内容

一、实操测试要求

必须熟悉应急救援预案和避灾路线，掌握事故征兆，具备自救互救能力，熟练掌握自救器和紧急避险设施的使用方法，熟悉灭火器材的使用方法。

二、实操测试内容

1. 应急救援预案和避灾路线

（1）熟悉本矿井应急救援预案和各类灾害事故的避灾路线。

（2）本矿井发生险情或者事故后，能够立即按照应急救援预案启动应急响应，按照职责分工组织涉险人员撤离险区。

2. 应急演练

掌握应急演练的基本职责、演练处置程序等。

3. 事故征兆

掌握各类事故征兆，发现事故征兆后，必须立即指令或督促作业地点停止作业，撤出人员，进行处理。

4. 安全避险和自救互救及现场操作能力

（1）熟练掌握紧急避险设施的使用方法。

（2）熟练掌握自救器的使用方法。

（3）熟悉灭火器材的使用方法。

5. 实操测试考核表（见附表1）

第二节　安全生产管理人员实操测试要求和内容

一、实操测试要求

必须熟悉应急救援预案和避灾路线，掌握事故征兆，具备自救互救能力，熟练掌握自救器和紧急避险设施的使用方法，熟悉灭火器材的使用方法。

二、实操测试内容

1. 应急救援预案和避灾路线

(1) 熟悉本矿井应急救援预案和各类灾害事故的避灾路线。

(2) 本矿井发生险情或者事故后，能够立即按照应急救援预案应急响应，参与组织涉险人员撤离险区。

2. 应急演练

掌握应急演练的基本职责、演练处置程序等。

3. 事故征兆

掌握各类事故征兆，发现事故征兆后，必须立即停止作业，撤出人员，进行处理。

4. 安全避险和自救互救及现场操作能力

(1) 熟练掌握紧急避险设施的使用方法。

(2) 熟练掌握自救器的使用方法。

(3) 熟悉灭火器材的使用方法。

(4) 熟练掌握现场急救方法。

5. 实操测试考核表(见附表 2)

第三节　专业技术人员实操测试要求和内容

一、实操测试要求

必须熟悉应急救援预案和避灾路线，掌握事故征兆，具备自救互救能力，熟练掌握自救器和紧急避险设施的使用方法，熟悉灭火器材的使用方法。

二、实操测试内容

1. 应急救援预案和避灾路线

(1) 必须熟悉本矿井应急救援预案和各类灾害事故的避灾路线。

(2) 本矿井发生险情或者事故后,能够立即按照应急救援预案应急响应,为组织涉险人员撤离险区提供技术支撑。

2. 应急演练

掌握应急演练的基本职责、演练处置程序等。

3. 事故征兆

掌握各类事故征兆,发现事故征兆后,必须立即停止作业,撤出人员,进行处理。

4. 安全避险和自救互救及现场操作能力

(1) 熟练掌握紧急避险设施的使用方法。

(2) 熟练掌握自救器的使用方法。

(3) 熟悉灭火器材的使用方法。

(4) 熟练掌握现场急救方法。

5. 实操测试考核表(见附表 3)

第四节　特种作业人员实操测试要求和内容

一、实操测试要求

必须熟悉应急救援预案和避灾路线,掌握事故征兆,具备自救互救能力,熟练掌握自救器和紧急避险设施的使用方法,熟悉灭火器材的使用方法。

二、实操测试内容

1. 应急救援预案和避灾路线

(1) 熟悉本矿井应急救援预案和工作地点灾害事故的避灾路线。

(2) 本矿井发生险情或者事故后,能够按照应急救援预案安全撤离险区。

2. 应急演练

熟悉工作地点的应急演练要求。

3. 事故征兆

掌握各类事故征兆，发现事故征兆后，必须立即停止作业，按避灾路线撤出。

4. 安全避险和自救互救及现场操作能力

(1) 熟练掌握紧急避险设施的使用方法。

(2) 熟练掌握自救器的使用方法。

(3) 熟悉灭火器材的使用方法。

(4) 熟练掌握现场急救方法。

5. 实操测试考核表(见附表 4)

第五节　班组长实操测试要求和内容

一、实操测试要求

必须熟悉应急救援预案和避灾路线，掌握事故征兆，具备自救互救能力，熟练掌握自救器和紧急避险设施的使用方法，熟悉灭火器材的使用方法。应当具备兼职救护队员的知识和能力，能够在发生险情后第一时间组织作业人员自救互救和安全避险。

二、实操测试内容

1. 应急救援预案和避灾路线

(1) 熟悉本矿井应急救援预案和工作地点灾害事故的避灾路线。

(2) 本矿井发生险情或者事故后，第一时间组织作业人员自救互救和安全避险。

2. 应急演练及现场发生险情处置能力

熟悉工作地点的应急演练及本人所负的演练职责。

3. 事故征兆

掌握各类事故征兆，发现事故征兆后，必须立即停止作业，按避灾路线撤出。

4. 安全避险和自救互救及现场操作能力

(1) 熟练掌握紧急避险设施的使用方法。

(2) 熟练掌握自救器的使用方法。

(3) 熟悉灭火器材的使用方法。

(4) 熟练掌握现场急救方法。

5. 实操测试考核表(见附表5)

第六节 其他从业人员实操测试要求和内容

一、实操测试要求

(1) 从事井下作业的其他从业人员必须熟悉应急救援预案和避灾路线,掌握事故征兆,具备自救互救能力,熟练掌握自救器和紧急避险设施的使用方法,熟悉灭火器材的使用方法。

(2) 从事井上作业的其他从业人员必须熟悉应急救援预案和避灾路线,具有自救互救和安全避险知识,熟悉灭火器材的使用方法。

二、实操测试内容

(一) 从事井下作业的其他从业人员

1. 应急救援预案和避灾路线

(1) 熟悉本矿井应急救援预案和工作地点灾害事故的避灾路线。

(2) 本矿井发生险情或者事故后,能够按照应急救援预案安全撤离险区。

2. 应急演练

熟悉作业地点的应急演练。

3. 事故征兆

掌握各类事故征兆,发现事故征兆后,必须立即停止作业,按避灾路线撤出。

4. 安全避险和自救互救及现场操作能力

(1) 熟练掌握紧急避险设施的使用方法。

(2) 熟练掌握自救器的使用方法。

(3) 熟悉灭火器材的使用方法。

(4) 熟练掌握现场急救方法。

5. 实操测试考核表(见附表6)

（二）从事井上作业的其他从业人员

1. 应急救援预案

（1）熟悉本矿井地面应急救援预案。

（2）本矿井地面工作地点发生险情或者事故后，能够按照应急救援预案安全撤离险区。

2. 应急演练

熟悉地面工作地点的应急演练。

3. 自救互救及现场操作能力

（1）熟悉灭火器材的使用方法。

（2）熟练掌握现场急救方法。

4. 实操测试考核表（见附表 7）

第七节　常用实操测试技能

请用手机微信扫码观看以下常用实操测试技能视频。

自救器佩戴操作步骤	心肺复苏操作步骤	止血带止血操作步骤
布带绞紧止血操作步骤	动脉行径止血操作步骤	三角巾包扎操作步骤

绷带包扎操作步骤	骨折固定操作步骤	单人搬运法
双人搬运法	三人搬运法	手提式二氧化碳灭火器使用方法
手提式干粉灭火器使用方法	消火栓使用方法	火灾事故应急避险
冒顶事故应急避险	水灾事故应急避险	瓦斯爆炸事故应急避险

煤尘爆炸事故应急避险	煤与瓦斯突出 事故应急避险	

附表1 “五职矿长”实操测试考核表

考试时间:90分钟

单位:__________ 姓名:______ 职务:______ 得分:______

序号	考核项目	实测内容	考核方式	分值	评分标准	扣分原因	扣分数
1	应急救援预案和避灾路线	(1)熟悉应急救援预案及本人所负的应急职责、应急处置程序和措施(煤与瓦斯突出事故、顶板事故、火灾事故、水害事故、瓦斯爆炸事故、煤尘爆炸事故、冲击地压事故等) (2)熟悉避灾路线。(煤与瓦斯突出事故、顶板事故、火灾事故、水害事故、瓦斯爆炸事故、煤尘爆炸事故、冲击地压事故等)	“手指口述”或岗位描述	30分	缺少或回答错误1处扣2分		
2	应急演练	熟悉应急演练及本人所负的演练职责、演练处置程序(煤与瓦斯突出事故、顶板事故、火灾事故、水害事故、瓦斯爆炸事故、煤尘爆炸事故、冲击地压事故等)	“手指口述”或岗位描述	20分	缺少或回答错误1处扣2分		

续表

序号	考核项目	实测内容	考核方式	分值	评分标准	扣分原因	扣分数
3	事故征兆	发现事故征兆后，必须立即指令或督促作业地点停止作业，撤出人员，进行处理（煤与瓦斯突出事故征兆、顶板事故征兆、火灾事故征兆、水害事故征兆、冲击地压事故征兆等）	“手指口述”或岗位描述	20 分	缺少或回答错误 1 处扣 2 分		
4	安全避险和自救互救及现场操作能力	(1) 熟练掌握紧急避险设施的使用方法	实物操作	30 分	缺少或操作错误 1 处扣 2 分		
		(2) 熟练掌握自救器的使用方法					
		(3) 熟悉灭火器材的使用方法					
合计得分				100 分			

考核人：________________　考核时间：________年____月____日

附表2 安全生产管理人员实操测试考核表

考试时间:90分钟

单位:__________ 姓名:______ 职务:______ 得分:______

序号	考核项目	实测内容	考核方式	分值	评分标准	扣分原因	扣分数
1	应急救援预案和避灾路线	(1)熟悉应急救援预案及本人所负的应急职责、应急处置程序和措施(煤与瓦斯突出事故、顶板事故、火灾事故、水害事故、瓦斯爆炸事故、煤尘爆炸事故、冲击地压事故等) (2)熟悉避灾路线(煤与瓦斯突出事故、顶板事故、火灾事故、水害事故、瓦斯爆炸事故、煤尘爆炸事故、冲击地压事故等)	“手指口述”或岗位描述	30分	缺少或回答错误1处扣2分		
2	应急演练	熟悉应急演练及本人所负的演练职责、演练处置程序(煤与瓦斯突出事故、顶板事故、火灾事故、水害事故、瓦斯爆炸事故、煤尘爆炸事故、冲击地压事故等)	“手指口述”或岗位描述	30分	缺少或回答错误1处扣2分		

续表

序号	考核项目	实测内容	考核方式	分值	评分标准	扣分原因	扣分数
3	事故征兆	发现事故征兆后，必须立即停止作业，撤出人员，进行处理（煤与瓦斯突出事故征兆、顶板事故征兆、火灾事故征兆、水害事故征兆、冲击地压事故征兆等）	“手指口述”或岗位描述	20 分	缺少或回答错误 1 处扣 2 分		
4	安全避险和自救互救及现场操作能力	（1）熟练掌握紧急避险设施的使用方法	实物操作或模拟操作	30 分	缺少或操作错误 1 处扣 2 分		
		（2）熟练掌握自救器的使用方法					
		（3）熟悉灭火器材的使用方法					
		（4）熟练掌握现场急救方法					
合计得分				100 分			

考核人：________　考核时间：____年__月__日

附表3　专业技术人员实操测试考核表

考试时间：90分钟

单位：__________　姓名：______　职务：______　得分：______

序号	考核项目	实测内容	考核方式	分值	评分标准	扣分原因	扣分数
1	应急救援预案和避灾路线	(1) 熟悉应急救援预案及本人所负的应急职责、应急处置程序和措施（煤与瓦斯突出事故、顶板事故、火灾事故、水害事故、瓦斯爆炸事故、煤尘爆炸事故、冲击地压事故等） (2) 熟悉避灾路线（煤与瓦斯突出事故、顶板事故、火灾事故、水害事故、瓦斯爆炸事故、煤尘爆炸事故、冲击地压事故等）	“手指口述”或岗位描述	30分	缺少或回答错误1处扣2分		
2	应急演练	熟悉应急演练及本人所负的演练职责、演练处置程序（煤与瓦斯突出事故、顶板事故、火灾事故、水害事故、瓦斯爆炸事故、煤尘爆炸事故、冲击地压事故等）	“手指口述”或岗位描述	20分	缺少或回答错误1处扣2分		

续表

序号	考核项目	实测内容	考核方式	分值	评分标准	扣分原因	扣分数
3	事故征兆	发现事故征兆后,必须立即停止作业,撤出人员,进行处理(煤与瓦斯突出事故征兆、顶板事故征兆、火灾事故征兆、水害事故征兆、冲击地压事故征兆等)	“手指口述”或岗位描述	20 分	缺少或回答错误 1 处扣 2 分		
4	安全避险和自救互救及现场操作能力	(1) 熟练掌握紧急避险设施的使用方法	实物操作或模拟操作	30 分	缺少或操作错误 1 处扣 2 分		
		(2) 熟练掌握自救器的使用方法					
		(3) 熟悉灭火器材的使用方法					
		(4) 熟练掌握现场急救方法					
合计得分				100 分			

考核人:________________　考核时间:________年____月____日

附表 4　特种作业人员实操测试考核表

考试时间:90 分钟

单位:__________　姓名:______　职务:______　得分:______

序号	考核项目	实测内容	考核方式	分值	评分标准	扣分原因	扣分数
1	应急救援预案和避灾路线	(1) 熟悉工作地点的应急救援预案(煤与瓦斯突出事故、顶板事故、火灾事故、水害事故、瓦斯爆炸事故、煤尘爆炸事故、冲击地压事故等)	"手指口述"或岗位描述	30 分	缺少或回答错误 1 处扣 2 分		
		(2) 熟悉工作地点的避灾路线(煤与瓦斯突出事故、顶板事故、火灾事故、水害事故、瓦斯爆炸事故、煤尘爆炸事故、冲击地压事故等)					
2	应急演练	熟悉工作地点的应急演练要求(煤与瓦斯突出事故、顶板事故、火灾事故、水害事故、瓦斯爆炸事故、煤尘爆炸事故、冲击地压事故等)	"手指口述"或岗位描述	20 分	缺少或回答错误 1 处扣 2 分		

续表

序号	考核项目	实测内容	考核方式	分值	评分标准	扣分原因	扣分数
3	事故征兆	发现事故征兆后，必须立即停止作业，撤出人员，进行处理（煤与瓦斯突出事故征兆、顶板事故征兆、火灾事故征兆、水害事故征兆、冲击地压事故征兆等）	"手指口述"或岗位描述	20分	缺少或回答错误1处扣2分		
4	安全避险和自救互救及现场操作能力	(1) 熟练掌握紧急避险设施的使用方法	实物操作或模拟操作	30分	缺少或操作错误1处扣2分		
		(2) 熟练掌握自救器的使用方法					
		(3) 熟悉灭火器材的使用方法					
		(4) 熟练掌握现场急救方法					
合计得分				100分			

考核人：________　考核时间：______年____月____日

附表5 班组长实操测试考核表

考试时间：90分钟

单位：________ 姓名：______ 职务：______ 得分：______

序号	考核项目	实测内容	考核方式	分值	评分标准	扣分原因	扣分数
1	应急救援预案和避灾路线	(1) 熟悉工作地点的应急救援预案及本人所负的应急职责（煤与瓦斯突出事故、顶板事故、火灾事故、水害事故、瓦斯爆炸事故、煤尘爆炸事故、冲击地压事故等）	"手指口述"或岗位描述	30分	缺少或回答错误1处扣2分		
		(2) 熟悉工作地点的避灾路线（煤与瓦斯突出事故、顶板事故、火灾事故、水害事故、瓦斯爆炸事故、煤尘爆炸事故、冲击地压事故等）					
2	应急演练及现场发生险情处置能力	(1) 熟悉工作地点的应急演练及本人所负的演练职责（煤与瓦斯突出事故、顶板事故、火灾事故、水害事故、瓦斯爆炸事故、煤尘爆炸事故、冲击地压事故等）	"手指口述"或岗位描述	20分	缺少或回答错误1处扣2分		
		(2) 现场发生险情后第一时间组织作业人员自救互救和安全避险能力					

续表

序号	考核项目	实测内容	考核方式	分值	评分标准	扣分原因	扣分数
3	事故征兆	发现事故征兆后，必须立即停止作业，撤出人员，进行处理（煤与瓦斯突出事故征兆、顶板事故征兆、火灾事故征兆、水害事故征兆、冲击地压事故征兆等）	“手指口述”或岗位描述	20 分	缺少或回答错误 1 处扣 2 分		
4	安全避险和自救互救及现场操作能力	(1) 熟练掌握紧急避险设施的使用方法	实物操作或模拟操作	30 分	缺少或操作错误 1 处扣 2 分		
		(2) 熟练掌握自救器的使用方法					
		(3) 熟悉灭火器材的使用方法					
		(4) 熟练掌握现场急救方法					
合计得分				100 分			

考核人：________　考核时间：____年___月___日

附表6 从事井下作业的其他从业人员实操测试考核表

考试时间：90分钟

单位：__________ 姓名：______ 职务：______ 得分：______

序号	考核项目	实测内容	考核方式	分值	评分标准	扣分原因	扣分数
1	应急救援预案和避灾路线	(1) 熟悉工作地点的应急救援预案(煤与瓦斯突出事故、顶板事故、火灾事故、水害事故、瓦斯爆炸事故、煤尘爆炸事故、冲击地压事故等)	“手指口述”或岗位描述	30分	缺少或回答错误1处扣2分		
		(2) 熟悉工作地点的避灾路线(煤与瓦斯突出事故、顶板事故、火灾事故、水害事故、瓦斯爆炸事故、煤尘爆炸事故、冲击地压事故等)					
2	应急演练	熟悉作业地点的应急演练(煤与瓦斯突出事故、顶板事故、火灾事故、水害事故、瓦斯爆炸事故、煤尘爆炸事故、冲击地压事故等)	“手指口述”或岗位描述	20分	缺少或回答错误1处扣2分		

续表

序号	考核项目	实测内容	考核方式	分值	评分标准	扣分原因	扣分数
3	事故征兆	发现事故征兆后，必须立即停止作业，撤出人员，进行处理（煤与瓦斯突出事故征兆、顶板事故征兆、火灾事故征兆、水害事故征兆、冲击地压事故征兆等）	“手指口述”或岗位描述	20分	缺少或回答错误1处扣2分		
4	安全避险和自救互救及现场操作能力	(1) 熟练掌握紧急避险设施的使用方法 (2) 熟练掌握自救器的使用方法 (3) 熟悉灭火器材的使用方法 (4) 熟练掌握现场急救方法	实物操作或模拟操作	30分	缺少或操作错误1处扣2分		
合计得分				100分			

考核人：________　考核时间：____年__月__日

附表7　从事井上作业的其他从业人员实操测试考核表

考试时间:60分钟

单位:__________　姓名:______　职务:______　得分:______

序号	考核项目	实测内容	考核方式	分值	评分标准	扣分原因	扣分数
1	应急救援预案和避灾路线	(1) 熟悉地面工作地点的应急救援预案(火灾事故、雷电造成大面积停电事故、地面洪涝灾害事故、食物中毒事故、矸石山坍塌事故等) (2) 熟悉地面工作地点的避灾路线(火灾事故、雷电造成大面积停电事故、地面洪涝灾害事故、矸石山坍塌事故等)	"手指口述"或岗位描述	40分	缺少或回答错误1处扣2分		
2	应急演练	熟悉地面工作地点的应急演练(火灾事故、雷电造成大面积停电事故、地面洪涝灾害事故、食物中毒事故、矸石山坍塌事故等)	"手指口述"或岗位描述	30分	缺少或回答错误1处扣2分		
3	自救互救及现场操作能力	(1) 熟悉灭火器材的使用方法 (2) 熟练掌握现场急救方法	实物操作或模拟操作	30分	缺少或操作错误1处扣2分		
合计得分				100分			

考核人:________________　考核时间:________年____月____日

第七篇　以 案 学 法

案例一　黑龙江省某煤矿井口违规电焊着火导致罐笼坠落重大事故

【事 故 经 过】

2017 年 3 月 9 日，黑龙江省某煤矿电焊工于某违规在副井井口运输平台对轨道开焊错口处进行焊接，电焊引发电缆、井口液压系统液压油着火。由于副井井口辅助提升到位停车开关信号电缆着火造成线路短路，提升机实施一级制动，致使罐笼提升 59 m(由－500 m 标高水平上提至－441 m 标高水平)后停止运行。陈某等人发现火情后进行灭火，但消防管路水量少，火势无法得到有效控制，继而烧断钢丝绳导致罐笼坠落事故，造成 17 名矿工遇难，直接经济损失 1 996.1 万元。

【事 故 原 因】

1. 直接原因

(1) 电焊工于某在副井井口运输平台违规电焊，产生的高温焊碴引燃了运输平台负一层内可燃物，导致提升机电力电缆线、信号电缆线和井口操车系统液压油管及液压油燃烧。副井平衡锤侧提升钢丝绳处于高温火区内，抗拉强度急剧下降并断裂，造成罐笼坠落。

(2) 现场无专人监护检查和监督、无专人负责喷水，工作地点下方没有用不燃性材料设施接受火星。

2. 间接原因

(1) 现场管理缺失。现场工作安排不到位，运转队一车间副主任安排工人处理轨道开焊处工作时没有提出明确具体要求，工人违规电焊作业。

（2）消防应急处置管理不到位。

（3）安全教育培训不到位，安全生产有关要求贯彻落实不力。

【制度规定】

（1）《煤矿安全规程》第二百五十四条规定：井下和井口房内不得进行电焊、气焊和喷灯焊接等作业。如果必须在井下主要硐室、主要进风井巷和井口房内进行电焊、气焊和喷灯焊接等工作，每次必须制定安全措施，由矿长批准并遵守下列规定：

（一）指定专人在场检查和监督。

（二）电焊、气焊和喷灯焊接等工作地点的前后两端各 10 m 的井巷范围内，应当是不燃性材料支护，并有供水管路，有专人负责喷水，焊接前应当清理或者隔离焊碴飞溅区域内的可燃物。上述工作地点应当至少备有 2 个灭火器。

（三）在井口房、井筒和倾斜巷道内进行电焊、气焊和喷灯焊接等工作时，必须在工作地点的下方用不燃性材料设施接受火星。

（五）电焊、气焊和喷灯焊接等作业完毕后，作业地点应当再次用水喷洒，并有专人在作业地点检查 1 h，发现异常，立即处理。

（2）《煤矿安全规程》第八条规定：从业人员必须遵守煤矿安全生产规章制度、作业规程和操作规程，严禁违章指挥、违章作业。

【防范措施】

（1）规范作业行为，坚决杜绝违章指挥、违章作业。加强对作业人员的管理，加大对作业规程和安全措施现场落实情况的检查力度，健全完善责任追究制度，从严打击违章指挥和违章操作行为。切实做到不违章指挥、不违章作业、不违反劳动纪律，自身无事故、身边无“三违”，真正把安全责任落在实处。

（2）加强消防应急处置管理工作。完善煤矿消防安全体制、机制工作，明确相关管理部门和煤矿的工作职责，确保煤矿依法开展消防安全工作。保证消防系统完善，消防设施齐全、完好、有效，消防安全管理规范、档案健全、检查记录翔实。

（3）加强安全教育培训工作。加大管理力度，严格措施学习、贯彻制度；加强职工岗位操作规程和安全教育培训，提高职工操作技能和安全意识，做到上标准岗、干标准活。

【学习自测】

1. (判断题)必须在井下主要硐室、主要进风井巷和井口房内进行电焊、气焊和喷灯焊接等工作，每次必须制定安全措施，由矿总工程师批准。(　　)

2. (判断题)在井筒内进行电焊、气焊和喷灯焊接等工作时，必须制定安全措施，必须在工作地点的下方用不燃性材料设施接受火星。(　　)

3. (单选题)在井筒内进行电焊、气焊和喷灯焊接等作业时，必须制定安全措施；作业完毕后，作业地点应当再次用水喷洒，并有专人在作业地点检查(　　)h，发现异常，立即处理。

A. 0.5　　B. 1　　C. 1.5

案例二　重庆市某煤矿托辊卡死引燃输送带重大火灾事故

【事故经过】

2020 年 9 月 27 日，重庆市某煤矿井下 2 号大倾角运煤上山输送带着火，造成 16 人遇难、42 人受伤。经分析，事故是由于井下二号大倾角带式输送机，在－75 m 至＋5 m 段输送带与扎辊卡死，摩擦生热燃烧，并引发输送带上面的煤炭燃烧，有毒有害气体逆流至工作面，造成人员中毒死亡和受伤。

【事故原因】

1. 直接原因

该煤矿二号大倾角运煤上山带式输送机下方煤矸堆积，起火点－63.3 m标高处回程托辊被卡死、磨穿形成破口，内部沉积粉煤；磨损严重的输送带与起火点回程托辊滑动摩擦产生高温和火星，点燃回程托辊破口内积存粉煤；运转工发现异常，电话通知地面集控中心停止输送带运行，紧急停机后静止的输送带被引燃，输送带阻燃性能不合格，巷道倾角大、上行通风，火势增强，引起输送带和煤混合燃烧；火灾烧毁设备，破坏通风设施，产生的有毒有害、高温烟气快速蔓延至 2324-1 采煤工作面，造成重大人员伤亡。

2. 间接原因

（1）设备检查维护不到位。防止煤矸洒落的挡矸棚日常维护不及时，变形损坏，导致输送带运行中洒煤严重，又未及时清理，造成输送带下部煤矸堆积多、掩埋甚至卡死回程托辊，少数回程托辊被磨平、磨穿，已磨损严重的输送带与卡死的回程托辊滑动摩擦起火。

（2）输送带不合格，且老化磨损。选用的输送带有煤矿安全标志证书，但入井前未进行阻燃试验。事后经事故调查组委托检验显示滚筒摩擦试验、酒精喷灯燃烧试验不合格，为假冒伪劣产品。该输送带于 2018 年 7 月 27 日购买，于 2019 年 1 月 5 日投入使用，至事故发生时已使用 20 个月，磨损非常严重，应更换没更换。

（3）保护未起作用，机电设备管理混乱。事故发生后带式输送机的温度保护装置和烟雾探测器没有起作用。该矿机电副矿长、机电科长不知道输送带保护装备备品备件库房位置，不知道温度传感器安设距离标准。

（4）部分压缩氧自救器失效。工人逃生过程中打开自救器，发现氧气瓶中没有氧气。

【制度规定】

（1）《煤矿安全规程》第三百七十四条规定，采用滚筒驱动带式输送机运输时，应当遵守下列规定：

（一）采用非金属聚合物制造的输送带、托辊和滚筒包胶材料等，其阻燃性能和抗静电性能必须符合有关标准的规定；

（二）必须装设防打滑、跑偏、堆煤、撕裂等保护装置，同时应当装设温度、烟雾监测装置和自动洒水装置。

（2）《煤矿安全规程》第六百八十六条规定：入井人员必须随身携带额定防护时间不低于 30 min 的隔绝式自救器。

（3）《煤矿安全规程》第六百七十九条规定：煤矿作业人员必须熟

悉应急救援预案和避灾路线，具有自救互救和安全避险知识。井下作业人员必须熟练掌握自救器和紧急避险设施的使用方法。

【防范措施】

(1) 加强机电设备管理。严把设备采购、入井检测、安装验收和运行管理关口。加强设施设备检修维护、日常保养、定期巡检、调校试验和隐患排查治理，严防设备“带病”运行。

(2) 强化标准化动态达标。改善现场作业环境，及时清理落煤，防止煤矸堆积；巷道及时冲尘，防止煤尘堆积。

(3) 加强自救器检查。严禁发放、使用不完好的自救器。

(4) 加大职工培训力度。强化应急处置预案演练，确保熟知避灾路线和避灾方法。

【学习自测】

1. (判断题)带式输送机必须装设防打滑、跑偏、堆煤、撕裂等保护装置，同时应当装设温度、烟雾监测装置和自动洒水装置。(　　)

2. (判断题)入井人员必须随身携带额定防护时间不低于 60 min 的隔绝式自救器。(　　)

案例三　贵州省某煤矿措施不到位爆破引起较大煤与瓦斯突出事故

【事故经过】

2022 年 3 月 2 日，贵州省某煤矿回风斜井延伸巷掘进工作面爆破时，发生一起较大煤与瓦斯突出事故，造成 8 人死亡、13 人受伤，直接经济损失达 3 369 万元。

【事故原因】

1. 直接原因

事故地点 9 号煤层具有煤与瓦斯突出危险性，未按规定采取综合防突措施，煤层突出危险性未消除，爆破诱发煤与瓦斯突出。

2. 间接原因

(1) 两个“四位一体”综合防突措施不落实。出现煤与瓦斯突出预兆后仍违章指挥工人冒险作业。未超前探测煤层厚度及地质构造情况,未施工地质探测钻孔,未测定煤层瓦斯压力及瓦斯含量等与突出危险性相关的参数,未按规定编制防突专项设计并组织实施。

(2) 隐瞒7号煤层隐蔽区域,蓄意逃避监管。采用隐蔽区域不上图、入井检身记录及调度台账等“两本账”、遇检查时隐蔽区域不上班等方式,隐瞒了7号煤层隐蔽区域组织施工的事实。

(3) 通风管理混乱。7号煤层隐蔽区域各作业点无独立的回风系统,无备用局部通风机,一台局部通风机为两个及以上掘进工作面供风。回风斜井延伸巷掘进工作面揭煤前未设置防突风门,为满足7号煤层隐蔽区域的用风,在回风侧设置调节风量设施,导致回风不畅,突出后瓦斯逆流波及井下全部巷道,造成伤亡扩大。

(4) 安全生产管理混乱。① 煤矿安全生产管理机构不健全。二级安全生产管理科室专业人员配备不齐、特种作业人员配备不能满足井下建设需要,各作业面的瓦斯检查、安全检查、爆破由1人兼任。② 岗位责任制不明晰。书面任命的“五职”矿长与口头任命的实际负责矿长及施工队管理“两张皮”,造成现场管理失控。③ 隐患排查治理和三年攻坚行动避重就轻、弄虚作假。④ 矿长、总工程师等管理人员不按规定带班入井。⑤ 两套监控系统分别对一期工程区域和7号煤隐蔽区域进行监控,7号煤隐蔽区域监控数据不上传。人为移动、包裹井下甲烷传感器,导致监测数据失真。⑥ 安全培训走过场,安全培训学时和内容不符合要求。

【制度规定】

(1)《防治煤与瓦斯突出细则》第三十一条规定:突出煤层采掘工作面回风应当直接进入专用回风巷。

(2)《防治煤与瓦斯突出细则》第四十四条规定:突出矿井应当对两个“四位一体”综合防突措施的实施进行全过程管理,建立完善综合防突措施实施、检查、验收、审批等管理制度。

突出矿井应当详细记录突出预测、防突措施实施、措施效果检验、区域验证等关键环节的主要信息，并与视频监控、仪器测量、抽采计量等数据统一归档管理，并至少保存至相关区域采掘作业结束。

鼓励突出矿井建立防突信息系统，实施信息化管理。

(3)《防治煤与瓦斯突出细则》第一百一十八条规定：在突出煤层的井巷揭煤工作面进风侧，必须设置至少2道牢固可靠的反向风门。

(4)《煤矿安全规程》第四条规定：从事煤炭生产与煤矿建设的企业（以下统称煤矿企业）必须遵守国家有关安全生产的法律、法规、规章、规程、标准和技术规范。

煤矿企业必须加强安全生产管理，建立健全各级负责人、各部门、各岗位安全生产与职业病危害防治责任制。

(5)《煤矿安全规程》第九条规定：煤矿企业必须对从业人员进行安全教育和培训。培训不合格的，不得上岗作业。

【防范措施】

(1) 加强煤矿从业人员安全教育培训，提高相关人员的防突技术技能，实现全员熟悉突出预兆、掌握防突基本常识和技能。

(2) 建立健全安全生产管理机构，配备满足安全生产需要的技术人员和管理人员，健全完善安全制度体系，切实开展隐患排查治理，提升安全管理水平，确保依法依规组织生产。

(3) 煤矿要强化"一通三防"管理，严格落实防突措施。严格落实防治煤与瓦斯突出两个"四位一体"综合防突措施，加强地质预测预报，落实煤层瓦斯地质工作，有效指导瓦斯灾害防治工作。

【学习自测】

1.（判断题）未按规定采取综合防突措施是造成此次事故的直接原因。（　　）

2.（单选题）在突出煤层的井巷揭煤工作面进风侧，必须设置至少（　　）道牢固可靠的反向风门。

A. 1　　B. 2　　C. 3

3.（多选题）突出矿井应当详细记录（　　）等关键环节的主要信息，并与视频监控、仪器测量、抽采计量等数据统一归档管理，并至少保存至相关区域采掘作业结束。

A. 突出预测　　　B. 防突措施实施

C. 措施效果检验　D. 区域验证

案例四　湖南省某非法冶炼作坊有毒有害气体压入煤矿重大中毒窒息事故

【事故经过】

2017年5月7日，湖南省某非法冶炼小作坊违法排放一氧化碳等有毒有害气体，并非法压入A煤矿废弃井巷内，引发重大中毒窒息事故，造成相邻B煤矿18人死亡、4人重伤、33人轻伤。

【事故原因】

1. 直接原因

该非法冶炼小作坊违法打开A煤矿主井密闭，并在A煤矿风井内安装局部通风机，将非法冶炼生产过程中产生的一氧化碳等有毒有害气体违法压入A煤矿废弃井巷内；有毒有害气体通过与B煤矿原贯通巷道和采空区涌入B煤矿井下作业场所，造成B煤矿井下作业人员中毒伤亡。

2. 间接原因

（1）该非法冶炼小作坊违法生产。

（2）B煤矿存在违规行为。① 违规生产。没有落实煤矿安全监察机构下达的停止井下一切采掘作业的监察指令，边整改隐患边违规组织生产。② 应急处置不力。矿长得知井下“闭气”等情况后，没有引起高度警觉，没有认真分析原因，也没有及时向地方政府和有关部门报告，凭经验组织自救，造成6名救援人员遇难、23名救援人员受伤，矿长本人也在救援中死亡。同时，部分下井作业人员未随身携带自救器，职工安全自保意识低，自救能力差。③ 隐患排查不到位。对关闭的A煤矿越界进入矿界，形成采空区和联通巷道未查清、未分析填绘，对其危害性估计不足，未采取有效防范措施。同时矿井通风系统不稳定、不可靠，存在不合理的串联通风，B区东一石门7煤北作业点局部通风机安装位置不正确，吸入矿井采空区乏风，造成涌入的一氧化碳等有毒有害气体波及区域扩大。

【制度规定】

（1）《煤矿安全规程》第十三条规定：入井人员必须随身携带自救器。

（2）《煤矿安全规程》第一百四十条规定：矿井必须建立测风制度，每10天至少进行1次全面测风。对采掘工作面和其他用风地点，应当根据实际需要随时测风，每次测风结果应当记录并写在测风地点的记录牌上。应当根据测风结果采取措施，进行风量调节。

【防范措施】

（1）加大对矿区范围隐蔽致灾因素普查和治理力度。查清矿区范围内所有老窑、采空区、废弃井巷等的位置、范围，在全面彻底普查、分析研究的基础上，制定防治水和防治有毒有害气体等措施。

（2）切实加强"一通三防"管理。相邻矿井的分界线，应当留设防隔水煤（岩）柱，不得随意变动。相互贯通的巷道，必须打好永久性密闭，严禁越界开采。

（3）提高应急处置能力。完善应急救援预案，加强应急演练，提高应急处理的针对性、协同性和实效性。

（4）强化隐患排查治理工作，及时消除事故隐患。认真开展隐患排查治理的各项工作，对违章作业行为应坚决制止和严肃处理。

【学习自测】

1.（判断题）造成B煤矿作业人员中毒伤亡的主要原因是非法冶炼小作坊打开A煤矿主井密闭，将冶炼生产过程中产生的有毒有害气体违法压入A煤矿废弃井巷内。（　　）

2.（单选题）矿井必须建立测风制度，每（　　）天至少进行1次全面测风。

A. 5　　　　B. 10　　　　C. 15

案例五　云南省某煤矿“5·9”透水事故

【事故经过】

2022 年 5 月 9 日，云南省某煤矿发生一起水害事故，造成 4 人死亡，直接经济损失 976 万元。

【事故原因】

1. 直接原因

该煤矿同一倾斜巷道分上、下两段同时施工，对互相影响和关联的风险未认真分析研判，在未查清掘进工作面前方老巷积水的情况下冒险组织掘进作业。

2. 间接原因

(1) 技术管理薄弱。该煤矿未认真分析运用隐蔽致灾因素普查报告和物探成果，在掘进前未针对物探发现的异常区域进行钻探验证，冒险组织掘进作业；事故工作面巷道坡度发生变化，已经施工的探放水钻孔未能覆盖巷道正前方区域，煤矿未根据巷道坡度变化情况重新组织开展探放水；技术人员未将含有原 A 煤矿 C_3 煤层老巷的采掘工程电子图件打印出来用于指导井下采掘作业工程施工，探放水设计人员未认真分析、核实此区域内老巷情况，探放水钻孔的设计和施工仅针对 C_2 煤层老巷进行。

(2) 防治水措施不落实。煤矿未按老空水防治“四步工作法”要求，查清、探明、放净、验准矿区范围内可能存在的所有老空积水，未对可能存在老空水影响的煤层编制分区管理设计；未按设计施工探放水钻孔，施钻前地测防治水人员未到现场标注钻孔位置、方位、倾角等参数，由施钻人员随意施工；未严格落实探放水钻孔验收管理制度；探放水施钻过程中，既未使用定向钻进技术或钻孔测斜装备，也无专业技术人员现场监督。

(3) 安全管理混乱。煤矿对存在的安全风险分析研判不到位，同一单位工程的一组煤轨道大巷（倾斜巷道）分上、下两段同时施工，对互相影响和关联的风险未认真分析研判；隐患排查治理不到位，未及时发现并消除一组煤轨道大巷上、下两个掘进工作面同时作业，一组煤轨道大巷反掘（上段）掘进工作面未探清前方 C_3 煤层老巷积水和探放水设计与现场实际不符的事故隐患；技术人员责任心不强，主观认为老空积水已疏排干净，在未查清工作面前方老巷积水的情况下冒险组织掘进作业。

【制度规定】

（1）《煤矿安全规程》第二百九十九条规定：受水淹区积水威胁的区域，必须在排除积水、消除威胁后方可进行采掘作业；如果无法排除积水，开采倾斜、缓倾斜煤层的，必须按照《建筑物、水体、铁路及主要井巷煤柱留设与压煤开采规程》中有关水体下开采的规定，编制专项开采设计，由煤矿企业主要负责人审批后，方可进行。

严禁开采地表水体、强含水层、采空区水淹区域下且水患威胁未消除的急倾斜煤层。

（2）《煤矿防治水细则》第三条规定：煤矿防治水工作应当坚持预测预报、有疑必探、先探后掘、先治后采的原则。

（3）《煤矿防治水细则》第五条规定：煤矿应当根据本单位的水害情况，配备满足工作需要的防治水专业技术人员，配齐专用的探放水设备，建立专门的探放水作业队伍，储备必要的水害抢险救灾设备和物资。

（4）《煤矿防治水细则》第三十八条规定：在地面无法查明水文地质条件时，应当在采掘前采用物探、钻探或者化探等方法查清采掘工作面及其周围的水文地质条件。

（5）《煤矿防治水细则》第三十九条规定：严格执行井下探放水“三专”要求。由专业技术人员编制探放水设计，采用专用钻机进行探放水，由专职探放水队伍施工。严禁使用非专用钻机探放水。

严格执行井下探放水“两探”要求。采掘工作面超前探放水应当同时采用钻探、物探两种方法，做到相互验证，查清采掘工作面及周边老空水、含水层富水性以及地质构造等情况。有条件的矿井，钻探可采用定向钻机，开展长距离、大规模探放水。

【防范措施】

(1) 严格落实企业安全生产主体责任。细化企业主体责任的内容、检查标准和方法,强化企业落实主体责任的措施,确保各项工作落实到位。

(2) 切实加强防治水工作。煤矿企业和煤矿建设施工单位要认真贯彻《煤矿防治水细则》,坚持“预测预报、有疑必探、先探后掘、先治后采”的原则,落实“探、防、堵、疏、排、截、监”综合治理措施。

(3) 全面提升煤矿安全保障能力。煤矿企业要进一步明确安全避险“六大系统”,建设完善的目标、任务、措施及进度安排。要建立投入保障制度,加大安全投入,从人、财、物等各方面保证建设进度,强力推进安全避险“六大系统”的建设完善工作。

【学习自测】

1. (判断题)严格执行井下探放水“三专”要求。由专业技术人员编制探放水设计,采用专用钻机进行探放水,由专职探放水队伍施工。(　　)

2. (判断题)煤矿防治水工作应当坚持预测预报、有疑必探、先探后掘、先治后采的原则。(　　)

3. (判断题)探放老空水时,一般应从积水线开始探水。(　　)

参考答案

案例一 ×,√,B

案例二 √,×

案例三 √,B,ABCD

案例四 √,B

案例五 √,√,×

参考文献

[1] 卜素.《中华人民共和国安全生产法》专家解读[M]. 徐州:中国矿业大学出版社,2021.

[2] 国家矿山安全监察局. 煤矿安全规程及细则:一规程四细则[M]. 北京:应急管理出版社,2022.

[3] 黄学志,王洪权,时国庆,等.《煤矿防灭火细则》专家解读[M]. 徐州:中国矿业大学出版社,2021.

[4] 李爽,贺超,毛吉星.《煤矿安全生产标准化管理体系基本要求及评分方法(试行)》专家解读[M]. 徐州:中国矿业大学出版社,2020.

[5] 袁河津.《煤矿安全规程》专家解读:井工煤矿[M]. 2022 年修订版. 徐州:中国矿业大学出版社,2022.